中国钢铁工业
"十三五"科技创新成果汇编

指导单位　中国钢铁工业协会
　　　　　中国金属学会
主编单位　冶金工业信息标准研究院

北　京
冶金工业出版社
2021

内 容 提 要

本书内容是在中国钢铁工业协会、中国金属学会指导下,冶金工业信息标准研究院征集、遴选、整理的部分优秀成果,主要来自"十三五"期间我国钢铁企业获得国家科学技术进步奖、冶金科技进步奖的获奖成果,以及向行业征集的优秀成果。本书共分为原辅材料、工艺装备、钢铁产品、节能环保、智能制造、钢铁标准等六大类,对每项成果从技术内容、创新性方面进行了重点介绍。

本书可供广大科技工作者参考阅读。

图书在版编目(CIP)数据

中国钢铁工业"十三五"科技创新成果汇编/冶金工业信息标准研究院主编 . —北京:冶金工业出版社,2021. 10

ISBN 978-7-5024-8944-1

Ⅰ.①中… Ⅱ.①冶… Ⅲ.①钢铁工业—科技成果—汇编—中国 Ⅳ.①TF

中国版本图书馆 CIP 数据核字(2021)第 206543 号

出 版 人 苏长永

地 址 北京市东城区嵩祝院北巷 39 号 邮编 100009 电话 (010)64027926
网 址 www.cnmip.com.cn 电子信箱 yjcbs@cnmip.com.cn
责任编辑 王艺婧 美术编辑 彭子赫 版式设计 禹 蕊
责任校对 王永欣 责任印制 李玉山
ISBN 978-7-5024-8944-1
冶金工业出版社出版发行;各地新华书店经销;北京虎彩文化传播有限公司印刷
2021 年 10 月第 1 版,2021 年 10 月第 1 次印刷
787mm×1092mm 1/16;35.75 印张;740 千字;550 页
285.00 元

冶金工业出版社 投稿电话 (010)64027932 投稿信箱 tougao@cnmip.com.cn
冶金工业出版社营销中心 电话 (010)64044283 传真 (010)64027893
冶金工业出版社天猫旗舰店 yjgycbs.tmall.com
(本书如有印装质量问题,本社营销中心负责退换)

序言一 科技赋能 创新引领 全面推进钢铁工业高质量发展

科技是国家强盛之基，创新是民族进步之魂。党的十八大以来，以习近平同志为核心的党中央高度重视科技创新工作，把创新作为引领发展的第一动力，深入实施创新驱动发展战略，坚持需求导向和问题导向，整合优化科技资源配置，持之以恒加强基础研究，加强创新人才教育培养，依靠改革激发科技创新活力，有效改善科技创新生态，激发创新创造活力，加快形成以创新为主要引领和支撑的经济体系和发展模式，让科技创新成为引领高质量发展的第一动力。

钢铁工业是国民经济的重要基础原材料产业，纵观我国钢铁工业发展历史，生产力大解放、大发展、大创新贯穿其中，从引进、消化、整合、创新，到形成跨越，引领高质量发展，钢铁工业科技发展重大成果不断涌现，为我国钢铁从小到大、从弱到强的发展提供了重要支撑。时至今日，我国钢铁产业已建立起基本完善的科技创新体系，科技实力和创新能力显著增强，装备现代化水平不断提升，特别是在"十三五"期间，科技创新为促进中国钢铁工业绿色智能高质量发展增添了勃勃生机，为建设钢铁强国、制造强国奠定了坚实基础。

体系支撑，创新能力显著提升

截至2020年，中钢协会员企业共设立有260家研发机构，4.97万研发人员；截至2019年，全行业已建成国家级的重点实验室20个、工程实验室5个、工程（技术）研究中心20个、企业技术中心51个，上下游产学研用协同的国家产业技术创新战略试点联盟5个，形成了较为完整的产学研用创新体系，科技创新能力显著提升。"十三五"期间，全行业有效发明专利由2015年的9800余件增加到2020年的2.16万件；重大科技创新成果丰硕，2016~2020年间钢铁工业获得国家科学技术奖30余项，先后有410个项目获得冶金科学技术奖。

装备提升，产业基础更加雄厚

"十三五"期间，钢铁行业通过关键技术与装备的研发应用提升钢铁制造整体水平，产业基础更加雄厚，为产业转型升级提供强有力的支撑。截至2020年，我国钢铁工业基本实现了焦化、烧结球团、炼铁、炼钢、连铸、轧钢等主要工序主体技术装备的国产化，大型冶金设备国产化率达95%以上（按重量计），吨钢投资额明显下降。随着山东日照、宝武湛江等多个大型钢铁基地的建成投产，中国钢铁工业拥有了世界上最完整、最大规模的钢铁工业体系，配备了世界最先进的装备、工艺和技术，不但基本实现了自主可控，还伴随着"一带一路"倡议实现了走出去，为河钢塞钢、青山集团印尼不锈钢基地、盛隆冶金马中关丹产业园综合钢厂、德龙钢铁印尼德信综合钢厂等海外投资项目提供了保障，实现了中国钢铁科技进步成果与世界共享。

产品升级，新品研发屡获突破

"十三五"期间，钢铁行业材料研发能力明显增强，高端产品生产和应用比例显著提高。时速350公里高速动车组轮轴及转向架材料顺利完成运行考核，超薄不锈钢精密带、高强热成型汽车板、新能源汽车电机用高性能硅钢等产品研发生产已居于国际领先。一批超高强度钢、不锈钢及高温合金研发成功，实现了军工用钢的自主可控，有力的支撑了特高压变电站、"华龙一号"核电机组等"大国重器"和中俄东线天然气管道、亚马尔液化天然气项目等重大工程建设。与此同时，钢铁产品实物质量也稳步提升。

绿色发展，节能环保成效显著

"十三五"期间，为实现源头治理和绿色化发展，钢铁行业重点开发应用了一批封闭料场或筒仓改造、除尘系统升级改造、无组织烟气综合治理、烧结球团烟气脱硫脱硝、中低温余热利用、超高温高压煤气发电、冶金渣高效处理及综合利用等节能环保新技术、新设施，大力推进超低排放改造，成效显著。5年累计减排烟粉尘颗粒物85万吨、二氧化硫194万吨、各类废水5亿立方米，节约新水22亿立方米。一大批花园式工厂建成，众多企业被评为4A、3A级景区，使"厂区变景区，工厂变公园"成为现实。

智能制造，生产转型稳步推进

"十三五"期间，工业机器人、无人行车、无人台车、无人矿车、无人仓储等智能制造技术得以应用；大规模定制化水平逐步提升，通过智能制造进行企业间的横向集成和企业内部的纵向协同，已实现智能化的研究、服务、采购、销售。传统钢铁行业生产模式的转型稳步推进，宝钢、鞍钢、河钢、南钢、太钢等7家企业的9个智能制造试点示范项目，有效提高了生产效率、产品质量和企业经营管理水平。宝武、沙钢、南钢等企业建立了"黑灯工厂"和智能车间，已实现24小时运转不需多人值守，新冠疫情期间，复产复工和生产效率明显高于其他企业。宝钢股份制定了以"四个一律"为目标的智能制造实施路径，在整体架构方面形成了智能工厂、智慧运营、协同生态三个层次，其宝山基地工厂已入选世界经济论坛发布的全球"灯塔工厂"名单。

标准引领，支撑行业创新发展

"十三五"期间，钢铁行业以创新为牵引，推进标准化工作，坚持标准与产业发展、用户需求相结合，基本形成了以国标、行标、团标为主，层次分明、结构合理、专业配套、可操作性强、技术水平较高的标准体系，用先进标准支撑和引领钢铁行业高质量发展。以《钢筋混凝土用钢　第2部分：热轧带肋钢筋》（GB/T 1499.2—2018）为代表的135项标准的制修订，为建筑、船舶、通用机械等量大面广产品的升级换代提供了保障；对标国际先进标准，围绕高强汽车用钢、超超临界锅炉用钢、核电用钢等钢铁新材料开展了近200项标准研制，保证了重大装备和重大工程需要；研制了《钢渣处理工艺技术规范》《钢铁行业绿色工厂评价导则》等136项冶金固体废物资源综合利用、能耗限额、绿色设计产品等标准，以国际先进标准为标杆，全面推动节能减排新技术、新工艺的应用，为钢铁工业实现绿色发展提供了保障。

为切实加强钢铁行业科技创新工作宣传力度，营造"十四五"开局科技创新氛围，激发科技创新活力，2020年年中，由中国钢铁工业协会和中国金属学会主办、冶金工业信息标准研究院承办的"中国钢铁工业'十三五'科技创新成果展"启动，并在全国范围巡展，积累并汇聚了大量科技创新成果。值此中国共产党百年华诞之际、"十四五"扬帆启航之时，冶金工业信息标准研究院将这些宝贵的科技创新成果汇编成册——《中国钢铁工业"十三五"科技创新成果汇编》（以下简称"汇编"），向全社会全面展示"十三五"中国钢铁科技创新优秀科技成果、优秀钢铁企业、优秀科技人才，促进全行业关键共性技术交流，为新征程上中国钢铁行业科技工作讲好创新故事，再铸新辉煌。

守初心，不忘使命勇前行；望未来，百尺竿头创新功。中国钢铁要实现全面引领世界钢铁工业，要从根本上将科技创新"补短板""强基础""促提升"统筹推进，既要集中力量攻克一批"卡脖子"钢铁材料和核心技术，又要加强基础研究和应用基础研究，还要通过前瞻性、原创性的创新成果提升产品开发、产业升级的先发优势和后续劲头。中国钢铁必将充分把握科技创新关键之要，以更加昂扬的姿态迎接新挑战，实现高水平科技自立自强，创造中国钢铁工业更大辉煌。

　　谨以此《汇编》向党的百年华诞献礼！向中国钢铁行业的广大科技工作者和全体从业人员致敬！

中国钢铁工业协会党委书记、执行会长

2021 年 10 月

序言二　科技创新是推动钢铁强国建设的重要动力

回顾历史，科技创新是支撑中国钢铁工业发生翻天覆地变化的核心要素。中国钢铁能取得如此非凡的成就，既得益于国民经济快速发展带来的巨大机遇，也源自钢铁行业自身持续不断的技术进步。中国钢铁工业发展壮大的历程和技术进步的脚步几乎同步，科技创新是钢铁工业持续发展的关键因素。

"十三五"时期是我国钢铁工业供给侧结构性改革的关键阶段，以全面提高钢铁工业综合竞争力为目标，以化解过剩产能为主攻方向，在装备升级、产品研发、绿色发展、智能制造等方面取得了前所未有的成绩。经过全行业5年来的努力，钢铁工业开始注重集成创新、自主创新，流程和装备技术向着大型化、高效化、自动化、长寿化和生产过程环境友好化的方向加速发展，产品则向高端化方向加速发展。从我国钢铁工业技术进步的路径，以及大冶金工业流程各工序或领域的技术水平来看，我国钢铁工业具备了高质量发展的良好基础。

从产量规模上看，我国已经具备了从"资源-环保大循环"的角度分析和解决矿石、焦炭、废钢、铁、钢、材产能及产量问题的条件和基础。从流程、工艺、装备、自动化上看，中国钢铁工业的整体装备技术水平已达到或基本达到世界先进水平，大中型钢铁企业的主体设备已达到国际先进水平，建设了全世界最先进、智能、绿色的可循环冶金生产流程，工艺衔接逐渐精准，自动化、信息化、智能化技术发展迅速。从品种研发应用上看，钢材质量日趋稳定，品种正在迈向中高端，以汽车板、电工钢、耐热钢、不锈钢、轴承钢等为代表的多种先进钢铁材料品种已陆续实现突破，部分钢材品种达到了国际先进水平。从环保技术水平上看，通过推行超低排放改造，全行业污染物排放总量和单位产品污染物排放量大幅度降低，钢铁企业环境面貌明显改善。

"十四五"期间，我国钢铁工业高质量发展处于攻坚克难的关键阶段，也面临环境、资源、能源、品种、质量、成本等多方面的严峻挑战和一些亟待解决的问题。全行业需要围绕低能耗绿色低碳冶炼技术，节能高效轧制技术，全流程质量检测、预报和诊断技术，钢铁流程智能控制技术，高端装备用钢等升级需求；支持现有科技资源充分整合，发挥企业的创新主体作用、设计单位的桥梁和推广作用、大学和科研院所的基础先导作用，实施产学研用相结合的协同创新模式；通过市场化运作机制和多元化合作模式，提高自主集成创新能力，开展行业基础和关键共性技术产业化创新工作，实现创新引领发展新局面。大力发展适用于冶金工业流程的智能制造和绿色制造，推动物联网、大数据、5G、人工智能等先进技术在钢铁行业的应用，促进钢铁行业数字化转型；推广应用节能环保工艺、技术和装备，加强产业链大循环下的资源回收利用。

2020年，中国钢铁工业协会和中国金属学会主办、冶金工业信息标准研究院承办的"中国钢铁工业'十三五'科技创新成果展"在全国范围内开展，冶金工业信息标准研究院将部分优秀科技创新成果汇编成册，是对"十三五"以来我国钢铁工业科技创新工作的全面总结，旨在向社会各界宣传和展示钢铁行业科技进步，为钢铁工业高质量发展提供更强劲动力。

展望未来，建设更高水平的钢铁强国，任重而道远，需要我们不懈奋斗。中国钢铁行业要坚决贯彻"创新、协调、绿色、开放、共享"的新发展理念，坚定推动高质量发展的信心和决心，以科技创新为战略基点和核心要素，瞄准主要问题和关键短板发力，瞄准世界科技前沿，瞄准前瞻性基础研究、引领性原创技术突破，打好产业基础高级化、产业链现代化的攻坚战，扎实推进结构优化、智能制造、低碳绿色发展等重点工作，促进我国钢铁工业健康、可持续发展。

中国金属学会理事长

2021年10月

序言三　聚力科技创新　圆梦钢铁强国

党的十八大提出，科技创新是提高社会生产力和综合国力的战略支撑，必须摆在国家发展全局的核心位置。强调要坚持走中国特色自主创新道路、实施创新驱动发展战略。党的十九大进一步提出加快建设创新型国家的明确要求，我国开启了由科技大国迈向科技强国的新征程。

在中国建设科技强国的征程中必然少不了钢铁工业的身影。我有幸参与到中国钢铁工业从小到大、从弱到强的发展历程之中，也见证了中国钢铁人不畏艰险、排除万难的漫漫探索之路。应该说，中国钢铁工业的崛起发展依靠的正是科技创新，走出了一条自力更生–技术引进–消化吸收–自主创新的进阶之路。

"十三五"的五年是中国钢铁工业科技创新成果丰硕的五年，带动中国钢铁工业在装备升级、产品研发、工艺技术、绿色智能等领域取得诸多突破性进展。总体上看，"十三五"期间中国钢铁工业的科技创新成果呈现如下特点：

聚焦基础研究，聚力关键核心技术

"十三五"期间，中国钢铁工业聚焦基础研究，聚力关键核心技术，构筑发展根基。"高效低耗特大型高炉关键技术及应用"项目开发了新型无料钟炉顶控制技术、交错旋流式顶燃式热风炉等核心装备技术，开发出实现特大型高炉高效低耗的智能控制技术，为实现高效低耗的生产提供了装备和控制技术保障；"电弧炉炼钢复合吹炼技术"项目解决了长期困扰电弧炉生产的冶炼周期长、能量利用率低、质量不稳定及生产成本高等重大关键问题，形成了新一代电弧炉冶炼技术；"高品质特殊钢绿色高效电渣重熔关键技术的开发和应用"项目实现了我国电渣冶金技术从跟跑、并跑到领跑的历史性跨越。

攻坚节能环保，彰显绿色发展理念

"十三五"期间，中国钢铁工业直面节能环保挑战，深挖节能环保潜力，彰显绿色发展理念。"长型材绿色化制备关键技术开发及应用"项目，针对国家上千条长型材轧钢工序生产能耗高的重大问题，系统研究了长型材生产过程中降低能源消耗、提升产品质量稳定性的关键技术，在不对现有装备做大改造的情况下，实现了连铸和轧钢工序短程、中程、长程衔接的绿色化制备工艺，形成核心技术；"全过程优化的焦化废水高效处理与资源化技术及应用"项目发明了废水全过程高效低成本处理核心装备和成套技术，初步解决了制约钢铁焦化、钴镍电池材料、稀土、钨等行业正常生产的水污染问题；"高效节能环保烧结技术及装备的研发与应用"项目开发出高效节能环保烧结工艺及装备系列技术，使大型烧结机节能水平处于国际领先水平，解决了长期困扰烧结生产的世界性漏风难题。

顺应技术革命，融入智能制造大潮

"十三五"期间，中国钢铁工业把握新一代信息技术革命带来的机遇，融入智能制造大潮。不仅钢铁智能制造相关技术申报数量呈增长态势，而且获奖频次及获奖等级也在不断上升。获得冶金科学技术奖的智能制造项目探索主要集中在工艺优化、智能控制、生产调度、设备运维、质量检验、能源管控、安全环保等方面，钢铁企业对智能制造技术的研发与投入在不断增加，智能制造相关技术在钢铁生产各方面的应用效果愈发凸显。

回首五年，弹指一挥，"十三五"的辉煌已经落幕。

再迎五年，新的征程，"十四五"的号角已经吹响。

面向"十四五"乃至更长一段时期，中国钢铁人要从战略思考出发，深入分析时代特征，紧密围绕钢铁工业的时代使命，凝练重大任务，把握新征程发展过程中中国钢铁工业发展脉络，更为充分地发挥科技创新的驱动作用，在绿色低碳和智能制造两个宏大命题中实现赶超与跨越。

科技创新之要义，在突破，更在发扬。新征程启航之际，中国钢铁工业"十三五"科技创新成果展的启动，全面、直观地展示了中国钢铁工业作为基础性、支柱性产业在"十三五"期间的优秀科技成果，将其中部分优秀科技创新成果汇编成册，以铭记业绩，传承精神，促进行业交流互鉴，为聚力科技创新、圆梦钢铁强国尽应有之力。

原冶金工业部副部长、中国工程院院士

殷瑞钰

2021 年 10 月

前　　言

科技是国家强盛之基，创新是民族进步之魂。党的十八大以来，习近平总书记将创新摆在党和国家事业发展全局的核心位置，提出了一系列新思想、新论断、新要求，为做好以科技创新为核心的全面创新指明了前进方向、提供了根本遵循。党的十九届五中全会提出，坚持创新在我国现代化建设全局中的核心地位，把科技自立自强作为国家发展的战略支撑。

钢铁工业作为我国重要的基础原材料产业，是支撑国民经济健康发展的"稳定器"和"压舱石"。"十三五"以来，钢铁工业坚持"创新、协调、绿色、开放、共享"五大发展理念，广大科技工作者深入学习领会和自觉践行习近平总书记关于科技创新的重要论述，深刻理解"创新驱动是国策，发展是第一要务，人才是第一资源，创新是第一动力"的科学内涵和"把科技发展主动权牢牢掌握在自己手里"的重大意义，强化自主创新，在关键核心技术、基础研究、高端产品、绿色低碳、智能制造等领域取得突出成果，钢铁企业与科研院所、相关行业企业加强协同合作，优势互补，深化了产学研用协同创新的模式，行业内高端科技人才辈出，解决了制约发展的诸多技术难题，在新材料、新领域等方面取得突破，涌现了大量科技创新成果，有效支撑了我国钢铁工业的高质量发展。中国钢铁工业协会、中国金属学会、冶金工业信息标准研究院特别征集、遴选、整理了部分优秀成果，编制了《中国钢铁工业"十三五"科技创新成果汇编》（以下简称"汇编"），供广大科技工作者参考。

本汇编内容主要来自 2016~2020 年我国钢铁工业获得国家科学技术进步奖、冶金科技进步奖的获奖成果，还包括向行业征集的优秀项目。我们邀请行业知名专家从以下角度对这些项目进行了筛选：一是符合国家产业政策和技术进步的趋势及需求；二是在业内处于第一梯队或国内先进水平；三是行业共性关键核心技术，对推动行业科技进步有较大作用；四是解决产业或技术重大科学或产业化问题；五是对国家战略安全或工业水平提升具有现实意义。另外，还充分考虑了企业的覆盖面，以激励更多企业加强科技创新工作，促进全行业的科技创新工作取得更大进步。

纳入本汇编的成果分为原辅材料、工艺装备、钢铁产品、节能环保、智能制造、钢铁标准等六大类,对每项成果的技术内容、创新性进行了重点介绍。

汇编的出版得到了行业领导、专家的高度重视和悉心指导,得到了众多企业和机构的大力支持。在此感谢江苏沙钢集团有限公司、陕西钢铁集团有限公司、松阳县人民政府、宝武集团中南钢铁有限公司、鞍山钢铁集团有限公司、攀钢集团有限公司对"中国钢铁工业'十三五'科技创新成果展"的大力支持。

还要特别感谢宝武集团工程科学家王利、江阴兴澄特种钢铁有限公司副总经理白云、中国钢研科技集团有限公司副总工程师韩伟、北京科技大学教授徐金梧、北京科技大学高级工程师苏岚、东北大学特殊钢冶金研究所所长姜周华等专家对本汇编的出版所付出的辛勤劳动。汇编中如有疏漏,敬请批评指正。

本书编委会主任

张龙强

2021 年 10 月

目　录

工艺装备

钢铁产品

节能环保

智能制造

钢铁标准

汇聚科技创新力量　夯实高质量发展基础

——"十三五"期间我国钢铁工业科技进步成果获奖情况概述

"十三五"期间，我国钢铁工业广大科技工作者深入学习领会和自觉践行习近平总书记关于科技创新的重要论述，深刻理解"创新驱动是国策，发展是第一要务，人才是第一资源，创新是第一动力"的科学内涵和"把科技发展主动权牢牢掌握在自己手里"的重大意义，坚定不移贯彻新发展理念，坚定不移走中国特色自主创新道路，深入实施创新驱动发展战略，提升科技创新能力，为把我国建设成为世界科技强国奠定了坚实的材料基础。

一、钢铁行业获得国家奖的项目概述

（一）获奖项目概况

"十三五"期间，我国钢铁工业共获得国家科学技术进步奖26项，其中2018年度获得一等奖1项，2019年度获得一等奖2项，2020年度获得一等奖1项，其余均为二等奖；获得国家技术发明奖5项；获得国家自然科学奖3项。

（二）获奖项目特点

（1）坚持自主创新，关键核心技术引领行业转型升级。

面对严峻的科技竞争环境，钢铁工业采取产学研用协同创新模式，坚持走自主创新之路，在涉及行业关键共性核心技术领域展开全面攻关并取得丰硕成果，有力地促进了行业的科技进步和转型升级。

在2016年度我国钢铁工业获得的三项国家科学技术进步奖中，有两项是高炉和电弧炉生产装备技术的研究及应用。"高效低耗特大型高炉关键技术及应用"项目开发了新型无料钟炉顶控制技术、交错旋流式顶燃式热风炉等核心装备技术。近年来，为响应国家对传统工业"两化融合"的转型要求，开发出实现特大型高炉高效低耗的智能控制技术，为实现高效低耗的生产提供了装备和控制技术保障。

电弧炉炼钢获奖成果解决了长期困扰电弧炉生产的冶炼周期长、能量利用率低、质量不稳定及生产成本高等重大关键问题，形成了新一代电弧炉冶炼技术——"电弧炉炼钢复合吹炼技术"。

2017年度的"热轧板带钢新一代控轧控冷技术及应用"项目创建了热轧钢材新一代控轧控冷技术体系，开辟了节省合金元素、提高钢材性能的新途径，缓解了国家西

气东输、海工装备、水电核电、能源储运、工程机械等重大工程和装备的用钢急需。

获得 2018 年度国家科学技术进步奖一等奖的"清洁高效炼焦技术与装备的开发及应用"项目在清洁高效炼焦工艺、核心装备、智能生产等方面取得重大科技创新，形成清洁高效炼焦技术体系和技术规范。

获得 2018 年度国家科学技术进步奖一等奖的"高品质特殊钢绿色高效电渣重熔关键技术的开发和应用"项目通过产学研用和基础研究—关键共性技术—应用示范—行业推广的创新模式，实现了我国电渣冶金技术从跟跑、并跑到领跑的历史性跨越。

（2）节能环保领域硕果累累，彰显绿色发展理念。

"十三五"期间钢铁行业获得国家科学技术进步奖的项目中，与绿色环保有关的污染物治理项目数量多，引人关注。其中 2017 年度"高效节能环保烧结技术及装备的研发与应用"，2018 年度"全过程优化的焦化废水高效处理与资源化技术及应用"，2019 年度"废弃物焚烧与钢铁冶炼二噁英污染控制技术与对策"项目均获得二等奖。

"高效节能环保烧结技术及装备的研发与应用"项目围绕烧结成矿、冷却、余热利用和烟气治理四个关键环节开展全面科研攻关，开发了高效节能环保烧结工艺及装备系列技术，使大型烧结机节能水平处于国际领先水平，解决了长期困扰烧结生产的世界性漏风难题。

"全过程优化的焦化废水高效处理与资源化技术及应用"项目遵循有价资源回收和全过程综合控污思路，发明了废水全过程高效低成本处理核心装备和成套技术，初步解决了制约钢铁焦化、钴镍电池材料、稀土、钨等行业正常生产的水污染问题。

"废弃物焚烧与钢铁冶炼二噁英污染控制技术与对策"项目提出了我国二噁英排放清单，识别了二噁英重点排放源，发明了生活垃圾焚烧及铁矿石烧结过程二噁英控制技术并开展了工程应用，在国家二噁英污染控制决策制定及履行国际公约方面发挥了重要作用。

上述三个项目的获奖，说明我国钢铁工业在环保方面经过多年的技术攻关，取得突破，充分体现了钢铁工业科技人员在研发过程中积极践行绿色发展理念。

（3）聚焦基础研究，筑牢科技创新根基。

加强基础研究是提高我国原始创新能力、积累智力资本的重要途径，是跻身世界科技强国的必要条件，是建设创新型国家的根本动力和源泉。"十三五"期间，我国钢铁工业有关企业和科研院所高度重视基础研究领域，为钢铁工业科技创新构筑根基。

获得 2018 年度国家自然科学奖二等奖的"块体非晶合金的结构与强韧化研究"项目，为发展高性能非晶合金材料提供了理论依据和新思路。

获得 2019 年度国家自然科学奖二等奖的"特种焊接冶金机理与组织性能调控"项目的学术成果与技术已成功指导运载火箭贮箱、导弹姿轨控发动机喷管、载人深潜器球壳、高速列车车体等关键产品的实际制造。

获得 2019 年度国家自然科学奖二等奖的"基于全寿命周期的钢管混凝土结构损伤

机理与分析理论"项目建立了基于全寿命周期的钢管混凝土结构损伤理论,在核心混凝土本构关系模型建立,长期和复杂受力、地震及火灾作用下结构损伤规律揭示等方面取得了系列成果,推动了我国结构工程学科发展。

二、钢铁行业获得行业奖——冶金科学技术奖的项目概述

（一）获奖项目概况

"十三五"期间,我国钢铁行业共有410个项目获得冶金科学技术奖,其中特等奖5项,一等奖76项,二等奖114项,三等奖215项。

（二）获奖项目特点

（1）原辅料产品与制造技术为钢铁工业提供资源保障。

我国铁矿资源具有分布广泛、矿床类型齐全、贫矿多富矿少、矿石类型复杂、伴（共）生组分多等特点。为满足钢铁工业对铁矿石的需求、充分利用低品位铁矿石及提高铁精矿品位等要求,需要开发高效绿色的采矿技术及选矿技术。

另外,在高效利用原辅料、改变高炉炉料结构、优化高炉燃料结构、改善炼铁领域的能源结构、解决烧结工艺温度不均匀、精料水平不足、解决高炉喷煤煤种等问题方面进行了研究与开发,促进了炼铁领域实施节能减排升级改造,提升了我国炼铁工艺水平。

（2）工艺技术创新和装备升级呈现提速态势。

随着我国钢铁行业转型升级发展驶入快车道,工艺技术创新和装备升级也呈现出提速态势。

纵观"十三五"期间的冶金科学技术奖获奖项目（主要涉及特等奖和一等奖）,以工艺技术开发和产线装备升级方面的项目居多,范围涵盖铁前、炼铁、炼钢、连铸、轧制、检测分析、下游深加工等各层面。从工艺技术领域获奖项目看,均是紧紧围绕《钢铁工业调整升级规划（2016~2020年）》中强调的需提高自主创新能力的生产工艺关键技术。

工艺技术领域：1）洁净钢冶炼技术。从2017年起,高效、绿色、低成本洁净钢冶炼技术获奖项目增多,仅2017年度就有三个项目获得一等奖,包括"超纯净不锈钢脱氧及夹杂物控制关键技术开发与应用""超大型转炉炼钢工程建造新技术""超纯净高稳定性轴承钢关键技术创新与智能平台建设"。"高品质特殊钢绿色高效电渣重熔关键技术的开发和应用"和"高品质压铸模具钢关键技术开发与应用"分别获得2018年度和2019年度一等奖。提高钢的洁净度越来越成为钢铁冶金技术研究的重要课题。2）铸坯直接轧制技术。2016年度和2017年度,薄板坯连铸连轧技术项目占有一席之地。如2016年度的特等奖项目"薄带连铸连轧工艺、装备与控制工程化技术集成及产品研发"项目自主开发了一系列薄带连铸连轧工艺技术、装备技术、产品制造技术,并建成了国内第一条年产50万吨规模的薄带连铸连轧示范线。3）高效轧制与轧制数

字化技术。"十三五"期间的轧制技术已经呈现出生态化特征，即减量化、低碳化、数字化，尤其是在 2019 年度和 2020 年度的获奖项目中，轧制技术项目有明显增多的态势。4）高端产品开发与质量提升关键技术。"十三五"期间产品制造工艺方面的获奖项目，频现不锈钢和硅钢制造技术的身影。此外，轴承钢、重载车轴钢、高品质压铸模具钢、重载铁路钢轨用钢等重点品种的关键技术开发项目也屡屡获奖。可见，我国钢铁行业已经把攻克高端钢种的"卡脖子"技术作为创新驱动的突破方向。5）深加工工艺。近两年，我国在汽车零部件制造关键技术方面取得了显著进展，2019 年度和 2020 年度冶金科学技术奖中，这类项目均摘得奖项。

　　装备领域："十三五"期间的装备类获奖项目也都是以智能化和节能环保为创新点。2020 年度钢铁生产装备类项目获奖数量明显高于往年，由此可见，我国钢铁制造技术装备升级速度加快。

　　（3）钢铁产品为我国高端装备制造提供材料保障。

　　"十三五"期间，在冶金科学技术奖的获奖项目中，钢铁产品方面主要围绕先进基础材料、关键战略材料、前沿新材料三个方向，重点推进高技术船舶、海洋工程装备、先进轨道交通、电力、航空航天、机械等领域重大技术装备所需高端钢材品种的研发和产业化，所取得的科技创新成果主要体现在以下七大重点领域。

　　海洋工程装备及高技术船舶领域：以高强、特厚、大线能量焊接、超低温为主要方向，开展海洋平台桩腿结构用钢及配套焊材、钛合金油井管、X80 级深海隔水管材及焊材、大口径深海输送软管、极地用低温钢等开发及批量试制和应用验证；加快高止裂厚钢板、高强度双相不锈钢宽厚板、LNG 船用殷瓦钢及专用高强度聚氨酯绝热材料产业化技术开发，实现在超大型集装箱船、LNG 船等高技术船舶上应用。获奖项目中，"高品质双相不锈钢系列板材关键制备技术开发及应用"项目实现了国产双相不锈钢板材的品种系列化、生产规模化、应用多样化，替代进口；产品填补了国内多种双相不锈钢的空白。

　　节能与新能源汽车领域：重点开发新一代超高强汽车钢，包括汽车轻量化急需的700MPa 及以上高强度汽车大梁板、780~1500MPa 高强度汽车板、复杂液压成形管件、热冲压成型钢、超高强帘线钢等产品。获奖项目中，"汽车轻量化用吉帕级钢板稳定制造技术与应用示范"项目开发了五类抗拉强度不小于 1GPa 的系列钢板，主要包括高性能和低成本的 DP 钢、高弯曲性能和高抗延迟开裂的 M 和 CP 钢、冲压性能优越的 QP 和 TWIP 钢，为我国汽车轻量化奠定了材料基础。

　　先进轨道交通装备领域：突破钢铁材料高洁净度、高致密度及新型冷/热加工工艺，解决坯料均质化与一致性问题，重点开发高铁轮对用钢、高速重载车轴钢、高速重载高强度钢轨、车辆车体用耐候耐蚀钢。获奖项目中，"高速重载车轴钢冶金技术研发创新及产品开发"项目形成了具备自主知识产权的成套工艺技术，改变了高铁及重载铁道车辆用车轴等关键部件严重依赖进口的局面。

电力装备领域：重点发展超超临界火电机组用耐热钢，汽轮机和发电机用大锻件与大叶片用钢，核电机组压水堆内构件用钢，水电机组用大轴锻件钢与蜗壳用钢以及高效环保变压器用低铁损、高磁感硅钢。获奖项目中，"先进核能核岛关键装备用耐蚀合金系列产品自主开发及工程应用"项目团队围绕核岛关键装备用耐蚀合金开展研制，突破了冶炼、热加工、冷变形、热处理等关键技术，实现了全流程自主制造，成功开发出 83 个规格的板、带、管、棒产品，应用于 CAP1400 压水堆、高温堆国家重大专项示范工程，为我国核能自主化和"走出去"战略提供了材料保障。

能源用钢领域：重点发展超临界、超超临界火电机组用大口径耐热、耐高压管，核电机组用高性能铁素体和奥氏体不锈钢、锰镍钼类合金钢管，油气输送用大口径双相不锈钢无缝管，低铁损、高磁感硅钢等。获奖项目中，"取向硅钢高速连续激光刻痕技术研发与应用"项目自主开发集成连续退火线在线高速刻痕技术，效率高、成本低，并生产出 B18R060、B18R065、B20R065 等当今世界顶级牌号的取向硅钢，用于制作顶级的 S15 型变压器。

机械及关键基础零部件领域：重点开展低成本、高强度、高硬度、耐高温等系列化耐磨钢产品开发，重点开发先进制造业用高性能轴承钢、齿轮钢、弹簧钢，传动轴用超高强度钢，高强韧非调质钢，12.9 级以上高强度紧固件用钢，高品质冷镦钢，复杂刀具用易切削工具钢，大截面、高均匀、高性能模具钢等。获奖项目中，"高品质系列低合金耐磨钢板研制开发与工业化应用"项目成功开发出低成本型、高韧性型、超级耐磨型和耐高温磨损型系列耐磨钢核心生产技术及产品，构建起钢板焊接、折弯、切削加工应用技术体系。

绿色环保钢铁产品领域：重点发展高强度、薄规格钢板，推广使用热镀锌无铬钝化板、无铬彩涂板、电工钢环保涂层板、免中涂汽车板等绿色环保用材。获奖项目中，"高鲜映性免中涂汽车外板制造关键技术及装备"项目成功地突破了 6 项关键技术，实现了高鲜映性免中涂汽车外板的稳定化生产和应用，可降低 VOCs 排放 60% 以上。该项目开发的高鲜映性免中涂汽车外板覆盖 IF 钢、BH 钢、高强 IF 钢三个钢种和连退、热镀锌、热镀锌铝镁三种钢板表面状态，广泛应用于国内外知名品牌汽车。

（4）节能环保领域，积极践行绿色发展理念。

"十三五"期间，我国钢铁工业积极落实各项产业政策，在行业节能、节水、大气污染防治等方面取得显著进步。当前，部分企业能效已达到世界先进水平，一批钢铁企业建成花园工厂、绿色工厂。同时，"黑色冶金过程废水资源化循环利用技术及应用""焦炉煤气强化烧结技术开发与应用""低热值煤气高效小型化发电系统集成技术""钢铁尘泥转底炉法环保处理应用及系列标准研究与制定""宝钢产品基于 LCA 的生产过程、环境友好的研究"等一大批节能环保科技成果获得行业认可并成功应用于实践，取得了良好的经济效益和社会效益。

节能领域：钢铁工业经过不断的节能技术革新，能耗下降幅度趋缓，节能研究逐步向系统集成方向发展。"十三五"时期多项科技成果来自烧结余热余能的回收利用。另外,"大型焦炉用节能环保新材料关键技术研发及系列化产品应用"项目、"高效长寿型转炉废烟气余热回收技术开发与应用"项目等,分别在节能材料、节能装备方面取得明显进步。

节水与废水综合利用领域:"十三五"期间,节水与废水综合利用领域冶金科学技术奖成果均为系统性的水资源综合利用技术,涉及源头控制、污水治理、循环利用等环节,具有广泛应用价值。

大气污染防治领域:烧结、焦化工序的活性炭法烟气多污染物协同高效净化关键技术与装备研究、焦炉烟气脱硫脱硝工艺与装备技术的开发应用等是钢铁行业大气污染防治工作的最重要领域。在污染物源头治理方面,"烧结料面喷吹蒸汽机理研究及应用"项目,阐明了烧结料面喷吹蒸汽基础理论,开发了烧结过程 CO 和二噁英协同减排关键技术。另外,"钢铁窑炉烟尘 PM2.5 控制技术与装备"项目,研发强化 PM2.5 捕集的预荷电技术、精细过滤材料以及复合式微细粒子预荷电袋滤器,有效降低颗粒物排放浓度,实现超低排放。

资源综合利用领域:主要针对钢铁渣、尘泥等固废资源的综合处理利用,也涉及热轧油泥、含盐酸废液的处理等。

绿色制造领域:"长型材绿色化制备关键技术开发及应用"项目,针对国家上千条长型材轧钢工序生产能耗高的重大问题,系统地研究了长型材生产过程中降低能源消耗、提升产品质量稳定性的关键技术,在不对现有装备做大改造的情况下,实现了连铸和轧钢工序短程、中程、长程衔接的绿色化制备工艺,形成核心技术。

"宝钢产品基于 LCA 的生产过程、环境友好的研究"项目从建立方法学体系、模型及软件工具开发,到在上下游全产业链上应用,升华到产品的生态设计层面,逐步形成了一整套应用体系。

(5)智能制造助力钢铁行业向高端化发展。

在智能制造这一新的历史契机下,中国钢铁工业加快供给侧结构性改革,推进钢铁智能制造发展,是实现质量变革、效率变革、动力变革高质量发展的基础保障,是实现转型升级的突破口。回首 2016~2020 年中国钢铁智能制造建设之路,围绕自动化、数字化、网络化、智能化展开积极探索与实践,并已在工艺优化、智能控制、生产调度、设备运维、质量检验、能源管控、安全环保等方面取得了丰硕的成绩。

从申报数量和获奖数量来看,"十三五"期间我国钢铁智能制造相关技术申报数据、获奖数目呈现增加态势,并且获得奖项的等级也在不断上升,说明钢铁企业越来越重视相关智能制造技术的研发,投入比例也在不断增加,我国钢铁领域的智能制造技术的研发水平和能力也在不断提高与进步,智能制造相关技术在钢铁生产各方面的应用效果越来越凸显。

分析"十三五"期间获得冶金科学技术奖的钢铁智能制造相关技术项目,可以发现获奖技术主要集中在工艺优化、智能控制、生产调度、设备运维、质量检验、能源管控、安全环保等方面，而这些都是钢铁企业在实际生产中需要解决的核心问题。

工艺优化："超纯净高稳定性轴承钢关键技术创新与智能平台建设"项目形成了独有的超纯净冶炼、大断面连铸和大压缩比非均温轧制等关键核心技术及全流程智能化轴承钢质量控制平台，使得轴承钢产品的纯净度和稳定性达到了国际先进水平。

智能控制："基于大数据全流程一体化管控的钢铁智能制造技术研发与示范"项目进行了以铁区一体化管控、大数据中心、大规模集控为核心技术的重大创新，在宝武韶钢建成了全球首个钢铁智慧中心，使钢铁生产模式发生颠覆性转变，树立了钢铁智能制造的典范。

生产调度："基于数据流式计算的钢铁企业智能协同调度执行系统"项目建立了生产流程调度管理控制与质量追溯、物流调配、能效监控协同的智能协同调度执行系统，实现了对多基地、大规模复杂情况和广域环境下集团化钢铁企业智能生产的协同调度执行。

设备运维："冷轧机颤振智能监控与抑振提速技术及应用"项目实现了抑制颤振下的轧机智能升降速，保证连轧机高速稳定运行，实现抑振提速。

质量检验："基于深度学习的热轧带钢表面在线检测与质量评级"项目开发了基于深度学习的热轧带钢表面在线检测与质量评级系统。其中基于分类优先网络与多尺度感受野的热轧带钢表面缺陷检测算法处于国际领先水平。

在智能制造这一新的背景和机遇下，未来钢铁行业在设备运维和资产管理模式、生产模式、运营模式和商业模式上都将发生显著的变化。

原辅材料

冶金功能耐火材料关键服役性能协同提升技术及在精炼连铸中的应用

一、完成单位

中钢集团洛阳耐火材料研究院有限公司、濮阳濮耐高温材料（集团）股份有限公司、武汉科技大学、河南熔金高温材料股份有限公司。

二、项目概况

本项目属无机非金属材料领域，涉及钢铁冶金用功能耐火材料。

功能耐火材料是应用于高温工业的结构功能一体化材料，冶金用功能耐火材料（以下简称功能耐材）包括透气元件、长水口、浸入式水口、塞棒及滑板等，是支撑钢铁精炼、连铸高效运行的关键材料，起到均匀钢水成分和温度、控制流量及其分布、促进夹杂物上浮、防止钢水氧化等重要作用，其服役行为对钢铁行业提质增效、高品质钢材生产有重要影响，为国际耐火材料发展前沿，被同行和钢铁、有色等行业高度关注。

当前，我国钢铁工业面临转型，向价值链高端发展是《中国制造2025》的战略任务，高品质功能耐材是其重要基础。然而，由于服役环境苛刻复杂，经受剧烈热冲击、高温钢液和渣液侵蚀及氧化损伤，功能耐材常出现热震断裂、局部严重侵蚀、功能劣化甚至污染钢液，远不能满足高品质钢材高效化生产急需。

高品质功能耐材需兼具高抗热震性和高抗侵蚀性，功能稳定并不污染钢液。但是，上述性能在耐火材料的传统制备中相互制约、难以兼顾，一直是改善其服役行为和发展高性能功能耐材的瓶颈。国内外对材料研制进行了诸多尝试，在本项目以前，未见有显著突破的报道。

通过多年对功能耐材服役行为、失效机理、材料设计制备及评价的系统研究，本项目突破单一材料组分设计理念，通过组成梯度和微结构梯度设计及多层复合，有效降低了材料经受热冲击时产生的最大热应力，优化了关键部位的抗侵蚀性能和服役功能，解决了制约材料关键服役性能协同提升的国际难题，开发出高服役性能系列梯度功能耐材，寿命显著提高，并获得广泛应用。

本项目获授权发明专利22项，河南省科技进步奖一、二等奖各一项，梯度功能耐

本项目获得2016年度国家技术发明奖二等奖。

火材料获国家重点新产品。中国耐火材料行业协会认为项目成果引领和促进了我国耐火材料行业的科技进步，保障了钢铁工业高效运行；中国金属学会将该成果列为冶金行业重点推广项目。

三、应用推广情况

本项目梯度复合结构的透气元件、长水口、浸入式水口、整体塞棒和滑板等功能耐火材料成套集成技术已在中钢集团洛阳耐火材料研究院有限公司、濮阳濮耐高温材料（集团）股份有限公司、卫辉熔金耐火材料有限责任公司推广实施和工业化规模生产。据近三年统计，累计新增产值达 10.6 亿元，利润 1.2 亿元。

四、项目创新点

本项目取得如下创新：

（1）通过对热震、高温侵蚀等损伤机理及材料功能复合的基础研究，采用数值、水力物理及高温热场等模拟，系统研究了功能耐材在高温强热冲击下温度场和应力场响应、钢液与渣液侵蚀及功能劣化机理，提出了组成梯度与微结构梯度及多层复合设计的创新学术思想，以制备具有在线自修复特点的新型功能耐材，实现其关键服役性能的协同提升。

（2）设计了系列防氧化、自修复、低维增强材料的技术体系，通过热处理及利用高温服役时物相和微结构的演化，开发了基质结构低维化功能耐材服役性能调控新技术。

（3）设计构建不同材料界面，实现功能分区多层复合，设置应力缓释区、增强关键部位性能，研制了服役功能优、热应力低、抗侵蚀性好的梯度多层复合功能耐材，并发展了关键性能评价技术。

（4）发明了梯度多层复合结构的长水口、浸入式水口、塞棒、透气元件等专利产品。

五、项目意义

本项目研究成果对耐火材料行业转型升级发展高性能耐火材料、减少资源消耗具有重要意义。

红土镍矿冶炼镍铁及冶炼渣增值利用关键技术与应用

一、完成单位

中南大学、广东广青金属科技有限公司、宝钢德盛不锈钢有限公司。

二、项目概况

本项目针对红土镍矿生产镍铁工艺存在的原料适应性差、能耗高、效率低、冶炼渣难以利用等突出问题，开展红土镍矿冶炼镍铁的理论基础、关键技术及工程化应用研究，开发出红土镍矿选择性固态还原制备镍铁新工艺、还原熔炼渣系优化调控新技术以及镍铁冶炼渣制备耐火材料新方法，扩大了可利用的红土镍矿资源范围，解决了镍铁冶炼渣高效增值利用难题及渣堆存带来的环境污染等问题，为镍铁工业的绿色、可持续发展提供了技术支撑。

三、应用推广情况

新工艺、新技术已在国内外建厂实施和推广应用，三年创直接经济效益 14.87 亿元。

四、项目创新点

本项目取得如下创新：

（1）开展了镍、铁氧化物选择性还原基础理论研究，开发出红土镍矿选择性还原和镍铁颗粒快速生长的新技术，首创了具有自主知识产权的低品位红土镍矿低温固态还原-磁选制备镍铁新工艺。该工艺已在印尼 SILO 公司建厂实施。在 1000~1050℃ 还原温度下，获得镍回收率大于 95%、镍铁比由原料的 0.05 提高至 0.12，生产成本较粒铁法降低 30% 以上。

（2）揭示了红土镍矿主要组分与高温熔融特性的相互关系，构建了包含钙、镁、硅、铝和亚铁等组分的新渣型，开发出以控制 FeO 含量为中心、以调节四元碱度（$w(CaO+MgO)/w(SiO_2+Al_2O_3)$）为主要手段的渣系优化调控新技术，将电炉冶炼温度降低 60~100℃，电耗降低 10% 以上，镍、铁、铬回收率分别提高 1%~2%、5%~

本项目获得 2019 年度国家科技进步奖二等奖。

10%和20%以上。该技术应用于粒铁法，将最高还原温度由1350~1400℃降至1200℃，降低了冶炼能耗。

（3）针对镍铁冶炼渣难处理问题，提出了以镁橄榄石为主相、镁铝铬尖晶石为强化相的耐火材料组分，开发出镁质添加剂优化组分、粒级匹配、超固相烧结制备镁橄榄石型耐火材料新方法，获得了耐火度1660℃、综合性能优于MS-65型耐火材料的新型材料。新方法将烧结温度由传统工艺的1500~1550℃降低至1350℃，大幅度降低了生产成本。

该项成果已获授权专利15项（其中发明专利8项），发表相关论文20篇，培养博士、硕士研究生共10人，该成果已在广东广青金属科技有限公司和印尼SILO公司应用并建厂实施，经济效益和社会效益显著。

五、项目意义

本项目从镍铁制备新工艺开发、现有工艺技术革新、镍铁渣增值利用等方面，对镍铁生产进行技术创新，为我国镍铁和不锈钢工业的绿色、可持续发展提供了坚实的技术支撑。

超大容积顶装焦炉技术与装备的开发及应用

一、完成单位

中冶焦耐工程技术有限公司、北京科技大学、鞍山钢铁集团公司。

二、项目概况

本项目属炼焦技术领域。

炼焦工业是冶金、化工行业的支柱产业，对国民经济发展有着重要影响。焦化行业特点是资源、能源消耗量大，污染物排放量大。开发清洁高效的超大容积顶装焦炉技术与装备，对推进我国焦化行业的提质增效和绿色发展具有重要的意义。

本项目以解决焦化行业清洁高效生产的关键问题为导向，通过原始创新和集成技术创新的有机结合，利用现代炼焦技术、热工理论以及先进的过程仿真软件平台，在超大容积顶装焦炉组合燃烧技术、炉体结构、关键设备、焦炉智能化控制及系统技术集成等方面取得了创新性成果，研发的焦炉生产过程数值模拟与仿真技术、废气循环与多段加热组合燃烧技术、焦炉加热优化控制与管理技术等具有自主知识产权。研发的超大容积焦炉具有劳动生产率高、焦炭质量好、炼焦能耗低、吨焦投资少、适应我国炼焦煤资源结构特征等优点。

本项目获得发明专利授权16项，获得实用新型专利授权43项，软件著作权5项，形成行业专有技术和企业技术诀窍14项，在国内外学术期刊及会议上发表论文33篇（其中7篇被SCI、EI收录），形成一支产学研结合的技术研发应用团队。

三、应用推广情况

自示范工程于2012年成功投产以来，本项目成果得到大面积推广和应用，取得了巨大的社会、经济和环境效益。截至目前，应用项目成果建设的焦炉总计42座（已投产30座），每年产能3223万吨。每年可增收4.88亿元、节约加热煤气成本0.897亿元；每年可减少CO_2排放62.5万吨、减少粉尘排放43t、减少SO_2排放75.5t、减少NO_x排放10342t，节约建设投资75亿元以上。

四、项目创新点

本项目取得如下创新：

本项目获得2017年冶金科学技术奖特等奖。

项目成果的主要技术经济指标达到国际领先水平。首次系统构建了焦炉生产全过程的数理化模型，研发出国际领先的新一代焦炉设计和运行虚拟仿真软件；研发的超大容积焦炉炉组生产能力每年超过 150 万吨；焦饼高向温差不大于 70℃，长向温差不大于 60℃；炼焦能耗降低 3%~5%；污染物排放总量比 6m 焦炉减少 20% 以上；焦炉排放废气中 NO_x 含量达到 $350mg/m^3$ 的国际先进水平；与国际上同类大容积焦炉相比，砖型数量减少 30%；与引进技术相比，每个项目节约建设投资 3 亿~4 亿元。

五、项目意义

项目成果具有大幅降低炼铁生产成本、显著提升劳动生产率、对环境污染总量少等优点，为促进我国焦化行业技术进步提供了更新换代技术，对推进我国钢铁工业创新驱动、转型升级、提质增效和绿色发展具有重要意义。

露天地下楔形过渡开采方法与应用

一、完成单位

东北大学、海南矿业股份有限公司、金诚信矿业管理股份有限公司。

二、项目概况

本项目属采矿技术领域。

本项目主要研究解决过渡期露天、地下生产相互干扰导致减产或停产过渡问题相关的关键技术，在总结国内外露天转地下研究成果与生产经验的基础上，分析了传统的预留境界矿柱隔离露天地下采场的过渡模式对矿床高效开采的不适应性，提出了过渡期地下诱导冒落法开采挂帮矿体、露天延深开采坑底矿体的楔形转接过渡模式，研究了该模式下露天地下协同开采的技术方法，包括挂帮矿体地下诱导工程的布置形式与诱导冒落参数的确定方法、露天坑底延深开采境界的确定原则与细部优化方法、露天地下同时生产的安全保障措施与高效开采技术等，提出了利用诱导工程的回采顺序与空区高度，控制边坡岩移的方向，使其指向塌陷坑而不滑落于露天采场的采动岩移控制方法；按露天与地下开采最优方案的回采指标与回采便利条件，比选择优确定过渡期露天地下开采细部境界的方法。此外，研究了露天地下协同安排回采顺序、协同形成覆盖层、协同布置开拓系统与协同优化产能管理等的理论方法与工艺技术，由此形成了完整的露天转地下楔形过渡协同开采方法。在海南铁矿应用中，进一步研究了挂帮矿体提前高效开采技术、复杂矿体三维探采结合技术、高陡边坡岩移控制方法、覆盖层简易形成方法等问题，从而延长了露天地下同时开采的时间，加速了地下产能的提高，有效解决了海南铁矿露天转地下过渡期产能平稳衔接的难题，并实现了增产过渡。

三、应用推广情况

本项目研究成果自2012年始，在海南铁矿全面应用，由于增大过渡期产能、降低采准系数、节省废石回填形成覆盖层的费用等，创直接经济效益15.17亿元。

四、项目创新点

本项目提出的露天转地下楔形过渡协同开采方法，克服了传统过渡方法存在的露

本项目获得2016年冶金科学技术奖一等奖。

天与地下开采时空的制约关系，消除了采动滑坡危害，有效利用了露天与地下开采的工艺优势，是一种安全高效的新型采矿方法。该法具有露天转地下过渡工艺简单、露天与地下采场安全生产条件好、开采强度大、效率高等优点，适用于各种稳定条件的露天转地下开采的金属矿山，可大幅度提高过渡期矿体的开采效率，实现露天转地下的安全过渡与增产衔接。

五、项目意义

本项目成果已在黑山铁矿、大孤山铁矿、眼前山铁矿、西石门铁矿和弓长岭井下铁矿等多座矿山得到推广应用，经济效益显著，成果应用前景广阔。

兰炭、提质煤在炼铁领域应用技术研究与开发

一、完成单位

北京科技大学、中钢集团鞍山热能研究院有限公司、神木县兰炭产业服务中心、包头钢铁（集团）有限责任公司、西安建筑科技大学、甘肃酒钢集团宏兴钢铁股份有限公司、新兴铸管股份有限公司、河南龙成集团有限公司、辽宁科技大学。

二、项目概况

本项目属于钢铁冶炼技术领域，涉及铁矿烧结、高炉冶炼、燃料燃烧和计算机技术等多方面。

炼铁工序能耗占钢铁生产流程中能量消耗总量的70%，是耗能量和排放量最大的环节，因此节能减排重点在炼铁工序。寻找新型廉价燃料资源用于高炉炼铁是减轻钢铁冶炼对优质资源的依赖，减少钢铁生产对环境的破坏，同时降低炼铁生产成本的必然选择之一。兰炭、提质煤是采用弱黏结性煤或不黏煤经中低温干馏而成，相对于无烟煤和焦炭具有低硫、低磷和价格低廉的优势。

本项目对于将兰炭、提质煤作为高炉喷吹、烧结燃料和焦丁替代品入炉的技术进行了系统深入的研究，形成了一套兰炭、提质煤在炼铁领域高效应用的技术方案。

项目申请专利22项，授权发明专利18项，授权实用新型4项；获得计算机软件著作权2项；起草了国家标准3项，地方标准1项；发表论文40余篇，其中SCI/EI论文12篇。经中国金属学会专家委员会和榆林市科技局专家委员会鉴定，项目总体技术水平达到国际先进水平。

三、应用推广情况

本项目技术成果目前已在包钢、酒钢、新兴铸管股份有限公司、山西美锦钢铁有限公司等国内知名企业推广和运用，给钢铁企业带来1.47亿元的经济效益。

四、项目创新点

本项目取得如下创新：

（1）针对兰炭、提质煤特点和炼铁工艺燃料要求，开发了兰炭、提质煤高效用于

本项目对于获得2016年冶金科学技术奖一等奖。

炼铁工序的调控技术,解决了兰炭喷吹可磨性偏低、兰炭烧结燃烧速率过快和替代焦炭强度偏低的技术难题,成功耦合煤化工半焦(兰炭、提质煤)生产系统与炼铁生产系统,提出了兰炭、提质煤运用于炼铁领域的新型工艺路线,推动了煤炭资源的梯级高效利用和钢铁企业节能减排。

(2)率先提出了高炉喷吹燃料有效发热值的概念,自主研发了新一代高炉喷煤模拟实验装置,开发了基于有效发热值的高炉喷吹燃料经济评价与优化搭配软件,解决了兰炭、提质煤与喷吹煤混合喷吹时的燃料优化选择、搭配的技术难题。

(3)率先建立了兰炭运用于高炉、烧结的经济评价模型,开发了"喷煤-烧结-高炉配加兰炭经济核算系统"软件,科学预测兰炭资源在炼铁领域运用的经济效益;制定了兰炭用于高炉喷吹、烧结和替代焦炭的技术规范及相关国家标准,为企业采购及使用提供了科学指导。

五、项目意义

本项目技术成果得到行业一致认可和好评,对国内钢铁行业节能减排具有重要意义。

极难选红铁矿闪速（流态化）磁化焙烧成套技术开发与应用

一、完成单位

长沙矿冶研究院有限责任公司、武汉理工大学、湖北凤山矿业有限公司、湖南长拓高科冶金有限公司。

二、项目概况

本项目属于矿山科学技术领域。

为高效开发菱铁矿、褐铁矿和超细粒赤铁矿等极难选红铁矿、综合回收流失至尾矿的铁资源，在中国工程院余永富院士首次提出"闪速磁化焙烧"思想的基础上，在"十五""十一五""十二五"国家科技计划的持续支持下，本项目对基础理论、关键技术与装备、产业化开展了长达十多年的系统研究，在铁矿物磁性快速转化、粉矿循环预热、提高焙烧效率、低成本干式均匀制粉、煤的流态化无焰燃烧、清洁生产等方面取得重大突破，发明了极难选红铁矿闪速磁化焙烧成套技术和装备。

该技术拥有完全自主知识产权，获得授权专利 24 项。经成果鉴定，整体技术达到国际领先水平，开创了难选铁矿石开发利用的新途径，引领我国乃至世界难选铁矿石选矿技术的发展。

三、应用推广情况

2016 年，本项目在湖北黄梅首次建成 60 万吨/年闪速磁化焙烧产业化工程。对 TFe = 32.52% 的菱褐铁混合矿，获得品位 57.52%、SiO_2 含量 4.76%、铁回收率 90.24% 的先进技术指标；产出的铁精矿具有自熔性，与鞍本地区 66% 铁精矿质量相当。相对该矿区以前的生产指标，铁精矿品位提高 5.68 个百分点，回收率大幅度提高 33.37 个百分点。

四、项目创新点

本项目取得如下创新：

（1）创造性地将流态化技术应用于细颗粒铁矿石磁化焙烧，矿石运动状态由传统

本项目获得 2017 年冶金科学技术奖一等奖。

的堆积态转变为悬浮态，固气两相接触面积提高 3000 倍以上，反应速度提高 100 倍以上，实现了弱磁性氧化铁矿石的快速磁化。

（2）开发焙烧炉尾气二次燃烧和余热逐级利用技术，多级循环预热矿粉、干燥原矿，提高系统热能利用效率，焙烧温度较竖炉和回转窑降低 100℃以上、能耗降低 30% 以上。

（3）利用矿石抗剪强度低的特点，在集成高效立式辊压磨矿、精细风力分级工艺基础上，开发出新型干式均匀制粉技术，满足了制粉粒度和低能耗要求，显著简化制粉流程，原矿制粉电耗降低至 15kWh/t，制粉成本小于 15 元/吨。

（4）开发流态化无焰燃煤装置，使用普通燃煤为焙烧系统同时提供热源和还原性介质，降低了焙烧成本，每吨铁精矿制造成本为 234.36 元，拓宽了技术的适用地域。

（5）集成创新多种综合节能和环保技术，在分段供氧条件下，实现低温燃烧，显著降低 NO_x 排放；在产业化工程中，实现了无废水排放和尾矿综合利用，全过程满足了清洁生产要求。

五、项目意义

本项目成果的推广对扩展我国铁矿石资源量、提高资源利用率、缓解铁矿石供需矛盾、保障钢铁工业健康发展具有十分重要的战略意义。

大型焦炉用节能环保新材料关键技术研发及系列化产品应用

一、完成单位

中钢集团耐火材料有限公司、宝山钢铁股份有限公司、郑州大学。

二、项目概况

本项目属于炼焦用耐火材料领域。

中国是世界焦炭生产大国和消费大国。进入 21 世纪以来，随着中国钢铁工业的迅猛发展，中国焦化行业也进入了快速发展，国内现已有 2000 余座大型焦炉（顶装焦、捣固焦）。在钢铁工业生产中，焦炉能耗约占总能耗的 13%~15%，大量的 NO_x、CO_2 等气体排放，给环境带来严重污染，同时造成焦炉作业环境差，劳动强度高等问题。

一座焦炉 90% 左右是由耐火材料堆砌而成，耐火材料的性能优劣影响着焦炉的技术进步。为了适应中国炼焦工业在环境、节能减排、煤资源综合利用、职业健康等方面的要求，除了在工艺设计提升外，仍需要在焦炉用耐火材料方面得到大力改进提升。通过对耐火材料进行技术创新，可以使焦炉在节能减排、环境和操作方面得到很好的改善。

本项目针对焦炉的关键部位，开发出大型焦炉用节能环保新材料：高热震微膨胀硅砖、炉门预制件系列产品，解决了焦炉炉门、烟道（上升管及桥管）、加煤孔和配套炉盖等部位存在的密封性差、维修频繁、使用寿命短等问题，解决了碳素和焦油沉积和化学物质渗透，大大提高了使用效果，降低了劳动强度，导热率低，可降砖衬厚度 20%~25%，节约空间，提高炼焦利用率，降低焦炉炼焦耗热量，产生了直接经济效益，更重要的是降低了污染，节能环保，且在窑炉热态下修补，不仅表现出优良的使用性能，而且可以实现不停产热修，避免停产抢修所致的经济损失。

三、应用推广情况

本项目产品已在国内外多座大型焦炉上成功使用，如中国宝武、中国台湾中宇环保工程股份有限公司、日本新日铁、德国蒂森克虏伯公司等，应用效果理想，很好地实现了高效、环保、节能。

本项目获得 2017 年冶金科学技术奖一等奖。

四、项目创新点

本项目取得如下创新：

（1）釉面复合莫来石堇青石制品，在坯体表面施以高性能陶瓷釉料，提高基体表面的致密性，进一步提高了制品的耐磨性和抗介质渗透、抗化学侵蚀性。产品各项理化性能均超过国内外同类产品，比国内外同类产品的抗渗透、抗侵蚀、耐磨损性能等更为优异。

（2）高热震零膨胀硅砖，具有低膨胀性、高热震性、耐热性好的特点，快速加热后不产生裂纹，实现快速不停窑热修补。

五、项目意义

面对资源紧缺、国家环境保护政策的深入落实，节能降耗是每个企业发展的必由之路。为此，本项目成功开发的节能环保新材料可以满足高温行业的迫切需求。

焦炉煤气强化烧结技术开发与应用

一、完成单位

宝钢股份上海梅山钢铁股份有限公司、无锡东大工业研究院有限公司。

二、项目概况

本项目涉及一种焦炉煤气强化烧结的技术，属于钢铁冶金技术领域。

该技术的原理是在烧结料面喷入一定量的焦炉煤气，在烧结负压的作用下，焦炉煤气被抽入烧结料层并在料层中的燃烧层上部燃烧放热，从而拓宽了烧结的燃烧层；同时，由于减少了烧结固体燃料比例，使得烧结最高温度降低，更适合于强度和还原性能更优的复合铁酸钙组分的生成，从而改善烧结矿强度和提高成品率。

保持 1200~1400℃ 的温度带，对生产高强度高还原性的烧结矿至关重要。它能使合适的温度带变宽、液相率增加、提高 1~5mm 孔隙间的熔合并提升烧结矿强度。大于 5mm 的孔隙的烧结矿数量增多可提高料层的透气性，同时低温烧结工艺也抑制了铁矿石的自身熔化。而在未熔化的铁矿石中，小于 1μm 的微孔隙的存在也使烧结矿的还原性提高，从而改善烧结饼的孔隙结构，提高烧结矿质量。

三、应用推广情况

2013 年，上海梅山钢铁公司技术中心、炼铁厂和东北大学无锡东大工业研究院有限公司合作，在梅钢公司技术中心实验室进行了焦炉煤气强化烧结技术的实验室研究，主要考察了喷吹强度、喷吹时间及喷吹总量对烧结过程及烧结矿质量的影响。研究表明，在烧结过程中添加一定量的焦炉煤气后，不但可以降低烧结矿固体燃耗，而且对于提高烧结矿转鼓强度和利用系数均有积极影响。为了将该技术进行现场应用，在无国内外任何参考资料的条件下，对其工业应用装置进行自主研发，并于 2014 年 1 月，在梅钢 3 号烧结机进行工业化试验，取得了较好的现场应用效果。鉴于 3 号烧结机的成功经验，公司将该技术在梅钢内部进行技术移植。2016 年 10 月，梅钢 4 号烧结机焦炉煤气强化烧结喷吹系统安装完成并投入使用。此外，5 号烧结机焦炉煤气强

本项目获得 2017 年冶金科学技术奖一等奖。

化烧结喷吹系统已纳入梅钢公司 2017 年技改计划。

四、项目创新点

本项目可以降低烧结固体燃耗和烧结矿生产的总能耗,降低烧结矿和生铁成本;同时,该技术可以使烧结过程更加平稳,可以更好地调整烧结料层上下部的热量分配,防止上部热量不足和下部过烧,从而改善烧结矿强度和还原性,有利于大高炉的冶炼和降低高炉焦比和生铁成本;该工艺还具有降低炼铁工序温室气体 CO_2 排放量的特点,是一项节能降耗、降低烧结矿和生铁成本并兼具环保特征的绿色先进技术。

五、项目意义

本项目可以降低烧结固体燃耗和烧结矿生产的总能耗,降低烧结矿和生铁成本,同时,还具有降低炼铁工序温室气体 CO_2 排放量的特点,是一项节能降耗、降低烧结矿和生铁成本并兼具环保特征的绿色先进技术。

高寒干旱地区大型铁矿床绿色高效开发技术集成及应用

一、完成单位

包头钢铁（集团）有限责任公司、长沙矿冶研究院有限责任公司。

二、项目概况

本项目属于采矿工程与选矿工程领域。

白云鄂博矿床是一个大型铁、稀土、铌综合性金属矿床。西矿是其中储量较大的矿体群之一，铁矿石储量约9亿吨，Fe平均品位28%，具有低磷低氟低稀土的特点，但矿体赋存条件极为复杂，矿石种类繁多。白云鄂博地区海拔标高1600m以上，气候条件恶劣，最低气温达-40℃，年降水量平均238.3mm，蒸发量平均2743.5mm，为严重缺水的高寒干旱地区。由于矿体赋存复杂、矿体多、零、散、薄，不利于大规模集中开采；矿石类型多，矿物组成复杂，难以选别；气候高寒，严重缺水不利于输送和就地选别，致使白云鄂博矿床自1957年一直开采主、东矿，西矿未开发。本项目针对以上难点，对白云西矿的采矿、选矿、尾矿高浓度堆存及双向管道输送四个方面的关键技术进行了系统研究。

三、应用推广情况

上述研究成果已全部在为开发利用西矿资源成立的包钢巴润分公司得到应用，目前已形成矿石规模为1500万吨/年，采剥总量为11250万吨/年的特大型露天采矿场和生产能力450万吨铁精矿/年的选矿系统，2013～2015年直接创效25亿元。经查新，项目中氧化矿采用弱磁—强磁—反浮选—中磁选—筛分选矿工艺，以及采用一级泵站大流量，高扬程，长距离输水方法，同时使用深锥浓密机将铁尾矿浓缩到高浓度后排放进行节水两项技术在国内外公开文献中未见报道。

本项目获得发明专利1项，实用新型专利5项，发表科技论文58篇。

四、项目创新点

本项目取得如下创新：

本项目获得2017年冶金科学技术奖一等奖。

（1）针对白云西矿矿体赋存复杂、零、散、薄的特点，开发出多型号采矿设备联合作业的露天开采技术和陡帮剥岩缓帮采矿、组合台阶露天开采新工艺，实现了高效剥岩、精准采矿，降低了损失贫化，提高了复杂矿体开采强度，达到资源高效开发利用的目的。

（2）针对白云西矿矿石类型多、矿物组成复杂的特点，开发出弱磁—强磁—反浮选—中磁选—筛分新工艺，综合铁精矿品位提高了 4.2 个百分点，实现了白云石型氧化矿与云母、闪石型氧化矿的高效分选。

（3）开发出大型深锥浓缩机和通过两级浓缩形成高浓度膏体尾矿的新工艺，实现底流浓度 72% 以上，达到了节水、环保、安全的效果。

（4）开发出双向供水/矿浆管道输送和应用效能孔板装置克服加速流的新技术，实现了高寒地区高扬程、大口径、长距离、高落差水和铁精矿浆的一次泵送加压管道输送。

五、项目意义

2016 年，中国冶金矿山企业协会组织专家对本项目进行鉴定，一致认为本项目成果总体达到国际领先水平，其一系列关键技术、研究成果在类似矿山具有推广示范作用。

大容积长寿命焦炉精准高效全流程清洁建造关键技术及应用

一、完成单位

中国一冶集团有限公司、武汉科技大学、中冶武汉冶金建筑研究院有限公司。

二、项目概况

大容积焦炉建造工程是一项复杂的系统性工程，本项目涉及关键技术属于冶金科学技术、土木建筑科学技术及无机非金属材料技术三大技术范畴。

焦炉是冶金焦化生产中煤炼焦的重要热工设备，也是目前工业应用中最复杂的工业炉窑之一，焦炉建造工艺复杂、安装精度高，建造技术对焦炉生产和使用寿命都会产生很大影响。本项目针对焦炉结构复杂、洁净度高、工程量大、施工过程高效建造的施工特点，从精准控制建造技术，全流程清洁技术及炉门衬砖、釉料材料长寿命技术等方面开展系统研究。

三、应用推广情况

本项目形成了 28 项发明专利（授权 18 项），17 项实用新型专利，形成 2 项国家级工法和 6 项省部级工法，2 项国家标准，关键技术经行业专家鉴定为国际先进水平。

本项目已经成功应用于武钢、沙钢、首钢、邯钢等国内数十项重点工程及巴西、印度、南非等国外重点工程中，相继在我国第一座 7.63m 焦炉、6.25m 捣固焦炉中推广应用。工程建造成本每年节约 800 万元以上，碳排放量降低 7%。

四、项目创新点

本项目取得如下创新：

（1）研究了焦炉高效建造与精准控制及其全流程炉体清洁技术。创建基于 BIM 建立耐火材料大数据信息库，研发焦炉本体耐火材料信息化配板技术，实现焦炉预砌筑展示和砌筑工作量科学分配；研发焦炉蓄热室及燃烧室墙体垂直度控制技术、斜道口砌筑位置预控技术，焦炉墙体配列线定位技术等，实现焦炉无标杆砌筑质量高效控制；研发焦炉建造过程系列清洁装置与技术，有效减少灰浆溢出对管砖孔、斜道、立火道

本项目获得 2018 年冶金科学技术奖一等奖。

造成的堵塞、污染,实现焦炉全流程清洁建造。

(2)研究了大容积焦炉非标设备的安全高效与智能装配平台。研制加热煤气管道旋塞系统组装平台,解决狭小空间下的高效可控安装难题;发明门型吊架压紧焦炉保护板的施工技术,保证了保护板对焦炉炉头的优良密封性能和保温性能;构建"全参数驱动"吊机模型,实现安全可控的吊装作业。

(3)研发了大容积焦炉长寿命炉门耐火材料。创新性地将熔融石英和叶蜡石引入炉门黏土质耐火浇注料中,起到导热系数和热膨胀系数降低及微裂纹增韧三重作用,解决了高强度与抗热震性、保温性能矛盾的难题;研发大型炉门衬表面釉质涂层,有效阻止碳及有害物质向炉门衬内渗透,充分发挥超大容积焦炉节能环保技术优势的充分发挥。

五、项目意义

通过应用,本项目在提高焦炉精细化建造技术水平、延长焦炉生产使用寿命、降低污染排放、节约资源等方面取得重大经济及社会效益。

烧结料面喷吹蒸汽机理研究及应用

一、完成单位

中国一冶集团有限公司、武汉科技大学、中冶武汉冶金建筑研究院有限公司。

二、项目概况

本项目属于冶金节能减排领域。

烧结工序是钢铁工业污染物排放和能源消耗大户。烧结 SO_2、NO_x、烟粉尘和二噁英排放分别占钢铁工业污染物的 60%~70%、50%、30% 和 70% 以上，能耗占 10%。烧结过程中 CO 排放量（大于 $5000mg/m^3$，标态）远高于其他几种污染物。目前烧结污染物过程控制及末端治理技术均对 CO 减排没有效果，个别末端治理技术对二噁英的脱除虽然有一定效果，但存在二次污染的可能。因此如何有效降低二噁英和 CO 排放量是迫切需要解决的难题。

本项目针对二噁英和 CO 协同减排，开发了烧结料面喷吹蒸汽工艺，利用水蒸气催化碳燃烧、提高料面空气渗入速度及改变氯的形态等作用，显著降低烧结废气 CO 和二噁英含量的同时，改善了烧结矿的产质量，实现了污染物的过程控制。

本项目从 2014 年开始，历时四年的产学研合作研究，攻克了烧结喷吹蒸汽的基础理论、工艺制度等一系列关键技术，形成了一整套烧结喷吹蒸汽提质减排新工艺，在烧结过程 CO 和二噁英协同减排方面取得了重大突破，首次在 $550m^2$ 大型烧结机实现了工业应用。

三、应用推广情况

在首钢京唐公司 $550m^2$ 烧结机上应用后，废气 CO 含量由 14（$5\sim23g/m^3$，标态）降到 10.5（$3\sim18g/m^3$，标态），降幅 25%，吨烧结矿降低 7kg，年减排 7 万吨 CO。二噁英由 $0.033\sim0.35$ 降到 $0.013\sim0.037TEG\text{-}ng/m^3$（标态），降幅 49.5%。固体燃耗降低了 4.4% 至 42.98kg/t；烧结提产 2.37%，吨矿废气量减排 6.7%。蒸汽喷吹工艺投资和运行费用低（每吨分别为 50 万元和 0.3 元，降耗效益 1.2 元）。目前已在首钢股份 $360m^2$ 烧结机上推广。

本项目获得 2018 年冶金科学技术奖一等奖。

项目获得发明专利 4 项，实用新型 5 项，发表论文 6 篇，制定国家标准《烧结机热平衡测试与计算方法》（GB/T 34473—2017）1 项。

四、项目创新点

本项目取得如下创新：

（1）阐明了烧结料面喷吹蒸汽基础理论。喷吹蒸汽对空气有引射作用，可提高料面风速；强化碳燃烧反应，提高燃烧效率；减少烧结矿残碳并将氯源从 Cl_2 转化为 Cl 离子形态。以此理论开发了蒸汽喷吹辅助烧结新技术。

（2）开发了烧结过程 CO 和二噁英协同减排关键技术。根据烧结过程 CO 和二噁英的生成和排放特点，优化了喷吹位置、间隔、强度等参数。喷吹蒸汽使燃料燃烧效率明显提高，CO 含量大幅降低；分子态氯的减少，显著抑制烧结过程二噁英合成。

（3）形成了大型烧结机喷吹蒸汽合理的工艺制度。该技术特点是喷吹起点为烧结机长度方向 30% 位置，喷吹强度为 $0.3 \sim 0.6 kg/(m^2 \cdot min)$，喷吹终点设置在烧结废气温度上升点位置。烧结生产的提质增效效果明显。

五、项目意义

本项目若推广到我国现有 1200 余台烧结机上，CO 年减排量可达 560 万吨，对改善我国空气质量具有重要意义和推广价值。

鞍钢 30 万吨焦油深加工典型工艺技术和装置研发与应用

一、完成单位

鞍钢集团工程技术有限公司、鞍钢化学科技有限公司。

二、项目概况

本项目属于冶金行业煤化工技术领域。

高温煤焦油含有沥青、萘、β-甲基萘、芴、苊、酚、喹啉等多种化工产品，国外已可从中分离提纯 400~500 种化工产品，国内焦油加工主要是初步分离焦油产品，产品品种相对较少，产品深加工工艺相对落后。本项目瞄准焦油深加工这一具有市场前景的课题，针对焦油加工工艺及装备技术难点展开攻关，确定整体工艺方案，取得了良好工业应用效果，研发出 2 项国家发明专利及多项专有技术。

三、应用推广情况

开发的鞍钢 30 万吨焦油加工项目技术先进、产品质量好、自动控制水平高、节能降耗、环保效果好。

本项目已成功应用在鞍钢化学科技股份有限公司，一次投产运行达标。

鞍钢 30 万吨焦油加工项目投产运行后，研发的改质沥青、洗油加工、酚精制、喹啉精制等工艺已推广应用于河南宝硕焦油化工有限公司、山西金州煤焦集团、黄骅信诺立兴科技有限公司等多家地方企业的焦油加工项目，取得了良好的效果。

四、项目创新点

本项目取得如下创新：

（1）自主研发首创了煤焦油深加工长流程工艺技术，采用焦油后加碱三塔连续常减压蒸馏工艺初步分离焦油产品、采用双炉双釜生产低灰分改质沥青、采用动态降膜结晶工艺生产精萘、采用 8 塔连续蒸馏工艺深加工洗油、采用连续间歇相结合工艺精制提纯酚和喹啉等工艺技术，可生产 32 种高质量焦油深加工产品。

（2）项目采用轻油共沸脱水原理对煤焦油脱水；采用后加碱中和洗涤工艺，降低

本项目获得 2019 年冶金科学技术奖一等奖。

沥青中钠离子含量，提高沥青产品附加值；开发馏分三塔连续常减压蒸馏工艺，连续生产93%萘油馏分直接作为生产精萘的原料，取消工业萘装置；降低工程投资和运行成本，生产的洗油、重油含萘低。

（3）开发了3.3万吨/年以焦油蒸馏的93%萘油馏分为原料直接生产精萘的动态降膜结晶工艺及自动控制系统，实现全自动连续操作，生产精萘产品纯度不小于99.5%、收率不小于93%。

（4）自主开发了5.2万吨/年洗油常减压连续蒸馏工艺核心技术，开发了采用溶剂共沸蒸馏法连续生产 β-甲基萘工艺；开发了采用直接蒸馏法取代常规的蒸馏+结晶法生产工业苊，连续生产98%工业苊、95%工业芴、β-甲基萘、中质洗油等多种稀缺化工原料，工艺先进、产品质量好。

（5）采用导热油换热、槽罐氮气密封、尾气集中收集洗涤等多项先进节能环保技术和自动化技术。

五、项目意义

本项目针对焦油加工工艺及装备技术难点展开攻关，确定整体工艺方案，取得了良好工业应用效果。

微细粒尾矿膏体浓缩及充填技术与装备研究

一、完成单位

山东科技大学、中钢矿业开发有限公司、中钢集团山东富全矿业有限公司。

二、项目概况

本项目属于采矿领域。

本项目针对低品位铁矿尾矿排放量大，尤其是微细粒尾矿难处置的行业共性难题，提出了尾矿"粗粒制砂—细粒充填"分级分质利用技术路线，通过粗粒尾矿分级回收、微细粒分级尾矿膏体浓缩、微细粒膏体尾矿胶结充填及其流变特性研究，实现低品位铁矿山的无尾排放。

三、应用推广情况

目前，本项目相关成果已在中钢集团山东矿业有限公司成功推广应用，实现了无尾排放，获得了良好的经济效益和环境效益，为企业长远发展起到了技术支撑作用。

四、项目创新点

本项目取得如下创新：

（1）微细粒分级尾矿膏体浓缩技术研究。采用 $\phi12m \times 24m$ 大高径比无耙膏体浓密机和多点、多水平絮凝剂添加装置，考察了压缩层厚度、絮凝剂种类、分子量和用量等工艺参数对微细粒分级尾矿浓缩效率的影响，确定了适宜的工艺操作参数，实现了浓度为 5%~10%、D95 小于 $40\mu m$、D50 小于 $10\mu m$ 微细粒尾矿的膏体浓缩，膏体尾矿的浓度达到 58%~62%，单台浓密机处理能力达到 40 万吨/年以上。

（2）微细粒膏体尾矿胶结及胶结机理研究。以矿渣、碱性激发剂和复合活化剂为主要原料，通过配比优化实验，制备了适用于微细粒分级尾矿胶结的矿渣基胶凝材料。在灰砂比为 1：12 的情况下，养护 28d 后胶结体抗压强度达到 1.5~1.7MPa，较相同条件下使用普硅水泥提高 35%以上。微细粒尾矿胶结机理研究表明，由矿渣基胶凝材料生成的 C—S—H 和 AFt 等水化产物将尾矿颗粒包裹在一起，从而形成了具有一定强度的胶结体。

本项目获得 2019 年冶金科学技术奖一等奖。

（3）微细粒膏体尾矿及胶结料浆流变特性研究。针对膏体尾矿以及加入胶凝材料后制备的胶结料浆的流变特性及其在不同管径条件下的输送阻力，提出了管道输送沿程阻力的计算方法表达式，为膏体尾矿以及胶结料浆输送方式的选择提供依据和技术支持。

五、项目意义

本项目的成功实施，解决了中钢集团山东富全矿业有限公司所面临的尾矿处置难题，保证了企业的正常运行。通过减少尾矿外排、节省尾矿库建设投资、回收清水以及出售粗砂等项目，年增经济效益 2000 万元以上，避免了尾矿外排造成的安全隐患和环境污染，对类似矿山的尾矿利用具有示范作用，推广应用前景广阔。

焦炉烟气脱硫脱硝工艺
与装备技术的开发应用

一、完成单位

中冶焦耐（大连）工程技术有限公司、北京工业大学、同兴环保科技股份有限公司、宝钢湛江钢铁有限公司。

二、项目概况

本项目属于炼焦技术领域。

炼焦是钢铁、有色等行业支柱产业，2013 年以来，我国年焦炭产量超过 4.5 亿吨，占世界总产量 70%，其中 55% 环京津冀区域，炼焦污染强度大且相对集中。结合国务院发布的《大气污染防治行动计划》中针对钢铁等重点行业及京津冀等重点区域主要大气污染物排放强度提出的控制目标，研发高效、清洁的焦炉烟气脱硫脱硝技术，对减少大气污染、实现《打赢蓝天保卫战三年行动计划》目标，切实提高城乡居民蓝天幸福指数，具有重要意义。

针对焦炉烟气低温、高氮、含黏性杂质排放特征，对标《炼焦化学工业污染物排放标准》中特排指标，项目团队历经 6 年产学研合作攻关、自主创新、产业化应用，在世界范围内首创焦炉烟气脱硫脱硝工艺及装备技术。

三、应用推广情况

本项目已获授权专利 27 项，其中发明专利 14 项，发表学术论文 15 篇，其中 SCI 7 篇，荣获集团技术发明一等奖、专利发明一等奖各一项。

项目成果在世界范围内首次成功应用于宝钢湛江项目，并在山东浩宇、唐钢美锦等 42 个工程中推广应用。

四、项目创新点

本项目取得如下创新：

（1）研发符合焦炉烟气特征的高效低温脱硫低温脱硝关键工艺技术，在世界焦化领域首次成功实现工业化应用。研究焦炉烟气排放特征，揭示焦炉烟气脱硫脱硝工艺

本项目获得 2019 年冶金科学技术奖一等奖。

与焦炉生产之间的关联性，探索低温脱硝催化剂性能影响因素，以低温脱硝为核心，研究高效低温脱硫方法，发明低温焦炉烟气脱硫脱硝关键工艺技术，实现 SO_2、NO_x、颗粒物排放浓度优于大气污染物特别排放限值的国家排放标准 30% 以上，达到超低排放。

（2）研发 180℃ 低温脱硝催化剂，突破低温、含硫条件下高效脱硝技术瓶颈。研究 SCR 催化剂氧化还原性、表面酸碱性对脱硝活性及抗硫性能的影响机理，探索 SCR 催化材料中 Keggin 结构拓宽催化剂运行温度窗口规律，以体相掺杂、表面修饰和结构调控手段，研发低温 SCR 蜂窝脱硝催化剂，实现 180℃、含硫条件下脱硝效率大于 90%。

（3）开发低温脱硝催化剂成型技术，在国内首次实现低温催化剂工业化生产。针对低温蜂窝催化剂成型技术难题，发明无机纳米粉体材料，采用原料级配工艺，获得高强度低温蜂窝催化剂成型技术，创建生产过程质量控制体系，在国内首次实现低温催化剂工业化生产。

（4）研发除尘—脱硝—原位再生一体化装置，实现与焦炉同步年运行率 100%。研究过滤吸附耦合脱硝气流均布技术，研发有限空间内大差异流量—浓度—温度多种介质均匀混合技术，研制除尘—脱硝—原位再生一体化装置，通过模块化单元离线，实现装置与焦炉同步年运行率 100%。

五、项目意义

本项目成果具有国际先进水平，引领焦化行业绿色升级。

复杂地层露天矿固坡止水
关键技术研究及应用

一、完成单位

北京科技大学、昆明理工大学、中勘冶金勘察设计研究院有限责任公司、迁安市赵店子镇腾龙铁矿。

二、项目概况

本项目属于矿山科学技术、岩土工程、土木建筑研究领域。

通过对复杂地层露天矿边坡岩土体细观破裂机制、边坡失稳机理、固坡止水技术、灾害预警方法等关键难题的研究，圆满解决了复杂地层中露天矿边坡稳定性准确评价与灾害防控这一重大技术难题，形成了系统的露天矿边坡处治技术体系，取得了重大理论及工程成果。

三、应用推广情况

研究成果从根本上解决了 20 余座矿山的边坡稳定性及大涌水等技术难题，尤其是神龙峡铁矿和腾龙铁矿等 3 座超大涌水矿山的止水固坡难题，取得经济效益超过 16 亿元，三年创直接经济效益约 3.6 亿元。主要研究成果已成功推广应用于辽宁省大孤山铁矿、内蒙古白云鄂博铁矿、赞比亚穆利亚希露天矿、广东省江门市迎宾西城市快速路等 8 省市 17 个重点项目，取得了巨大的经济效益和社会效益。根据研究成果发表了 SCI、EI 高水平学术论文 40 余篇，申请专利 16 项；起草了 4 项国家标准，其中《非煤露天矿边坡工程技术规范》为露天矿边坡行业的第一本国家标准；编写了 2 部高等教育教材，"十三五"规划教材《边坡工程》和"教育部教指委"规划教材《露天采矿学》，目前已被国内 40 余所高校选用，社会影响力显著。

四、项目创新点

本项目取得如下创新：

（1）建立无网格广义粒子动力学分析法，揭示了岩石损伤局部化开始、发展、贯通直到最终破坏的渐进破坏全过程；根据应变软化规律及滑面应力应变状态，首次提

本项目获得 2019 年冶金科学技术奖一等奖。

出边坡稳定性双安全系数评价法；结合连续–离散耦合数值模型，揭示了边坡失稳宏细观机理，建立了一整套适用于复杂地层露天矿边坡稳定性分析与评价方法。

（2）针对富水深厚砂砾（卵）石地层露天矿边坡的低强度—高水压复杂条件，创造性地开发了综合固坡止水技术——大型地下连续墙技术。针对墙后不同被动土压力条件，提出了两种地连墙止水固坡结构：单一地连墙结构和锚拉式地连墙结构，运用数值模拟、解析算法、神经网络和遗传算法，建立了止水固坡结构施工参数与工艺的确定方法。

（3）基于岩土体强度参数时间效应特征和可靠指标的时变性特征，结合国内非煤露天矿设计规范，划分了露天矿边坡设计服务年限等级标准，提出了服务年限修正系数，构建了考虑边坡安全等级与服务年限双重因素的非煤露天矿边坡可靠度评价指标；探明了地连墙结构在地下水渗流和冻胀作用下的受力机理，构建了寒冷地区露天矿边坡岩土体和地下连续墙结构的冻胀等级标准与损伤程度评价方法；最终结合锚杆锚固力、位移速率比、地下水智能监测系统，开发了复杂地层露天矿边坡实时动态监测技术。

五、项目意义

本项目研究成果解决了复杂地层中露天矿边坡稳定性准确评价与灾害防控这一重大技术难题，形成了系统的露天矿边坡处治技术体系，取得了重大理论及工程成果。

大型高炉低碳冶炼用优质球团矿开发与应用

一、完成单位

首钢集团有限公司、首钢京唐钢铁联合有限责任公司。

二、项目概况

本项目属于钢铁冶金炼铁领域。

炼铁系统的能耗、污染物排放占钢铁全流程的 70% 以上，因此，炼铁系统的节能减排至关重要。烧结和球团矿是高炉炼铁的两个主要原料，球团工序的能耗和污染物排放明显低于烧结，但由于历史、资源和技术等原因国内高炉的球团矿使用比例平均不足 15%，且生产的主要是高硅酸性球团矿，不能满足高比例使用所需的碱度和降燃料消耗的目的。

为了推动球团工艺发展，实现低碳炼铁，本项目通过基础理论研究，高黏结性熔剂开发，低硅碱性球团矿还原膨胀率攻克，球团用资源瓶颈突破等技术研究，开发出了大型高炉可高比例使用，并大幅度降低渣量和燃料消耗的优质低硅碱性球团矿和低硅酸性球团矿。最终在首钢京唐公司 3 条 504m^2 大型带式焙烧机成功生产，稳定应用 3 座 5500m^3 高炉中的 55% 以上。

三、应用推广情况

中国金属学会组织专家对研究成果进行了评价，一致认为项目总体技术水平达到国际先进。本项目申请 10 项专利（授权 7 项），发表论文 8 篇。项目实施后，生产出的低硅碱性球团矿铁品位 66.0%，SiO$_2$ 含量 2.0%，碱度 1.1~1.2；优质酸性球团矿品位 66.25%，SiO$_2$ 含量 3.0%，还原膨胀率 12.5%。3 座 5500m^3 高炉球团矿比例均达到 55% 以上，高炉渣量由 280kg/t 降至 215kg/t 以下，燃料比由 505kg/t 降至 483kg/t，年经济效益 3993.6 万元。

四、项目创新点

本项目取得如下创新：

本项目获得 2020 年冶金科学技术奖一等奖。

（1）开发了用消石灰生产低硅碱性球团矿的新工艺，研究并制定了球团用消石灰质量标准，首次在504m² 大型带式焙烧机使用消石灰生产出了超低硅高碱度球团矿，碱度 1.1~1.2，SiO_2 含量 2.0%。

（2）提出了通过形成合理的液相和铁酸钙等物相控制低硅碱性球团矿还原膨胀率的理论及措施，使超低硅碱性球团矿还原膨胀率控制到 17.5% 以下。

（3）通过开发使用新型算条和堵塞处理装置及高频电源等措施，攻克了球团生产过程带式焙烧机算条和布风板堵塞，电除尘器故障等问题，并通过调整造球和热工参数，解决了影响球团矿产量的参数问题，球团产量超过了设计值的 6%。

（4）开发了烧结用富矿资源用于球团生产技术，突破了球团精粉资源不足，限制球团进一步发展的瓶颈问题，生产出了粒度均匀、品位高、SiO_2 含量低的高铁低硅酸性球团矿。

五、项目意义

本项目对球团行业的发展和低碳炼铁具有重要示范作用，目前河钢集团等钢铁企业正在建球团生产线，以提高球团使用比例，所以本项目成果具有很好的应用前景。

优质球团矿产品多元化低成本
清洁生产技术开发与应用

一、完成单位

宝钢湛江钢铁有限公司、宝山钢铁股份有限公司、中南大学、武钢资源集团鄂州球团有限公司、安阳豫河永通球团有限责任公司。

二、项目概况

本项目属于矿山科学技术领域。

铁矿氧化球团是现代大型高炉炼铁必不可少的炉料,可提高入炉铁品位、降低焦比、提高产量。2016~2018年,我国球团占炼铁炉料结构比例约13%,但与美国、瑞典等发达国家(80%~90%)相比,我国因球团用原料资源不足、产品价格高,入炉比偏低。中国球团长期以酸性球团为主,缺乏生产熔剂性球团技术。此外,因回转窑生产熔剂性球团对原料条件要求苛刻,市场上低硅、低碱金属的优质精粉资源非常匮乏,且磁铁精矿严重短缺、价格高。因此,以来源广泛、价格低、传统球团企业难利用的镜铁精矿、粗粒赤铁粉矿为原料,开发资源多元化的配矿技术就成为解决上述难题的必然选择。但镜铁精矿和赤铁粉矿存在粒度粗、成球性差、生球强度低、预热和焙烧温度高、能耗高等技术特点,同时存在生产过程控制难度大、回转窑易结圈、产品还原膨胀率偏高等技术难题。

三、应用推广情况

申请发明专利9项(获授权4项、在审5项),形成6项企业技术秘密,发表学术论文49篇。相关成果已在宝钢湛江球团、宝武鄂州球团、安阳豫河永通球团应用推广,球团矿年产量达到1000万吨,并出口131万吨到日本制铁、韩国浦项等企业。三年来累计新增产值251亿元,新增利润17.6亿元。

四、项目创新点

本项目取得如下创新:

(1)本项目开发了资源多元化配矿及矿石表面改性技术、载体沉降及强化过滤技

本项目获得2020年冶金科学技术奖一等奖。

术，实现了粗粒赤铁矿粉用于球团的生产。使镜铁精矿的磨矿功耗下降30%。

（2）基于矿物表面性质差异，开发了以颗粒规则、表面亲水性差的镜铁精粉作载体颗粒的沉降及强化过滤技术，使难沉降、难过滤细磨赤铁粉矿沉降速度提高24.4%，过滤效率提高10.6%，解决了微细颗粒对水体污染问题，提高了资源利用率，实现了资源多元化。

（3）开发出煤基链箅机—回转窑球团多样化制备关键技术，在高赤铁矿配比（80%~90%）下，具备在线切换生产自熔性球团、低碱度球团和镁质球团能力。大型煤基链箅机—回转窑高比例赤铁矿生产熔剂性球团技术突破了国外带式焙烧机的工艺限制，改变了国内以磁铁矿为主的原料限制。

（4）开发了回转窑内结圈定位与红外连续三维测定技术，建立了回转窑内结圈物评估模型，可提前干预、预防结圈，停机时间降低95.4%，作业率提高了5个百分点。建立了球团全烟气梯级高效利用系统及污染物减排技术，工序能耗降低4kgce/t，主要污染物排放浓度合计135mg/m³，年主动减少污染物排放3628t，实现了球团绿色清洁生产。

五、项目意义

本项目总体达到国际领先水平，其推广应用对推动我国钢铁原料工业结构优化、降低能耗、提高球团原料保障度、减少污染物排放和保持行业可持续发展具有重要示范作用。

中细碎矿仓堵塞原因分析
及成套助流装备研制

一、完成单位

中钢集团马鞍山矿山研究院有限公司、马钢（集团）控股有限公司南山矿业公司、华唯金属矿产资源高效循环利用国家工程研究中心有限公司、金属矿山安全与健康国家重点实验室。

二、项目概况

本项目属于矿山科学技术领域，包含矿山工程机械设计与制造技术、矿山电气工程与矿山安全技术。

近年来，受钢铁行业低迷和国际铁矿石价格持续下跌的影响，国内矿山的经营遭受严峻考验。在此背景下，提高矿业的机械自动化程度，提高生产效率、降低劳动成本、杜绝安全事故，是矿山企业寻求可持续发展的重要途径。

本项目主要针对国内矿山普遍存在的中细碎矿仓内粉矿物料棚拱、黏结等造成的堵塞现象，实施现场勘查、方案设计与设备制造、工业试验等综合技术手段，实现了矿仓清理关键技术和装备的重要突破，建成了马钢南山矿业公司和尚桥铁矿矿仓清阻系统典型应用示范工程。

三、应用推广情况

2014年9月，经安徽省科技厅组织的专家鉴定，本项目研究成果整体达到国际先进水平。

本项目累计申报专利12项，其中已授权发明专利22项、实用新型专利4项，核心期刊发表学术论文数篇，获得"2015年度安徽省科技进步奖三等奖"和"马钢技术创新成果奖二等奖"各一项。

项目研究成果现已在马钢集团南山矿业公司、金钼股份百花岭选矿厂等几十个矿仓得到应用。项目实施后，马钢集团南山矿业公司和尚桥铁矿圆筒仓、缓冲仓、粉矿仓的有效使用容积均达到90%以上，实现了堵塞生产事故零发生。共计新增产值35270.7万元，新增利税4575.5万元。

本项目获得2016年冶金科学技术奖二等奖。

四、项目创新点

本项目取得如下创新：

（1）通过对物料性质、矿仓结构、生产调节等因素的研究，确定了其对物料内、外摩擦力的影响规律，建立了矿仓内物料流动的力学模型和矿仓防堵的数学模型，为矿仓的结构设计、矿石配比提供了理论依据。

（2）通过对黑色金属矿山、有色金属矿山的多种粉矿物料进行的试验研究，创造性地开发了"气动助流法"+"机械破拱助流法"的矿仓堵塞治理技术及其装备，工作介质采用低压空气，可使矿仓的有效容积利用率达到90%以上。

（3）通过对矿仓内部堵塞形状、堵塞面积、易堵塞部位的研究，在仓内壁创造性地采用层状、环状、交错对流的喷射工艺，解决了物料黏壁、棚拱、局部集中振动影响矿仓强度等技术难题，均衡了矿仓生产。

（4）采用"料位监测、反馈装置—数据转换、传输装置—可编程序控制器—控制箱"的自动监控技术，实现了系统高效、安全运行。

五、项目意义

本项目研究成果在金属矿山、非金属矿山的选矿工艺改造具有广阔的推广应用前景，其自主创新的气动助流系统装备和工艺流程在煤炭、电力、钢铁、水泥等行业也有很好的借鉴价值。

硼铁矿资源高效增值化综合利用
技术集成及其工业化应用

一、完成单位

东北大学、营口广大实业有限公司。

二、项目概况

本项目属于资源综合利用领域,涉及硼铁矿高炉分离及其高值化综合利用技术及应用。

本项目首次开展了硼铁矿100m³级高炉分离新技术研究,包括含硼铁精矿烧结工艺、高炉分离工艺制度,并成功进行了工业化应用;开发了利用含硼生铁取代硼铁合金作为硼添加剂制备低碳含硼微合金钢新技术,系统研究了含硼钢的高温变形行为、连续冷却转变过程、控轧控冷工艺及耐蚀性能;开发了富硼渣生态化综合利用新技术,包括富硼渣制备新型硼化物/Sialon复合材料、富硼渣缓冷制取硼砂、富硼渣制取硼酸及镁的联合回收;系统开展了含硼矿物、含硼铁基/铝基、TiB_2 和 BN 基以及 WB_2 防辐射屏蔽材料的制备技术与性能研究。

三、应用推广情况

硼铁矿高炉分离新技术已在营口广大实业有限公司100m³高炉上获得应用。工业应用表明,高炉炉况稳定,渣铁畅流,技术经济指标良好,铁硼分离彻底,得到合格的含硼生铁和富硼渣产品。

四、项目创新点

本项目取得如下创新:

(1)采用烧结工艺对含硼铁精矿进行造块,烧结矿入100m³高炉无溶剂冶炼,获得了合理的烧结和高炉分离工艺参数以及产品含硼生铁和富硼渣。该技术针对性强,生产连续化、产量大、铁硼分离彻底,具有独创性,是硼铁矿火法分离最佳技术路线。

(2)在碳锰钢基础上,以含硼生铁代替硼铁合金作为硼添加剂,不添加合金元

本项目获得2016年冶金科学技术奖二等奖。

素，利用多种强韧化手段和控轧控冷工艺开发了低成本高强韧性的结构用钢，降低了钢材制造成本，是合理利用含硼生铁的最佳路线。

（3）富硼渣整体高值化利用制备了新型硼化物复合 Sialon 基材料；熔态富硼渣缓冷后活性显著提高，满足作为硼砂原料的要求；熔态富硼渣中直接加入碳酸钠生成硼酸盐，经加压水浸制取了合格硼砂，该工艺反应速度快，节省能源；利用硼酸与镁盐溶解度差异进行高温结晶，实现了富硼渣制取硼酸过程中的硼镁分离。

（4）利用含硼矿物作为中子和 γ 射线屏蔽物质，以树脂/聚乙烯作为慢化剂和黏结剂制备了含硼屏蔽材料；利用含硼生铁与其他合金添加剂通过熔炼、铸造、热处理工艺制备了含硼铁基屏蔽材料；以铝粉、硼粉、碳化硼为原料制备了 $B_4C\text{-}AlB_{12}\text{-}Al$ 屏蔽材料；以 TiB_2 和 BN 为基体，利用真空金属浸渗工艺制备了高体积分数含硼屏蔽材料；利用硼粉、钨粉高温烧结制备了 WB_2 屏蔽材料。

五、项目意义

硼铁矿高炉分离技术有生产连续化、产量大、能耗低、工艺流程短、环境污染少等优点，是处理低品位硼铁矿最有效的途径，经济、社会和环境效益显著。

烧结恒温复合循环余热回收技术

一、完成单位

北京京诚科林环保科技有限公司、中冶京诚工程技术有限公司、武汉钢铁股份有限公司。

二、项目概况

本项目属于烧结领域。

烧结工序能耗约占钢铁生产总能耗的 12%，而烧结烟气显热又约占烧结工序总能耗的 52%，其中约 17% 为烧结机烟气显热，约 35% 被冷却机废气携带；因此，烧结烟气余热回收是钢铁企业节能减排的一项重要内容。

北京京诚科林环保科技有限公司、中冶京诚工程技术有限公司联合武汉钢铁股份有限公司，针对烧结工序烟气余热整体利用率低、冷却机漏风率大、余热回收系统稳定性差等问题，经多年不懈努力，研发出了一套高效、安全可靠、稳定的烧结恒温复合循环余热回收技术。

三、应用推广情况

本项目已申请专利 11 项，其中 7 项已获得授权，另有 4 项发明专利正处在实审阶段。烧结恒温复合循环余热回收技术目前已进入产品化阶段并形成多个系列化产品，已先后在河北津西、内蒙德晟、四川富邦、后英海诚、金鼎重工、汉冶特钢、抚顺新钢铁、济源钢铁、武钢、新疆新兴铸管等数十个钢厂成功应用。投产后的生产实践表明，该技术安全可靠、运行稳定、技术指标优，吨矿平均发电指标可达 22~26kWh，获得了业主的广泛认可。

武钢 3 号烧结余热回收利用改造工程投产后，其吨成品烧结矿年平均蒸汽量达到 165kg，折合平均发电量 26kWh/t，每年节约标煤约 3.9 万吨，减排 CO_2 10.45 万吨，减排灰尘 2600t。

四、项目创新点

本项目取得如下创新：

本项目获得 2016 年冶金科学技术奖二等奖。

（1）该技术统筹优化了冷却机和烧结机余热资源，开发了双热源（烧结机烟气和冷却机废气）阶梯式余热回收和恒温调控系统，既最大限度的回收烧结工序烟气余热，提高了烧结烟气余热回收率和系统运行的稳定性，又保障了烧结工艺和余热回收设备长期安全运行。研发了烧结恒温复合循环余热锅炉、长效一体式除氧器（兼低压汽包）和新型汽包汽水分离技术。采用多种密封结构，研发了冷却机随动密封组，提高了冷却机整体密封效果和使用寿命。研发了大负压自平衡启闭装置，确保了在余热锅炉检修或故障时不影响烧结机的正常生产。

（2）该技术的工艺系统主要由烧结恒温复合循环余热锅炉、循环风机、泵组、加药装置、排污扩容器、取样冷却器、随动密封组、激波清灰器及工艺管道等组成。烧结恒温复合循环余热锅炉由大烟道余热回收部、冷却机余热回收部、长效一体式除氧器、汽包、循环水管道等所组成。整套装置全部自主研发设计。

五、项目意义

本项目的成功投产具有节能、环保的示范性意义，本项技术在工程上的普遍应用，能大幅度提高我国烧结烟气的能源利用效率。

大型露天矿境界外驻留矿产资源
安全高效开采技术

一、完成单位

中钢集团马鞍山矿山研究院有限公司、包钢集团矿山研究院（有限责任公司）、包钢（集团）公司白云鄂博铁矿、江西理工大学、华北理工大学、金属矿山安全与健康国家重点实验室、华唯金属矿产资源高效循环利用国家工程研究中心有限公司。

二、项目概况

本项目属于矿山科学技术领域。

露天矿驻留矿产资源是指遗留在露天境界外，边坡附近，由境界内向外延伸的矿产资源。项目针对我国大型露天矿境界外驻留资源赋存的特点，从高效、安全、经济的角度，对驻留矿产资源开采关键技术展开攻关研究，主要内容包括以下四个方面：（1）境界外驻留矿开采与露天开采耦合技术研究。（2）露天境界外驻留矿安全高效开采方法及工艺研究。（3）露天境界外驻留矿开采边坡岩体损伤与灾变智能控制技术研究。（4）露天境界外低扰动爆破技术研究。

该项目特点是集露天和地下开采两种工艺要素为一体的综合性开采技术。

三、应用推广情况

本课题已获授权专利发明 4 项，实用新型专利 3 项，发表论文 50 余篇（EI 收录 8 篇），出版学术专著 1 部，获行业科技进步奖一等奖 1 项。整体技术应用于包钢白云鄂博铁矿、马钢姑山铁矿，近三年累计新增销售额 22.5 亿元，新增利税 5.08 亿元。

四、项目创新点

本项目取得如下创新：

（1）创建了基于时空关联度-同步回采相互影响度的境界外驻留矿与露天耦合开采理论。构建出了驻留矿体与露天矿开采时空关联度模型 K_t（时间）、K_n（空间）以及计算方法；首次通过单轴压缩过程岩石声发射来表征露天边坡岩石损伤，揭示了岩石声速与损伤、声发射的关系，推导出用岩石声速表征岩石损伤的理论公式，为露天

本项目获得 2017 年冶金科学技术奖二等奖。

矿与境界外驻留矿同步回采过程中的相互影响分析提供了理论依据，使驻留矿体和露天开采相互影响度降至最低。

（2）开发出多因素干扰下的境界外驻留矿体一坑多方案自适应开采技术。建立了驻留矿体资源、露天资源高度关联一体化的开拓系统，构建了基于经济指标、采场低压控制指标、技术指标等多因素综合评价指标体系，为驻留矿体采矿方法的选择决策提供了科学的量化理论依据，实现了驻留矿体矿产资源地下开拓系统与露天工程的有效衔接。

（3）开发出驻留矿体开采多场复杂环境下低扰动、微毒气、水力增压破岩技术。提出了水力增压爆破能量利用率和合理水柱高度计算理论，开发出差异微差-柔性缓冲的精准延时减振爆破技术，建立了爆破毒气收集及测试分析系统，研制了爆破毒气吸收剂，实现了驻留矿与露天矿开采低扰动高效能落矿和清洁爆破。

五、项目意义

本项目经过联合攻关，构建了"境界外驻留矿与露天耦合开采理论—驻留矿体一坑多方案自适应开采技术—低扰动高效能开采应用"为核心的露天境界外驻留矿产资源安全高效开采成套新技术体系，并成功应用于工程实践。

超级铁精矿与洁净钢基料短流程绿色制备关键技术及应用

一、完成单位

东北大学、建平县旗盛金属新材料有限公司。

二、项目概况

本项目属于选矿工程及非高炉炼铁技术领域。

随着国防、交通、石油、汽车等行业发展和技术进步，对钢材的性能要求不断提高，我国对高端钢材产品的需求与日俱增。由于我国铁精矿品质差、洁净钢基料匮乏，致使我国的高品质钢材只能以普通铁精矿为原料，采用高炉—转炉三脱—RH 精炼传统冶炼流程，该流程工艺复杂、成本高、污染严重、产品成分及性能稳定性差，限制了我国高端钢产品的发展。本项目围绕钢铁高端绿色制造，创新性地提出了"铁精矿深度提质—直接还原—电炉熔炼"洁净钢基料制备新流程，成功开发了超级铁精矿与洁净钢基料绿色制备技术，并实现了工业应用。

本项目主要内容有：（1）超级铁精矿制备评价体系研究。通过 6 种磁铁矿矿石工艺矿物学特性检测，建立了基于铁矿石矿物学基因特性的超级铁精矿制备评价体系。（2）铁矿物与脉石矿物高效解离技术研究。从铁矿物与脉石矿物镶嵌关系着手，提出采用搅拌磨矿技术实现铁矿物与脉石矿物的窄级别解离，形成了搅拌磨窄级别再磨新技术。（3）新型常温高效脱硅浮选药剂的研制。基于磁铁矿和石英矿物表面物理化学性质差异，设计合成了具有新型分子结构的浮选脱硅药剂，实现了超级铁精矿中 SiO_2 及其他杂质含量的高效脱除。（4）超级铁精矿选择性直接还原—低碳熔炼纯铁技术研究。进行了超级铁精矿球团制备、气基竖炉模拟直接还原和电炉熔炼试验，形成了针对超级铁精矿的氧化球团造块—气基竖炉还原—电炉熔分生产洁净钢基料的工艺流程及关键工艺控制技术。（5）研究成果得到成功应用，工业生产获得了高纯铁精矿、超纯铁精矿及优质洁净钢基料。

三、应用推广情况

本项目申请发明专利 6 项（已授权 2 项），发表学术论文 16 篇。成果已成功应用

本项目获得 2017 年冶金科学技术奖二等奖。

于建平县旗盛金属新材料公司，三年累计新增产值 70373.33 万元。

四、项目创新点

本项目创新点以常温物理选矿方法剔除铁矿中大部分杂质，在低温固态下选择性完成铁氧化物的还原，产品化学成分稳定、品质高、生产成本低、绿色环保。2016 年 1 月 24 日，项目通过中国钢铁工业协会鉴定，专家组一致认为"该项成套新技术创新性突出，与传统高炉—转炉工艺相比，具有良好的经济、社会、环境效益，填补了国内外低品位磁铁矿至洁净钢基料全流程绿色制备技术空白，达到了国际领先水平"。

五、项目意义

本项目研究成果有效地解决了我国缺少直接还原铁优质原料和洁净钢基料的难题，推广应用前景广阔。

钒钛磁铁矿大高炉超低硅钛冶炼集成技术与创新

一、完成单位

河钢集团承钢公司。

二、项目概况

本项目属于钒钛磁铁矿资源化利用和高炉炼铁技术领域。主要内容包括：

研究了 V、Ti、Mg 对烧结矿和球团矿冶金性能的影响，通过生产镁质钒钛球团矿、确立钒钛烧结矿主体配矿模型及喷洒防粉化剂等，改善了钒钛磁铁矿资源化利用方式，同时提高和稳定了入炉原料冶金性能。

研究了高炉低硅钛冶炼理论，优化了大高炉的"五项"关键工艺制度，研发了 12 项专利装置，开发了 2 项计算机软件著作权。通过提高煤气利用率，降低炉渣中 SiO_2 活度，降低高炉燃料比等方法在钒钛磁铁矿大高炉上进行了 [Si+Ti]<0.25% 的超低硅钛冶炼。

三、应用推广情况

本项目在河钢承钢三座 2500m³ 高炉上应用，并且已推广至河钢承钢 1260m³ 高炉上，2016 年，大高炉铁水 [Si+Ti]<0.249%，其中 [Si] 均值为 0.14%，居世界领先水平，铁水 [S] 均值 0.028%，达到国内先进水平。

近年河钢邯钢、河钢宣钢、河北敬业等单位的工艺技术人员先后学习了大高炉超低硅钛冶炼技术，研发的《冶炼钒钛磁铁矿高炉的炉渣处理方法及水渣冲制箱》已经推广到承德建龙、河北敬业、河钢邯钢等单位。

四、项目创新点

本项目取得如下创新：

（1）将烧结矿中配加的高钒高钛黑山精粉和镁灰改在球团工序中配加，使球团矿中 V_2O_5 达到 0.37% 以上，TiO_2 达到 2.30% 以上，MgO 达到 4% 左右，改善了钒钛磁铁

本项目获得 2017 年冶金科学技术奖二等奖。

矿资源化利用方式。

（2）构建了 57.5%高品位钒钛铁精粉+30%外矿粉+5%普通精粉+7.5%杂料的钒钛烧结矿主体配矿模型，提高了钒钛烧结矿冶金性能。

（3）研发了《冶炼钒钛磁铁矿高炉的炉渣处理方法及水渣冲制箱》等 12 项专利技术，消除了钒钛磁铁矿大高炉冶炼超低硅钛铁水渣铁出不净的难题。

（4）形成了大高炉冶炼钒钛磁铁矿超低硅钛冶炼"四大一同"装料制度、"超低热流强度"冷却制度、"超低硅"热制度、"高五元碱度"造渣制度、"高炉腹煤气量指数"送风制度共五项关键工艺控制度技术。在低入炉品位的情况下，取得了低燃料比和高利用系数的先进指标，实现了超低硅加钛冶炼，填补了国内高炉冶炼超低硅钛铁水技术空白。

（5）近三年高炉节约燃料成本创效 1.59 亿元，减少 CO_2 排放量约 38.63 万吨。

五、项目意义

本项目在低入炉品位的情况下，取得了低燃料比和高利用系数的先进指标，实现了超低硅加钛冶炼，填补了国内高炉冶炼超低硅钛铁水技术空白。

冶金矿山智慧矿山研究与应用

一、完成单位

鞍钢集团矿业有限公司、北京科技大学。

二、项目概况

本项目属于矿山科学技术领域。

本项目以"五品联动"战略创新管理体系为基础,以追求"安全生产、绿色环保、资源利用、企业效益"的动态平衡为发展目标,以实现"全程动态可控、工序精准协同、单体性能最优、全局效益最大"为建设策略,通过将"云大物移智"等先进信息技术与企业生产相融合,建成了具有智慧创新、智慧制造、智慧管理特征的先进矿山信息系统,解决了贫铁矿大规模、低成本、高效率开发利用的世界性难题。

三、应用推广情况

鞍钢矿业开展的智慧矿山研究与应用项目建设,不仅为企业自身创造了巨大的经济效益,还被业内专家学者高度认可,被鉴定为具有国际领先水平,被工信部确定为首批国家级"智能制造试点示范"项目、辽宁省智能制造标杆项目,入选国家《2016~2020年钢铁工业调整升级规划》,为引领矿山行业转型升级,实现通过信息技术改造传统产业的终极目标奠定了坚实的基础。

目前,"实施创新驱动、打造智慧矿山"已经成为鞍钢矿业的发展理念,冶金矿山智能化技术研究与应用项目已在鞍钢矿业下属八座矿山、八个选矿厂及球团、烧结等单位全面应用。

四、项目创新点

本项目取得如下创新:

(1)规范了鞍钢矿业信息化整体架构及建设模式,构建了企业资源一体化的运营管控平台,实现了企业生产过程的透明化、设备管理的标准化、职能管理的流程化、业务财务的一体化,满足了跨千里运营管控的需要。

(2)推行数字化采掘组织,实现了矿产资源管理、采掘爆破设计、生产汽车调

本项目获得2017年冶金科学技术奖二等奖。

度、产品验收结算，保证了矿山经济运行；推行数字化安全管控，实现了地下应力分析、灾害防控、人员定位、边坡预警、尾矿库监测，保证了矿山安全生产；推行数字化配矿管理，实现了科学配矿和精准采矿，保证了资源高效利用。

（3）建立了矿山采选生产全流程智能模型，实现了设备在线监测预警、设备精密点检管理、设备运行状态分析、实时生产写实展示、产量质量动态管控，为科学组织生产，稳定产品品位、提高产品产量提供了保证。

（4）推行知识自动化，实现了企业资源利用的高效性、企业经营决策的科学性；推行精细化管理、准时化操作，实现了生产成本核算的"日清日结"。推行供应链产业协同，实现了资源优化配置，为优化生产组织，降低产品成本提供了有力支撑。

五、项目意义

鞍钢矿业开展的智慧矿山研究与应用项目建设，不仅为企业自身创造了巨大的经济效益，还被业内专家学者高度认可，被鉴定为具有国际领先水平。

煤质微观检测设备的创制与炼焦用煤
快速选择技术的生产体系构建

一、完成单位

鞍钢股份有限公司、辽宁科技大学、中钢集团鞍山热能研究院有限公司。

二、项目概况

本项目属于炼焦技术领域。

在焦化企业日常生产当中，为了保证高炉用焦质量，必需迅速对来煤煤质进行化验、考察煤种性质与质量，快速和准确的建立煤种的储存和使用方案。但是，大型焦化企业，由于所用炼焦煤煤种高达几十种，常常会出现由于煤种检验速度以及使用方法的不合理所导致的焦炭质量波动情况，从而影响高炉的稳定顺行。

本项目从 2007 年开始，历时 7 年，通过产学研相结合的方式进行原始创新，以鞍钢鲅鱼圈为应用基地，以保证焦炭质量稳定为最终目标，开展了系统性的技术研发工作，研制出了煤质微观检测技术及设备，构建了炼焦用煤快速选择技术的生产体系，实现多项技术创新和理论突破。

三、应用推广情况

本项目申请专利 10 项，授权专利 5 项，专利 5 项。形成专著 1 项，企业专有技术 1 项。

本项目经过 2013 年、2014 年的生产应用，分别为鞍钢鲅鱼圈分公司节省炼焦用煤原材料采购成本 2 亿 2406 万元、1 亿 1809 万元。

四、项目创新点

本项目取得如下创新：

（1）自主开发出炼焦用煤微观自动检测技术及设备。首创的将人工智能与煤质检测技术相结合，实现了煤显微组分镜质组反射率自动识别精度 99% 以上，解决了煤显微组分镜质组反射率自动识别准确率不高的行业共性问题；开辟了煤显微组分中活性组分与惰性组分双识别技术的先河，解决了无法自动测定煤显微组分活惰比的国际难

本项目获得 2017 年冶金科学技术奖二等奖。

题；攻克了焦炭孔隙构造自动测定技术，不仅能够自动测定焦炭的孔隙分布，还能测定焦炭壁厚的分布特征，填补了焦炭孔隙构造自动测定技术的国际空白。

（2）创立了炼焦煤精细化使用技术。开发了炼焦煤细化分类体系，解决了煤质波动所带来的焦炭质量波动问题；开发了以"煤显微结构镜质组谱图相似度"为核心判据的煤质预报技术，解决了进厂煤质量评定响应时间较长的行业难题；通过炼焦煤细化体系的建立及煤种相似度技术的创建，攻克了炼焦工业领域粗放式的配煤生产难题。

（3）构建了炼焦用煤快速选择技术的生产体系。根据国内、国际市场日益紧张的优质炼焦煤资源情况以及鲅鱼圈所处中国东北部港口的独特地理位置特点，通过炼焦用煤快速选择技术生产体系的建立，形成了以进口炼焦煤为主、国产劣质炼焦煤为辅的炼焦用煤结构，在满足大型高炉用焦质量要求的前提下，不断优化配煤方案，降低企业的原材料采购成本。

五、项目意义

本项目的成功应用符合国家提出的《中国制造 2025》的产业发展政策，提高了企业的自动化装备水平，对企业降本增效具有重大作用，对资源节约和焦化行业的可持续发展具有深远的战略意义。

大型带式焙烧机球团核心技术集成开发与应用

一、完成单位

中钢设备有限公司、中南大学、中钢集团洛阳耐火材料研究院有限公司、江苏宏大特种钢机械厂有限公司。

二、项目概况

本项目属于钢铁冶金领域。

带式焙烧机与链算机—回转窑是球团矿生产的主要工艺，而在原料适应性、规模大型化、生产自动化及环保等方面，带式焙烧机工艺更具优势。但长期以来其核心技术与装备一直被国外公司垄断，国内仅有的4条带式球团生产线其核心技术和装备均从国外引进，在此之前国内尚无此项技术。因此，开发带式焙烧机球团核心技术与装备并实现工程化应用，创建自主技术集成体系，对打破国外垄断，提升我国炼铁技术水平，推动"中国制造"服务"一带一路"建设，均具有十分重要意义。

三、应用推广情况

本项目申请专利20项，获授权18项，开发关键技术5项，形成了大型带式焙烧机球团核心技术集成开发与应用的技术体系。2017年10月中国钢铁工业协会组织专家对该项目进行现场鉴定，确认"项目成果达到国际先进水平，具有重要的应用推广价值"。随后中钢设备成功中标阿尔及利亚TOSYALI公司400万吨带式焙烧机球团生产线的EPC总承包项目。目前该成果正在推广应用到河钢、柳钢等国内钢铁公司，同时进一步辐射到中亚、南美、印度和非洲等"一带一路"建设沿线国家和地区。

四、项目创新点

本项目不仅解决了高硫高镁铁精矿难焙烧问题，更成功实现我国带式焙烧机球团技术与装备零的突破，主要创新如下：

（1）自主开发出带式焙烧机球团工艺技术，突破了利用难焙烧的高硫高镁磁铁矿生产优质直接还原用球团矿的技术。制定出最优的适合原料特点的焙烧工艺制度和流

本项目获得2018年冶金科学技术奖二等奖。

程，在铁精矿 MgO 含量大于 2.4%、S 含量为 0.52% 时，生产出优质直接还原用球团矿。

（2）创建数值模拟和仿真软件优化带式焙烧机各单元设备的设计模式，研制出具有完全自主知识产权的带式焙烧机整套装备，形成 200 万到 800 万吨球团生产规模的设计和制造能力，填补了我国此项技术空白。

（3）开发了热风系统风流平衡控制技术，既保证了温度场合理分布和控制同时提高热效率 5% 以上；率先将自激振荡射流燃烧技术应用于带式焙烧机，通过火焰内部"欠氧"和外部"富氧"的燃烧模式，有效降低火焰峰值温度，降低热力型 NO_x 生成量 30%。

（4）率先开发并设计全套焙烧机炉衬结构，将耐材寿命提高至 5 年以上。

（5）创建了带式焙烧机工艺技术开发—装备研发制造—EPC 总承包—运营服务的中国技术体系，并借助"一带一路"产业政策，顺利将项目成果输出至伊朗 SISCO 公司，成功实现了 250 万吨球团生产的工业化应用。

五、项目意义

本项目不仅解决了高硫高镁铁精矿难焙烧问题，更成功实现我国带式焙烧机球团技术与装备零的突破。2017 年 10 月，中国钢铁工业协会组织专家对该项目进行现场鉴定，确认"项目成果达到国际先进水平，具有重要的应用推广价值"。

特大型高炉无料钟炉顶关键工艺技术与装备开发及应用

一、完成单位

宝钢湛江钢铁有限公司、中冶赛迪工程技术股份有限公司、秦皇岛秦冶重工有限公司。

二、项目概况

本项目属于钢铁冶金领域。

高炉炉顶装料工艺操作技术水平、无料钟炉顶装备的稳定运行决定着高炉及整个钢铁厂的生产顺行，是钢铁企业最重要、最关键的工艺技术装备之一。随着高炉大型化及热风炉、喷煤技术的发展，高炉炉顶压力、温度不断提高，以及各种强化冶炼手段的出现，对高炉炉顶装料工艺和装备提出了更高、更严格的要求。目前面临着高炉工艺操作水平受制于炉顶装备特性限制难以提升、装备长期被国外公司垄断、装备故障率较高、能源消耗较高等一系列重大问题，严重制约了国际无料钟炉顶技术和高炉生产操作技术的发展进步。

项目单位从 2009 年起，历时近十年的产学研合作研究，攻克了特大型高炉炉顶关键工艺及装备技术瓶颈。

三、应用推广情况

本项目成果形成行业标准 1 项，获得发明专利 17 项、实用新型专利 34 项、海外专利 4 项，发表论文 29 篇。

本项目成果已在宝钢湛江 5050m³、韩国浦项 3800m³、台塑越南河静 4350m³ 等国内外十三座高炉上获得应用。截至 2017 年，累计实现新增产值 8.37 亿元，利润 4.01 亿元。

四、项目创新点

本项目取得如下创新：

（1）高炉炉顶高效、低耗、稳定工艺操作技术，包括高顶压（平均顶压高于

本项目获得 2018 年冶金科学技术奖二等奖。

0.265MPa)生产操作、高风温高顶温（平均风温高于1260℃、平均顶温高于200℃）生产操作、高负荷长期稳定高产、"平台+漏斗"高效料面控制、高精度灵活布料技术等，有效提升高炉的整体生产指标，保障高炉稳定顺行。

（2）高炉炉顶防布料偏析技术，包括布料圆度防偏析技术、粒度防偏析技术等，促进高炉布料均匀性和煤气利用率提高、燃料消耗降低。

（3）高炉炉顶节能环保技术，包括布料器新型浮动环密封技术、布料器整体包覆式新型水冷技术等，促进高炉节能减排降耗。

（4）高炉无料钟炉顶装备技术，包括构思新颖、结构简单、运行可靠的耐高压、耐高温、高精度的液压传动布料器、密封阀、料流调节阀、长寿命布料溜槽等，满足特大型高炉生产需求。

（5）高炉炉顶高精度控制技术，包括布料器旋转和倾动高精度控制技术、料流调节阀开度高精度控制技术等，为满足工艺操作需求提供保证。

五、项目意义

无料钟炉顶高效低耗稳定运行，保证了特大型高炉吨铁燃料消耗降低8.8kg、吨铁 CO_2 排放量减少25.8g、高炉利用系数2.34t/（m³·d）、燃料比488kg/t等世界领先水平，打破了国外公司在国际大型无料钟炉顶技术上长期垄断的局面，提升了我国在高炉炼铁生产、建设、装备制造等方面的核心竞争力，助力我国冶金装备民族振兴。

资源化绿色化焦化生产体系的构建

一、完成单位

鞍钢股份有限公司、中钢集团鞍山热能研究院有限公司。

二、项目概况

本项目属于能源环保领域。

能源、环保关系人类生存和发展的两大主题。钢铁联合生产企业70%的煤炭能源是在焦化工序进行转化，如何在煤炭利用主要工序实现资源化、绿色化生产，对构建企业与城市协同发展具有示范和引领作用。

三、应用推广情况

本项目从2010年开始，通过产学研相结合的方式进行原始创新，以国内最大处理能力的鞍钢焦化厂为应用基地。年节省高炉煤气4.5亿立方米、焦炉煤气2000万立方米；累计为鞍钢创效1.22亿元；申请国家专利30项、授权22项、发表论文10篇、形成企业专有技术6项。

四、项目创新点

在项目实施过程中，共产生4项创造性关键技术：

（1）城市燃气和焦炉生产供需平衡能效优化系统的开发。结合鞍钢和鞍山市共存的特点，针对煤气系统阶段性不平衡及北方钢铁企业冬、夏季煤气难以平衡的行业难题，首次开发了焦炉煤气预测及稳定生产的能效调优系统，解决燃气公司和鞍钢联合共存，提高焦炉生产和城市燃气的关联度，实现焦化生产和城市燃用的无缝链接，联合共存问题途径。

（2）自主创建了焦炉综合节能技术。首创焦炉漏风率测试技术，降低焦炉用煤气量；突破长明灯和放散阀常开的传统放散工艺，开发新的点火伴烧工艺，达到低热值煤气点火成功率99%以上，填补该技术在高纬度地区应用的国内空白；研制新的放散装备、配套控制系统，实现放散系统在非放散状态下煤气零泄漏，解决制约企业发展的瓶颈问题。

本项目获得2018年冶金科学技术奖二等奖。

（3）创建焦炉废烟气污染物多手段控制技术。打破传统排放口单一监测点的局限性，开发烟气多点测量技术，实现全路径烟气污染物监控，开发入炉氮气量控制技术、低温燃烧技术、分段燃烧技术和焦炉密封操作等技术，有效地控制焦炉烟气污染物的生成，攻克了焦化行业环保领域的难题。

（4）创新性的提出焦化废水分质处理集成技术。针对焦化废水中部分有毒有害物质浓度较高的问题，首创提出内电解+芬顿+絮凝沉淀预处理工艺，提高废水的可生化性；建立序批式膜生物反应器处理工艺，开发焦化废水共处理技术，实现废水达标、回用，解决焦化废水难处置行业难题。

五、项目意义

本项目攻克了冶金焦化能源环保领域的国际难题，解决了企业与城市可持续发展的瓶颈问题、达到国际领先水平。研究成果自 2011 年起，陆续在鞍钢本部实施，2015年推广至鲅鱼圈钢铁，2016 年推广至朝阳钢铁，具有广泛的行业示范作用和推广价值。

焦化能源流高效集成关键技术研发及应用

一、完成单位

河钢集团有限公司、天津大学、济南冶金化工设备有限公司、常州江南冶金科技有限公司、无锡亿恩科技股份有限公司。

二、项目概况

本项目属于冶金工程技术领域。

本项目自 2010 年 1 月开始，至 2015 年 1 月整体技术基本完成。本项目开发了高压高温干熄焦余热回收技术，纳米多层复合结构温度可控的上升管一体化余热回收技术，梯级筛分内置流化床一体化煤调湿技术等能源流关键共性技术，导热油作热载体的能源高效利用技术，高效低耗连续的粗苯萃取精制技术，并集成推广应用，运行稳定。

技术经济指标：提高焦化工序能源利用效率 35%，降低能耗 21%；减排 CO_2 每年 2.5 万吨，分别减排 SO_2、NO_x 17% 和 28%，减少废水排放 30%。

实现吨焦产 540℃、9.81MPa 的高品质蒸汽 550kg，降低焦炭烧损率 0.2%；上升管出口的荒煤气温度由 804℃降至 552℃，实现吨焦产蒸汽 119kg；配合煤水分降低 4%，降低工序能耗 250.8MJ/t 煤；脱苯能耗降低 30.6%，提高脱苯效率 0.15%，无废水产生，蒸氨能耗降低 21.4%，不消耗蒸汽；苯精制纯度达 99.95%，甲苯纯度达 99.8% 以上，二甲苯流程控制在 5℃以内，噻吩纯度达 99.0%。

三、应用推广情况

本项目实现年均直接经济效益 4.7 亿元，社会效益显著。已在山钢集团、开滦中润煤化工等数十家企业推广应用。

本项目获得授权国家发明专利 13 项、实用新型专利 17 项，起草国家和行业标准 2 项，取得计算机软件著作权 4 项，发表论文 16 篇。本项目整体技术达到国际先进水平，其中萃取法粗苯精制技术达到国际领先水平。

本项目获得 2018 年冶金科学技术奖二等奖。

四、项目创新点

本项目取得如下创新：

（1）研发高效低耗连续的粗苯萃取精制技术，实现多塔连续精馏、能源梯级利用与高效环保复合萃取剂集成应用，使吨苯产品能耗降低 49.39%，三苯收率提高 3.5%，获得常规以含硫废弃物排放的高纯高附加值噻吩产品，并在国内首次实现年产 10 万吨粗苯萃取精制工业化应用示范。该过程无三废产生，实现粗苯精制过程的绿色、高效、低耗和高附加值化。

（2）开发集成以大型焦炉主体能源流回收为核心的焦炉余热余能高效集成关键共性技术，开发集成导热油作热载体的能源高效利用技术，开发集成高效低耗连续的粗苯萃取精制技术，集中实现焦化流程能源高效利用。

（3）以集成开发的形式，实现焦化能源流网络集成与再造，首家在国内大型焦炉及配套煤气净化系统应用集成关键技术，达到稳定运行。

五、项目意义

本项目开创了冶金流程工程学能源流在焦化产业的系统集成应用，为钢铁工业创新驱动、转型升级、节能减排和绿色发展树立成功典范，为京津冀一体化冶金绿色发展起到了示范引领作用。

地下金属矿山绿色安全高效关键技术开发

一、完成单位

马钢（集团）控股有限公司、安徽马钢张庄矿业有限责任公司、马钢集团矿业有限公司、中钢集团马鞍山矿山研究院有限公司。

二、项目概况

本项目属于矿山科学技术领域。

我国铁矿石对外依存度在80%以上，2017年，进口铁矿石10.75亿吨；国内铁矿石资源禀赋差、埋藏深，竞争力差，不能安全持续满足钢铁行业需求，铁矿石长期被国外企业垄断。因此，强化铁矿资源绿色高效开发利用研究，对于推动铁矿生产企业可持续发展、建立铁矿行业绿色低碳循环发展的经济体系、提高我国铁矿石自给率、保障国内钢铁原料安全，具有重要的战略意义。

本项目主要针对低品位超大型地下矿山回采效率低、选矿能耗高、充填不能连续作业和尾矿占用大量土地等问题。通过实施现场勘查、试验研究、方案优化与数值模拟、工业试验等综合技术手段，实现了地下金属矿山绿色安全高效开发关键技术的综合创新和重要突破，为行业提供典型应用示范。

三、应用推广情况

本项目累计授权专利12项，发明专利4项，实用新型专利8项，核心期刊发表学术论文11篇以上。2017年5月，通过安徽省科技成果评价中心专家鉴定。

项目研究成果已在马钢张庄铁矿、罗河铁矿等矿山企业应用推广并取得明显效果。张庄铁矿地质储量2.2亿吨，设计年产铁矿石500万吨，通过应用该技术，取消了尾矿库，实现了无尾排放和全资源利用，开创了我国铁矿资源绿色生态开发的先河，在推动我国采选技术水平提升、低品位铁矿资源利用、促进矿山企业绿色生态发展等方面树立了标杆。项目当年投产并盈利，2016～2017年累计实现利润2.3亿元，2015～2017年增收节支24127.86万元。罗河铁矿通过实施本项目成果，开采阶段高度达到81m以上，实现了高阶段安全高效开采。

本项目获得2018年冶金科学技术奖二等奖。

四、项目创新点

本项目研究的创新点及关键技术有：

（1）超大矿房高效回采技术。开展矿房矿柱和充填体的稳定性、爆破控制参数、出矿强度等方案研究，实现了地下超大矿房安全高效回采。

（2）超大型高压辊磨应用及高效筛选节能技术。该技术降低选矿能耗；发明湿式筒型打散设备，解决了湿式散状物料进入高压辊磨黏结的问题。

（3）超大型深锥浓密连续充填技术。通过尾砂分级、沉降实验研究确定了超大型深锥浓密充填优化工艺，实现了充填物料的连续稳定制备。

（4）全流程预选尾矿全资源化利用技术。该技术实现了无尾化生产，实现了全流程尾矿全资源化利用，增加了矿山效益。

五、项目意义

本项目成果在低品位超大型金属矿山、非金属矿山的建设和新旧矿山选矿工艺改造具有广阔的推广应用前景，同时创新的全资源化利用理念在煤炭、钢铁、水泥等行业均极具推广借鉴价值。

CTX 旋转磁场干式磁选机在超细碎闭路碎矿回路中的应用研究

一、完成单位

马钢（集团）控股有限公司、北京科技大学、北京君致清科技有限公司、鄂尔多斯市君致清环境科技有限公司。

二、项目概况

本项目属于矿山矿物加工领域。

本项目对破碎回路过程中逐步"解离"出的脉石集合体提前高效分离，达到提高磨选品位，降低磨矿量，节约了成本消耗。

我国铁矿资源主要是贫磁铁矿石。贫磁铁矿石的选矿工艺特点是可以在破碎阶段采用干式磁选抛除大量废石，大幅度提高入磨品位，显著降低选矿比和选矿生产成本。但是，第一代干式磁选机——磁滑轮，因其筒表磁场强度低、没有磁翻转作用，造成生产能力小、分选精度不高等问题；第二代干式磁选机——磁滚筒，因其磁翻转作用有限，分选精度虽有提升，但对于细碎矿石分选精度很差，很多选矿厂只有中碎矿石的干选抛废，没有细碎矿石的干选抛废。

本着"多碎少磨，能抛早抛"的宗旨，应用高压辊磨技术，使高压辊磨机与分级设备组成闭路，对碎矿进行细粒级预选已成为成熟的工艺，但其筛上闭路碎矿中的返回物料粒度范围宽且料层厚，其中已有部分"解离"脉石集合体，需要选用高效预选设备及工艺，减少进入高压辊磨系统生产量，又能够提高入磨品位。

三、应用推广情况

白象山铁矿选矿车间两年多的生产实践表明，在给矿品位较低的时候，高压辊超细碎闭路筛分筛上抛废作业产率可以达到 20% 以上，日平均抛废量 500t 以上，年抛废量达到 16.5 万吨；入磨品位平均提高 2.49 个百分点；年净增效益达到 2263.1 万元。

四、项目创新点

本项目取得如下创新：

本项目获得 2018 年冶金科学技术奖二等奖。

（1）CTX 旋转磁场干式磁选机属于第三代干式磁选机，因其分选矿石运动方向与 360°磁系旋转方向相反并形成 200r/min 左右的相对转速，从而形成了数十倍于磁滚筒的磁翻转，并且筒表磁场强度高、磁场力大，分选皮带速度达到 2.5m/s 以上，在磁翻转次数高、磁场力大、离心力大的分选条件下，显著提高了含泥、含水、细颗粒矿石干式磁选预选的分选效率。

（2）开发了超细碎闭路回路中采用 CTX 型旋转磁场干式磁选机预选工艺技术，实现了大幅度提高干选废石产率，提高干选精矿品位的效果。

五、项目意义

本项目成果延长了尾矿库服务年限，释放出了高压辊磨机处理能力，在贫磁铁矿石选矿厂具有重大推广应用意义。

焦炉烟气 SDS 干法脱硫联合 SCR 低温脱硝技术研发

一、完成单位

鞍钢集团工程技术有限公司、鞍钢股份有限公司、鞍钢股份有限公司炼焦总厂。

二、项目概况

本项目主要包括以下技术内容：

（1）焦炉烟道气及干熄焦预存段放散烟气 SDS 干法脱硫技术研发。利用焦炉高温烟道气热量将喷射到烟道内脱硫剂激活，与酸性烟气充分接触脱除 SO_2。同时开发了脱硫剂喷粉混匀系统，对喷嘴数量、型式、角度及深度等进行创新。

（2）SDS 干法脱硫专用袋式除尘技术研发。对包括除尘器结构、灰斗下料结构等进行科研攻关，研发了适合 SDS 干法脱硫专用袋式除尘器。

（3）焦炉烟气 SCR 低温脱硝技术研发。对催化剂模块结构形式、催化剂密封及烟道气在催化剂上均布、氨水与烟气均匀混合等进行研究，满足焦炉烟气低温脱硝要求。

（4）干熄焦预存段放散烟气净化技术研发。研究了一种将经过防爆袋式除尘器过滤后干熄焦预存段放散烟气汇入焦炉烟道气脱硫脱硝系统进行净化的方法，与焦炉烟道气混合后进行脱硫处理，满足脱硫温度要求。

（5）焦炉烟气加热技术研发。采用焦炉烟气直燃式加热技术进行传热、传质交换，迅速使焦炉烟气温度提高到适合反应温度，满足脱硝反应要求。

（6）安全联锁及自动控制技术研发。增压风机分别与配重式地下闸板阀、焦炉煤气加热系统及焦炉分烟道翻板间设置安全联锁，一旦增压风机故障停止运行，三种安全联锁装置同时启动，确保焦炉生产安全。

为保证干熄炉生产安全，干熄炉系统循环风机及干熄焦系统循环烟气中 H_2、CO 浓度分别与干熄焦预存段放散烟气除尘系统变频增压风机间设置安全联锁。

三、应用推广情况

SDS 干法脱硫联合 SCR 低温脱硝工艺技术目前已用于鞍钢本部 1~10 号焦炉，西区两座焦炉，朝阳 1 号、2 号焦炉，攀钢钒 3 号、4 号焦炉，西昌 1~4 号焦炉及山西中

本项目获得 2019 年冶金科学技术奖二等奖。

信金石、河北新兴铸管、山西襄垣鸿达焦炉脱硫脱硝项目，湖南煤化新能源有限公司、鞍山宝得锅炉及热风炉等工程，共 31 台（套）。

四、项目创新点

本项目取得如下创新：

（1）适应性强，调节性好，不影响焦炉连续运行。

（2）系统简单，操作维护方便。

（3）一次性投资少，占地面积小。

（4）阻力小，运行成本低。

（5）全干系统、无需用水。

（6）脱硫、脱硝效率高，脱硫可达 98% 以上，脱硝可达 90% 以上。

（7）灵活性高，可随时适应严格排放指标。

（8）脱硫副产物可利用。

（9）NH_3 逃逸 $\leqslant 2.5mg/m^3$（标态）。

（10）可实现 SCR 反应器在线检修、更换催化剂及离线热解析。

五、项目意义

本项目具有广泛的应用前景和推广价值。

大型露天低贫磁铁矿绿色智能开发
关键技术与工程实践

一、完成单位

马钢（集团）控股有限公司南山矿业公司、中钢集团马鞍山矿山研究院有限公司、马钢集团矿业有限公司、金属矿山安全与健康国家重点实验室、华唯金属矿产资源高效循环利用国家工程研究中心有限公司。

二、项目概况

本项目属于矿山科学技术领域。

我国露天冶金矿产资源赋存环境复杂、品位低、复杂难处理，贫矿石占全部矿石储量的98%，绝大部分矿石必须经过选矿富集、提纯后才能使用，且大多难采、难选，难以得到高效开发利用。项目针对我国低贫磁铁矿赋存的特点，以马钢南山矿高村采场为工程依托，从高效、智能、综合利用的角度，开展研究，主要内容为：（1）低贫磁铁矿品位精准控制与实时管控技术研究。（2）低贫磁铁矿靶向式开采技术研究。（3）低贫磁铁矿露天开采智能管控技术研究。（4）含铁围岩资源化整体利用技术研究。

三、应用推广情况

项目构建低贫磁铁矿从"找—采—运—选"全流程开发技术体系，获授权发明专利7项，授权实用新型专利8项；计算机软件著作权1项，制定行业标准1项，发表论文20余篇；建成了年处理能力530万吨的含铁围岩综合利用生产线，年生产粗精矿160万吨，建筑石料370万吨，实现了含铁围岩的整体利用。

四、项目创新点

经过五年攻关，项目取得了如下创新成果：

（1）"找"——研发出了基于机器和深度学习的时空化精细建模技术。突破了传统技术时效性瓶颈，构建高村采场地层、品位、构造和工程的时空耦合分布模型，精准确定低贫磁铁矿品位分布状况，并根据数据的变化实现动态掌控，为低贫磁铁矿靶

本项目获得2019年冶金科学技术奖二等奖。

向式开采奠定了基础。

（2）"采"——开发出基于移动互联技术和 GIS 技术的地质预判系统和绿色精准爆破技术。在成果（1）的基础上，开发出与矿山开采环境高度协同的地质预判系统，进行地质界线和矿石性质的判定；开发出多因子调节精准控制爆堆及注水式静态增压精准控制同时可有效降低炮烟的绿色爆破技术，可有效降低炮烟，实现靶向式开采。

（3）"运"——构建了集胶带运输、矿车自动调度、振动放矿车厢精准对位、远程监控于一体的露天矿运输智能管控平台。突破传统采矿的生产组织模式，开发出泛化接口技术、多源信息融合与分析技术和三维组态化控制平台，将矿车调度等其他生产自动化控制系统，以及各类安全监测系统进行系统集成，对装、运、卸的全过程进行智能管控，实现了矿山物质运输流全时空管控。

（4）"选"——构建了基于采选融合工艺框架的含铁围岩资源化整体利用技术。以半连续工艺为连接纽带，将选矿前端破碎流程前置于采场内，开发出中碎、一段干式预选-细碎、二段干式预选-高压辊磨-湿式粗粒预选含铁围岩预选工艺，解决了含铁围岩品位低、加工成本高、设备易磨损的技术难题。

五、项目意义

本项目构建低贫磁铁矿从"找—采—运—选"全流程开发技术体系，实现了含铁围岩的整体利用，具有广泛的应用前景和推广价值。

长距离铁精矿输送管道在线环保除垢关键技术与装备研究

一、完成单位

包头钢铁（集团）有限责任公司。

二、项目概况

本项目属于矿山安全技术与矿山工程机械设计与制造技术领域。

固体物料管道水力输送技术是一种以液体作为载体，通过密闭管道输送固体物料的运输技术。该技术具有效率高、成本低、安全可靠性高、环境污染少等诸多优点，现已广泛应用于冶金、煤炭、化工等领域。但管道结垢一直是困扰着固体物料长距离管道水力输送的技术难题。国内如太钢尖山铁精矿矿浆管道、攀钢白马铁精矿矿浆管道，国外如 Minas-RIO 铁精矿管道都出现结垢现象。部分管道因结垢问题已严重制约生产，如太钢尖山铁精矿矿浆管道；其他管道项目虽未严重制约生产但也在寻求解决方案。

包钢铁精矿矿浆管道作为国内第三家采用固体物料管道水力输送技术处理精矿的管道系统，自 2010 年投产以来，整体运行良好，但 2016 年开始，由于管道结垢导致主泵出口压力高的问题已严重制约生产。因此，必须采取措施解决管道结垢问题。

不同矿山矿浆管道的垢质特点、管道特点、系统特点均不一样，处理管道结垢的方式方法也不一样。本项目通过对包钢白云鄂博铁精矿矿浆管道的垢质形态、成分进行细致严谨地调查分析研究，针对管道结垢严重、垢质坚硬难清除、生产任务紧难长时间停产除垢等特点，在理论研究与试验研究的基础上，创新性地研发出在线不停输清管器收发装备系统及高效快速清除硬垢的新型割刀铣刀清管器，并对清管器组合方式、清管工艺及清管器运行方式进行深入研究，开发了长距离铁精矿矿浆管道在线机械除垢关键技术，既能快速、高效清除软垢，又能有效清除硬垢。

三、应用推广情况

本项目技术成果 2018 年在内蒙古包钢钢联股份有限公司巴润矿业分公司进行了应用，授权专利 4 项，受理专利 4 项，发表学术论文 4 篇。同工况下，管道起始端压力

本项目获得 2020 年冶金科学技术奖二等奖。

降低约 21%，系统输送能力提高约 18%；2018~2019 年已节约水费、电费、运输费等共计约 7541 万元，可为同行业解决类似问题尤其是如何在线连续清除硬垢问题提供借鉴。

四、项目创新点

本项目取得如下创新：

（1）研发在线收发清管器技术，创新清管工艺，突破了清管器从"单发"到"连发"，实现了在线、高效、安全、环保清管除垢，属国内外领先水平。

（2）自主研发了割刀铣刀和组合式清管器，实现了对坚硬难清除垢质的有效清除，并在国内外首次成功运用于工程实践。

（3）成功应用无线智能定位跟踪技术，实现了清管器的精准定位。

五、项目意义

本项目创新性地研发出在线不停输清管器收发装备系统及高效快速清除硬垢的新型割刀铣刀清管器，开发了长距离铁精矿矿浆管道在线机械除垢关键技术，既能快速、高效清除软垢，又能有效清除硬垢。

和睦山磁铁矿提质增效选矿
工艺技术集成研究

一、完成单位

安徽马钢矿业资源集团有限公司、长沙矿冶研究院有限责任公司。

二、项目概况

本项目属于资源领域。

磁铁矿石资源具有"贫、细、杂"的特点，产出的铁精矿含铁量低、杂质高。宁芜式低品位嵌布不均匀磁铁矿是我国难选微细粒磁铁矿代表之一，资源储量超过数 10 亿吨，高效、绿色地开发利用这类铁矿资源、对促进我国钢铁工业发展，保障我国铁矿石供给安全，具有十分重大意义。

传统上，宁芜式磁铁矿选矿多采用干式磁选进行预先抛尾和筒式磁选机多次磁选，极易导致分选效率低、精矿品位低、环境差等问题。

本项目以磁铁矿资源提质增效为突破口，通过关键技术研发与应用，成功开发了"高压辊磨—宽粒级湿式预选—阶段磨矿阶段磁选—串联淘洗精选新工艺"。

三、应用推广情况

本项目获得了 1 项国家发明和 2 项实用新型专利授权，3 项发明专利审核中，发表学术论文 3 篇，科技成果经评价达到国际领先水平。项目整体技术已经在马钢和睦山磁铁矿得到应用和推广。工业生产表明，宽粒级预选抛出尾矿产率为 26.68%，铁精矿 TFe 品位为 66.44% 的先进技术指标，提高了选矿效率、放粗了磨矿粒度，铁精矿品位提高了 1.62 个百分点，降低了有害杂质，预选出 12.08% 的粗粒尾矿作为建材。2017 年 6 月至 2019 年 12 月，净增经济效益 8948.15 万元。

四、项目创新点

本项目取得如下创新：

（1）开发了磨前宽粒级（0~20mm）磁铁矿湿式预选—分级磨矿新工艺。解决了宽粒级入磨磁铁矿无法直接抛尾的难题，实现了磨前宽粒级抛尾，入磨品位 31.84% 提

本项目获得 2020 年冶金科学技术奖二等奖。

高至 39.01%，提升了 7.17 个百分点，降低磨选成本。

（2）发明了绞笼式双层脱水分级筛，解决了大体积量预选尾矿分级、输送的难题，实现了 12.08% 的 3~20mm 粗粒尾矿作为建材综合利用，14.6% 的 0~3mm 细粒尾矿改善了总尾矿粒级分布，从源头提高了充填体强度和尾矿库安全性。

（3）开发了阶段磁选—串联淘洗精选新工艺。解决了传统的磁铁矿多次弱磁筒式磁选工艺存在分选精度低的难题，磨矿细度由 -0.075mm 90% 降低到 -0.075mm 85%，精矿 TFe 品位由 64.82% 提高到 66.44%，实现了精矿品位大幅提高。

五、项目意义

高效、绿色地开发利用磁铁矿资源对促进我国钢铁工业发展，保障我国铁矿石供给安全，具有十分重大的意义。

新型绿色高效大容积焦炉
装备技术研制及应用

一、完成单位

山东钢铁集团日照有限公司、山东省冶金设计院股份有限公司、保尔沃特公司、安徽工业大学、武汉方特工业设备技术有限公司、大连华锐重工焦炉车辆设备有限公司、中唯炼焦技术国家工程研究中心有限责任公司、江苏龙冶节能科技有限公司。

二、项目概况

本项目属于冶金科学技术领域。

本项目以解决焦化行业超低排放、节能低耗、智能高效、炉体长寿为引领，以炼焦过程物质流能源流高效转化及 NO_x 超低排放和减少无组织排放为导向，借助冶金流程工程学理念、先进过程仿真软件平台、火焰分析模型、三维立体设计，进行结构优化设计和材料选型，通过原始创新和集成创新，利用冶金流程工程学原理集成燃烧控制及传热理论、现代焦炉装备技术、自动控制理论，在新型大容积顶装焦炉高效控硝节能燃烧、炉体结构与耐火材料及无泄漏密封、关键炉体结构与铁件设备、焦炉自动化控制及智能配煤等方面取得了创新性成果。焦炉空气两段助燃+大废气循环量控硝燃烧、高效薄炉墙、非对称式烟道、四段式保护板、智能控温、半球阀式单炭化室压力调节（SOPRECO）、机车无人操作、大容积焦炉上升管余热回收、智能配煤等技术具有自主知识产权。研发的大容积焦炉具有结构新颖、污染物排放少、劳动生产率高、焦炭质量好、炼焦能耗低、适应超低排放要求和炼焦煤资源结构特征等优点。

三、应用推广情况

本项目申请和授权发明专利 24 项、实用新型专利 30 项，获得软件著作权 1 项，形成专有技术和企业技术诀窍 20 项，发表论文 12 篇，培养了一支产学研技术研发应用团队。

本项目在山东钢铁集团日照有限公司得到应用，自投产以来，取得了显著的社会、经济和环境效益。年降本增效 79072.3 万元，减排 CO_2 10.4 万吨、粉尘 157.68t、SO_2

本项目获得 2020 年冶金科学技术奖二等奖。

$473.04t$、NO_x $2128.68t$。

四、项目创新点

本项目取得如下创新：

项目成果主要技术经济指标达国际领先水平：焦炉烟道废气 NO_x 不大于 $100mg/m^3$，达到现行超低排放标准；燃烧室高向和长向加热温差均不大于 $50℃$、炉顶空间温度不大于 $830℃$、炼焦耗热量不大于 $2350kJ/kg$ 湿煤 $7\%H_2O$（混合煤气加热）；四段式保护板使炉柱及保护板与炉体贴合紧密、受力均匀，焦炉更加严密、长寿，减少无组织排放；结构简单的 SOPRECO 单炭化室压力调节装置，使炭化室压力更加稳定，且维护量小；开创特大容积焦炉上升管余热利用先河；机车无人操作、智能配煤、智能控温等系统，使得焦炉生产管控更加精准高效、同等焦炭质量下优质炼焦煤减少 $14\%\sim$ 23%、煤气消耗量减少 $3\%\sim5\%$；焦炭质量指标：M_{40} 90.5%、M_{10} 5.5%、A_d 12.2%、St,d 0.65%、CRI 19.5%、CSR 72.2%，完全满足 $5100m^3$ 高炉要求。

五、项目意义

本项目成果还具有明显降低炼铁生产成本、减少无组织排放等优点，对促进我国炼焦技术进步和清洁生产、提升炼焦技术装备水平及更新换代，具有良好的示范效应和广泛的推广应用价值。

高效节能的焦炉煤气净化
大型化技术开发与应用

一、完成单位

中冶焦耐（大连）工程技术有限公司。

二、项目概况

本项目属于冶金科学技术领域。

焦炉煤气是重要的化工原料和优质燃料，其净化过程是煤炭综合利用的重要步骤。长期以来，受产业集中度低、技术与装备水平相对落后等条件制约，相关企业在处理大流量焦炉煤气时采用分系并联方案，呈现出设备多，占地大，生产效率低，能耗高，运行和维护成本高等状况。研发新一代焦炉煤气净化技术，对降低企业能耗，节省资源，促进行业技术进步和升级，具有重要的战略意义和现实意义。

项目研发团队以单系高效处理 $16 \times 10^4 m^3/h$ 以上的焦炉煤气为目标，重点研究"化工放大效应"现象的应对方法。历经 7 年的努力，该项目研发团队在国内首创了高效节能的焦炉煤气净化大型化技术，取得了重大科技创新。

三、应用推广情况

项目成果获得授权专利 19 项，其中发明专利 6 项；发表学术论文 6 篇；形成国家标准 2 项。

项目成果于 2015 年，成功地应用在宝钢湛江工程中，装置处理能力 $17 \times 10^4 m^3/h$ 焦炉煤气，其净化效果得到了业主肯定，后续采用此技术的马钢项目（国内最大，处理量 $18 \times 10^4 m^3/h$）正在建设中。

四、项目创新点

本项目取得如下创新：

（1）研究大型焦炉煤气设备内气流分布规律，研制了具有自主知识产权的高效净化关键装备。设备内气液分布的均匀度是气体净化效果的核心，以流体力学模型为基础，从煤气进入设备逐段模拟分析其流场分布情况，进而研究各种内件对气流分布的

本项目获得 2020 年冶金科学技术奖二等奖。

影响，从中总结规律。针对不同构型的气体、液体分布器，进行流场分布及压力降研究；结合焦炉煤气净化工艺过程特点，优选出性能高效，整体压降低，结构可靠的方案进行工程化设计，突破了大型单体设备的"化工放大效应"，解决了大煤气流量状态下高效净化的核心问题。

（2）建立焦炉煤气净化大型化技术水力学试验平台。专门研制了一套 1∶1 比例焦炉煤气塔器试验平台，用于验证各种液体分布装置的实际效果；研制了专用的液体分布流量测量装置，可准确获得液体分布数据；开发的专用控制系统可在线对试验数据进行分析比选。

（3）研发了复杂工况下焦炉煤气净化生产全过程多参数联动耦合模拟、调整和优化技术。针对焦炉煤气成分复杂，待净化杂质类别多样的特点，基于化工过程仿真技术，实现大煤气量净化工艺过程多参数诊断、操作趋势预判和参数调整，完成了节能降耗等目标，为后续实现智能化工厂生产打下了坚实的理论基础。经过大量的多参数工艺过程联动耦合计算，优选出了工程应用取值，整体运行能耗比同规模双系处理方案降低约 12%。

五、项目意义

焦炉煤气净化设施大型化技术经中冶集团组织的科技成果鉴定会鉴定为国际领先水平，对降低企业能耗，节省资源，促进行业技术进步和升级，具有重要的战略意义和现实意义。

高配比钒钛富氧烧结技术研究与应用

一、完成单位

四川德胜集团钒钛有限公司、重庆科技学院。

二、项目概况

本项目属新材料、冶炼等技术领域。

由于历史原因以及工厂地理位置和设备升级的限制，烧结与高炉工艺配置为"一拖三"模式，长期存在烧结产能与高炉需求匹配矛盾，烧结矿供需失衡而制约高炉正常稳定生产，加大了生产组织难度和经济效益的损失。

围绕上述难题，项目组为缓解生产工艺配置匹配矛盾，实现节约能源和资源综合利用的生产目的，开展高钒钛磁铁矿烧结生产的富氧烧结技术研究与应用项目，进行在不同富氧方式和富氧强度下，结合烧结过程技术指标和烧结矿性能的变化情况，最终形成最优的富氧烧结方案，提升烧结技术经济指标，满足高炉对烧结矿产能的需要的研究开发，实现以下创新：

（1）研究了高配比钒钛磁铁矿富氧烧结料层蓄热规律及烧结工序影响机制，明确了富氧浓度、富氧时间等对钒钛磁铁矿烧结工序指标及产物冶金性能影响规律，确定了钒钛磁铁矿富氧烧结料层蓄热规律及烧结工序影响机制。

（2）研究了高配比钒钛磁铁矿富氧烧结矿微观结构变化规律及物相分布特征，明确了富氧条件对钒钛烧结矿微观结构与矿物组成的影响，揭示了富氧钒钛烧结矿微观结构变化规律及物相分布特征。

（3）研究了富氧烧结反应平衡前后烧结矿相形貌转变及钛元素迁移规律，揭示了富氧参数、碱度及烧结矿组分等对烧结矿物相等温生长的动力学影响。

（4）在实验室研究、中试测试的基础上，完成了高配比钒钛磁铁矿点火富氧烧结、抽风富氧、全程富氧烧结的工业试验，烧结能耗、产品强度及生产过程指标均有明显改善，为国内钒钛矿强化烧结技术开创了新思路。

本项目获得授权发明专利3项，获得授权实用新型专利8项。项目通过研究，开发出了"富氧烧结装置"，形成了钒钛烧结矿的制备方法、焦炭的冶金效果的比较方法及系统等关键技术，使用单一低热值高炉煤气为点火燃料，实现了高比例（大于

本项目获得2018年度四川省科学技术进步奖三等奖。

60%）配加钒钛磁铁精矿的烧结生产，显著提升了高比例钒钛烧结矿质量，同时提高了烧结钒钛磁铁矿使用比例，提升攀西钒钛资源的综合利用水平，节能效果较显著。经四川金属学会组织行业专家评价，本项目总体技术达到国内先进水平。

三、应用推广情况

富氧项目投运后，节约的能源成本和提高钒钛比例增加的效益，在扣除氧气成本后，吨烧结矿降低成本 13.5621 元/吨，年产量按 257 万吨计算，全年节约成本 3485.46 万元；返矿率下降 1.75%，成品率提高，年节约熔炼费 488.2486 万元；两项合计全年共降低成本 3973.71 万元。燃料单耗降低了碳排放，有助于清洁生产。

四、项目创新点

本项目取得如下创新：

（1）本项目成功应用在高比例（大于 60%）配加钒钛磁铁精矿烧结生产中，属国内领先水平。

（2）利用公司富余氧气进行管网布置，形成烧结富氧新装置，长期稳定富氧。

（3）高钛型烧结矿生产质量明显提升。烧结钒钛比例在 55% 的条件下，物料配比为燃料 5.0%、返矿外配 30%（占混合料配比），碱度 2.7，点火负压 8kPa，烧结负压 14.5kPa，混合料水分 7%，铺底料 3kg，料层高度统一控制 650mm。本项目投用后烧结点火效果和表层烧结矿质量得以改善，烧结矿强度指标提升、返矿率创历史最佳。其中：烧结矿产量较投用前平均上升 246 吨/天；转鼓指数 76.21%，同比 2014 年基本持平；筛分指数 12.97%，同比 2014 年上升 0.48%；低温还原粉化率 $RDI_{+3.15}$ 平均值为 89.67%，同比 2014 年上升 5.01%；烧结矿强度指标较 2014 年全面上升，返矿率下降明显，达 1.75%。

（4）经济效益和社会效益明显。

（5）基于富氧强化烧结技术，按照"平衡相烧结"的学术思想，系统探讨工艺应用层面涉及的关键技术环节和科学问题，最终形成了一套适用于钒钛磁铁矿富氧烧结的基础理论体系。

（6）系统性研究了富氧条件下钒钛磁铁矿各料层段自动蓄热量变化特点，明确富氧技术对钒钛磁铁矿烧结工序指标及产物冶金性能影响规律，揭示了钒钛磁铁矿富氧烧结矿微观结构变化规律及物相分布特征。

（7）系统研究了钒钛磁铁矿富氧烧结过程物相转变机理，建立了钒钛磁铁矿富氧平衡烧结过程等温结晶动力学模型，获得了富氧参数对烧结矿物相等温生长的动力学规律。

（8）探讨了以富氧烧结处理钒钛磁铁矿粉的技术措施，并成功应用于相关企业，经济效益显著，可以为进一步改善我国钒钛磁铁矿烧结矿质量，降低生产成本提供指导。

五、项目意义

本项成果总体技术水平达到国内先进水平。富氧烧结技术应用于高配比钒钛磁铁矿烧结生产，烧结技术经济指标得到显著提升，满足了高炉对烧结矿产能的需要，同时又充分利用了富余氧气，节约了大量能源，取得互补双赢的生产效果，富氧烧结技术有利于提高钒钛矿冶炼水平，提升钒钛资源综合利用率。该技术在川内钒钛冶炼企业，甚至是国内钒钛矿冶炼企业，均具有很好的推广应用前景，同时也能为国内钒钛矿烧结技术创新做出贡献。

2018年度四川省科学技术进步奖三等奖证书

超厚料层烧结工业实践技术研究

一、完成单位

陕西钢铁集团有限公司。

二、项目概况

本项目属于铁矿烧结技术领域。

厚料层烧结始终是烧结生产技术的前沿，厚料层烧结可以充分利用烧结料层的自动蓄热作用，具备改善矿物结晶，改善烧结矿粒度组成、降低烧结生产固体燃料消耗等诸多优点。目前，我国大多数企业的烧结料层超过 700mm，部分企业已实现了超过 750mm 的厚料层烧结，但能实现料层厚度达到 900mm 以上的超厚料层烧结企业屈指可数。

项目组多次研究详细梳理，最终策划陕钢集团烧结机超厚料层烧结工业实践技术研究。通过多次攻关，最终实现 1000mm 的超厚料层烧结并稳定实施。烧结矿入炉率能提升 2 个百分点、返矿率降低 5 个百分点、固体燃料单耗降低 4kg/t、煤气消耗降低 10m³/t。

三、应用推广情况

自超厚层烧结项目实施以来，行业翘楚慕名而来进行参观学习，先后迎接首钢、安钢、酒钢、重钢、建龙等行业巨头来汉钢进行考察交流，进一步提升了陕钢汉钢烧结技术在行业中的知名度。

四、项目创新点

本项目取得如下创新：

（1）25%磁铁矿在 1000mm 料层烧结中稳定实施。

（2）混匀垛堆料层数提升至 500 层以上，保证混匀效果。

（3）返矿雾化加水润湿，利于返矿制粒核心作用。

（4）实施联合松料器技术，改善料层透气性。

（5）优化布料技术，减少料层高度、宽度方向成分偏析。

五、项目意义

超厚料层烧结工业实践技术大幅提升了陕钢集团烧结各项指标，推动陕西钢铁迈向高质量发展之路，引领了业内烧结发展方向。

陕西钢铁集团汉钢公司厂区

陕西钢铁集团汉钢公司烧结机

镍铁合金制备关键技术及产业化应用

一、完成单位

北海诚德镍业有限公司、中南大学。

二、项目概况

本项目属冶金领域。

目前我国 65% 以上镍矿资源依赖进口。硫化镍矿资源日趋枯竭，但红土镍矿资源丰富，用其制备的镍铁合金比使用高纯镍板生产不锈钢具有成本低、资源利用率高、流程短、性能好等优点。目前，能采用成熟技术处理的高品位红土镍矿资源，大部分已被日本和欧美等国公司所控制或所属国限制出口，因此，如何经济高效地利用国外价格低廉的低品位资源制备镍铁合金，对支撑我国高端不锈钢产业发展具有极为重要意义。

本项目在国家自然科学基金、国家发改委、广西经信委等项目支持下，攻克了低品位红土镍矿资源高效低耗清洁生产镍铁合金的技术瓶颈，取得显著经济社会效益。本项目的六大关键技术均已处于成熟状态，可在国内 100 多家红土镍矿加工企业进行广泛的推广应用，也可推广到国外相关仅有低品位红土镍矿资源的企业。

本项目内容包括：

（1）基于生石灰水化反应及烧结矿热废气余热干燥的热化学干燥工艺，适合处理各种类型的高水分高黏性的红土镍矿，解决运输难、干燥难的问题，确保生产流程畅通。实施方案简单、成本低、效果好。

（2）高压辊磨预处理工艺及多功能复合添加剂制备红土镍矿球团技术，生球经过烘干，制备高强度的干球，能满足回转窑直接还原要求，该技术可以推广；主要技术为高压辊磨机替代湿式球磨+脱水干燥工序。大型高压辊磨机已实现了国产化。

（3）多功能复合添加剂制备技术成熟，已能批量供应，可根据需要决定其生产规模。

（4）多种协同强化烧结技术可在其他红土镍矿烧结厂及使用常规高配比褐铁矿的钢铁厂推广使用，包括烧结冷却热废气进行热风烧结、加压烧结、块矿铺底料、直接还原–磁选尾渣替代熔剂烧结技术。可提高烧结矿产量和强度，并能实现烧结节能

本项目获得 2018 年度广西科学技术奖二等奖。

减排。

（5）回转窑选择性还原诱导结晶-磁选工艺流程：设计并合成具有黏结、促进镍矿物还原、抑制铁矿物还原的多功能复合添加剂，发明了低镍铁粉晶种诱导结晶技术及高压辊磨预处理强化球磨选择性解离技术，不仅其中的镍铁得到有效提取，生产出的高镍铁粉用于 RKEF 法中的矿热炉强化冶炼镍铁合金，低镍铁粉则用作回转窑直接还原过程中的晶种，而且磁选尾渣替代了白云石熔剂用于全褐铁矿型红土镍矿烧结，实现了过渡型低品位红土镍矿资源高效利用和无尾渣排放，该技术有重要推广价值。

（6）回转窑直接还原-磁选工艺（DRMS）与 RKEF 工艺相结合的 DRMS-RKEF 双联法新工艺，通过内配煤强化回转窑预还原技术、高镍铁粉入炉渣型设计及优化、入炉料镍品位控制技术，实现了腐殖土型低品位红土镍矿 RKEF 法高效冶炼，操作简单易行，效果良好。

相关技术已经推广应用到国内外多家企业。此外，目前利用红土镍矿生产镍铁合金的国内外企业有数百家，大部分面临生产成本高、废渣利用难、环境压力大等困难，利用本成果可以解决上述困难，大幅度提高其竞争力和生存能力，应用前景广阔。

本项目共申请专利 20 项，其中授权发明专利 5 项、实用新型专利 5 项。

三、应用推广情况

建成国内外唯一同时拥有烧结机-高炉法、回转窑直接还原-磁选法及 DRMS-RKEF 双联法三大相互协同生产工艺的镍铁合金厂，其中回转窑直接还原-磁选处理低品位红土镍矿被广西壮族自治区工信委认定为新技术新产品。三年新增产值 91.7 亿元，创收直接经济效益 6.95 亿元，利用低品位块矿 20 万吨和尾渣 18 万吨。本项目的实施打破了国内外 RKEF 法只能处理高品位红土镍矿的限制，对缓解我国镍矿资源严重短缺局面，支撑广西高端不锈钢优势产业发展具有重要意义。

本项目推广应用的条件比较容易满足，只要有稳定的低品位红土镍矿资源，企业有产能指标，就可建设镍铁生产厂，没有其他特殊要求。但我国主要依靠进口红土镍矿资源，其化学成分、工艺矿物学特征波动较大，如何对加工利用性能进行预测，为调整和稳定大型回转窑还原的过程控制提供指导，是一个重要的研究课题。

本项目解决了低品位红土镍矿冶炼渣量大、利用难、能耗和成本高、镍资源回收率低等问题，实现了价廉易得的低品位红土镍矿高效利用，对缓解我国镍资源短缺局面，保障我国高端不锈钢产业快速发展具有重大意义。项目的推广应用，为我国红土镍矿企业积极应对 2018 年 1 月 1 日实施的环境保护税法，降低镍铁企业环保负荷，提升企业生存力，提供了重要支撑。依托项目成果和北海诚德镍业平台，开发利用红土镍矿资源，对我国资源开发"走出去"战略和"一带一路"倡议的实施具有重要示范意义。

四、项目创新点

针对低品位红土镍矿品种多样性及不同理化特性,导致以低品位红土镍矿制备镍铁合金时存在难输送、难混匀、难还原、难冶炼、渣量大、能耗高、镍铁回收率低等技术难题,在国家自然科学基金、国家发改委重大产业技术专项、广西发改委、工信委及北海市科技局等各级政府资助及企业自筹等支持下,形成了"基础理论的突破—核心技术的形成—产业应用示范"全链条创新模式,以低品位红土镍矿为原料,进行了镍铁合金制备关键技术及产业化应用研究,主要科技创新有:

(1) 针对低品位褐铁矿型红土镍矿结晶水及铝、镁元素含量高,导致烧结矿强度差、产量低、烧结能耗高及其加工过程中产出的低品位块矿无法利用的难题,开发了协同强化红土镍矿烧结技术,突破了只能低于50%褐铁矿配比的技术限制,成功实现了全褐铁矿型红土镍矿烧结,烧结矿转鼓强度提高了10.2%,烧结机产量提高了16.7%,固体能耗下降了34.7kg/t(相对)烧结矿,为高炉冶炼低镍铁合金提供了优质炉料。

(2) 针对过渡型低品位红土镍矿镍含量低,硅、铝、镁、铁含量高,导致该类资源一直不能得到有效利用的难题,开发出红土镍矿回转窑还原焙烧—磁选富集镍铁生产工艺和回转窑选择性还原诱导结晶—强化磁选技术:设计并合成具有黏结、促进镍矿物还原、抑制铁矿物还原的多功能复合添加剂,发明了低镍铁粉晶种诱导结晶技术及高压辊磨预处理强化球磨选择性解离技术,不仅其中的镍铁得到有效提取,生产出的高镍铁粉用于 RKEF 法中的矿热炉强化冶炼镍铁合金,低镍铁粉则用作回转窑直接还原过程中的晶种,而且磁选尾渣替代了白云石熔剂用于全褐铁矿型红土镍矿烧结,实现了过渡型低品位红土镍矿资源高效利用和无尾渣排放。对含镍1.4%~1.6%、含铁18%~20%的过渡型低品位红土镍矿,生产出含镍6%,含铁60%~70%左右的镍铁粉,镍回收率达到90%。

(3) 针对腐殖土型(硅酸镍型)低品位红土镍矿冶炼渣量大、产量低、能耗高的问题,开发出回转窑直接还原—磁选工艺(DRMS)与 RKEF 工艺相结合的 DRMS-RKEF 双联法新工艺,通过预还原度调控技术、高镍铁粉入炉渣型设计及优化、入炉料镍品位控制技术,实现了腐殖土型低品位红土镍矿 RKEF 法高效冶炼,解决了上述共性问题。通过配加15%~40%的高镍铁粉(含镍6%,含铁60%~70%)与硅酸镍型低品位红土镍矿(含镍1.2%~1.8%,含铁15%~25%),可冶炼出含镍10%~12%、含铁84%~86%的镍铁,铁回收率达到86%、镍金属回收率达到97%,镍铁产品单位电耗为2691.6kWh/t。

(4) 针对所有类型的红土镍矿因其自由水含量高达30%~40%,导致其运输难、干燥难,生产过程稳定运行难等问题,开发出基于氧化钙水化放热效应的筑堆法化学干燥技术与圆筒干燥机热风余热干燥相结合的热化学干燥法,具有投资省、成本低、效果好的特点，成功解决了红土镍矿在厂内运输、干燥的难题，稳定了生产工艺过程。

（5）在国内外率先针对褐铁矿型、硅酸镍型及过渡型低品位红土镍矿三大类型，开发出适合每种类型且相互关联与协同的低品位红土镍矿加工处理技术，并成功运用于同一生产厂内，极大地提高了生产厂家对原料的适应性，改善了生产技术经济指标，提高了企业的核心竞争力。

五、项目意义

本项目针对低品位红土镍矿不同类型，开发相适宜的工艺及其组合，有效地突破了上述技术瓶颈，是提升我国红土镍矿资源利用技术水平的重要举措。本项目的实施对于缩小国内外红土镍矿资源利用领域的技术差距和改变我国长期依赖进口技术的被动局面具有重要意义。

2018 年度广西科学技术进步奖二等奖证书

大新锰矿产状复杂矿段分区
协同开采关键技术

一、完成单位

中信大锰矿业有限责任公司、广西大学。

二、项目概况

本项目属矿山开采技术领域。

随着矿山开采强度越来越大，易采资源逐步消耗殆尽，一些隐患因素多、开采难度大、工程目标复杂等难采资源逐渐受到人们的重视。大新锰矿是我国最大的锰资源生产基地，有大量产状复杂矿段，常规设计仅提供单一采矿方法，无法实现资源回收。项目组针对这一复杂难题，在协同开采理念的基础上，拓新提出"分区协同开采"学术构想，研发并形成"大新锰矿产状复杂矿段分区协同开采关键技术"，实现产状复杂难采矿段的安全高效绿色和谐开采。

三、应用推广情况

中信大锰矿业公司采用研发的采矿技术后，矿房采切比减少 1.0%，矿石回收率增加 4.81%，吨矿成本节约 4.522 元，经济效益突出。

四、项目创新点

本项目取得如下创新：

（1）根据矿体产状条件的不同，拓新提出由工程地质条件引导"分区协同开采"学术思想，对大新锰矿产状复杂矿段进行分区处置。

（2）针对不同分区的采矿技术条件，通过选择传统采矿方法与创新设计的协同采矿方法，使得各分区内与分区间采用的采矿方法能够有效搭配和协调统一，形成了一套"产状复杂矿段采矿方法优化选择与设计技术"。

（3）针对各矿层的矿石运搬系统存在独立和运搬环节过多的问题，设计了最优矿石运搬系统方案，实现了各矿层矿石运搬工作的工艺协同。

本项目获得 2019 年度广西科学技术进步奖二等奖。

五、项目意义

本项目成果开创了我国产状复杂难采矿体分区协同开采的先例，克服采用传统采矿技术不能大规模获利或者无从下手的尴尬局面，盘活了大量宝贵的矿石资源，有力地推动了大新锰矿企业采矿技术的进步。

大新锰矿露天采场

2019 年度广西科学技术进步奖二等奖证书

锰电解产品绿色生产关键技术集成及应用

一、完成单位

中信大锰矿业有限责任公司、广西大学、重庆大学。

二、项目概况

锰电解产品是冶金、化工及新能源等领域的关键基础材料。我国是全球最大的锰电解产品生产基地，但一直存在锰矿品位低、工艺装备落后、能耗高、环境压力大、高品质产品少等问题。本项目在国家"863 计划"、国家科技支撑计划、广西壮族自治区重大科技专项等项目的支持下，通过对锰冶金等基础理论研究及关键共性技术、关键装备进行攻关，完成了项目技术的集成研发，并实现了低品位锰矿资源的高效利用与产业化推广。

三、应用推广情况

本项目成果已在大新、天等分公司获得产业化应用，形成年选矿 120 万吨、电解金属锰 13 万吨、锂锰电池级电解二氧化锰 3 万吨的生产规模。三年新增产值 36.45 亿元，新增利润 2.54 亿元，新增税收 2.22 亿元，经济和社会效益显著。

四、项目创新点

本项目取得如下创新：

（1）过程强化理论及工艺、装备创新：1）开发国内最大的碳酸锰矿全干选工艺和装备，使碳酸锰矿品位由 13.5% 提高至 18%；2）开发刚柔组合搅拌强化装备和 $250m^3$ 大型钢制化合槽，实现锰矿浸出装置大型化；3）开发生产电池级高纯电解二氧化锰新工艺，提高产品质量与附加值。

（2）节能减排工艺技术创新：1）创立锰电解过程的分形生长理论，开发节能电解槽和脉冲电解装置，电耗下降约 400kWh/t；2）开发硫酸锰溶液深度净化技术，杂质含量下降 20%，产品电耗下降 50kWh/t。

（3）清洁生产及循环经济技术创新：1）开发电解锰渣中可溶锰及硫酸铵回收技术，可溶锰及硫酸铵回收率超过 70%；2）开发含锰生产废水的循环利用及锰资源的

本项目获得 2017 年度广西科学技术进步奖二等奖。

回收技术，实现生产废水的零外排；3）开发电解锰阳极泥中有价金属的回收技术，实现了阳极泥中锰的循环利用及铅的有效富集回收。

五、项目意义

传统锰产品生产技术能耗高、环境污染严重。公司积极开展节能环保、清洁高效的生产新技术的研发，加强对锰产品的采选冶过程的集成技术研究，联合广西大学、重庆大学等高校研发了一系列关于低品位锰矿高效利用技术，延伸了锰产品产业链，提升了企业盈利能力，形成了锰产业可持续发展的支撑体系。

2017 年度广西科学技术进步奖二等奖证书

钒铬共提清洁生产关键技术及产业应用

一、完成单位

河钢集团有限公司、中国科学院过程工程研究所、河钢股份有限公司承德公司。

二、项目概况

本项目属高性能复合材料、基础化工原料等技术领域。

钒钛磁铁矿为我国战略性关键金属矿产资源，其有价金属的高效利用，特别是钒铬的协同清洁提取分离是世界难题，严重制约了我国钒铬产业的可持续发展。项目依托两届"973计划"重大原始性创新成果，作为中科院60项重大突破之一，在河钢和中科院共同合作下，基于以活性氧量化调控为核心的亚熔盐非常规介质新理论及平台技术，突破了多场强化拟均相反应实现钒铬高效同步氧化转化、冷却结晶—梯级阳离子置换短流程清洁制备高纯钒产品、蒸发结晶实现铬盐产品清洁分离及反应介质循环耦合、尾渣深度脱钠实现大配比配矿炼铁等关键技术，开发了以亚熔盐钒铬高效共提—清洁相分离—产品绿色短流程制备—尾渣全量化增值利用为特色的具有自主知识产权的新流程，建成国际首套5万吨含铬钒渣/年示范线，实现了工业化稳定运行，比传统工艺反应温度降低700℃以上，钒资源利用率由80%提高至90%，铬资源利用率由完全不能回收提高至80%，且源头避免有害窑气、高盐氨氮废水的产生，流程废水零排放，尾渣全量化增值利用。项目成果为全球钒铬产业的绿色转型升级提供了技术支撑。

本项目获得发明专利30项，发表论文6篇，项目形成的钒渣钒铬高效清洁共提技术、钒铬清洁分离技术、钒产品短流程绿色制备技术填补了国内外该领域的空白，带动了全球钒行业的绿色升级，项目总体达到国际领先水平。

三、应用推广情况

本项目从2009年研发伊始，在技术开发及公斤级扩试确定工艺的先进性和稳定性

本项目获得2019年度河北省科学技术进步奖一等奖。

后，于2014年进行了千吨级应用，2017年进行了5万吨级的应用，已建成世界首条5万吨钒渣/年示范线。

生产线运行结果表明，钒的转化率稳定在90%以上，铬的转化率稳定在80%以上，获得了高纯钒产品（不小于99%）和满足市场需求的铬酸钠产品（不小于98%）。且工艺过程无废水废气产生、尾渣可大比例配矿炼铁，产线主要技术指标均达到设计要求，经济社会效益显著，为我国高铬型钒钛磁铁矿的绿色高效利用及建立以钢铁钒钛为依托的铬盐发展新模式提供技术支撑和解决方案。

四、项目创新点

本项目取得如下创新：

（1）基于亚熔盐非常规介质共性技术基础，开发了钒铬资源高效清洁利用及产品绿色制造新流程，建成产业化示范线，在国际上率先实现钒铬工业化规模高效同步提取，支撑了化工冶金新理论的发展。

（2）基于亚熔盐介质反应活性强化原理与调控规律，开发了多种外场强化新方法，并率先在国际上采用微气泡强化法在150℃实现钒渣中钒铬的高效提取，是钒铬提取方法的重大创新。

（3）基于亚熔盐清洁生产工艺设计原理，开发了冷却结晶—梯级阳离子置换制备高纯钒新技术，实现了钠/钒清洁分离及产品提纯的耦合，源头避免高盐氨氮废水产生。

（4）基于反应分离耦合原理，突破了钒铬共存多元体系铬分离难题，蒸发结晶分离铬酸钠产品，同步实现介质的高效回用。

（5）以工业化、信息化与绿色化的融合发展为切入点，通过全流程、系统性节能优化，形成整体技术方案一体化、模块化设计及全流程自动化控制。

五、项目意义

钒钛磁铁矿为我国战略性关键金属矿产资源，已探明储量202亿吨，储量居世界第三位，其中钒资源量达1600万吨，占全国钒储量的62%；铬资源量达900万吨，占全国铬储量的80%，其大规模清洁开发利用对于保障我国战略安全意义重大。本项目突破传统钒铬提取工艺的技术瓶颈，不仅在工业规模实现了钒铬的高效同步提取，而且实现了钒化工污染的全过程控制，为我国钒铬战略金属资源的大规模开发利用提供了解决方案。项目的实施将明显改善区域环境质量，引领京津冀地区生态文明建设和产业升级。项目还有利于加速我国占据全球钒化工领域的技术制高点，为推动我国钢铁钒钛产业的国际化发展及"一带一路"战略提供科技支撑。

2019 年度河北省科学技术进步奖一等奖证书

高纯五氧化二钒

厂房图

钒铬渣分离提取钒铬技术研究

一、完成单位

攀钢集团有限公司、钒钛资源综合利用国家重点实验室。

二、项目概况

本项目来源于四川省科技计划（国家级攀西战略资源创新开发试验区第二批科技攻关项目），属于钒钛磁铁矿资源综合利用技术领域，具体涉及钒铬渣分离提取钒铬的工艺技术。

钒铬渣是红格高铬型钒钛磁铁矿综合利用的必然中间产物，必需进一步分离并制备成钒、铬产品，才能实现红格高铬型钒钛磁铁矿中钒、铬资源的回收利用。如何从钒铬渣分离提取钒铬是制约红格矿大规模开发利用的主要因素。

本项目技术内容于2019年通过中国钢铁工业协会组织的第三方评价，综合技术达到了国际先进水平，为红格矿的开发利用提供了技术支撑。项目获得授权国际发明专利3项，国内发明专利12项；公开发表科技论文12篇。

三、应用推广情况

本项目研究成果自2017年7月开始在攀钢集团钒钛资源股份有限公司攀枝花钒厂工业生产线试用，得到的五氧化二钒、三氧化二铬产品质量分别满足 YB/T 5304—2017 和 HG/T 2775—2010 标准要求；全流程钒收率为92.88%，铬收率为86.34%；与现有钒渣生产氧化钒的钒收率80%~82%、铬基本未回收的现状相比，本项目钒收率提高了约10个百分点，铬收率达到了86.34%，显著提高了钒、铬资源的利用率。待红格高铬型钒钛磁铁矿规模化开发后，按年产标准钒铬渣26万吨测算，采用该技术每年新增利润预计1.39亿元。

四、项目创新点

本项目针对钒铬渣分离提取钒铬的工艺技术问题，设计了"钠化焙烧—水浸—溶液分离钒铬—废水处理"工艺路线。重点针对钒铬渣钠化焙烧铬转化率低及温度控制不稳定、钒铬溶液选择性分离效果差、废水处理成本高等问题进行研究，解决了因铬

本项目获得2020年冶金科学技术奖二等奖。

铁尖晶石转化温度高造成的铬转化率低和产业化过程中因物料反应放热造成的焙烧温度制度不稳定、回转窑结圈等问题，实现了焙烧回转窑的稳定运行，钒转化率为98.60%，铬转化率为93.53%，形成了钒铬渣低温钠化焙烧钒铬同步高效转化产业化技术；查明影响钒铬溶液选择性分离效果的主要因素，提出了控制沉钒率、钒产品质量的技术措施，使沉钒率从95%提高到98.47%，钒产品 V_2O_5 含量从92%提高到99.37%，形成了钒铬溶液低成本选择性分离技术；通过废水中硫酸铵、硫酸钠结晶规律研究，提出了沉钒铬废水分步结晶和铵盐循环用于沉钒的技术措施，形成了经济的铵、钠分离及资源化利用工艺技术。通过系统的基础理论和应用技术研究，形成了完整的钒铬渣分离提取钒铬产业化技术。

五、项目意义

本项目钒收率提高了约10%，铬收率达到了86.34%，显著提高了钒、铬资源的利用率。红格高铬型钒钛磁铁矿规模化开发后，按年产标准钒铬渣26万吨测算，采用该技术每年新增利润预计1.39亿元。

工艺装备

高效低耗特大型高炉关键技术及应用

一、完成单位

中冶赛迪集团有限公司、北京科技大学、安阳钢铁股份有限公司、清华大学。

二、项目概况

$4000m^3$ 以上特大型高炉是衡量一个国家炼铁生产水平的标志，其生产效率高、能耗低、排放少，是炼铁业实现集约化绿色发展的重大技术。

本项目针对特大型高炉体量大、煤气流分布均匀性差、难以实现长期高效低耗的技术难题开展研究，解决了由于基础理论匮乏、设计体系缺失、核心装备及控制技术空白，无法开展特大型高炉自主设计和推广而制约我国钢铁工业高效低耗发展的重大问题。

自 1991 年起，本项目就开始针对高效低耗特大型高炉项目展开科技攻关。首先针对理论和设计体系缺失的问题，建立了以炉腹煤气量指数理论为核心的工艺理论以及高效低耗特大型高炉的设计体系，为我国高炉的大型化发展奠定了基础。2000 年以后，为打破国外工程公司的长期垄断，自主创新开发了新型无料钟炉顶控制技术、交错旋流式顶燃式热风炉、长寿可靠的管系设计等核心装备技术，其中新型无料钟炉顶控制技术打破国外 30 多年的技术垄断。近年来，为响应国家对传统工业"两化融合"的转型要求，开发出实现特大型高炉高效低耗的智能控制技术，为实现高效低耗的生产提供了装备和控制技术保障。

经过 20 余年的潜心研发和自主创新，已形成一整套覆盖工艺理论、设计体系、核心装备、智能控制的实现高效低耗特大型高炉的关键技术成果，形成专著 3 部、国家标准 2 项，获得发明专利 20 项、实用新型专利 76 项、软件著作权 1 项，发表论文 150 余篇，其中 SCI 9 篇，EI 25 篇。

三、推广应用情况

本项目成果已推广到国内外 21 座 $4000m^3$ 级以上特大型高炉，产生了巨大的经济效益和社会效益。项目成果应用于宝钢 3 号高炉，一代炉役 19 年，单位炉容产铁量

本项目获得 2016 年度国家科学技术进步奖二等奖。

15700t，一代炉役平均焦比（含焦丁）302kg/t，煤比196kg/t，燃料比498kg/t，其高效低耗的指标达到国际领先水平，引起世界炼铁业的广泛关注。项目成果数次击败国外工程巨头，输出到越南台塑 2×4350m³ 高炉、印度 JSW 1 号高炉、印度 TATA KPO 2 号 5870m³ 高炉等具备重大国际影响力的项目，为中国特大型高炉技术树立了全球领先地位。

四、项目创新点

本项目取得如下创新：

（1）以炉腹煤气量指数理论为核心的高效低耗工艺理论。创建了以炉腹煤气量指数为核心的新指标体系，提出特大型高炉炉腹煤气量指数的合理区间，为特大型高炉实现高效低耗的生产指标奠定了理论基础。

（2）特大型高炉高效低耗的设计体系。建立了特大型高炉合理内型尺寸的计算方法；独创出三段式炉身和炉腹板壁结合两种炉体关键部位的构造技术；建立了高炉配套系统能力计算模型；研发出高炉长寿设计技术，为特大型高炉实现高效低耗的生产指标提供了设计保障。

（3）满足特大型高炉高效低耗生产的核心装备。自主创新开发了特大型高炉核心装备技术，包括新型无料钟炉顶布料器控制技术，带有"交错旋流式"陶瓷燃烧器的顶燃式热风炉以及新型节能环保型水渣转鼓，为特大型高炉实现高效低耗的生产指标提供了装备技术保障。

（4）实现特大型高炉高效低耗生产的智能控制技术。开发了特大型高炉高效低耗智能控制技术。从炉热控制、操作炉型管理、异常炉况诊断、炉缸长寿管理四个方面加强对高炉的诊断、预判和控制，提高了智能生产水平，为特大型高炉实现高效低耗的生产指标提供了控制技术保障。

五、项目意义

"高效+绿色+智能"的特大型高炉是引领钢铁行业发展的重大课题，也是衡量一个国家炼铁冶炼水平的标志。本项目经过二十多年的潜心研发和自主创新，解决了由于基础理论匮乏、设计体系缺失、核心装备及控制技术空白，无法开展特大型高炉自主设计和推广而制约我国钢铁工业高效低耗发展的重大问题，并打破了国外技术垄断，有效促进了我国冶金工业节能减排和资源集约化利用，促进了中国钢铁技术走向世界，也为我国乃至世界高炉大型化发展做出了重大贡献。

电弧炉炼钢复合吹炼技术的研究及应用

一、完成单位

北京科技大学、中国钢研科技集团有限公司、天津天管特殊钢有限公司、新余钢铁集团有限公司、西宁特殊钢股份有限公司、衡阳华菱钢管有限公司、北京荣诚京冶科技有限公司、唐山文丰山川轮毂有限公司。

二、项目概况

本项目属于炼钢技术领域。炼钢生产主要有转炉和电炉流程，其中电炉炼钢流程是以废钢为主要原料，具有流程短、品种齐全、节能环保等优点。近年来，世界电炉钢产量占总产量的 32%~35%，欧美等发达国家已达 50%；我国是世界上最大的电炉钢生产国，2013 年产量约为 7000 万吨，但是只占粗钢产量 10% 左右，随着废钢蓄积量的增加，电弧炉炼钢在我国炼钢生产中的比例将不断提高。本项目将节能降耗、提高产品质量、降低生产成本作为目标，以强化熔池搅拌为核心，探究氧气射流、电磁场和底吹流股三者对熔池搅拌强度的影响，研究集束射流应用新技术和底吹安全长寿技术，开发供电、供氧、底吹等单元操作的集成控制技术，大幅度地降低原料、能量等消耗，提高氧气利用率和电弧炉生产效率，使我国电弧炉炼钢主要技术经济指标达到国际先进水平。

2014 年 1 月，中国金属学会在北京组织召开"电弧炉炼钢复合吹炼技术"项目成果评价会，评价委员会一致认为该技术成果总体达到国际先进水平，其中集束射流技术和同步底吹技术具有国际领先水平。本项目获发明专利授权 9 项、发明专利申请 2 项、实用新型专利授权 2 项、软件著作权登记 3 项，参与起草冶金行业标准 1 项，发表相关论文 71 篇（SCI/EI 收录 44 篇），专著 1 部。

三、应用推广情况

本项目于 2011 年先后在天津天管特殊钢有限公司、新余钢铁集团有限公司、西宁特殊钢股份有限公司得到应用，并从 2013 年开始，在衡阳钢管、唐山文丰、大冶特钢、鞍钢重机等企业推广应用。天津天管特殊钢有限公司等 5 家企业统计结果显示：平均吨钢冶炼电耗降低 12.17kWh，电极消耗降低 0.31kg，钢铁料消耗降低 19.57kg，

本项目获得 2016 年度国家科学技术进步奖二等奖。

氧气、天然气、碳粉和石灰消耗分别降低 2.74m³、1.36m³、1.31kg 和 1.83kg，成本降低 68.04 元；2012~2014 年共计新增产值 14 亿元、新增利税 9.11 亿元、增收（节支）总额 5.1 亿元。

四、项目创新点

本项目在我国率先成功实现了电弧炉炼钢复合吹炼技术的工程化应用；研发了国际领先的底吹安全长寿技术和集束射流应用新技术；完成了电弧炉炼钢复合吹炼单元操作的集成控制研究，开发了高温烟气测量分析技术及成本质量控制软件；率先建立电弧炉"气—渣—金"三相等效耦合全尺寸模型，掌握了氧气射流、电磁场和底吹流股对熔池搅拌强度的耦合规律，并率先推导出耦合关系的数学表达式。

五、项目意义

电炉炼钢流程是以废钢为主要原料，具有流程短、品种齐全、节能环保等优点。随着我国废钢积蓄量的增加，电弧炉炼钢具有长期发展趋势。本项目研究解决了有关电弧炉炼钢的关键技术，有利于大幅度降低电弧炉炼钢原料、能量等消耗，提高氧气利用率和电弧炉生产效率，使我国电弧炉炼钢主要技术经济指标达到国际先进水平，具有显著的经济和社会效益。

热轧板带钢新一代控轧控冷技术及应用

一、完成单位

东北大学、鞍钢股份有限公司、首钢总公司、南京钢铁股份有限公司、湖南华菱涟源钢铁有限公司、福建省三钢（集团）有限责任公司、新余钢铁股份有限公司。

二、项目概况

热轧板带钢新一代控轧控冷是"资源节约型、节能减排型"绿色钢铁制造的代表，示范效应明显。

该项目创建了热轧钢材新一代控轧控冷技术体系，开辟了节省合金元素、提高钢材性能的新途径；创建了热轧钢材一体化组织调控理论，再造一个绿色化钢材成分和工艺体系；自主研制出系列首台套热轧钢材先进快速冷却装备与控制系统，成为我国热轧钢材生产线主力机型；阐明了热轧钢材组织演变规律和强韧化机理，开发出系列低成本高性能钢铁材料。通过项目的实施，80%以上热轧钢材强度指标提高 100~200MPa，主要合金元素用量节省 20%~30%。

成果已覆盖鞍钢、首钢等 50%以上大型钢企，实现了高品质节约型管线钢、低合金钢、船用钢、桥梁钢、水电钢等 4000 万吨/年生产规模，促进了我国钢材由"中低端"向"中高端"升级换代。研发的产品在三峡工程、西气东输、海洋平台、跨海大桥、汽车高铁、第三代核电站等国家工程中应用，效果良好。

该项目获授权发明专利 87 项、发表 SCI/EI 论文 149 篇，出版专著 9 部，国际会议发言 47 次，获得国内外同行的高度评价。

三、应用推广情况

2008 年，首台套装备技术成功投产以来，已推广至鞍钢、首钢等 23 条热轧板带钢大型生产线（含改造进口 1 套）；基于该项目生产的高品质、减量化、绿色化热轧板带钢产品达到 4000 万吨/年生产规模。近五年，在国内该领域工艺及装备的国际竞标中，凭技术优势中标率 100%。以此为基础，项目组针对国内大型钢企实施"靶向式"改造，通过关键装备技术升级，带动产线和产品结构升级，已在河钢集团唐钢、邯钢、舞钢取得显著成效。

本项目获得 2017 年度国家科技进步奖二等奖。

基于该项目开发的钢材已成功应用至西气东输、海工平台、第三代核电站、跨海大桥、战略油气储运、大型建筑/桥梁、大型工程/矿用机械、大型特殊用途船舶及军工等国家重点工程项目的关键装备或部件上，以及中石油、中石化、中海油、大船重工、三一重工、中国重汽、中远船务、中国水电八局、广船国际等行业骨干企业；批量出口至美国、英国、德国等 30 余个国家，成功应用到美国最长悬索桥 Verrazano 海峡大桥、全球最深半潜钻井平台挪威 Frigstad 平台、全球首艘极地凝析油轮 Audax 号、哥伦比亚/伊朗石油管线、马来西亚沫诺水电站等重大工程上。

四、项目创新点

本项目取得如下创新：

（1）提出了热轧板带钢新一代控轧控冷工艺原理与技术路线，研发出 "凝固—轧制—热处理" 一体化组织调控方法、复合强韧化方法和工艺路径控制方法，建立起我国独有的节约型热轧钢材成分和工艺体系。

（2）提出了热轧高温钢板基于倾斜射流的超快速冷却换热机制，开发出稳定可控的热轧板带钢高强度均匀化冷却技术，解决了热轧板带钢高冷速、高冷却均匀性的核心技术难题。

（3）研制成功系列多功能热轧板带钢新一代控轧控冷关键装备，开发出成套工艺模型及自动控制系统，冷速、冷却均匀性等主要技术指标比传统控冷装备提高 1 倍以上。

（4）开发成功 UFC-F、UFC-B、UFC-M 三类新一代控轧控冷核心工艺，以及高钢级管线钢、桥梁钢、水电核电钢、船用及海工用钢、工程机械用钢、减酸洗钢等节约型热轧板带钢产品，应用于重点工程及关键装备。

五、项目意义

该成果构建起我国独有的节约型钢材生产理论体系，减少了贵重金属的使用，相继列入科技部、工信部、发改委九项产业政策指南文件，促进了我国钢铁工业结构升级和可持续发展。项目的完成，填补了多项国内技术空白，促进了我国热轧钢材减量化、绿色化制造技术和产品升级，缓解了国家西气东输、海工装备、水电核电、能源储运、工程机械等重大工程和装备的用钢急需，经济和社会效益显著。

高品质特殊钢绿色高效电渣重熔关键技术的开发和应用

一、完成单位

东北大学、宝钢特钢有限公司、舞阳钢铁有限责任公司、辽宁科技大学、中钢集团邢台机械轧辊有限公司、通裕重工股份有限公司、大冶特殊钢股份有限公司、江阴兴澄特种钢铁有限公司、邢台钢铁有限责任公司、沈阳华盛冶金技术与装备有限责任公司。

二、项目概况

本项目属于冶金工程技术中炼钢学科，涉及电渣冶金新工艺、新技术和新装备。电渣重熔是生产高端特殊钢的主要手段，其产品应用于各类高端装备制造领域，但我国传统电渣重熔技术落后，无法满足高端装备的材料需求，高端特殊钢严重依赖进口。项目组经过十多年研究，通过"产学研用"和"基础研究—关键共性技术—应用示范—行业推广"的创新模式，系统研究了电渣工艺理论，创新开发了绿色高效的电渣重熔成套装备和工艺及系列高端产品。

项目开展了以下主要研究：（1）针对传统电渣重熔耗能高、氟污染及产品质量不稳定等问题，开展系统研究，解决传统电渣钢质量提升和节能环保问题。（2）系统集成电极称量、电流/渣阻摆动、同轴导电等技术，形成可控气氛电渣重熔技术。（3）系统集成双极串联、气氛保护、低频供电、钢锭在线保温等关键技术，开发特厚板坯电渣重熔技术。（4）系统集成三相三电极、中点平衡法、组合式结晶器、气雾强化冷却等技术，形成特大型钢锭电渣重熔技术。（5）研发基于单电源双回路导电结晶器、曲面锥度强化冷却等多项技术的半连续电渣重熔实心和空心钢锭技术。（6）研制电渣重熔炉试验和安全规范两项国际标准。

本项目成果总体达到国际领先水平，获批专利43项，制订2项国际标准，3项国家标准，发表论文280余篇（SCI/EI收录110余篇），专著1部，SCI检索论文在全球91个研究机构中排名第一。

本项目投产以来，项目组新增产量75万吨，新增产值143亿元，利税18.2亿元。三年新增产值51.1亿元，利税8.1亿元。

本项目获得2019年度国家科学技术进步奖一等奖。

三、推广应用情况

项目组自 2003 年起，共建造新型电渣炉 180 多台，国内市场占有率超过 50%。成果推广到 20 多家特钢企业中，节能减排效果显著，吨钢节电 200kWh 以上，除氟后废气中氟化物小于 $1mg/m^3$（标态），电渣钢质量及成材率显著提升。特厚板产品成功应用于三峡总公司的乌东德水电站以及 C919 大飞机工程用落架的 8 万吨模锻压机支座；耐蚀合金应用于 AP1000 和 CAP1400 核电示范项目；高端油田阀体替代进口；SW-PH13 及 SWBPH1 锻造模块已应用于大型压铸模具替代进口 ASSAB8407 及 DIEVAR 高端热作模具钢。制备出世界首套 AP1000 核电主管道用 70~100t 316LN 大型电渣钢锭。

四、项目创新点

本项目的创新特点是突破传统电渣重熔经典理论，深化夹杂物去除、渣系作用的理论认识，率先开发了低氟节能环保型预熔渣，创新研发了碱法干湿双联高效除氟技术，自主创新电流摆动、炉内气氛检测及控制、钢锭二次冷却等多项具有自主知识产权的关键技术，通过集成创新开发了可控气氛电渣重熔、特厚板坯和特大型钢锭电渣重熔技术、半连续电渣重熔实心钢锭及空心钢锭等成套技术及装备。

五、项目意义

本项目突破了传统电渣冶金的不足——耗能高、氟污染重、生产效率低，产品质量差等，创新开发出绿色高效的电渣重熔成套装备和工艺，使产品质量全面提升，提效降本、节能减排和社会效益显著，实现了我国电渣技术"从跟跑、并跑、到领跑"的历史性跨越；生产出高端模具钢、轴承钢、叶片钢、特厚板、核电主管道等系列高端产品，满足了我国大飞机工程、先进能源、石化、军工国防、航空航天等领域对高端材料的重大需求，这些"卡脖子"材料有力地支持了我国高端装备制造业的发展，并保证了国家安全。

薄带连铸连轧工艺、装备与控制
工程化技术集成及产品研发

一、完成单位

宝钢集团有限公司。

二、项目概况

本项目属于冶金工程及生产技术领域，包括连铸连轧机械电气装备，连铸连轧工艺、产品及用户使用技术。

薄带连铸技术自1856年提出以来，由于技术难度极大，国内外耗费巨资，开展了三十多年的研发，过程严格保密且专利技术封锁严重。本项目历经十五年的持续研发，经历了实验室机理研究、中试阶段核心技术突破、小批量应用验证以及工业示范线三个研发阶段，自主集成建设了国内第一条薄带连铸连轧示范线。

本项目经专家委员会鉴定，总体技术达到国际先进，在某些关键技术方面达到国际领先水平。形成了完整的自主知识产权体系，累计申请专利161项，目前有效专利148项（13项失效），其中发明专利115项，技术秘密70项，技术文件14项，软件著作权1项。

三、应用推广情况

在宁波钢铁有限公司自主集成了薄带连铸示范线，实现了装备的模块化、高效化、高精度控制。浇铸厚度规格为1.6~2.6mm，单机架最大的压下率45%，轧后产品的厚度规格为0.9~2.0mm，表面和铸带的边部质量良好。产品获得了批量验证和质量认可，并在市场上形成了相对稳定的客户群。

四、项目创新点

本项目取得如下创新：

（1）自主开发了一系列薄带连铸连轧工艺技术。主要包括：无引带自动开浇技术、凝固终点控制技术、表面微裂纹及夹杂控制技术、在线变钢级、变规格生产技术等。

本项目获得2016年冶金科学技术奖特等奖。

（2）自主开发了一系列薄带连铸连轧装备技术。主要包括：直径 800mm 结晶辊系统、侧封系统、布流系统、带钢纠偏机构、双辊铸机 AGC、AFC 控制模式、铸力、速度、液位等多变量频域解耦、熔池液位检测及控制系统、全线跑偏及张力控制等一系列技术。

（3）自主开发了一系列薄带连铸连轧产品制造技术。主要包括超薄规格低碳钢，超薄规格耐大气腐蚀钢，超薄规格微合金钢等，形成了较完整的产品系列，并已在市场上应用，产品性能满足用户要求，形成了相对稳定的客户群。

五、项目意义

薄带连铸连轧技术是钢铁近终形加工技术中最典型的高效、节能、环保技术，由于实现铸轧一体化，生产更紧凑，生产成本更低，投资成本更少，节能减排优势明显，绿色环保效应显著。本项目不仅在带动钢铁工艺、装备的技术进步方面，特别是对于解决目前我国钢铁工业面临环境污染、产能过剩、地区发展不均的巨大压力具有重要的商业价值。由于可实现产品的定制化生产和生产过程智能化，对于促进我国钢铁工业的结构升级、转型发展具有巨大的社会效益。

大型转炉洁净钢高效绿色冶炼关键技术

一、完成单位

钢铁研究总院、马鞍山钢铁股份有限公司、宝山钢铁股份有限公司、鞍钢股份有限公司。

二、项目概况

本项目属于炼钢领域。

转炉炼钢是主要的炼钢方法，产量约占我国近 10 亿吨钢的 90%。大型转炉（大于 200t）是高品质洁净钢的核心生产工序，主要产品为我国能源交通、机械制造、国防军工等领域的关键钢铁材料。我国推进钢铁产业结构调整改革，加快大型转炉技术创新、实现高品质洁净钢高效、绿色、洁净、稳定、低成本生产多目标高效协同具有巨大的战略意义和经济价值。

2008 年以来，项目组系统研发大型转炉洁净钢高效绿色冶炼关键技术，从根本上解决了高洁净钢冶炼过程效率低、耗散大、不稳定、有效复吹寿命低等世界难题，建立了大型转炉洁净钢高效、绿色、低成本、稳定生产的多目标高效协同体系，成效显著。

本项目获得发明专利 23 项，实用新型 8 项，发表论文 76 篇，获奖 9 项。在马钢、宝钢和鞍钢实施后，钢铁料消耗、辅料及渣量明显降低，转炉工序能耗达到 -32.01kgce/t，节能减排效果显著。经中国金属学会评价委员会评价认为该项成果达到国际领先水平。

三、应用推广情况

本项目成果已在首钢、武钢、攀钢、山钢、河北钢铁，中信特钢、方大特钢等 80 多家钢企成功应用，销售底吹元件和装备 2 万余件，已经涵盖了我国约 50% 的转炉炼钢产能。

四、项目创新点

本项目取得如下创新：

本项目获得 2020 年冶金科学技术奖特等奖。

（1）系统研究并揭示了大型转炉动力学搅拌机理及规律：研究揭示了大型复吹转炉熔池均衡搅拌的机理，建立了量化工艺模型，底吹强度达到 $0.20m^3/(t \cdot min)$（标态），熔池搅拌效率提高 40%。机理创新为大型转炉高强度顶底复合吹炼技术和关键装备开发提供了准确、合理的理论支撑。

（2）针对大型复吹转炉高底吹强度与底吹寿命相矛盾的世界性难题，自主研发了高强度、长寿命复吹工艺和新型顶枪喷头和大流量底吹元件，供氧强度由 $3.33m^3/(t \cdot min)$（标态）提至 $3.72m^3/(t \cdot min)$（标态），吹炼时间明显缩短，冶炼终点的底吹惰性气体强度提高到 $0.20m^3/(t \cdot min)$（标态），全炉役 100%复吹比，炉龄达到 7333 炉，全炉役平均碳氧积降至 0.00133 的世界领先水平。

（3）建立了大型转炉高效率脱磷机理模型，开发了高效脱磷工艺和自动化炼钢控制技术，在较低渣量和较低氧化铁的条件下实现了高效率脱磷，冶炼终点磷分配比全炉役由 94 提高到 136，实现 100%不等样直接出钢。

（4）自主研发并应用基于降低出钢温降及时间的高效出钢技术：研发应用了世界转炉最大出钢口和复合高效挡渣技术，出钢速度 70t/min 达到了世界领先水平。

五、项目意义

本项目成功解决了困扰转炉洁净钢稳定生产的世界性难题，特点独到，效果显著，对我国钢铁行业绿色化、智能化发展以及炼钢技术的发展有很强的示范效应。

特大型空分装备利旧建造新技术研究与应用

一、完成单位

上海二十冶建设有限公司、中国二十冶集团有限公司、中冶天工集团有限公司。

二、项目概况

本项目属于冶金装备建造领域。

空分装备广泛应用于大型钢铁、化工等行业领域。近年来，随着煤化工等行业的崛起，以及钢铁、传统化工领域的产业转移，市场对特大型空分装备的需求不断增加。对已建成的空分装备保护拆除并利旧建造可节约核心设备和材料的投资、缩短建造工期，具有显著的环境效益、经济效益和社会效益。但目前国内外均无关于特大型空分装备利旧建造的系统研究，且保护拆除过程安全风险高、工期长、设备利旧率难以控制、利旧设备的建造难度大。

本项目共获得国家标准1项，省部级鉴定成果4项（其中2项"国际先进"水平，2项为"国内领先"水平），省部级工法6篇，授权发明专利6项，授权实用新型专利34项，授权软件著作权2项，审查发明专利8项，发表论文10篇，获省部级以上科学技术奖3项，获得省部级QC成果一等奖3篇。

三、应用推广情况

本项目核心技术先后在宝钢湛江制氧工程、神华宁煤400万吨/年煤炭间接液化项目空分工程、林德（烟台）空分工程、武钢7号空分工程等重大工程中成功应用，并正在宝钢罗泾1号、2号空分搬迁改造等系列工程中应用实施，开创了冶金行业利旧建造的新局面。

四、项目创新点

本项目取得如下创新：

（1）虚拟仿真技术：自主开发三维吊装模拟系统，结合有限元分析和BIM技术，首次实现了特大型空分装备的保护拆除和再建安装全过程的虚拟仿真，并对过程安全隐患进行提前识别和消除，为利旧建造全过程提供了安全冗余保障，实现了历史性

本项目获得2016年冶金科学技术奖一等奖。

跨越。

（2）保护拆除技术：创新地提出了平行拆除工艺和模块化拆除方法，并研发了洁净拆除技术、拆除专用平台和基于二维码的设备管理等系列技术，首创地实现了整套空分装备核心设备100%、结构100%、工艺管道95%的利旧率，节约空分装备70%的投资，开创了大型工业装备节能环保高效拆除的先河。

（3）安装及调试技术：开发了压缩机"系列调整法"，发明了冷箱薄面板的复合焊接法和焊缝冲击碾压技术，首创了冷箱结构的模块化安装方法，研发了冷箱内塔器及管道组对焊接新工艺，突破了特大型空分装备核心设备建造的技术瓶颈，实现了优质高效利旧建造及快速达产达标，树立了大型工业装备利旧建造的标杆。

五、项目意义

本项目历经十余年的研究，以"虚拟仿真"为切入点，攻克了特大型空分装备"保护拆除"和"安装调试"的技术瓶颈，并形成了十余项关键核心技术，成功实现了特大型空分装备的安全、高效、低耗利旧建造。本项目累计新增利税4.8亿元，间接经济效益约150亿元。

薄板坯高效高品质连铸技术

一、完成单位

武汉钢铁股份有限公司、钢铁研究总院。

二、项目概况

品种钢是我国钢铁制造的发展方向，与传统热连轧相比，薄板坯连铸连轧产品具有凝固速度快、厚度薄、晶粒细、偏析轻等特征，在部分高附加值产品以及制造成本方面具有明显的优势。然而，品种钢裂纹敏感性强、钢水洁净度要求高，薄板坯连铸生产条件下，夹杂、裂纹、漏钢以及由晶间偏析引起的带状组织等缺陷问题尤为突出，成为产线品种钢稳定生产的主要限制性环节。

针对以上难题，依托武钢 CSP 产线，武汉钢铁股份有限公司联合钢铁研究总院，开展了深入研究，取得了创新成果。项目形成专利 13 项，软件著作权 1 项。

三、应用推广情况

技术推广应用后，取得以下良好效果：（1）合金弹簧钢铸坯夹杂物总量降至 0.0017%，T[O] 降至 0.0014%，产品夹杂改判率由 0.59% 降至 0.13% 以下。（2）品种钢铸坯中心 [C] 偏析比由 1.08 降至 1.04，带状评级由 3 级降为不大于 1 级。（3）铸坯裂纹发生率较原进口结晶器降低了 65.8%，品种钢裂纹改判率由 0.68% 降至 0.14%，新型结晶器通钢量提高了 33.26%。（4）新型漏钢预报系统报警准确率达到 95.8%，品种钢漏钢率由 0.25% 降至 0.08%。（5）武钢 CSP 连铸品种钢产量突破 100 万吨/年，占整个产线年产量的 50% 以上。

四、项目创新点

本项目取得如下创新：

（1）开发了大型中间包以及新型底部流股动能控制湍流抑制器+坝、堰较优组合的中间包结构+新型浸入式水口，形成了连铸过程钢水净化控制技术，大幅度降低了钢中夹杂物，保证了连铸过程钢水的洁净度。

（2）开发了品种钢铸坯整体偏析控制技术，即二冷分区段冷却（前段强冷，抑制

本项目获得 2016 年冶金科学技术奖一等奖。

晶间偏析，后段弱冷，提高等轴晶比例）配合连铸低过热度和高拉速的控制工艺，解决了由元素晶间偏析引起的品种钢热轧板带状组织的难题。

（3）依据铸坯凝固收缩和坯壳变形低应力的理念，自主设计了低应力非均匀冷却漏斗形结晶器，并成功应用于品种钢的生产中，解决了品种钢裂纹发生率高和铜板使用寿命低的行业共性难题。

（4）开发了以"动态逻辑判断算法"为核心判据的新型薄板坯结晶器漏钢预报系统技术，完善了开浇漏钢、黏结起步再黏结漏钢控制模块，解决了品种钢薄板坯连铸漏钢率高的难题。

（5）自主创新开发了品种钢高效连铸系统技术，成功地应用于武钢薄板坯产线，实现了硅钢、合金高强钢等品种钢的稳定高效化生产。

五、项目意义

本项目自主创新，开辟了一条薄板坯产线连铸品种钢的新途径，引领了薄板坯连铸连轧品种结构调整的发展方向，推动了短流程钢铁制造技术的进步。本项目截至2015 年，共创效 2.06 亿元，其总体技术达到国际领先水平。

13MN 冷剪的研发与应用

一、完成单位

北京京诚瑞信长材工程技术有限公司、中冶京诚工程技术有限公司。

二、项目概况

目前国内棒材生产线在对成品定尺剪切时存在两个难题：（1）大规格棒材定尺锯切效率低、噪音及粉尘污染严重，冷剪剪切效率高、污染小，但国内现有冷剪剪刀开口度不够，无法实现大规格棒材定尺剪切。（2）随着国家大力推广高强度螺纹钢筋的应用来减少钢材消耗量的同时，低温轧制和控轧控冷等节能新工艺也随之逐渐发展起来，但在对高强度螺纹钢筋进行剪切时，由于现有冷剪剪切力不足，因此，不能满足正常生产时的轧制节奏。

针对上述问题，本研发项目开发了国内首台（套）13MN 冷剪机，使大规格棒材产品的定尺剪切成为可能，使低温轧制和控轧控冷等节能新工艺得以充分发挥，为企业产品升级改造创造了有利条件。

在研制过程中获得实用新型专利 5 项，另有 1 项发明专利正在实审中（项目申报时），发表了 1 篇专题论文，经专家鉴定本研发成果达到了国际先进水平，并成功获得 2013 年度北京市科技创新专项资金支持 60 万元。

三、应用推广情况

依托 13MN 冷剪机技术，公司获得四个总承包合同，合同额共计约 6 亿元。

四、项目创新点

本项目取得如下创新：

（1）研制了"自适应"剪刀侧隙调整机构，从而保证了剪切断面质量，使金属收得率提高 0.1%；这种调整机构的使用寿命提高了 1 倍以上，减少停机时间，使剪机作业率提高了 2%。

（2）开发了一种应用于冷剪机的气动增压系统，提高了冷剪离合器、制动器内部摩擦片的使用寿命，使每台冷剪摩擦片的年备件成本可减少约 70%，剪机作业率可提

本项目获得 2017 年冶金科学技术奖一等奖。

高 2%。

（3）在剪刃更换装置中研制了多自由度的连接装置，减少了冷剪机的停机时间，剪机作业率提高 2%。

（4）研发了一种"可拆卸组合式"篦条盖板，盖板可重复利用，节约盖板用钢量约 70%，为用户节约了日常的生产运营成本，降低了吨钢成本。

五、项目意义

国产化的 13MN 冷剪机与进口同类设备相比，初期投资成本降低 30%（约 200 万元/台），备件成本年节约 50 万元，创造了显著的经济效益。

超纯净不锈钢脱氧及夹杂物控制关键技术开发与应用

一、完成单位

太原钢铁（集团）有限公司、北京科技大学、山西太钢不锈钢股份有限公司。

二、项目概况

本项目属于冶金科学和不锈钢精炼工艺技术领域。

近年来，随着国民经济的快速发展以及不锈钢产品应用领域的拓展，各行业对不锈钢氧含量和夹杂物提出了更为严格的要求，且与碳钢相比，不锈钢合金含量高、易氧化元素多，脱氧和夹杂物控制更为复杂。国内不锈钢产品在高端行业应用领域存在以下问题：（1）因基体中存在硬质夹杂物，无法用于高端装饰行业。（2）含 Ti 不锈钢因含 Ti 类夹杂物的控制问题，无法实现多炉连浇和应用于高端汽车行业。(3) 部分产品因氧含量高和夹杂物数量多无法在强腐蚀环境下使用。

本项目根据钢种特点、精炼流程和产品用途等开发了相应的脱氧及夹杂物控制技术。在超纯净不锈钢精炼技术领域，实现了重大突破，整体提升了我国不锈钢产品的夹杂物控制水平，实物质量达到国际先进。形成专利技术 3 项，企业技术秘密 10 余项。

三、应用推广情况

2014 年 7 月份以来，累计生产超纯净不锈钢 25175t，实现收入 3.49 亿元、利税 2008 万元。

四、项目创新点

本项目围绕不锈钢脱氧及夹杂物控制的关键技术，通过"产学研"的模式自主开发出一整套精炼工艺技术，与国内外先进企业相比，具有以下 4 方面创新性：

（1）开发了"装饰行业用不锈钢硅脱氧下的夹杂物塑性化控制技术"，与国外企业采用铝脱氧和延长精炼时间等相比，本技术通过优化 AOD 钢渣成分及双渣还原、LF 炉采用低碱度精炼渣系及钙处理等工艺的实施，抑制了硬质夹杂物的生成，实现了

本项目获得 2017 年冶金科学技术奖一等奖。

夹杂物的塑性化，生产的 304、316、430 等轧制产品应用于高等级装饰行业。

（2）开发了"超纯净含 Ti 镍系不锈钢脱氧及夹杂物控制技术"，与国外企业硅、铝、钙等复合脱氧工艺相比，本技术通过 AOD 钛脱氧并配置高 TiO_2 含量精炼渣系、LF 炉长时间搅拌等工艺的实施，消除了钙钛类等夹杂物，实现了高 Ti 镍系不锈钢多炉连浇和超纯净化。

（3）开发了"超低氧不锈钢脱氧及夹杂物弥散化控制技术"，本技术通过 LF 炉配制高 Al_2O_3、MgO 含量的精炼渣系并提高［Al］含量，消除了大尺寸夹杂物，铸坯 T.［O］≤0.0015%，夹杂物以直径不大于 5μm 的纯镁铝尖晶石为主，生产的 Cr13 系、304 等产品应用于石油开采、核电等领域。

（4）开发了"超纯净含 Ti 铁素体不锈钢脱氧及夹杂物控制技术"，本技术通过 VOD 配置高 Al_2O_3、MgO 含量精炼渣系并提高［Al］含量、LF 炉提前 Ti 合金化等工艺的实施，铸坯 T.［O］≤0.002%，生产的 436、441 等产品应用于高端汽车排气系统行业。

五、项目意义

本成果对我国超纯净不锈钢的生产工艺技术发展具有重要意义，在当前激烈竞争的市场环境下为企业实现产品转型升级奠定了基础，应用前景广阔。

超大型转炉炼钢工程建造新技术

一、完成单位

中国十七冶集团有限公司。

二、项目概况

本项目属冶金工程建设领域。

近年来，钢铁工业竞争日趋激烈，为提高市场竞争力，企业相继进行结构调整，陆续建造 300 吨级以上超大型转炉。冶炼技术逐渐采用先进的顶底复吹转炉工艺，实现低成本、高效率生产洁净钢水的目标，设计技术的不断改进和应用，促使工程建造商的建造技术不断创新。

2009 年，我国颁布了《钢铁产业调整和振兴规划》，着力推动钢铁产业结构调整和技术改造优化升级。中国十七冶集团有限公司通过多年从事超大型转炉炼钢工程实践，对炼钢转炉建造技术进行系统研发、提炼和集成，有针对性地进行自主创新，最终形成超大型转炉炼钢工程建造新技术集成，获多项专利、专有技术及专著等自主知识产权。

以中国十七冶承建的宝钢湛江钢铁工程为例，炼钢系统共配置四台 350t 转炉，为全国最大的碳钢转炉，其工程的特点是：钢结构量大、安装风险高、设备安装吨位大、电气安装调试要求高。整个炼钢系统钢结构制安量 53000t、混凝土量 130000m³、设备安装总吨位 25000t。工程首次采用自主知识产权的超大型转炉炼钢工艺，关键设备国产化率 100%，由于此类项目没有成熟的建设经验可供借鉴，工程建造关键技术需要进一步研究。

在项目研究过程中，编写出版了《炼钢工程施工管理与施工技术》一书，主编行业标准 1 项，获国家级工法 2 项、省部级工法 4 项，形成省部级科技成果 6 项（其中 1 项达"国际先进"水平，2 项为"国内领先"水平），授权发明专利 11 项，授权实用新型专利 55 项，审查发明专利 19 项，发表论文 9 篇。

三、应用推广情况

本项目以马钢新区炼钢项目和宝钢湛江炼钢工程为载体，开展超大型转炉炼钢工

本项目获得 2017 年冶金科学技术奖一等奖。

程建造新技术研究与应用研发。特别是在宝钢湛江工程中应用本项目研发的新技术，实现工程提前 2 个月投产、提前 6 个月达产，在规模、投资、质量、进度等方面创造了国内转炉炼钢工程建设的新业绩，获得宝钢湛江钢铁公司的高度称赞，十七冶集团借此成功签订山钢日照钢铁精品基地炼钢工程合同。

四、项目创新点

本项目是以解决超大型转炉炼钢建造关键技术难题为目标的技术创新研究活动，综合"大体积混凝土施工技术""重型钢结构建造技术""超大型转炉模块化安装技术"和"电气安装调试技术"等，形成超大型转炉炼钢工程建造新技术集成。

五、项目意义

本项目新技术的推广使用，对行业技术进步起到积极的推动作用。

连铸凝固末端重压下技术开发与应用

一、完成单位

东北大学、唐山钢铁集团有限责任公司、攀钢集团有限公司、中冶京诚工程技术有限公司、宝钢特钢韶关有限公司。

二、项目概况

本项目属于炼钢领域。

特厚板、大规格型/棒材产品广泛应用于海洋工程、能源电力、国防军工等重要领域高端装备的制造,具有重要战略意义和巨大经济价值。我国拥有宽厚板坯、大方坯连铸生产线50余条,年产量超过1.5亿吨,但因铸坯中心偏析与疏松缺陷一直未能得到有效解决,严重制约了上述产品的成材率与生产效率。本项目从理论研究、装备设计、工艺开发着手,系统研发并应用了连铸凝固末端重压下技术,从根本上解决了高端厚板/特厚板、大规格型棒材产品不能大批量稳定生产的难题。研发形成了发明专利28项(已授权10项),软件著作权14项。

三、应用推广情况

研究成果达到国际领先水平,在山钢、兴澄特钢等企业推广应用,并被宝钢、鞍钢、韩国现代钢铁等国内外企业高度关注,已与国际冶金设备制造巨头达涅利签订合作推广协议,实现了我国连铸重大关键技术从长期跟跑、并跑向领跑的成功转型。

四、项目创新点

本项目取得如下创新:

(1)针对连铸坯重压下过程温度跨度大、应变速率高的新特征,准确描述了其金属流变行为,系统揭示了连铸坯的变形行为与应力应变规律,丰富了连铸工艺理论,并为重压下关键装备研制与工艺开发提供了理论支撑。

(2)针对常规连铸装备无法实施大变形压下的瓶颈难题,研发并应用了重压下核心装备——增强型紧凑扇形段(ECS)和渐变曲率凸型辊(CSC-Roll),实现了宽厚板坯压下量不小于40mm、大方坯压下量不小于37mm的突破,并保障了重压下工艺的

本项目获得2020年度国家科学技术进步奖二等奖。

可靠实施。

（3）围绕高效、准确、稳定压下的核心工艺理念，研发并应用了大方坯连铸 SED-HR 技术与宽厚板坯连铸 DSHR 技术，主要包括：实现中心偏析与疏松同步改善的两阶段连续压下工艺、提升铸坯心部应变速率并抑制反弹的"单点+连续"压下工艺、提升压下量向心部渗透的挤压变形控制技术、基于溶质偏析计算与"压力—压下量"在线校验的凝固末端在线定位技术。

（4）在攀钢与唐钢分别建成投产了首条可实现凝固末端重压下的大方坯连铸生产线与宽厚板坯连铸生产线，在国际上率先实现了对全凝坯的连续、稳定大变形压下；研发形成了高品质机械用钢、长尺重载钢轨钢、大规格曲轴用钢等一系列高附加值钢种的连铸重压下工艺。

五、项目意义

本项目技术全面应用后，开拓了连铸坯低压缩比轧制高端厚板产品、大规格型棒材产品的新途径，累计生产高端厚板产品 200 万吨，实现轧制压缩比 1.87∶1 稳定生产高端特厚板；保障了长尺重载钢轨钢的生产，在朔黄货运专线铺设后通货总重近 5 亿吨；生产的轮毂轴承钢、大规格曲轴用钢等高附加值棒材产品质量稳定，已向高端用户供货 10 多万吨。

极薄一次冷轧高硅硅钢制造技术及装备的开发与应用

一、完成单位

宝山钢铁股份有限公司。

二、项目概况

本项目属于金属材料冷轧加工制造工艺范畴。

为节能减排，各国发布了强制性高能效变压器、电机、压缩机新标准。高能效产品铁芯原料一是采用极薄高合金含量硅钢，获得低铁损、高磁感、高效率；另一个是铁基非晶合金材料，虽然损耗低，但受生产宽度、韧性一致性差、磁致伸缩大等制约，严重受限。立项前我国高等级硅钢 100% 进口，年进口量近 7 万吨，价格 5 万元/吨以上。国际上生产薄规格硅钢的方法有 1~2 次常化+1~3 次冷轧+中间退火或 1 次常化+1 次冷轧（压下率不大于 89%）。为突破封锁、实现反超引领，宝钢采用一次强压下冷轧法，产品性能超越进口、并批量出口，三项产品实现全球首发。项目产品界定：（1）取向硅钢 Si≥3.2%，冷轧厚度不大于 0.2mm 或厚度不大于 0.22mm 且一次冷轧压下率不小于 91%。（2）高等级无取向硅钢 Si≥3.1%，特别是（Si+Al）≥3.7%，冷轧厚度不大于 0.35mm 且一次冷轧压下率不小于 84%。高硅含量和大冷轧压下率使材料脆性大、断带率高，且强度在 1500MPa 以上难以通板；轧制过程需要高温时效工艺，板形和厚度精度控制极其困难；高断带率、高辊耗、油耗，导致高成本。

针对极薄高硅硅钢生产的国际性难题，本项目综合运用多学科知识，研发出了批量、稳定、低成本、环境友好的一次冷轧装备及成套制造工艺。经中科院查新及产品质量指标对比，本项目技术水平处于国际领先。

本成果共形成发明专利 14 项，其中国际发明专利 1 项（美国、日本、欧盟、俄罗斯已授权）、国内发明专利 13 项（7 项已授权），实用新型专利 6 项（已授权），认定企业秘密 132 项，发表论文 20 篇。

三、应用推广情况

本成果产品已成功应用于核电、新能源汽车、高铁、无人机等国家重要领域，国

本项目获得 2018 年冶金科学技术奖一等奖。

内市场占有率达 2/3 以上。三年新增产值 69.2 亿元，利润 12.3 亿元，税收 14.5 亿元，出口创汇 2.6 亿美元。该技术已在宝钢股份 6 台森吉米尔机组及新建 18 辊轧机推广应用，推动了我国钢铁冶金技术的重大进步。

四、项目创新点

本项目取得如下创新：

（1）自主开发了极薄一次冷轧高硅硅钢轧前准备技术及装备。摸索出极薄钢带高硬化率时的最佳变形工艺窗口，设计开发了专用电磁感应加热装备，断带率下降 93.7%，解决了极薄高硅硅钢带的通板难题。

（2）通过对森吉米尔二十辊可逆轧机改进，在世界上首次开发并集成了极薄高硅硅钢带板形精细控制技术，包括道次板形精确控制技术、轧制目标板形设定技术、板形总体识别与控制策略等，板形精度提高 50%，解决了极薄板板形控制难题。

（3）自主研发了低成本轧制油应用技术，突破取向硅钢高浓度轧制油的技术瓶颈；首创了大压下率、大辊径轧制技术及装备，使产品空载损耗降低 5%，成本降低 45%。

五、项目意义

本项目为下游企业节约外汇，也为我国钢铁行业支撑电力行业向着高能效、低消耗方向升级换代，国家低碳、环保战略实施做出了重大贡献。

新一代铁路车辆用耐蚀钢全流程关键技术创新及应用

一、完成单位

鞍钢股份有限公司、中国科学院金属研究所、南京理工大学、中车齐齐哈尔车辆有限公司。

二、项目概况

本项目属于钢铁材料加工制造工艺技术领域。

本项目所涉及科技成果为新一代铁路车辆用耐蚀钢的设计、冶炼、连铸、轧制等生产工艺技术，焊材配套开发，耐腐蚀机理及评价，铁路行业示范应用等全流程关键技术创新集成。

新一代铁路车辆用耐蚀钢采用全新的设计理念，根据原钢板在运营维护过程中发现的问题，在保持接口关系及性能要求不变的前提下，优化耐腐蚀、耐磨设计，充分考虑腐蚀最苛刻部位腐蚀情况，最终实现整车的防腐性能得到提高。

随着铁路货车在设计寿命内长时间安全使用的需求，新一代铁路车辆用耐蚀钢的应用范围将不断扩大，具有广泛的推广应用前景和良好的示范作用。

三、应用推广情况

2014年3月下旬，中国铁路总公司首发招标5000辆通用敞车（约5万吨钢板），鞍钢新一代铁路车辆用耐蚀钢一举获得3.53万吨合同，市场占有率70%。销售收入1.63亿元，新增利税6043万元，节能降耗达312万元。鞍钢凭借品种规格全覆盖、实物质量稳定、焊接成型性能卓越等优势，得到铁路总公司首肯，2016年，率先在铁路行业制定标准。

四、项目创新点

本项目取得如下创新：

（1）项目针对铁道运煤敞车运输酸性介质的腐蚀问题，建立了添加 Cr、Ni、Cu、Sb 等元素的复合优化成分体系，实现了传统耐候钢合金设计理念的创新；开发了含 Sb

---

本项目获得 2018 年冶金科学技术奖一等奖。

耐蚀钢冶炼—加热—轧制—冷却全流程优化控制技术，工艺稳定，钢板的性能优于国内外同类产品实物水平。

（2）发现了 Sb 和 Cr 协同在锈层中富集，并形成致密锈层，显著阻碍浸蚀性离子传输并更加耐硫酸根和氯离子的腐蚀；采用先进原子探针分析技术与透射电镜技术相结合，在原子尺度上揭示苛刻腐蚀环境下表面膜微观结构的耐蚀机理。

（3）产品具有优异的耐蚀性能，同时具有高强度、高韧性、易焊接及优异的冷成型性能，项目取得多项发明专利和专有技术，具有原创性和先进性。

五、项目意义

本项目所形成的全流程关键技术达到国际领先水平，填补国内空白，极大提高我国钢铁材料、铁路运输装备的国际竞争力，创造了可观经济效益和显著社会效益。实现鞍钢在铁路运输领域的新突破，为国家"一带一路"战略目标做出了贡献。

马钢高速车轮制造技术创新

一、完成单位

马钢（集团）控股有限公司、中国铁道科学研究院、钢铁研究总院、北京科技大学、西南交通大学、马鞍山钢铁股份有限公司。

二、项目概况

高速车轮是高速列车的核心走行部件，属新材料领域。

高速列车是我国首先走向世界的战略性高端装备。高速车轮承受巨大动载荷和热负荷，易发生各类损伤，是世界上公认的技术最高、生产难度最大的尖端车轮产品。国外将高速车轮技术列为战略核心技术高度保密，以高于普通车轮十几倍的价格向我国出口。但进口车轮服役过程中暴露出的疲劳损伤、多边形等问题已影响到车辆的运行安全和使用成本，制约了中国高铁"走出去"战略。实现高速车轮技术自主化、产品国产化，对支撑我国战略性产业安全具有重要意义。

马钢作为我国铁路车轮制造基地，在国家、安徽省支持下，联合铁科院、钢研总院、北科大等知名院校，历时二十多年，投入50多亿元，紧随我国铁路从120km/h提速、160km/h准高速、250km/h高速、350km/h标准动车组的发展历程，通过系统研究，建成年产10万件高速车轮生产线，建立了完整的高速车轮制造技术体系，授权发明专利11项，企业技术秘密数十项，行业标准2项。350km/h高速车轮通过CRCC认证，250km/h高速车轮通过德铁认证。

与国外产品相比，马钢在车轮材料设计、冶金质量、综合性能、检测技术、智能制造方面优势明显，达到国际先进水平。

三、应用推广情况

目前，马钢160km/h车轮市场份额达60%以上，高速车轮已累计实现销售约5000件，其中：

（1）国内市场约1000件，其中200km/h动车组车轮400余件，350km/h中国标准动车组车轮600余件，装配于5列"复兴号"的部分车辆上投入运用。

（2）国际市场约3000件，其中韩国200km/h高速车轮1100余件，印度220km/h

本项目获得2018年冶金科学技术奖一等奖。

高速车轮 1500 余件，德铁 250km/h 高速车轮 160 余件。

2018 年，在国内市场，铁总和中车已宣布在既有和谐号动车组和自主 250km/h 复兴号动车组上放开国产化车轮的推广、应用；在 350km/h 复兴号动车组逐步扩大批量应用。在国际市场，马钢车轮进一步扩大德铁、印度、土耳其、韩国高速车轮市场推广。因此，2018 年马钢高速车轮实现大批量商业化供货。高速车轮国产化使我国进口车轮价格下降 50%，为我国铁路每年降低资金数亿元。目前我国高速车轮年需求约 6 万件，未来将达 10 万件以上，市场空间广阔。

四、项目创新点

本项目形成硅钒合金化、脆性夹杂物控制、轮辋/辐板强度匹配、硬度差异化热处理、超声波定量探测和全生命周期质量管理信息化等 7 大创新。

五、项目意义

马钢高速车轮制造技术创新促进了我国冶金和制造行业的进步，实现了我国战略性优势产业的安全，为我国高铁走出去战略的实施提供坚实保障，进一步彰显国有骨干企业在支撑国家经济发展和重大战略实施上发挥的重大作用。

高速重载车轴钢冶金技术
研发创新及产品开发

一、完成单位

马鞍山钢铁股份有限公司、北京科技大学、中国铁道科学研究院集团有限公司金属及化学研究所。

二、项目概况

车轴是高铁及重载铁道车辆的关键部件，如车轴钢中冶金缺陷（大型夹杂物、内裂、疏松、偏析、组织不均等）控制不当，非常可能在车轴服役时成为其内部疲劳裂纹的起源，造成重大安全事故。出于保证高铁及重载铁道车辆运行绝对安全需要，国内高铁及重载铁道车辆投入运营后相当长时间内，车轴等关键部件全部进口，或由国外进口毛坯锻件，再由外方在国内合资厂加工组装成轮对。

为了改变高铁及重载铁道车辆用车轴等关键部件严重依赖进口的局面，科技部、安徽省组织开展了一系列科研攻关，包括国家 973 重大基础研究项目和安徽省科技重大专项计划项目等，马鞍山钢铁股份有限公司、北京科技大学、中国铁道科学研究院集团有限公司金属及化学研究所作为上述科研攻关的参加单位，承担了其中关键冶金技术的研发任务。

本项目开发了以下关键技术：（1）高铁及重载铁道车辆用车轴钢成分设计与优化。（2）中碳特殊钢超低氧精炼技术。（3）大型非金属夹杂物控制技术。（4）高铁及重载铁道车辆用车轴钢连铸圆坯偏析、疏松、裂纹、缩孔缺陷控制技术。（5）高铁及重载铁道车辆用车轴钢轧制和热处理控制技术。（6）高铁及重载铁道车辆用车轴钢质量量化评价判定系统。形成了具备自主知识产权的成套工艺技术。

三、应用推广情况

采用本项目开发的关键技术，马钢产 40t 轴重车轴钢和时速 250km、350km 中国标准动车组车轴钢，各项性能全部达到中铁公司等相关技术要求，冶金质量和综合性能明显优于进口产品，已顺利通过中铁 CRCC 认证，并于 2017 年实现全路推广应用。马钢开始批量生产高铁及重载铁道车辆用车轴钢后，进口车轴价格由 4 万元/件降低到 2.5 万元/件。

本项目获得 2019 年冶金科学技术奖一等奖。

四、项目创新点

本项目取得如下创新：

（1）高铁及重载铁道车辆用车轴钢成分体系：与欧系车轴钢相比，Ni、V、Ti 含量较大增加，对钢材强度与抗疲劳性能进行了更合理匹配。

（2）简化 LF 精炼任务（主要进行调 [Al]、造渣），由 RH 精炼担负超低氧控制任务，将车轴钢液 T. O 控制在 0.00055% 以下。

（3）利用固态夹杂物较液态夹杂物更易聚合和去除机理，通过炉外精炼或将固态夹杂物近乎全部去除，或使其转变为在连铸过程不易聚合的液态夹杂物，显著降低了车轴大型夹杂物探伤不合比率。

（4）提出了特殊钢大圆坯、大方坯 1/4 直径或厚度处正偏析峰的形成机理，解决了长期困扰特殊钢大圆坯、大方坯冶金质量的 1/4 直径或厚度处正偏析问题。

五、项目意义

本项目的成功，为国家降低高铁和重载铁路建设投资，下一步全面实现车轴等关键部件的国产化做出了非常重要的贡献。

微合金钢板坯表面无缺陷
连铸新技术研发与应用

一、完成单位

东北大学、鞍钢股份有限公司、上海梅山钢铁股份有限公司、邯郸钢铁集团有限责任公司、舞阳钢铁有限责任公司、唐山中厚板材有限公司、敬业钢铁有限公司。

二、项目概况

本项目属炼钢领域。

微合金钢是钢铁生产的主力产品，经济价值巨大。项目针对微合金钢板坯连铸过程频发边角裂纹难题，研发出了基于铸坯边角部组织高塑化的表面无缺陷连铸新技术，并实现了规模化工业应用。

研发过程形成发明专利 31 项，授权 22 项，发表 SCI 论文 38 篇。干勇院士为主任的中国金属学会科技成果评价专家组认定本项目技术总体达国际领先水平。

三、应用推广情况

项目技术已规模化应用至鞍钢、宝钢、河钢以及韩国现代钢铁等国内外 12 家大型钢企 21 条产线，实现了薄板坯、中薄板坯、常规板坯、宽厚板坯以及特厚板坯等全系列板坯坯型应用，微合金钢铸坯边角裂纹率稳定控制至不大于 0.08% 领先水平。三年累计创效达 14 亿元。

四、项目创新点

本项目取得如下创新：

（1）研究揭示并提出微合金钢板坯边角裂纹产生机理与根治新思想及途径。全面揭示了微合金钢板坯边角裂纹产生的根本原因及机理，即铸坯边角部凝固过程因晶界集中析出微合金碳氮化物并生成先共析铁素体膜而大幅降低塑性，铸坯在矫直等变形过程发生沿晶开裂并扩展。基于晶界微合金微观偏聚凝固与析出特性和钢组织高温相变结构演变机制研究，探明了微合金钢板坯角部碳氮化物弥散析出与晶粒细化工艺条件，提出了根治裂纹的新思想及途径，即铸坯角部通过结晶器快冷以弥散化析出碳氮

本项目获得 2019 年冶金科学技术奖一等奖。

化物和二冷高温区循环相变以超细化晶粒，实现其凝固组织高塑化而根治裂纹产生。

（2）率先研制出角部高效传热新型曲面结晶器。定量化探明了耦合坯壳-结晶器铜板间保护渣膜与气隙动态分布行为的微合金钢凝固热/力学行为规律，基此首创研制出了"上部快补偿、中下部缓补偿、角部多补偿"连续曲面变化的角部高效传热新型曲面结晶器。铸坯于其内凝固过程中下部的角部冷速 3 倍于传统窄面直板结晶器，铸坯角部微合金碳氮化物弥散析出，并显著细化原奥氏体晶粒（细化程度大于 60%）。从源头控制了致使微合金钢连铸板坯边角裂纹产生的析出物沿晶界集中析出与生成粗大原奥氏体晶粒降低角部塑性的关键成因。

（3）创新研发出连铸坯角部晶粒超细化二冷控冷新技术。基于钢高温相转变机制，全新开发形成了基于连铸机窄面足辊区铸坯角部局部超强冷、弯曲区快回温的"γ→α→γ 循环相变"晶粒超细化二冷控冷新工艺与装备技术，实现了各系列微合金钢铸坯角部组织由传统粗大的"奥氏体+晶界先共析铁素体膜"低塑性结构向尺寸不大于 20μm 的高塑化组织转变（塑性提升 30%）。

五、项目意义

本项目有力推动了钢铁制造流程高效与绿色化发展，并促进我国连铸技术与装备原始创新。

安全长寿化高速和重载铁路
钢轨用钢冶金关键技术

一、完成单位

包头钢铁（集团）有限责任公司、北京科技大学、中国铁道科学研究院集团有限公司金属及化学研究所。

二、项目概况

本项目属于炼钢钢水精炼和连续铸钢先进技术领域。

本项目主要针对高速和重载钢轨铁路发展需求、钢轨标准提升、安全长寿要求、稀土资源利用等方面的新的挑战，结合包钢资源条件、装备条件和工艺特点，开发了高品质高速轨和重载轨用钢的三项集成关键技术：高效和精准洁净化集成关键技术、均质化连铸关键技术、稀土处理性能提升关键技术。

本项目通过应用高品质重载和高速钢轨用钢高效和精准洁净化冶炼集成关键技术、高效均质化连铸关键技术和稀土处理性能提升关键技术的应用，显著提升了包钢高速和重载钢轨的洁净化和均质化水平，满足国内外各个级别的钢轨需求。

三、应用推广情况

本项目应用于包钢年产 100 万吨的钢轨钢生产，三年新增利税 2.3 亿元。实现了包钢钢轨市场占有率达到三成以上，支撑了国家"八纵八横"及中长期铁路网建设。包钢钢轨产品广泛应用于京雄、京沪、京藏、兰新、蒙华等国家重点高速铁路项目建设。包钢钢轨满足了欧标、美标、日标产品性能要求，钢轨产品出口至世界 25 个国家，为"一带一路"战略国家铁路建设提供有力支持。

四、项目创新点

本项目取得如下创新：

（1）优化了硅铁-硅钙钡合金精准化高效复合脱氧工艺，实现精炼过程中钢液和精炼渣的深度脱氧，将高速轨和重载轨用钢中总氧含量降低至 0.00061%。揭示了钢中纯液态非金属夹杂物尺寸大、难上浮去除、轧制后成长条串状的现象，开发了精炼渣

本项目获得 2020 年冶金科学技术奖一等奖。

和合金成分协同作用的非金属夹杂物半液态化精准成分控制技术，将大尺寸非金属夹杂物引起的钢轨探伤不合格率降低至 0.1%。

（2）发现了大方坯结晶器多孔水口流场下弱电磁搅拌改善连铸坯元素偏析的规律，开发了大方坯结晶器弱电磁搅拌和末端轻压下协同控制技术，解决了高速轨和重载轨用钢的大方坯中心偏析和 1/4 偏析的难题，钢轨碳偏析度降至 1.03。

（3）开发了重载钢轨连铸坯控温缓冷技术，首次构建重载钢轨用钢连铸坯控温缓冷平台，对固体连铸坯进行控制加热和控制缓冷，将钢坯中氢元素极限脱除至 0.6×10^4%；

（4）开发了稀土处理钢轨钢关键技术，揭示了镧和铈等稀土元素在钢中的赋存状态，发现了稀土处理细化非金属夹杂物的特征，通过优化稀土铁合金加入工艺显著提高了稀土收得率，细化了非金属夹杂物尺寸和凝固组织，提升了钢轨的性能，实现了稀土钢轨的规模化生产。

五、项目意义

安全长寿化高速和重载铁路钢轨用钢冶金关键技术经过中国金属学会成果评价达到国际领先水平，本项目成果的实施给国内钢轨生产企业起到了示范作用，具有广泛的推广应用前景。

基于特征单元的连铸凝固过程
热模拟技术及装备

一、完成单位

上海大学。

二、项目概况

本项目属于钢铁凝固领域。

全球98%以上的钢用连铸工艺生产，认识连铸凝固过程、组织转变和缺陷形成规律具有十分重要的意义。由于高温、不透明、连续化和大规模等特点，连铸凝固过程的实验研究一直没有可靠方法，成为国际难题，给工艺优化、组织调控、新技术开发及缺陷预防带来很大困难。

研发团队历时二十年，在深刻认识影响连铸凝固过程关键因素基础上，发明了基于特征单元热相似性的连铸凝固过程热模拟新方法、系列技术和装备。

本项目成功地将十几吨铸坯的凝固过程"浓缩"到实验室用百克钢研究，不仅可以揭示钢液成分、过热度、冷却制度、铸坯拉速、铸坯尺寸等因素对凝固组织和元素分布的影响规律，而且可获得铸坯固液界面形貌、界面前沿溶质分布和夹杂物演变等其他手段无法得到的重要信息，以及凝固裂纹形成的可能性及条件、夹杂物促进异质形核的能力等冶金界关注的问题。

依托该实验系统，研发团队揭示了连铸中柱状晶向等轴晶转变和凝固裂纹形成机制，支持了宝钢、攀钢、原珠钢和中天钢铁等企业新产品研发和工艺优化，降低了研发成本并缩短了周期。

三、应用推广情况

2000年至今，获授权发明专利16项，开发热模拟实验系统一套（含5台装置），出版学术专著1部，发表钢凝固论文69篇（国际排名第二，被引用382次），并受邀在国际材料物理模拟与数值模拟大会上做主题报告，青年教师入选材料物理模拟及数值模拟国际联合会理事。

本项目获得2020年冶金科学技术奖一等奖。

四、项目创新点

本项目取得如下创新：

（1）提炼出影响连铸凝固过程及组织的关键因素是浇注初期爆发式形核、熔体温度场演变和过冷熔体中异质质点形核能力，为本发明提供了理论依据。

（2）提出了凝固过程特征单元概念，发明了基于特征单元热相似性，以点见面的凝固过程热模拟新方法。这一发明突破了以此见彼的物质模拟和以小见大的几何模拟的局限，为解决连铸凝固过程实验研究难题奠定了基础。

（3）围绕实现特征单元热模拟关键需求，发明了温度场与枝晶生长调控、原位水平液淬、差热分析与润湿角联测、动态加载诱导凝固裂纹、以及辊板组合薄带浇铸等核心技术。

（4）研制了国内外首套连铸凝固过程热模拟实验系统，包括：1）连铸坯枝晶生长热模拟试验机；2）辊板式和离心式薄带凝固过程热模拟试验机；3）异质形核热模拟装置；4）凝固裂纹热模拟试验机。

五、项目意义

中国金属学会组织专家评价认为，该技术为"原创性成果""提升了连铸生产工艺的实验研究水平，促进了连铸工艺的技术进步""总体达到国际领先水平"。

特殊高合金钢品种冶炼及连铸
关键技术开发与应用

一、完成单位

太原钢铁（集团）有限公司、东北大学、山西太钢不锈钢股份有限公司。

二、项目概况

本项目属于炼钢领域。

近年来，随着国民经济快速、高质量发展，国家对特殊高合金钢的品种、质量、产量提出更高的需求。本项目特殊高合金钢品种包括：（1）易氧化元素含量高的品种，如 Al 1.0%~6.5%、Ti 0.3%~1.0%、RE 0.05%~0.10%，代表品种有 FeCrAl（RE）、825、253MA 等。（2）碳、锰等元素含量高的品种，如 C 0.5%~1.2%、Mn 4%~25%，代表品种有 Mn13、20Mn23AlV、6Cr13 等。由于技术制约，这些特殊品种国外仅有个别企业实现部分连铸生产，长期以来国内不能生产或只能采用模铸生产，且成本高、效率低，限制了后步轧制流程、产品规格和产品开发推广应用，一些产品长期依赖进口。

特殊高合金钢在冶炼、浇铸及凝固过程中存在诸多难题：（1）易氧化元素含量高，合金化时间长，收得率低，成分温度控制难度大，钢质纯净度不易控制。（2）高含量易氧化元素造成连铸保护渣变质严重，导致铸坯表面缺陷，无法实现高质量连铸生产。（3）高碳高合金钢铸坯缺陷频发，存在元素偏析严重、碳氮化物大量析出、疏松与裂纹等问题。项目通过"产学研"合作，自主研发突破了一系列冶炼和连铸的重大关键工艺技术，实现了特殊高合金钢品种系列化、高质量稳定连铸生产。

三、应用推广情况

本项目获 18 项发明专利，2017 年以来累计生产特殊高合金钢 52689t，实现收入 6.7 亿元、利税 0.94 亿元。

四、项目创新点

本项目取得如下创新：

本项目获得 2020 年冶金科学技术奖一等奖。

（1）开发了 VOD 铝合金化、KOBMS 锰合金化和高铝保钛（稀土）等工艺，解决了高含量下合金化过程氧化和挥发难题，Al、Mn 收得率分别达到 94.5% 和 95.8%，合金化时间不大于 50min，Ti 和 RE 收得率提高了 50%。

（2）开发了高铝、高钛、高稀土钢的超低氧/氮冶炼及夹杂物微细弥散化控制技术，解决了 Al、Ti、RE 与 O、N 形成大尺寸夹杂物的难题，氮化物夹杂尺寸不大于 5μm，钛系和稀土夹杂物尺寸不大于 10μm，显著改善了可浇性。

（3）开发了高铝、高钛钢的 $CaO-SiO_2$ 基保护渣和高稀土钢的 $CaO-Al_2O_3$ 基保护渣，形成了特殊钢连铸保护渣的解决方案，国内率先实现了 FeCrAl（RE）、20Mn23AlV、800、825、253MA 等品种的多炉连浇。

（4）开发了高碳高锰、高碳高铬钢的连铸冷却、铸流电磁搅拌、铸坯红送等系列关键技术，减轻了碳化物偏析，消除了疏松和裂纹缺陷，首次实现了 6Cr13、Mn13、第三代汽车钢 Mn5 等品种的高质量多炉连浇。

五、项目意义

通过本项目的实施，国内率先实现了系列特殊高合金钢连铸生产和 Mn13 热轧卷板和 825、800 精密带钢冷轧板产品生产，宽幅 FeCrAl 精密带钢填补了国际空白。项目总体技术达到国际领先水平，显著提升了我国特殊钢冶炼与连铸技术水平。

汽车用热冲压材料与零件关键技术
与产业化应用项目

一、完成单位

宝山钢铁股份有限公司、上汽通用五菱汽车股份有限公司、上海大学、上海交通大学、宁波合力模具科技股份有限公司。

二、项目概况

本项目属于金属材料学及金属压力加工技术领域。

钢板热冲压是最近三十多年发展起来的先进成形技术,成形后的冲压件抗拉强度可以达到 1500 MPa 以上。相比超高强钢零件冷冲压而言热冲压具有明显的技术优势,不但可以提高零件的冲压成形性,还可以有效控制回弹,提高零件尺寸精度,降低冲压机吨位。热冲压技术有着工艺轻量化和结构轻量化的双重优势,因此在汽车生产厂和零部件企业得到了爆发性的普及应用,具有广阔的应用前景。

本项目围绕热冲压材料、零件、模具和工艺开展关键核心技术研发与难点攻关,取得一系列研究成果。

项目已授权专利 16 项,其中发明专利 6 项,发表论文 24 篇,出版著作 1 部,认定企业技术秘密 19 项,牵头制定行业规范 1 项,参与起草国家标准 1 项。项目获得"2018 年宝武集团技术创新重大成果奖一等奖""2018 年中国汽车轻量化设计优秀奖",三年累计实现经济效益 6.3 亿元。

三、应用推广情况

本项目研究成果在合资品牌、自主品牌主机厂得到了广泛应用,起到了示范引领带头作用,热冲压零件不仅应用于奥迪、沃尔沃、丰田、本田等国外品牌,还实现了中国自主品牌车型从"无一采用"到"无一不用"的转变。

四、项目创新点

本项目取得如下创新:

(1) 领先开发出材料—零件—模具三位一体的系列低成本热冲压工艺。开发具有

本项目获得 2020 年冶金科学技术奖一等奖。

自主知识产权的铝硅镀层板热冲压工艺技术，打破国际专利垄断；开发出先进变强度零件模内加热和补丁板零件均匀冷却工艺技术；开发热冲压零件冷/热冲切工艺技术，实现一模多件、柔性冲压等系列低成本生产工艺。

（2）率先开发出形状—性能—寿命均衡的模具设计核心技术。开发热冲压零件形状性能控制技术；建立耦合水冷却与疲劳寿命分析的模具优化设计方法，完成150余套模具国产化，实现高效稳定化地产业化应用。

（3）领先开发出热—力—相变耦合的高精度热冲压零件设计关键技术。研究获取热冲压材料高温摩擦行为和高温FLC，建立高精度热冲压零件CAE仿真分析模型，形成百余款车型、千余个热冲压零件的仿真分析案例数据库，预测精度达到90%以上。

（4）率先开发出高弯曲、低氢脆敏感性的热冲压专用系列材料。采用微合金化技术，开发出热冲压专用系列材料，热冲压后材料极限尖冷弯角度稳定达到70°以上；改善热冲压钢的氢脆敏感性，延迟开裂临界应力显著提高。

五、项目意义

本项目研究成果在提升我国汽车安全性能、轻量化降低汽车能耗等方面做出了重大贡献。

热连轧超高强钢产业化关键技术研究与应用

一、完成单位

宝山钢铁股份有限公司。

二、项目概况

本项目属于金属材料加工制造工艺领域。

所开发产品指 800~2000MPa 级别、厚度规格 2~14mm 热连轧超高强钢。热连轧超高强钢是助力以工程机械、商用车为代表的民族工业转型升级，实现绿色减排、高效长寿的重要驱动力，是各大钢厂竞相开发的技术制高点。通过相变强化与精确组织调控来实现高性能，根据用户差异化需求开发具有高韧性、高耐磨、高防护等系列超高强钢产品，形成关键工艺、装备及用户使用等成套技术。

本项目受理发明专利 37 项（5 项国际专利），其中已授权 25 项。授权实用新型专利 5 项。认定企业技术秘密 18 项，登记软件著作权 1 项，起草企业产品标准 2 项，发布论文 33 篇。本项目成果获得"2019 年中国宝武技术创新重大成果奖一等奖"。

三、应用推广情况

成功开发全球首发产品 4 个，12 个牌号获上海市高新技术成果认定。2017~2019 年产品销售量 28.5 万吨，新增产值 15.4 亿元，新增利税 4.5 亿元。

四、项目创新点

本项目取得如下创新：

（1）率先提出热连轧 TP 钢概念，揭示了含铁素体条件下碳在马氏体和奥氏体中配分原理及残余奥氏体的稳定性原理，确定了三相最佳比例关系。开发热连轧灵活调控冷却技术和全流程板形控制技术，实现 TP 系列产品全球首发，成功解决超高强钢"易加工"和"高耐磨"的矛盾，产品批量应用于混凝土搅拌车主流企业，成为行业标志性产品，引领搅拌车行业升级换代。

（2）开发成功 800~2000MPa 级别热处理型超高强钢产品系列，共五大类 17 个牌号。强度最高达 2000MPa，厚度最薄至 2mm，综合性能国际先进。其中，国际率先开

本项目获得 2020 年冶金科学技术奖一等奖。

发成功高强度热成形桥壳钢 BQT800,解决了厚规格产品高温热成形后空冷软化问题。国际率先开发成功强度最高耐磨蚀钢 BMS1400,揭示出磨损和腐蚀交互作用机理,应用于大国重器"天鲲号"和"天鲸号"疏浚船。

(3) 自主开发的薄规格超高强钢全流程板形控制成套技术达到国际领先水平。开发了补偿淬火技术、淬火配方数据库、矫直自动设定与自适应压下、低内应力控制、板形自动判定等技术。成功解决薄规格超高强钢的板形控制世界难题,极限不平度不大于 1mm/m。

(4) 自主集成一条国际先进的薄规格热处理产线。开发了多路径柔性淬火系统、低温加热炉均匀化技术,集成开发一套在线平直度检测与智能判定系统,及自动反馈控制矫直模型,实现高效稳定生产,最薄规格突破至 2mm。

(5) 开发了以选材、EVI 设计、焊接、加工、材料数据库和服役寿命评估的 6 类关键用户服务技术,国内首次形成热连轧超高强钢整体解决方案,国内首次制定热轧超高强钢焊接接头性能评价标准,被工程机械行业广泛接受并应用。

五、项目意义

本项目实现 TP 系列产品全球领先开发;国际领先开发成功高强度热成形桥壳钢 BQT800;国际领先开发成功强度最高耐磨蚀钢 BMS1400;自主集成一条国际先进的薄规格热处理产线;国内领先制定热轧超高强钢焊接接头性能评价标准。

高端装备用双相不锈钢无缝钢管系列关键工艺技术开发及工程应用

一、完成单位

钢铁研究总院、江苏武进不锈股份有限公司、山西太钢不锈钢股份有限公司。

二、项目概况

本项目所属学科为钢铁材料加工制造工艺领域，涉及材料、冶金、材料加工学科。

双相不锈钢具有高铬、高钼、含氮的成分特点和双相组织特点，赋予其较高的屈服强度和优良的耐腐蚀性能，是我国国家战略新兴产业的不可或缺的重要钢类，但其制造难度较大，高端产品长期依赖进口。

油气输送、海洋工程及船舶、石油炼化、环保工程等高端装备对双相不锈钢无缝管耐腐蚀性能和低温冲击韧性等关系到材料及装备安全和寿命的重要指标提出较高要求，与此同时，项目初期国内不能制备 ϕ 不小于 450mm 大口径双相不锈钢无缝管，成为严重制约我国高端装备发展和制造的瓶颈。

申报团队依托国家转型升级强基工程项目，历经十二年，实现了高端装备用双相不锈钢"两相平衡设计—高纯净度冶炼及浇注—热穿孔—冷轧—均温快冷热处理组织控制"全链条关键技术突破，并实现了装备自主集成创新。

项目授权专利 34 项（发明 12 项）、软件著作权 4 项，起草国家标准 4 项，发表论文 13 篇。

经与国外先进企业实物性能和生产能力对比，项目科技成果总体达到国际先进水平，其中大口径冷轧双相不锈钢无缝管属国际首创。

三、应用推广情况

项目开发的系列双相不锈钢无缝管，已应用于国内外油气输送、海洋工程及船舶、石油炼化、环保工程等高端装备领域的 167 个项目，产品实物性能达到或优于国外同类产品。三年累计销售额 7.32 亿元，新增利税 1.68 亿元，经济和社会效益显著。

本项目获得 2020 年冶金科学技术奖一等奖。

四、项目创新点

本项目取得如下创新：

（1）提出了系列双相不锈钢钢种的相比例与点蚀因子的平衡设计准则，开发了双相不锈钢高质量管坯制备技术，包括低氧控制（全氧含量不大于 0.0025%）、中心缩孔消除及窄温度区间锻造。

（2）发现了典型双相不锈钢热穿孔敏感温度区间，开发了变形温度-转速协同控制技术，自主集成了系列组距热穿孔装备，能够生产最大规格为 $\phi720mm$ 双相不锈钢荒管，一次穿孔的 $\phi610mm$ 双相不锈钢荒管属世界最大并实现批量稳定生产。

（3）开发了"保温—均匀加热—快速冷却"双相不锈钢窄窗口冷轧工艺技术，利用独创的大口径管材固溶、冷却装备，生产了世界最大规格 $\phi610mm$ 双相不锈钢冷轧管材，全系列双相不锈钢无缝管的点腐蚀率不大于 3.5mdd（指标不大于 10mdd）、 $-46℃$ 冲击功（AK_V）不小于 100J（指标不小于 45J）。

五、项目意义

本项目的研制成功，为我国高端装备自主化和"走出去"战略提供了材料保障，带动了我国高精尖、高附加值不锈钢无缝管整体技术水平和制造能力的提升。

超低能耗长寿型点火保温技术
及装备的研发与应用

一、完成单位

中冶长天国际工程有限责任公司、中南大学、宝山钢铁股份有限公司。

二、项目概况

烧结是我国钢铁冶炼主要原料加工工艺，75%以上的高炉原料来源于烧结矿，其工序能耗约占钢铁冶金总能耗8.5%，点火为其关键核心环节。该项目之前，我国烧结点火整体技术落后，存在能耗高、质量不稳定、热利用效率低、装备寿命短等问题；国外在烧结点火方面研究较早，但也存在能耗与装备寿命不能兼顾、智能化水平低等问题。随着节能降耗要求的日益严格，研究和开发超低能耗长寿型烧结点火技术及装备，对支撑我国钢铁工业产业升级、实现绿色可持续发展具有重大意义。

项目完成单位从2009年开始，开展了烧结点火保温技术节能长寿智能化的产学研合作研究，经过实验室试验、仿真模拟及工程示范，建立了铁矿烧结低能耗点火基础理论，开发了相应关键技术和核心装备，实现了工业生产系统集成应用。

该项目已获授权专利24项，其中发明专利17项；获中国专利优秀奖1项；发表学术论文14篇，其中SCI/EI论文2篇；起草国家标准1项。

三、应用推广情况

本项目成果已成功应用到宝武集团、鞍钢集团、首钢集团、山钢集团、河钢集团、Arcelor Mittal集团、乌克兰克里沃罗格钢铁厂、马来西亚马中关丹产业园等17家国内外知名钢企，其中450m² 以上特大型烧结工程14个，国内市场占有率约75%，为完成单位新增销售额10多亿元。目前点火热耗最低为27.45MJ/t，较国际先进指标（40MJ/t）降低31.3%，点火保温炉使用寿命预计可达10年以上。

四、项目创新点

本项目取得如下创新：

（1）研发了基于烧结点火深度的最佳控制原则下的富氧烟气热风助燃点火技术，

本项目获得2020年冶金科学技术奖一等奖。

发明了单旋流半预混装备、多斜带式聚焦点火、梯形交叉烧嘴矩阵等技术装备,优化了炉膛结构,实现了低能耗高质量点火。

(2)开发了强固式炉体系列装备,发明了烧嘴自清理技术,显著延长了点火炉的使用寿命。

(3)开发了基于视频图像处理的全区域点火料面识别和点火深度测量技术,首创了基于点火深度的多因素耦合智能控制模型,实现了点火炉的智能化控制。

五、项目意义

本项目整体技术达国际先进水平,研发的"基于料面视觉识别的点火深度测量及控制"技术居国际领先水平,为我国钢铁工业产业升级和钢铁国际产能合作提供了技术保障,有助于我国钢铁工业的供给侧结构性改革和"一带一路"战略实施。

高品质特殊钢高温辊底式热处理炉
成套装备技术研发与应用

一、完成单位

东北大学、宝钢特钢有限公司、甘肃酒钢集团宏兴钢铁股份有限公司不锈钢分公司、青岛元鼎高合金管业有限公司。

二、项目概况

本项目属于材料及冶金技术领域，涉及材料、热能、机械、自动化等多个学科。

高性能特殊钢板是核电、海洋工程、石油化工等国家重点工程装备制造所必需的材料。高温辊底式热处理炉是决定其能否批量稳定生产的关键装备。国内传统高温辊底炉难以满足特殊钢板高精度（不大于±5℃）、高表面质量生产，进口无氧化辊底炉不能实现高温（最高1200℃）热处理，致使我国大量超级不锈钢、镍基合金等高端产品依赖进口，亟须自主研制特殊钢高温辊底式热处理炉成套装备技术。

东北大学联合宝钢、酒钢等单位，历时多年攻关，突破了高温高精度均匀加热、高表面质量、全流程自动控制等技术难题，研制成功新一代高温辊底式热处理炉装备技术和系列特殊钢热处理产品。

本项目申请专利12项，获发明专利6项、实用新型3项、软件著作权2项，出版专著1部、学位论文5篇、学术论文30余篇，形成了系统化的专利技术和技术诀窍。甘肃省科技厅主持的鉴定委员会认为：整体技术达到了国际先进水平。

三、应用推广情况

本项目自主研发的成套装备技术成功应用于宝钢特钢和酒钢不锈钢公司，三年新增产值40.44亿元、利税7533万元。满足了超级不锈钢、镍基合金、钛合金等高端产品热处理需求，实现了批量连续稳定生产。

四、项目创新点

本项目取得如下创新：

（1）攻克了传统炉型高温条件下温度波动大、均匀性差的技术难题。研发出极限

本项目获得2016年冶金科学技术奖二等奖。

温度1200℃的大型热处理炉高效、高均匀脉冲加热系统，提出新型复合脉冲燃烧控制技术，大幅度提升控温精度，实现了高温条件下±3℃的高精度快速均匀加热。

（2）研制出新一代无结瘤、耐高温、长寿命、低成本炉底辊，开发出特殊钢板表面质量控制技术，解决了高温条件下炉辊结瘤引起钢板表面缺陷这一行业公认难题。

（3）开发出整套特殊钢板高温辊底炉数学模型和工艺数据库，建立了多层次、分布式全流程自动控制系统，实现了特殊钢板高效、绿色、智能生产。

（4）研制出自主知识产权的高温辊底式热处理炉成套装备，建立了系统的特殊钢板高温热处理工艺制度体系，满足了690/TP405核电钢、8825/8810耐蚀合金以及S32750/S31803双相不锈钢等高端特殊钢热处理需求，填补了国内空白。

五、项目意义

基于该装备，项目团队研制出以CAP1400核电蒸发器管子支承板、"西气东输"工程油气集输管道镍基衬板、浮式LNG接收站用超低温不锈钢板为代表的大批国家重点工程关键装备急需用钢，打破了进口壁垒，为国民经济和国防军工发展做出了重大贡献。

板坯连铸结晶器电磁搅拌装置的研制与应用

一、完成单位

宝山钢铁股份有限公司、上海宝信软件股份有限公司、上海大学。

二、项目概况

本项目属于冶金科学技术、冶金工业专用工艺设备制造技术、电磁冶金技术领域。随着我国产业结构的优化升级对钢铁产品的数量、质量和品种提出了更高的要求，尤其是高端冷轧板产品的日新月异的发展，推动了钢铁生产工艺装备技术能力的提升。如何有效抑制板坯连铸结晶器液面波动，从源头降低连铸坯表面夹杂和皮下气泡，满足后续热轧、冷轧产品质量要求，结晶器电磁搅拌技术（M-EMS）已成为板坯连铸机必需配置的关键装备之一。虽然，2005 年宝钢引进了新日铁 M-EMS 装置，取得了一定的效果，但是，在冷轧板的最终夹杂物封锁率方面还存在一定的差距，在电磁力提升和电磁参数控制技术上受到限制，影响了产品质量的进一步提升。

本项目利用低熔点金属的 M-EMS 物理模拟实验和磁场—流场耦合数值模拟计算，针对进口装置磁路结构存在漏磁、电磁力偏低等问题，首次提出了磁屏蔽技术方案和优化的 M-EMS 设计模型，改变了铁芯高度和励磁安匝数等关键参数，完成了"板坯连铸结晶器电磁搅拌装置的研制与应用"。经对比，无论是连铸中的结晶器液面波动水平、磁特性参数的控制效果，还是从铸坯表面质量到后续热轧、冷轧产品质量等一系列指标来看，本项目研制的电磁搅拌装置，其装备可靠性满足设计要求，冶金效果再次得到提升，从而打破了国外板坯结晶器电磁搅拌先进技术对我国的封锁。项目共申报发明专利 315 项，发表学术论文 109 篇。

三、应用推广情况

本项目实现了技术成果转化，至 2015 年 12 月，本项目研制的 M-EMS 系统技术成果已分别在宝钢 5 号、1 号和 6 号连铸机综合技术改造中达到 5 流 13 套的推广应用，并都得到了工艺装备和冶金效果的验证。目前宝钢湛江钢铁连铸机多条机组上同样正在开展自主研发 M-EMS 装置系统及工艺的推广应用。

本项目获得 2016 年冶金科学技术奖二等奖。

四、项目创新点

本项目取得如下创新：

（1）率先提出了 M-EMS 作用下结晶器流场的定量化综合评价标准。

（2）开发了 M-EMS 搅拌强度（电流）、连铸条件和钢液流场间的定量关系模型。

（3）构建了电磁搅拌系统集成过程中关键结构、电气参数的设计模型，形成了一套磁路结构优化设计方案；首次采用磁屏蔽技术，不仅降低了漏磁及对结晶器周边设备的干扰，而且提升电磁推力 20% 以上。

五、项目意义

本项目形成了国内率先拥有的板坯结晶器电磁搅拌成套技术，如果对外技术输出，国内高端冷轧板产品质量不仅会大幅度提高，而且产生的经济效益将会几十倍、甚至上百倍的增加，具有广阔的应用空间。

国内首创双机架线材减定径机组的成套技术

一、完成单位

哈尔滨哈飞工业有限责任公司、江苏永钢集团有限公司、北京科技大学、天津市先导倍尔电气有限公司。

二、项目概况

本项目属金属材料加工制造科学技术领域。

线材是五大钢材品种之一,其年产量约 1 亿吨以上,约占全国钢材的 19%。全国共有近 500 条生产线,其中 90% 以上属摩根三、五代水平,仅有宝钢等几家引进的生产线属当代水平。因此众多的三、五代水平的高线生产线的升级换代是当前我国线材行业面临的主要挑战和科技进步的主课题。

国外解决这个难题的办法是采用减定径机组技术,这是美国摩根公司 1995 年研发的,简称 "RSM"。目前全球已成功推广了 50 余套。我国宝钢的减定径机组即是国内引进摩根 RSM 的第一套。

但全国众多的高线厂全部引进摩根 RSM 是不宜的,理由如下:(1) 高昂的建设费用和长期的备件供应垄断,服务不及时。(2) 设备复杂,技术过剩,不适于我国众多的高速线材生产线。

因此,必须研发适合我国众多线材厂实际情况的先进、实用技术,我们称之为双机架减定径机组技术,简称 "MFM"。有了 MFM 成套技术,谁家敢用? 第一家吃螃蟹的企业是这套技术推广应用的关键。

江苏永钢集团勇敢地担起这个风险,从 2013 年 12 月起到 2015 年 12 月两年间,有关单位携手合作,终于在 2015 年 12 月 8 日,国产首创双机架减定径机组 MFM 成套技术一次性投产成功,收到了意想不到的效果:(1) 轧制速度突破 100m/s 大关。(2) 尺寸精度、性能达到国际先进水平。(3) 仅 2016 年即增效益 2888 万元,创汇 1.3 亿元。

实践证明,我们研发的 MFM 技术不逊于美国摩根的 RSM,但又简便,适用于我国众多的高线厂,投资仅为其 1/3～1/5,且不受制于人。

本项目获得 2017 年冶金科学技术奖二等奖。

三、应用推广情况

继永钢集团成功应用 MFM 技术后，2016 年又有河北奥森钢铁集团等单位采用本项目。此项目为线材行业升级换代、进入国际先进水平行列提供了良好示范，如全国 500 条生产线有 100 条采用本项目，每年可为企业增效 10 亿元以上。

四、项目创新点

本项目取得如下创新：

（1）RSM 是四机架用一台 4500kW 电机，通过一套复杂的变速箱，有 9 个挡，多种变速以适应各种品种规格的要求，而我国众多线材厂品种规格不多，用不了这么多变速。我们的 MFM 是两机架，仅 2 个挡，完全满足我国绝大部分线材厂的变速要求，主电机仅为一台 2500kW 交流电机。采用这样的简便配置即可将我国众多的三、五代水平的生产线提升到当代（六代）水平。

（2）电控系统变频器采用低压 690V，而不是中压 3300V，这是打破国外垄断的重大突破，达到最佳性价比。

（3）工艺上因地制宜，孔型设计、连轧堆拉关系、控轧控冷都有特色。

（4）设备结构有 6 项专利。

五、项目意义

本项目的研发满足了众多高线厂更新换代的技术要求，解决了线材行业面临挑战的难题。

特大型钢 CMA 万能轧机
关键技术及工艺的研发

一、完成单位

天津市中重科技工程有限公司。

二、项目概况

该技术主要应用在钢铁行业轧制型钢的工艺、装置等机械设计与制造的技术领域，适用于轧制特大型钢、不对称断面异型钢等，可替代国际传统穿梭轧制型钢钢板桩的工艺，实现型钢复杂断面轧制，减少轧制温降，实现节能、高效、稳定轧制。

该项目通过将可逆轧制的道次拆开，布置呈连续排列的精轧机组，将可逆连轧轧辊频繁调整，转化为精轧机组全液压伺服压下，控制预摆辊缝为固定值，将电控系统频繁可逆调速转化为连轧机组的同一方向、同一轧速控制，实现型钢钢板桩的半连续轧制。

用于万能轧机半连续工艺的万能劈轧法生产工艺（发明 ZL201510522169.8 一种万能轧机劈轧板坯生产 H 型钢的方法），其生产工艺流程为：（1）首先选择合适的板坯，对板坯加热，通过辊道运到万能轧机组前，送入万能轧机。（2）万能轧机由上水平辊、下水平辊、左立辊和右立辊组成孔型，其中上水平辊和下水平辊为主动辊，左立辊和右立辊为从动辊，所述万能轧机的上水平辊和下水平辊先咬入板坯，然后带动板坯通过无动力的左立辊和右立辊。（3）第一架万能轧机的轧辊孔型为镦粗孔型，水平辊辊型为梯形，梯形腰与水平成 8°~15°角，立辊采用平辊面，通过本道次轧制使坯料断面形状成狗骨形，为后续劈轧做准备。（4）第二架万能轧机的轧辊孔型为第一道劈轧孔，水平辊辊型仍为梯形，腰与水平成 12°~30°角，立辊辊型为圆角三角形两边夹角为 30°~60°，用于将板坯侧边从中间劈开形成 H 型钢的腿。以后各架轧机立辊辊面斜度与水平辊辊面角度逐渐放大到 75°~80°。（5）板坯经过多架万能轧机的多道轧制，形成 H 型钢。

三、应用推广情况

该项目在鞍山紫竹重型铸件有限公司投产运行，彻底克服传统半连续轧制工艺温

本项目获得 2017 年冶金科学技术奖二等奖。

降大、难以轧制复杂断面等缺陷，创造性地改变了轧制特大型钢的传统工艺。2016 年 4 月，机组热负荷试车一次性成功，6 月正式投产，成功轧制出亚洲第一批 Z 型钢板桩，日生产能力达到 4500t，预计年产值达 33 亿元。

四、项目创新点

本项目采用了获得发明专利的万能劈轧法生产工艺。

五、项目意义

目前我国大型钢生产线 90% 来自德国和意大利，国内市场基本被垄断。该项目投产后单条生产线投资低至 5 亿~9 亿元，节约投资 50%~70%，成本优势明显；目前国家大力鼓励发展绿色钢结构建筑，化解产能过剩，型钢及钢板桩前景广阔。该项目所研发的工艺及生产线装备可为型钢轧制领域提升效率，解决轧制温降过大问题，可节能 15%~30%，显著降低成本，为助推国家发展绿色钢结构政策提供具有参考和借鉴价值的样板。

转炉流程生产高合金洁净钢
关键技术及集成和产业化

一、完成单位

鞍钢集团有限公司。

二、项目概况

在科技部、财政部资助下鞍钢集团有限公司历经五年时间完成了转炉流程生产环境友好型、低成本高合金洁净钢关键技术及集成和产业化项目。

采用转炉冶炼高合金钢已成为钢铁技术发展主流，但转炉生产存在钢水洁净度不高、合金收得率低及铸坯质量控制不稳定等诸多限制性技术难题，至今尚未获得实质性进展和突破。本项目研发了采用转炉流程生产高合金钢炼钢、连铸技术，搭建了低成本、规模化洁净钢生产平台，解决了细小夹杂物去除、脱磷、脱硫及合金化等多项环境友好型低成本洁净化生产技术难题，实现了规模化生产，在核电、高铁、海洋工程、大型水电机组等重大装备与工程建设用钢领域获得应用。

获授权发明专利16项，欧盟、日本、韩国专利授权1项，发表论文20篇。项目技术经济指标达到或优于国内外其他技术和同类产品水平；发明的极低硫钢生产技术实现钢中最低硫含量不大于0.0003%，最低磷含量稳定控制不大于0.002%，钢中磷、硫、氧、氮、氢五大元素含量总和小于0.004%，成材率提高15%~25%，节能10%~20%；独创的顶吹转炉冶炼高合金钢合金化技术，镍收得率不小于98%，锰、铬收得率不小于85%，解决了现行处理工艺成本高、效率低等问题。

由辽宁省金属学会组织的鉴定委员会认为：该项目获多项发明专利授权，具有鲜明的独创性和完全自主知识产权。其经济效益、社会效益、环境效益显著，具有广阔的推广前景，达到国际先进水平。

三、应用推广情况

本项目成果实施以来，在提升冶金质量、缩短冶金周期和降低成本等方面应用取得了显著效果，满足了国家重大技术装备基础材料需求，累计创效1.55亿元。

本项目获得2018年冶金科学技术奖二等奖。

四、项目创新点

本项目取得如下创新：

（1）研发了超低磷钢、极低硫钢、超低氮钢及低氧化物夹杂物生产技术，实现了转炉低成本、规模化生产高合金洁净钢，解决了高合金洁净钢转炉生产流程洁净度低、产品质量稳定性差等诸多问题。

（2）研发了以顶吹转炉冶炼高合金洁净钢合金化技术为特色，分别用于镍系列、铬系列、锰系列高合金钢低成本洁净化生产技术，解决了传统流程长、成本高、效率低等诸多问题。

（3）研发了高合金钢专用保护渣、连铸低过热度浇注、铸机辊缝压下调整、连铸生产起步操作控制等系列连铸关键技术，实现了采用常规铸机生产高合金钢，解决了长期困扰钢铁企业的高合金钢连铸坯表面质量差等难题。

五、项目意义

本项目在冶金行业探索出一条转炉流程生产高合金洁净钢的有效途径，对助推钢铁工业转型升级，具有重大示范和引领作用。

高品质临氢化工用特厚钢板关键技术与装备的开发及应用

一、完成单位

河钢集团有限公司、舞阳钢铁有限责任公司、东北大学、兰州兰石重型装备股份有限公司、中石化洛阳工程有限公司。

二、项目概况

本项目属于金属材料加工领域。

临氢设备是石化、煤化工行业核心装备，占项目总投资 1/3 以上，临氢铬钼特厚钢板是关键制造材料。因长期处于高温、高压、强腐蚀服役环境，钢板成分要求严格，生产工序多、难度大。国际上仅法国安塞乐、德国迪林根、日本 JFE 等极少数公司能够生产，平均售价超过 3 万元/吨，并严格封锁核心技术，制约了我国石化、煤化工行业的发展。

完成单位协同攻关，突破了临氢铬钼特厚钢板合金设计与控制、轧制-热处理装备技术、一体化组织调控等关键瓶颈，开发成功 100~290mm 系列临氢特厚钢板和配套应用技术，规模化应用于国家重大工程。

项目授权专利 35 项、软件著作权 4 项，发表论文 102 篇，出版专著 2 部，起草国家和行业标准 9 项。三年累计供货钢板 25.02 万吨，新增产值 110.4 亿元，利税 28.2 亿元，国内市场占有率稳定在 60% 以上，其中不小于 100mm 厚钢板国内市场占有率70%（含进口钢板）。

三、应用推广情况

本项目成果相继应用于中石化、中石油、神华宁煤等重点项目近千台大型临氢设备，钢板及临氢设备分别出口至 8 个和 16 个国家。

四、项目创新点

本项目取得如下创新：

（1）国际上率先提出厚板"低 Si+V/Nb 微合金化"铬钼成分体系，开发出复合

本项目获得 2019 年冶金科学技术奖二等奖。

碳化物调控、大锭坯五元渣系等成分精准控制专有技术，回火脆化系数 J 不大于 45、X 不大于 0.0007%、高温持久强度不小于 309MPa，抗回火脆化性和抗高温蠕变性高于欧系、日系钢板近 30%，服役性能优异。

（2）创新模铸、连铸、电渣重熔、锻造锭坯多元生产模式，提出"温控形变控制轧制+多路径热处理"一体化组织调控方法，解决了临氢厚钢板强韧性匹配差、断面性能差异大的共性问题，290mm 厚钢板心部-30℃冲击功不小于 200J、TI 级探伤合格，形成了对进口钢板的性能优势。

（3）创新提出"外部机械化炉+辊式淬火机"临氢特厚钢板热处理模式，研发成功国际首条 300mm 级钢板连续辊式热处理线及配套高冷速、高均匀性热处理技术，100mm 厚以上钢板心部冷速提高 1 倍以上、加热—淬火控温精度提高 3 倍，实现了对国外同领域装备技术的超越。

（4）研发成功 6 大类 40 余个牌号临氢钢板产品及配套成型、焊接、检测等应用技术，解决了装备制造厚板成型困难、焊接匹配性差等瓶颈问题，首次将国产厚钢板批量应用于超大型石化、煤化工核心装备，牵头制定了"临氢设备用铬钼合金钢板"国家标准。

五、项目意义

本项目的完成，解决了长期制约我国的临氢化工关键钢铁材料国产化问题，干勇、王一德院士等专家评价："实现全系列钢板国产化覆盖、大幅度替代了进口，钢板性能达到国际领先水平，解决了大厚度板焊临氢设备制造的瓶颈问题"。

基于铸轧全流程的轧机振动协同
控制技术及推广应用

一、完成单位

北京科技大学、马鞍山钢铁股份有限公司、湖南华菱涟源钢铁有限公司、上海梅山钢铁股份有限公司、通化钢铁集团股份有限公司、酒钢集团宏兴股份有限责任公司。

二、项目概况

本项目属轧钢领域。

针对热连轧机、冷轧机、平整机和光整机频繁出现振动现象，项目组承担省级和厂协22个轧机机组振动研究，从仅研究轧机本身因素诱发轧机振动传统思路，逐步拓展到铸轧全流程进行轧机振动研究，主要内容如下：

（1）研究连铸坯振痕形貌诱发轧机振动机制。连铸结晶器是将液态钢水转变成固态坯壳，经过二次冷却变成固态连铸坯。由于结晶器依靠振动脱模，因此在连铸坯表面产生了振痕形貌，当进入热连轧机轧制时，激励轧机并与轧机生成耦合振动，因此需要研究连铸坯振痕形貌诱发轧机振动机制。

（2）铸轧全流程工序之间振动遗传特征研究。本项目由过去仅研究轧机本身振动延伸到铸轧全流程所有轧机振动和振动遗传研究。热连轧机振动问题追溯到连铸工序影响，冷轧机振动追溯到连铸和热连轧工序影响，因此将整个铸轧全流程作为一个整体进行研究。

（3）轧机机电液界多态耦合振动理论研究。从连铸工艺参数入手，重点研究轧机耦合振动与连铸工艺参数关系，理论上求解轧机液机耦合、弯扭耦合、垂扭耦合、界面耦合和机电耦合振动规律，为解释轧机振动和提出抑振措施奠定理论基础。

（4）研制铸轧全流程连铸坯和轧机振动远程在线监测系统。将连铸坯、热连轧机、冷轧机、平整机和光整机作为整体进行在线监测，跟踪连铸坯从连铸到最后成品生产过程，观察和测量连铸坯振痕形貌对轧机振动遗传影响，为抑振措施监视和抑振效果考核提供实测数据。

（5）提出并实施抑振措施，使轧机振动得到显著控制。投入连铸工艺优化参数，改善板坯振痕形貌，增加轧机主传动控制系统和液压压下控制系统耦合振动抑振器等

本项目获得2019年冶金科学技术奖二等奖。

一整套抑振措施，改变轧机动态幅频特性和相频特性，使轧机耦合振动得到解耦，降低热连轧机、冷轧连机、平整机和光整机振动现象。

2018年12月27日，由中国金属学会组织专家评定该项目技术成果达到国际领先水平。

三、应用推广情况

该成果已用于全国22套轧机机组，仅马钢、涟钢、梅钢和通钢三年累计新增产值40.00977亿元、新增利税9.40503亿元和增收节支总额0.741778亿元，取得了巨大的经济效益，目前已在首钢硅钢生产线推广应用。

四、项目创新点

本项目创新点在于将连铸坯振痕形貌、热连轧机、冷连轧机、平整机和光整机振动作为整体来进行研究和在线监测。打破传统轧机振动研究模式，由仅研究轧机振动本身影响因素拓展到连铸工艺参数变化诱发轧机振动并遗传到冷连轧机、平整机和光整机。

五、项目意义

本项目技术成果达到国际领先水平。

全炉役高效转炉复吹技术开发应用

一、完成单位

北京首钢股份有限公司。

二、项目概况

本项目属于钢铁冶金技术领域，尤其属于转炉炼钢领域。

为实现转炉高效底吹，达到降低成本、提高质量的效果，首钢股份公司迁安钢铁公司和首钢技术研究院从 2014 年开始进行转炉底吹技术研究，开发了系列关键技术，逐步实现了全炉役内转炉底吹效果稳定控制，转炉终点碳氧积明显降低、钢水氧含量、磷含量稳定降低的效果。

项目研究结果自应用以来，转炉全炉役平均碳氧积由 0.0031 降低至 0.0021，转炉终点氧由平均 0.0724% 降低至平均 0.0611%，实现了既降低生产成本，又提高产品质量的效果。

三、应用推广情况

本项目在北京首钢股份有限公司（首钢迁钢公司）210t 转炉上成熟应用 4 年，申请专利 7 项，授权 4 项。累计获得经济效益 1.82 亿元。

四、项目创新点

本项目取得如下创新：

（1）在国内外率先实现了底吹搅拌强度不大于 $0.06m^3/(t \cdot min，标态)$ 钢的条件下，保证炉龄达到 6000 炉次以上的同时，转炉全炉役终点碳氧积稳定控制并平均达到 0.0021。

（2）为解决溅渣护炉带来的底吹枪堵塞问题，通过提高单支底吹枪流量，将底吹枪的数量从 12 支改为 4 支，并选用三环缝底吹枪，避免了底吹枪堵塞和寿命较低的问题。

（3）摒弃了在转炉全炉役期内维护蘑菇头，并维持炉底厚度不变或上涨的传统护炉工艺，开发了转炉炉衬与底吹枪的动态维护技术，实现了全炉役内炉衬稳步侵蚀，

本项目获得 2019 年冶金科学技术奖二等奖。

从而实现全炉役内底吹枪稳定侵蚀封保持全炉役内稳定裸露。

（4）优化了迁钢转炉的砌炉炉型，实现转炉全炉役生产过程中的变熔池线操作，转炉的易侵蚀部位从熔池区域的一条线优化为熔池区域高度为 800mm 左右的一个面，解决了长期以来由于熔池侵蚀过快而不得不通过补炉增加炉底厚度维护熔池，并最终牺牲底吹效果的难题。

五、项目意义

本项目的应用成功，解决了转炉高炉龄条件下，由于采用低底吹搅拌强度和溅渣护炉工艺导致的转炉实际底吹效果难以保证的难题，不仅具有显著的经济效益，还具有明显的环保效益，同时，为提升质量稳定性打下了坚实的基础，为中国钢铁工业由跟随到引领提供了样板。

高强厚料热镀锌和热镀铝硅首创共线机组自主集成

一、完成单位

宝山钢铁股份有限公司、宝钢工程技术集团有限公司、上海宝信软件股份有限公司。

二、项目概况

由于超高强钢技术和热镀铝硅技术受到安米、新日铁等竞争对手的技术封锁，无法通过技术引进实现产品升级，国内热镀锌超高强钢和热镀铝硅产品只能通过进口，造成价格居高不下，自主集成是宝钢必由之路。

本项目依托宝钢股份总部冷轧厂 2030 单元热镀锌机组改造重大工程项目为载体，以全线自主集成，建成年产 38 万吨"高强钢、80kg 以上超高强钢、厚料、热轧基板热镀锌 GI 产品以及热冲压用热镀铝硅产品"共线机组为目标，通过自主集成掌握和形成核心装备技术和核心生产工艺技术。本项目成功建成了国际上首条厚料高强镀锌和热镀铝硅共线机组，形成了一批具有自主知识产权的技术创新成果，共计形成专利 15 项，其中发明专利 7 项（3 项授权）、实用新型专利 8 项、技术秘密 15 项。

三、应用推广情况

2015 年 12 月 30 日，国际上首条热镀锌高强厚料热镀锌和热镀铝硅共线机组建成投产，2016 年 1 月，热镀铝硅镀层热成形材料首轮试制成功，2016 年 5 月，机组实现了"四达"（达产、达标、达效、能耗达标），2016 年 5 月到 2017 年 4 月达到年设计 38 万吨产能目标，2016~2018 年累计毛利已达 17.19 亿元，2019 年，热镀铝硅批量生产，有效地替代进口，进口价格大幅度降低达 40%，产生了良好的社会效益。

四、项目创新点

本项目取得如下创新：

（1）集成技术方面。从市场需求→产品定位→产品大纲→工艺流程→机组布置→产品定位和典型产品关键工艺需求分析的集成思路出发，形成了热镀锌高强钢与热镀

本项目获得 2020 年冶金科学技术奖二等奖。

铝硅共线生产解决方案、直火加热方案、增湿方案、保温方案及感应加热方案等成套技术，首次实现技术总成、装备总成和三电总成，采用直火与高效辐射管复合加热技术、炉鼻子低氢和增湿控制等新技术，实现了同一机组可柔性生产厚料、高强、铝硅不同产品的突破，共计形成发明专利3项、实用新型专利5项、技术秘密2项。

（2）高强厚料产品工艺技术方面。首次采用了热镀锌超高强钢直火加热和增湿氧化装备技术，实现了热镀锌超高强钢可镀性控制新的技术突破，形成了脱锌缺陷控制技术、漏镀缺陷控制技术等，共计形成技术秘密5项。

（3）热镀铝硅产品工艺技术方面。首次形成了热镀铝硅退火工艺技术、铝锅成分工艺技术、铝锅温度工艺技术、漏镀缺陷工艺技术、热镀铝硅沉没辊用涂层技术等方面的技术突破，成功开发出热镀铝硅新产品，打破了安米、新日铁等竞争对手的技术封锁，共计形成发明专利4项、技术秘密8项。

五、项目意义

本项目总体技术水平、主要技术经济指标达到国际先进水平，创造了宝钢机组原址升级改造的成功典范。

高强钢高速连续退火机组成套核心技术研究与工程应用

一、完成单位

中冶赛迪工程技术股份有限公司、重庆赛迪热工环保工程技术有限公司、中冶赛迪技术研究中心有限公司、中冶赛迪重庆信息技术有限公司、中冶赛迪电气技术有限公司、中冶赛迪装备有限公司。

二、项目概况

本研究属于钢压延加工设备领域。

连续退火将带钢轧后的清洗、退火、平整、精整等工序集中在一条生产机组上，具有生产周期短、布置紧凑、劳动生产率高以及产品质量优异等优点。特别是对生产高强度钢更有利，可以降低强化合金元素的用量，降低生产成本。新建冷轧带钢的连续退火机组已成为世界上钢铁行业大型冷轧车间的选型主流。

近年来，随着汽车等行业对安全性、燃料效率等方面的要求逐步提高，高强钢的需求越来越大。生产高强钢的高速连续退火机组的工艺、机械设备、工艺模型和控制等核心技术被国外工程公司垄断，需要整体或部分引进，引进费用很高。

基于现状，完成单位坚持走国产化和技术创新的路子，抓住契机，从 2013 年开始，自主立项研究和开发，主要研究了退火前带钢清洗工艺、不同钢种的退火工艺制度、退火炉内稳定高速通板技术、退火炉二级模型、张力级联调节技术、多塔活套位置同步控制技术等核心技术，开发了高效清洗段、多塔活套、分段分区湿平整机等核心装备。

该项目成果已获授权发明专利 5 项；已发表相关论文 12 篇。

本成果以自主设计的国产设备为主，和国外技术总负责的同档次连退机组相比，投资节省约 30% 以上。中国未来钢铁面临着技术进步、产品升级、结构调整、节能降耗等新形势，高强钢连退机组市场需求巨大，为本成果的推广应用提供了广阔的市场前景。

三、应用推广情况

截至目前，集成上述创新性的研究成果已推广应用于烨辉（中国）、安钢、河北

本项目获得 2020 年冶金科学技术奖二等奖。

敬业，合同额总计约 61633 万元、利润 5736 万元。采用本技术成果的烨辉（中国）连退机组新增利润约 61000 万元，经济效益显著。

四、项目创新点

本项目取得如下创新：

（1）打破国外技术垄断，自主设计、开发了国内第一套拥有自主知识产权的高强钢（最高强度级别 780MPa）高速（不小于 300m/min）连续退火机组成套技术，并成功实现了稳定可靠的工业化应用。

（2）在退火炉二级模型系统中首次提出了独特的带钢稳态控制和非稳态过渡控制策略，减少了换带过渡时间；开发的退火炉带钢热力耦合控制模型，提高了模型控制精度。

（3）创新开发了分段分区湿平整机，提高了板形控制精度，其高刚度的阶梯垫及斜楔轧线调整机构可以实现高达 60% 的粗糙度复制率。

（4）通过补偿辅助辊速度技术实现多塔活套同步控制，采用 LTC 控制技术对活套的层间带钢张力损失进行精确计算和补偿，提高了活套的位置同步控制精度和张力控制精度。

五、项目意义

本项目研发的成功，打破了国外技术垄断，降低了建设投资，取得了显著经济及社会效益，提高了我国在冷轧领域的技术水平。

专线化连铸机自主集成开发与应用技术

一、完成单位

宝山钢铁股份有限公司、宝钢工程技术集团有限公司、上海宝信软件股份有限公司。

二、项目概况

本项目属于钢铁冶炼技术领域，炼钢连铸技术范畴。

连铸是钢铁产业中重要的一环，对钢材品质的好坏有着决定性的作用。目前，国际上知名的连铸机制造商（如西马克、奥钢联、达涅利、SPCO等）掌握着连铸关键设备的核心技术，这些知名公司占有世界连铸产业市场90%以上的份额。国内的连铸技术，整体上还落后于国外技术水平，在连铸的关键核心技术上，还严重依赖国外知名制造商。宝钢股份炼钢厂五号连铸机1998年投产，15年后，由于装备及工艺的不足，不具备生产高附加值的汽车外板、取向硅钢和高牌号无取向硅钢等精品钢种的能力，影响了宝钢股份产值和利润的增加，急需升级改造。宝钢为改变当前国内连铸技术落后、严重依赖外商技术的局面，以炼钢厂五号连铸机改造为契机，对连铸关键工艺技术和装备进行研制，并将研制的成果应用到宝钢股份五号连铸机上，形成产业化示范，推动国内连铸技术的发展，打破外商对连铸核心技术的垄断局面。

本项目根据产品的特点和需求，选择最合适的装备和技术，实现专线化连铸机生产。通过该项目的实施，建成了国内首台自主集成的可生产高品质钢种的专线化连铸机，改造后的连铸机可生产取向硅钢、GA外板、深冲电池壳钢、DI材等精品钢种，取向硅钢铁损平均下降0.01W/kg，磁感提高20～30Gs，汽车GA外板钢质封锁率从4.4%下降到2.4%，达到国际先进水平。项目申报专利8项，审定企业技术秘密1项。

三、应用推广情况

项目成果在宝钢股份炼钢厂五号连铸机应用后，2013～2015年创造直接经济效益11562.27万元，项目成果也推广应用到了宝钢股份炼钢厂一号连铸机的改造。

本项目获得2016年冶金科学技术奖三等奖。

四、项目创新点

本项目首次实现了连铸核心工艺和装备自主集成技术的开发与应用,这些技术主要包括连续弯曲连续矫直的小辊密排辊列技术,二冷动态控制模型技术,双跟踪浇注技术,电磁搅拌综合技术,结晶器铜板技术等工艺技术,以及三电改造的技术突破,结晶器非正弦振动装置的研制,高精度长寿命扇形段装置的研制,扇形段基础框架的定位和管离合技术应用,蒸汽排出系统的优化技术开发,连铸机快速对弧技术的开发等成套设备的研发及施工技术的开发。

五、项目意义

本项目成果对提升国内连铸机专线化生产,提高精品钢制造能力,为我国钢铁行业结构转型创造了条件,具有广阔的推广应用前景。

钢铁材料的高温氧化特性及其在碳钢板带表面质量控制中的应用

一、完成单位

首钢总公司、首钢京唐钢铁联合有限责任公司、北京首钢股份有限公司、北京科技大学。

二、项目概况

表面质量是薄带产品非结构性功能中最重要的指标。生产过程中的板坯加热及热轧阶段，材料在高温环境下发生氧化。对氧化行为及其遗传影响的控制水平，直接决定产品的表面质量。据新日铁报道，氧化及其遗传导致的表面缺陷占总表面缺陷数的20%以上。本项目开始时，首钢氧化类表面缺陷的比例高达30%。

本项创新工作已形成2项专利（授权2项）、1项技术秘密、4篇科技论文。

本项目累计获得1.24亿元经济效益。由于表面质量优异、性能稳定，首钢（Si系镀锌高强汽车板DP780、TRIP690）是国内唯一正式通过奔驰材料认证的钢企。首钢也是国内最优的电镀锌基板供货商，产品覆盖知名的本土及合资电镀锌企业，如斗原、铉澈、长江润发、江阴长发等，市场占有率达到30%。

三、应用推广情况

由于表面质量优异，首钢汽车板已进入奔驰、宝马、大众、现代等高端车企。宝马对材料供应商供货板材缺陷率的评判中（百万件板料中的缺陷板数，以PPM计），首钢材料2016年的PPM值平均为228；其中有连续3个月PPM值为0。这其中，针对疑难氧化类缺陷的控制，贡献度在25%以上。

四、项目创新点

本项目取得如下创新：

（1）率先提出了Cr-Mo元素对氧化铁皮与基体界面处Si元素富集的抑制机制。通过热态氧化铁皮结构控制技术，解决了困扰冶金行业的Si系红鳞这一顽固难题。首次揭示了Si系高强汽车板冷轧产品表面色差的直接原因是带钢"浅表层轧裂"，延伸

本项目获得2017年冶金科学技术奖三等奖。

了传统"热轧红鳞遗传导致冷轧色差"的理论。表面降级率由45%降至0%。本项创新工作形成4项专利（授权1项）、2项技术秘密、3篇科技论文。

（2）探明了含P钢热轧麻点区别于"辊系麻点"和"温度系麻点"的本质原因，将P元素界面富集降低铁皮粘附力导致的麻点定义为"成分系麻点"。首次提出利用Si、P元素复合后的协同作用以消除双方不利影响的理念。缺陷发生率由70%降低至0.2%以下。本项创新工作形成4项专利（授权3项）、1项技术秘密、4篇科技论文。

（3）明确了导致LCAK钢酸洗后山峰状黑斑缺陷的直接原因为线状氧化铁皮残留；该黑斑导致电镀锌后出现山峰纹缺陷。基于LCAK钢热态氧化铁皮结构控制技术及除鳞工艺优化，解决了这一疑难问题。缺陷发生率由35%降至0.1%以下。

五、项目意义

本项目以Si、P、Cr、Mo等合金元素对材料高温氧化特性的影响为研究对象，将氧化特性研究与薄带生产过程有机结合，集中解决了Si系红鳞、含P钢热轧麻点、LCAK钢酸洗后山峰状黑斑等一批因氧化而导致的、困扰行业已久的疑难表面缺陷。

稀土永磁材料防腐关键技术创新
与产业化应用

一、完成单位

安徽大地熊新材料股份有限公司、钢铁研究总院、北京工业大学、广东省新材料研究所。

二、项目概况

以烧结钕铁硼为代表的稀土永磁材料是《中国制造2025》计划中重要的基础功能材料，在国民经济中发挥着不可替代的作用。近年来，新能源汽车、风能发电等高端制造业的飞速发展不仅大幅提升了烧结钕铁硼永磁的需求量，而且对产品的服役寿命提出了更加苛刻的要求。烧结钕铁硼在产品可靠性、安全性和绿色制备技术方面存在升级换代的重大需求。提升稀土永磁材料腐蚀研究和防护综合技术水平尤为关键，是亟待解决的瓶颈性难题。

项目在国家科技支撑计划、"863计划"等支持下，针对稀土永磁材料防腐关键技术与装备急需升级的问题，围绕着产品失效分析—腐蚀机理剖析—成分与结构优化—防腐技术研发—工艺装备应用的全链条研究体系，基于长期基础研究与技术开发，建立了国家级稀土永磁材料腐蚀与防护研发平台，解决了磁体本征耐蚀性、磁体与涂层结合力、涂层致密性等关键技术难题，建成了国内外首创的稀土永磁材料新型涂层生产线并实现产业化。

三、应用推广情况

项目产品在明阳SCD3.0/7.6MW陆上/海上风电，江淮iEV7S、奇瑞艾瑞泽5e新能源汽车等多个领域广泛应用。

四、项目创新点

本项目取得如下创新：

（1）基于稀土永磁材料腐蚀失效规律的研究与数据积累，建立了国家级稀土永磁材料腐蚀与防护研发平台和防腐技术新体系，全面阐明了材料本征腐蚀机理、基体与

本项目获得2018年冶金科学技术奖三等奖。

涂层界面结合机理、涂层耐蚀性能强化机理，丰富和发展了稀土永磁材料腐蚀与防护学科理论，为防腐关键技术的开发奠定了坚实的科学基础。

（2）研发了由组织细化、成分调控、表面强化等关键技术构成的稀土永磁材料本征防腐蚀性能强化技术新体系，解决了材料本征耐蚀性差、基体与涂层结合强度低的难题，为高水平表面防护技术的研发奠定了材料基础并有效解决了材料表面预处理导致的严重环境污染问题。

（3）研发了由等离子真空蒸镀、多涂层梯度沉积等表面防护新技术构成的稀土永磁材料腐蚀防护技术新体系，表面涂层新体系的耐蚀性能较现行涂层显著改善，大幅提升了材料在严酷腐蚀环境下的服役寿命，奠定了稀土永磁材料防腐蚀的技术基础。

（4）在国际上率先建成了百吨级稀土永磁材料全自动物理气相沉积生产线，以及千吨级电镀+电泳复合涂层生产线，实现了产业化生产，新产品耐蚀性优异，已广泛应用于多个领域，对我国高技术产业的发展提供了关键支撑。

五、项目意义

本项目研发意义在于提升了永磁产品在高端应用领域的安全性和使用寿命，具有广阔的推广应用前景。

含钒铁水冶炼超低碳钢
关键技术集成与产业化

一、完成单位

河钢股份有限公司承德分公司。

二、项目概况

本项目属冶金工程技术领域，涉及铁水预处理、炼钢及连铸等。

主要技术内容包括：含钒铁水仅经提钒后，受冷却剂加入影响，导致半钢增硫后，工艺需要 LF 精炼脱硫处理，再进行 RH 精炼，工艺流程较长。提钒半钢物理热含量不足，P 含量偏高，致使转炉物料消耗较高，钢水过氧化严重和洁净度差，制约含钒铁水冶炼高品质超低碳钢。通过对铁水预脱硫和 RH 精炼组合控硫，同步提钒脱磷工艺进行创新，采用分子离子共存理论、流体模拟软件、水模实验等方法分别对半钢渣系脱磷热力学，终点 [C] 预测模型，中间包控流元件进行研究，形成含钒铁水冶炼超低碳钢全流程关键技术集成。

本项目获发明专利授权 4 项，实用新型专利授权 1 项，发表相关论文 4 篇。

三、应用推广情况

2016 年 1 月起，在河钢承钢板带事业部得以应用，并成功开发超深冲用钢、电工用钢共 18 牌号，三年累计创效 3.091 亿元，经济和社会效益显著。

四、项目创新点

本项目取得如下创新：

（1）发明铁水预脱硫和 RH 精炼组合控硫集成技术，协调了铁水预脱硫与提钒增硫的矛盾性，前期提高铁水预脱硫效果，后期直接 RH 真空精炼过程脱硫，实现 S 含量可控，取消超低碳钢的 LF 炉工序，缩减精炼周期 22~30min。发明两项专利："防止铁水单喷颗粒镁脱硫后回硫的方法""RH 真空精炼脱硫的方法"。

（2）提出含钒铁水提取五氧化二钒同步脱磷关键技术，解决了铁水提钒与脱磷无法同步进行的矛盾性。实现钒资源高效回收的同时，铁水脱磷率提高至 80.76%，缩短

本项目获得 2019 年冶金科学技术奖三等奖。

提钒脱磷处理周期5min，为冶炼纯净钢和少渣炼钢创造有利条件。发明一项专利："一种含钒铁水提取五氧化二钒同步脱磷的方法"。

（3）建立半钢渣系脱磷热力学和BOF终点［C］含量预测模型，确定转炉半钢冶炼前期高效脱磷和后期精准控碳的最佳炉渣成分体系，减少钢铁料、炼钢物料消耗，降低渣量20.57kg/t，实现少渣炼钢，缩短转炉冶炼周期3.2min，钢水终点氧含量降低0.1221%，显著提高初始钢水质量。发明一项专利："一种使用含钒钛铁水冶炼无取向硅钢的方法"。

（4）优化中间包控流元件设计，且在连铸浇注过程中间包钢水液面上与中间包盖上方形成一层氩气保护层，实现了隔绝空气的作用，有效降低浇注过程钢水增氮及二次氧化的发生，N、全氧含量及大颗粒夹杂物比例大幅降低，获得高洁净度铸坯。发明实用新型专利一项："一种降低钢水在连铸浇注过程中增氮的装置"。

五、项目意义

本项目技术成果形成了含钒铁水冶炼超低碳钢全流程关键技术集成，具有广阔的推广应用前景。

高质量模铸高碳铬轴承钢碳化物均质化关键技术的开发与应用

一、完成单位

东北特殊钢集团股份有限公司、东北大学。

二、项目概况

本项目属于材料新工艺研发领域。

高碳铬轴承钢碳含量为1%，属过共析钢，在模铸浇铸过程或加工（锻造或轧制）后的冷却过程会析出一次碳化物液析或二次碳化物带状、网状。碳化物会严重影响轴承的性能及成品轴承的使用寿命，如热加工易出现过热、过烧倾向；热处理易出现的淬火裂纹；成品轴承因表面碳化物脱落会导致轴承过早失效；因碳化物与基体硬度差较大，会引起疲劳裂纹源等。随着大型工业装备轴承的不断发展，基于模铸轴承钢自身致密性好、心部偏析程度小等特点，模铸轴承钢可生产规格更大的轴承产品，因而大型轴承使用材料或高质量轴承滚动体材料一般会选择稳定性相对较好的模铸轴承钢。但碳化物水平要求也相对较高。

本项目是围绕碳化物控制展开，通过对碳化物液析、碳化物带状、碳化物网状三者之间的关系作为切入点，通过研发保护渣烘烤装置使模铸保护渣质量稳定，结合研发浇铸过程中氩气保护装置及制作钢包保温盖等措施，为降低钢液浇铸温度奠定基础，以达到减少偏析控制碳化物液析的目的。通过密闭性较好的环保型天然气均热坑及台车式加热炉，结合碳化物在钢中扩散系数的理论及实践，找出合适的扩散温度及扩散时间，使钢中碳化物 $(Cr,Fe)_nC_m$，相对均匀分布在基体中，基本可消除碳化物液析，使碳化物带状得到明显改善。

三、应用推广情况

本项目在美国铁姆肯公司高质量滚动体材料、瓦房店轴承有限公司大型轴承材料及航发哈轴、洛轴等军工材料上进行应用。同时项目的研究成果已应用在国家高技术研究发展计划（"863计划"）的《重大装备用轴承钢关键技术开发》课题中，为时速250km/h的动车轴承提供滚动体材料，项目已结题。目前与铁科院、瓦轴、洛轴等单

本项目获得2019年冶金科学技术奖三等奖。

位研制 350km/h 的高铁轴承滚动体材料也应用了该项技术。

四、项目创新点

本项目通过利用 Thermo-Calc 的 TCEE6 数据库，计算平衡相质量分数等理论研究，结合现场实际的终轧温度倒推出钢坯出炉温度的研究，形成控轧方案；采用横移式涡流循环水管控冷装置，通过实践得到不同规格的进给水量、水温对应的轧后温度及结合理论模型，形成出控冷方案。通过控轧控冷措施及结合产品检验情况，得出过快的控冷易形成表面激冷层，过慢的控制不易控制碳化物网状，因而进一步修订控轧控冷工艺。最终形成一整套的控制碳化物均质性的解决方案。

五、项目意义

项目与实践相结合，通过理论分析及实践数据，针对过程控制研发新型装置、设备，同时采用保护状态下低温浇铸，闭环控温炉的高温扩散工艺及控轧控冷工艺结合，形成从冶炼到加工的全流程碳化物控制工艺。

短流程轧制工作辊的研究与应用

一、完成单位

中钢集团邢台机械轧辊有限公司。

二、项目概况

本项目属于冶金科学技术类冶金机械制造和自动化技术学科。

短流程薄板坯无头连铸连轧 ESP (Endless Strip Producation) 生产线，被称为钢铁工业的第三次技术革命，代表了当今世界热轧带钢的最高水平。日照钢铁从西门子引进 4 条 ESP 轧线，首钢京唐已经建成类似的 MCCR 轧线，福建鼎盛、邯郸明芳钢铁陆续开始建设 ESP 轧线，其在轧制上与常规热带连轧机有很大区别，新轧线对轧辊耐磨性、抗事故性、表面质量性能等有更加特殊的要求。

我公司根据新轧线的特殊要求，有针对性地开展了材质和工艺研发，开发了 ESP 粗轧、精轧前段和后段三种高速钢材质，实现了短流程无头轧制全线高速钢工作辊的应用。

目前我公司已经形成了成熟的短流程无头连铸连轧工作辊制作技术，形成批量生产能力，使得公司成为具备短流程无头连铸连轧全线高速钢工作辊生产能力的轧辊生产厂家，公司产品结构得到进一步的完善。

三、应用推广情况

截至 2019 年 12 月，累计供货 ESP 轧线工作辊 2125 支，各项性能指标领先全球。

四、项目创新点

本项目取得如下创新：

（1）研发了具有自主知识产权的短流程无头连铸连轧工作辊，特别是高速钢工作辊的使用，为 ESP 轧线后续实现轧制公里数 300km 提供了有力的支持。

（2）针对不同机架的使用条件及对轧辊性能要求，本着"专辊专用"的原则，成功研发了分别适用于 ESP 粗轧、精轧前段和精轧后段的三种高速钢材质。其中粗轧机架专用抗热裂轧辊性能表现优异，单炉在机消耗量降低到 0.05mm 以下。精轧前段高

本项目获得 2020 年冶金科学技术奖三等奖。

速钢和精轧后段高速钢因其优异的高温氧化膜保持能力和良好的辊型保持能力,解决了制约轧线发展的辊面质量问题,满足了短流程无头连铸连轧轧制需求。

(3)独特的电感应加热差温热处理技术,实现了超高材质高速钢在热处理过程中碳化物之间的相互转换,M_2C 型碳化物分解为 M_6C 型碳化物和硬度更高的 MC 型碳化物,碳化物相间分布,大大提高了轧辊的耐磨性和使用时表面的光洁度,满足 ESP 数倍 10 个浇次磨损的要求。

(4)形成了成熟的短流程无头连铸连轧工作辊制作技术,形成批量生产能力,各项性能指标领先全球。

五、项目意义

本项目研制具有自主知识产权的短流程无头连铸连轧工作辊符合中钢集团的战略发展方向,对实现集团和中钢邢机的可持续发展具有重要支撑作用,对提升国家钢铁行业关键部件的自主创新能力,具有重要的战略意义和经济意义。

600MPa 级以上超高强、长寿命抗震钢筋
开发及关键技术应用

一、完成单位

江苏沙钢集团有限公司、东南大学。

二、项目概况

从全生命周期角度出发，推动超高强、长寿命抗震钢筋开发及应用对于钢筋产品的升级换代、钢铁产业的结构调整和节能减排等均具有重大意义。一方面，超高强抗震钢筋屈服强度达到 600MPa 以上，兼具屈强比高，均匀延伸率大等特点，使用中具有安全系数高，配筋率低等优点；另一方面，解决钢筋锈蚀问题刻不容缓。研制和使用高耐蚀钢筋，是解决钢筋锈蚀问题的有效方法，对确保结构耐久性和长寿命具有重要意义。

三、应用推广情况

在国内率先研发出 600MPa 级以上超高强度抗震钢筋，各项性能满足要求，规格涵盖 $\phi14\sim32mm$，并实现工业化稳定生产与批量供货，产品应用领域涉及到铁路、人防等重点工程。

四、项目创新点

本项目取得如下创新：

（1）国际率先研发出抗大变形组织设计及 600MPa 级以上超高强抗大变形抗震钢筋开发技术。

（2）在试验数据指导下，结合行业现有数据，建立成分、工艺、组织和性能之间的关系，利用大量生产数据进行回归和优化分析，最终获得超高强度抗大变形热轧钢筋"成分—工艺—组织—性能"仿真计算模型。

（3）利用增氮型铌钒氮微合金化，创新发展了钒氮合金强化理论和应用水平。

（4）基于多等级系列合金耐蚀钢筋在严酷环境下的钝化与腐蚀行为研究，发展了基于复合钝化膜、耐蚀基体和致密内锈层等微结构特征的合金钢筋全寿命连续耐蚀理论，提出了基于合金元素与环境因素耦合作用的合金钢筋腐蚀自抑制技术。

（5）在合金钢筋全寿命连续耐蚀理论指导下，基于"多元素微量复合耐蚀"原理，提出了超低碳+铬/钼复合耐蚀的高强耐蚀钢筋合金成分设计方法，发展了"低

本项目获得 2019 年度教育部科技奖二等奖。

硫""低磷"超纯净钢冶炼控制技术。

（6）构建了严酷环境下混凝土中高强耐蚀钢筋耐蚀性快速评价体系，发展了基于可靠度理论的高强耐蚀钢筋混凝土结构使用寿命预测方法。

（7）基于高强耐蚀钢筋配制混凝土的力学性能、变形性能、抗腐蚀性能等关键参数研究，提出与高强耐蚀钢筋匹配的混凝土材料性能指标及其设计方法与制备技术，以及高强耐蚀钢筋宏电池腐蚀监测、预防与抑制技术。

五、项目意义

本项目在国际上率先成功开发重大防护工程用高安全等级钢筋，产品应用领域涉及到铁路、人防等重点工程，为关键工程领域、地震多发区域提供更多安全保障，填补国际国内空白，引领了钢筋产品升级换代，对提高我国钢筋混凝土结构的综合性能、推动重大工程的技术进步、提高建筑结构的安全性、促进钢铁产业的结构调整和节能减排等，都具有十分重要的意义。同时，本项目产品解决了长期困扰我国海洋工程钢筋混凝土的腐蚀问题，大幅提高我国北方沿海、西部盐湖地区和盐渍地区钢筋的抗腐蚀性能，延长钢筋混凝土的寿命，满足我国节约资源、减少消耗和可持续发展的需要，促进我国钢铁行业的技术进步。

600MPa 级以上超高强度抗震钢筋

本项目成果应用于青岛胶州湾跨海大桥

纳米铁粉研磨技术的研究与应用

一、完成单位

山东泰东粉末冶金有限公司。

二、项目概况

本项目属微纳米铁粉研磨技术的研究与应用领域。

随着粉末冶金技术的飞速发展,不同行业、不同应用领域对粉末冶金原材料的选择更加多样化,对铁粉的各项指标要求更加苛刻。本项目围绕微纳米铁粉颗粒形貌、松装密度、粒度等对破碎设备性能要求影响的系统研究,通过在一次粉破碎工艺上,采用螺旋刮料破碎方式,既起到刮料目的,又同时实现微纳米铁粉初步破碎,保持了微纳米铁粉树枝状形貌特征的原貌;在二次粉破碎工艺上,采用独立设计出的一种新型的低松比超细铁粉破碎设备及其使用方法来控制不同的松装密度,并创新使用不锈钢冲压片代替以往的金属球、段等球磨机介质,实现物料充分搅拌、摩擦,且能有效控制松装密度及粒度。最终使破碎物料达到了"低松比"加"超细"的双重目的。

三、应用推广情况

2019年生产销售500t,实现销售收入1250万元,利税428万元。本项目所设计使用的生产设备具有显著"低粉尘、低噪声、低成本"的节能环保的特点,采用的工艺技术方案先进、科学、合理,对于指导生产低松比铁粉具有十分重要的参考价值,可应用于金刚石、热电池、多孔材料、吸波材料、污水处理等领域,极大满足了市场的需求,促进了企业生产结构和技术水平的全面升级,具有较强的产业化推广意义。同时,申报了《一种新型的低松比超细铁粉破碎设备及其使用方法》发明专利(201910644174.4)。

四、项目创新点

本项目取得如下创新:

(1) 在微纳米铁粉一次粉破碎工艺上,采用螺旋刮料破碎方式,既起到刮料目的,又同时实现微纳米铁粉初步破碎,保持了微纳米铁粉树枝状形貌特征的原貌。

本项目获得2020年度首批山东省企业技术创新优秀成果奖二等奖。

（2）在微纳米铁粉二次粉破碎工艺上，采用封闭式低转速研磨破碎方式，实现研磨介质与物料的自动分离，降低了噪声，避免了扬尘，达到了"低粉尘、低噪声"的环保要求。

（3）结合公司研磨设备，在破碎研磨介质的选用上，创新采用不锈钢冲压片代替以往的金属球、段等介质进行研磨实践，实现物料充分搅拌、摩擦，能有效控制松装密度及粒度，使破碎物料达到了"低松比"加"超细"的双重目的。

五、项目意义

本项目设计使用的一种新型的低松比超细铁粉破碎设备可在普通小球磨机的基础上进行改造而成，而且使用的破碎介质是随处可见的不锈钢冲压片，成本低廉。另外，本项目产品是利用钢铁厂冷轧氧化铁红为原料，通过还原工艺经破碎包装而成，对钢铁行业的循环经济起到了促进作用，达到了废物再利用，增加经济效益的目的。本项目成果鉴定技术水平达到国内领先，对于指导生产低松比铁粉具有十分重要的参考价值，对行业起到了技术引领的作用，极大提升了中国粉末冶金行业的市场影响力和核心竞争力。

厚带钢厚镀层连续热镀锌工艺关键技术和设备集成创新及产业化

一、完成单位

黄石山力科技股份有限公司、武汉科技大学。

二、项目概况

本项目属于钢铁材料加工制造技术领域。厚带钢厚镀层热镀锌产品具有广泛的市场需求，代表着镀层钢板生产的最高水平，但厚带钢厚镀层连续热镀锌工艺技术和装备复杂，一直受国外垄断和封锁。因此，研制和开发厚带钢厚镀层连续热镀锌产品生产关键技术和装备，对改善我国热镀锌产品质量与规格具有重要意义。

本项目成果获授权专利 14 项（其中发明专利 3 项），受理发明专利 1 项，发表论文 12 篇。三年取得经济效益 29958.77 万元。本项目技术和装备集成创新及产业化，打破了国外技术垄断，推动了我国大型连续带钢处理线技术和装备的发展。

三、应用推广情况

本项目研发的厚带钢厚镀层连续热镀锌工艺关键技术和设备先后在黄石山力兴冶薄板有限公司、天津海钢板材有限公司、冠洲鼎鑫板材科技有限公司、山东诚丰新材料有限公司、唐山众强高科精密管业公司、山东博兴科瑞带钢有限公司、邯郸钢铁、山东华信新型材料科技有限公司等国内公司推广应用。

四、项目创新点

本项目取得如下创新：

（1）建立了厚带钢加热过程和冷却过程数学模型，开发了厚带钢喷气循环冷却装置，研发了氩弧焊与窄搭接组合焊机技术。

（2）研发了多腔气刀及控制技术、锌液成分控制技术、镀锌温度控制技术，实现了在一条生产线上进行薄镀层（$60 \sim 275 g/m^2$）和厚镀层（$275 \sim 500 g/m^2$）连续热镀锌生产，镀层厚度达到国际先进水平。

（3）形成了一套完整的厚带钢厚镀层连续热镀锌工艺关键技术，包括原料钢板平

本项目获得 2017 年湖北省科技进步奖一等奖。

整工艺及技术、全线张力系统控制技术、节能减排综合技术等。

（4）自主设计和集成建造了国内首条厚带钢厚镀层连续热镀锌机组，实现了厚带钢厚镀层连续热镀锌工艺关键技术和装备的国产化，集成创新的成套装备打破了国外技术垄断，并实现了中国厚带钢厚镀层连续热镀锌成套技术与装备的整机出口。

五、项目意义

本项目自主设计和集成建造了国内首条厚带钢厚镀层连续热镀锌机组，实现了厚带钢厚镀层连续热镀锌工艺关键技术和装备的国产化，集成创新的成套装备打破了国外技术垄断，并实现了中国厚带钢厚镀层连续热镀锌成套技术与装备的整机出口。

生产线近景图

绿色制造 2000MPa 系列超高强度桥梁缆索用盘条关键技术研究和应用

一、完成单位

江阴兴澄特种钢铁有限公司、江苏法尔胜缆索有限公司、上海交通大学。

二、项目概况

为满足桥梁大跨径、大承载能力的严苛服役条件，急需研发出具有超高强度和高疲劳寿命的大桥缆索。

本项目团队开展了自主研发的绿色 EDC 技术、与之匹配的成分设计、高均质化控制技术、抗延迟断裂敏感性研究及拉拔应用等技术研究。形成绿色制造 2000MPa 系列超高强度缆索制造体系，产品质量达国际领先水平，大幅提高我国桥梁制造的技术水平和综合实力，推动国家战略落地、地区建设和行业影响力。

三、应用推广情况

本项目通过绿色制造 2000MPa 缆索钢制造关键技术研究和创新，成功开发了新一代超高强高韧匹配的缆索用盘条并实现产业化。2018 年初开始在沪通长江大桥（公铁两用）应用，并于 2019 年 9 月完成架设；2019 年 1 月开始在伍家岗长江大桥重大项目推广应用，打破了 2000MPa 级别超高强度缆索无实际桥梁应用的局面，达到国际领先水平。

四、项目创新点

本项目取得如下创新：

（1）以水溶液为介质，自主开发了精确控制冷却过程温度场和流场的智能化控制系统，实现盘条在特定温度区间冷却的精确可控，获得高索氏体化率转变的效果，保证了桥梁缆索钢高强度和高塑性。生产过程对环境无污染，是绿色环保技术，属国内领先水平。

（2）设计了与在线 EDC 水浴韧化处理工艺匹配的超高缆索钢微合金化成分体系。新设计的成分体系能保证盘条的组织细化和渗碳体相稳定化，解决了盘条经过拉拔、

本项目获得 2018 年度中国公路学会科学技术奖特等奖。

镀锌后钢丝韧性急剧降低的难题。

（3）开发高碳过共析钢高均匀低偏析的连铸集成技术。该集成技术针对 390mm×510mm 大坯型连铸，基于全过程温降系统模型，采用中间包感应加热技术、低过热度浇注技术、M-EMS 及 S-EMS 电磁搅拌技术、二冷段气雾冷却技术和轻压下技术，显著改善成分均匀性，实现了碳偏指数在 0.95~1.05 范围的高均质性。

（4）开发了基于动、静态再结晶行为和共析转变与组织形貌关系的控轧控冷技术。通过精确控制轧制过程温度和优化轧制速度实现特定应变条件下的晶粒细化与均匀化轧制。

（5）盘条制造全流程的抗延迟断裂敏感性控制技术。本技术采用源头控氢、陷阱固氢、过程降氢等手段降低氢致开裂的敏感性。

五、项目意义

本项目打破了 2000MPa 级桥梁缆索在国内外桥梁建设中没有实际使用的现状，同时也打破了国外先进制钢企业对我国的技术封锁及盘条垄断，为国内钢铁企业形成自主知识产权，带动国内钢铁企业在炼钢、轧钢、盘条韧化处理等领域的技术进步做出了巨大贡献，本项目成果整体技术达到了国际领先水平。

电渣熔铸大型变曲面异形件关键技术

一、完成单位

沈阳铸造研究所有限公司、中国长江三峡集团有限公司、哈尔滨电机厂有限责任公司、东方电气集团东方电机有限公司、机械科学研究总院集团有限公司。

二、项目概况

为了解决我国高端装备对高品质大型铸锻件的急需和技术瓶颈问题，本项目研发了电渣熔铸大型变曲面异形件制造成套技术，并成功应用于大尺寸模压叶片产品（面积：3410mm×5255mm，最小壁厚60mm，最大壁厚300mm），将电渣纯净化冶金、电渣焊接和模锻精密成形有机结合，发明了一种新的大型铸锻件制造方法，是一种优质、高效的绿色制造技术。

本项目获得10项授权发明专利、1项技术秘密，取得1项国际领先、1项国际先进成果，形成了具有自主知识产权的成套技术。

三、应用推广情况

本项目研究成果已应用大型高端装备制造领域，项目技术已在国内10余家企业获得应用，项目产品已被国内外100余家单位使用。

项目主导产品水轮机铸件已在天生桥、向家坝、三峡等国内40余个电站、约160台机组获得应用，并且出口到法国、美国、巴西、日本、印度、加拿大等国家的20余个电站的约60台机组。

四、项目创新点

本项目取得如下创新：

（1）"超大宽厚比构件精密成形控制技术"。成功解决了电渣熔铸大曲面铸件的电极变形、薄壁部位成形、超大宽厚比成形、表面冷隔等技术难题。

（2）"三维变曲面构件铸锻复合制造技术"。创造性地将电渣熔铸与模锻工艺复合应用，突破了电渣熔铸工艺局限性。

（3）"振动电极技术"。首次提出振动电极熔化方法，并研制出具有三维振动功能

本项目获得2017年度国家技术发明奖二等奖。

的专用振动电极装置。

（4）"复杂异形结晶器制造技术"。使铸件局部热节处的凝固速度可控，实现均匀冷却，解决了大型变曲面类铸件的缩孔缩松以及应力开裂和组织细化问题。

（5）"特种电渣设备与辅助装置"。解决了电渣熔铸用三相交流变压器平衡供电问题，薄壁异形件电极与结晶器安全间隙调节问题。

（6）"电渣熔铸曲轴类铸件质量控制技术"。解决了电极氧化、曲拐充型、中心缩松等工艺难点。

五、项目意义

本项目技术成果已经成功用于水电、风电、核电和矿山机械等领域关键铸锻件的制造，部分解决了我国高端装备对高品质大型铸锻件的急需和技术瓶颈问题。本项目技术替代了传统砂型铸造工艺，提高了生产效率、降低了劳动强度、解决了环境污染问题。

2017 年度国家技术发明奖二等奖证书

大尺寸模压叶片产品

金属小变形连续加载成形及组织性能调控关键技术与应用

一、完成单位

南京航空航天大学、中兴能源装备有限公司、江苏众信绿色管业科技有限公司、江苏兴洋管业股份有限公司。

二、项目概况

本项目属金属材料塑性成形技术领域。

小变形连续加载成形及组织性能一体化调控技术是实现金属构件整体高性能制造的重要途径，可显著改善金属材料整体变形均匀性，有效降低成形载荷和抑制成形缺陷，同时使组织性能精确调控成为可能。

项目团队基于航空航天、核能工程及石化工程领域所需高性能金属构件整体精确成形的重大需求以及共性技术问题，经过十余年的系统研究，以小变形量连续加载成形为核心控制要素，突破了薄壁构件及大尺寸构件变形均匀性控制和组织精确调控关键难题，并发展了多材料体系层间协同变形、超薄覆层材料破皱抑制及界面高效复合新技术，基于自主研发的小变形连续加载成形装备、关键工艺装置及模具，最终实现了多种金属材料体系金属构件高性能整体制造。

三、应用推广情况

利用该成果制造的高性能金属构件成功应用于新型军用直升机、高速空间飞行器、问天/梦天空间站等重要航空航天工程，10余座核电工程管路系统、石化管路系统以及高安全性饮用水民生工程，获得了显著的军事效益、经济效益以及社会效益。

四、项目创新点

本项目取得如下创新：

（1）提出了室温下同时具有回转及非回转结构的薄壁件增量渐进成形新方法，实现了不同几何特征区域之间复杂路径快速转换和稳定加载，有效地提高了壁厚均匀性，使最大壁厚减薄率控制在2%以内，通过加载路径补偿达到整体回弹率不大于1%、90°极限成形角无裂纹的整体成形目标，实现了航天某型高速飞行器关键铝合金薄壁构件的整体制造。

（2）研发了异形轧辊渐进减径及浮动芯棒精确定径技术，在轴向及环向均可实现渐进轧制的同时，成形力降低 30% 以上，实现了直径不小于 800mm、壁厚不小于 100mm 的超大核级无缝管的整体成形，满足管材多向细晶组织要求，晶粒度控制在 6~7 级。

（3）发明了适应于双金属复合管的小变形量连续加载高效复合加工方法和内旋模具系统，突破了复合过程中的超薄覆层（不大于 0.35mm）塑性失稳抑制难题，实施了径厚比不小于 700 的内衬覆管、超大口径（直径不小于 1400mm）双金属复合管的高效复合制备，一举打破了国外同行在该技术领域的长期垄断。

五、项目意义

金属小变形连续加载成形及组织性能调控关键技术的整体成果在国内航空航天、核能、石化、市政供水等工程领域获得了全面应用，实现了系列关键金属构件的高性能制造以及国产化，产生了重要的军事效益、经济效益及社会效益。

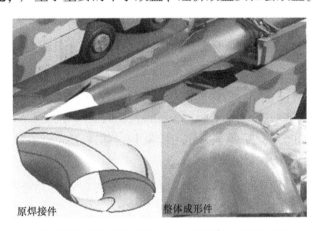

原焊接件　　　　　　　　整体成形件

航天某型高速飞行器关键铝合金薄壁构件的整体制造

不锈钢添加剂酸洗新技术在
"十三五"的推广与应用

一、完成单位

山西艾尔德添加剂新技术有限公司。

二、项目概况

热轧不锈钢表面氧化皮具有尖晶石结构，氧化皮致密与基体附着力强，很难去除。项目团队研发的添加剂酸洗新技术，通过了国内权威专家和有关部门的鉴定并获得了高度评价，特别是在"十三五"期间，本项新技术在推广应用方面获得了突破性发展。项目组研发出了适用于各类不锈钢棒线材、中厚板、卷板及管材的功能性酸洗添加剂及在硫酸或者盐酸溶液中加入功能添加剂去除热轧不锈钢氧化皮的酸洗方法，淘汰了传统工艺中高能耗的高温熔盐碱浸工序，用单酸（硫酸或盐酸）加功能添加剂去掉了不锈钢酸洗过程中的混酸（硝酸+氢氟酸）工序。酸洗过程无氮氧化物产生，解决了酸洗过程冒黄烟的环保问题，不使用氢氟酸，解决了氟离子对人体及水体的危害，新技术已经规模化工业应用。

本项目合作团队研发出的不锈钢硫酸酸洗废酸的回收利用技术取得了重大突破，在硫酸废液中加入络合剂使废液中的金属离子沉淀，分离后硫酸可直接用于酸洗，金属离子沉淀物通过处理转化成金属氧化物后可回炉炼钢，该技术正在推广应用。项目组在不锈钢酸洗盐酸废酸回收利用中也做了很多工作，并申请了一项发明专利。

本项目获得 4 项国家发明专利，其中一项已通过日本、欧洲专利授权，美国发明专利正在授权当中。另有两项发明专利已公开。

三、应用推广情况

2019 年底，该技术在东北某钢铁集团的三条酸洗生产线，国产的半自动酸洗生产线上，改造后的 UVK 隧道式全自动酸洗线及日本五十铃全自动酸洗线上均成功运行。2019 年该技术进入山东某钢铁集团，在现有热轧卷板生产线上，在硫酸槽中加入功能添加剂，将混酸槽硝酸–氢氟酸换成单硝酸常温钝化，进行了 400 系卷板的规模化应用。2015 年始，日本某钢铁集团不断派遣酸洗技术人员到我公司就硫酸+添加剂方法去除不锈钢线材氧化皮技术进行多次考察和交流。2016 年以来，日本一家向各钢厂提供酸洗液的专业公司，开始寻求同我公司的合作。

四、项目创新点

本项目取得如下创新：

（1）率先使用盐酸+添加剂酸洗新工艺，去除 400 系列不锈钢盘条氧化皮，淘汰了高温熔盐碱浸工序，极大地降低了酸洗设备投入及酸洗成本。

（2）率先使用盐酸+添加剂方法代替硝酸-氢氟酸混酸工艺去除 300 系列不锈钢盘条氧化皮，酸洗过程中不产生氮氧化物，消灭了黄烟，降低了成本。

（3）率先使用硫酸+添加剂方法应用在热轧不锈钢卷板生产线上，杜绝了 400 系列热轧卷板酸洗过程中硝酸-氢氟酸混酸冒黄烟的问题，并且降低了酸洗成本和废酸废水处理成本。该技术还可用于各类不锈钢中厚板、不锈钢管材及线材上。

五、项目意义

不锈钢添加剂酸洗方法属于节能减排、可持续发展技术。本技术及其推广应用对于创新我国不锈钢行业酸洗技术，促进"绿水青山"发展，具有重要的经济和社会意义。

高品质金属粉末材料及其制备与应用技术

一、完成单位

北京机科国创轻量化科学研究院有限公司。

二、项目概况

目前粉末冶金和主流增材制造工艺均采用金属粉末作为其生产原料，粉末品质对粉末冶金和增材制造产品品质有决定性的影响，由于水雾化、旋转电极等制粉技术产品品质差或制备效率低，真空惰性气体雾化制备技术成为目前主流的工艺方法。进口设备存在设备价格高、生产效率低等不足，而国产设备存在雾化成粉率低、品质差等问题，导致原材料严重依赖进口，同时材料体系不健全、应用标准缺失，延缓了产业化进程。

项目完成单位从增材制造用高性能金属粉末材料先进制备技术着手，解决雾化过程重点共性技术和关键技术难题，搭建具有自主知识产权的高性能金属粉末材料气雾化制备生产线，创制多种高性能金属粉末及产品，研发应用工模具粉末冶金及 3D 打印制备技术，有效解决了上述问题。

本项目已授权国际专利 2 项，国内发明专利 12 项，实用新型专利 11 项。经中国机械工业联合会组织行业专家评价该成果总体技术达到国际先进水平。

三、应用推广情况

本成果已在航空航天、汽车、冶金、煤炭、石油化工、电力等行业得到应用；成功竞标德国 Audi 集团、Hermle 公司高品质粉末主供应商。已完成 ASP2023、ASP2030、ASP2060、S390 等典型粉末钢的替代产品开发，在高品质粉末高速工具钢等材料领域拥有丰富的研发与制备技术积累，可以针对具体应用开发专用材料，在陕西法士特汽车传动公司、汉江工具有限责任公司等推广应用。

四、项目创新点

本项目取得如下创新：

（1）研发了增材制造用高性能金属粉末材料先进制备技术，创制了多种高性能金

本项目获得 2019 年中国机械工业科学技术奖一等奖。

属粉末及产品，其球形度达 90% 以上，空心粉率小于 1%，3D 打印用粉末流动性 15.8s/50g，氧增量不大于 0.0001%。

（2）解决了大容量高温难熔金属的熔炼技术难题，发明了双（多）中间包保温及导流系统，形成了具有自主知识产权的多规格金属粉末材料制备成套装备及工艺，所研制的 500kg 级气雾化制粉设备为国内首台（套），单炉次制粉量大于 400kg，单日产量大于 2.4t。

（3）突破了真空气雾化制粉的核心关键技术，开发出满足不同粉末粒度制备需求的系列化气雾化喷嘴，其中 3D 打印用粉成粉率达 70%，激光熔覆用粉成粉率达 85%。

（4）发明了 PM TS01、PM TS03 等典型粉末工模具钢，可替代进口同类（S390、PM23 等）产品，抗弯强度不小于 4200MPa，冲击韧性不小于 $25J/cm^2$。

五、项目意义

本项目以问题为导向，通过突破关键技术难题，实现多项自主技术创新，打破国外贸易垄断和技术封锁，整体技术达到国际先进水平，部分技术达到国际领先水平；通过成果产业化及海外市场开拓，取得了显著经济效益和国际影响力；通过建立智能化示范工厂、制订标准，有力推动了行业进步。

2019 年中国机械工业科学技术进步奖一等奖证书

复杂粉末冶金刀具

大功率高性能轧机主传动系统关键技术及应用

一、完成单位

湖南工业大学、中车株洲电力机车研究所有限公司、株洲中车时代电气股份有限公司、株洲变流技术国家工程研究中心有限公司。

二、项目概况

本项目在国家科技支撑计划、国家自然科学基金等课题支持下，经过多年技术攻关，突破了三联对称式模块集成、主传动系统高效控制、分布式系统主动保护三大关键技术，发明研制出大功率高性能轧机主传动系统成套装备，通过了系统考核，性能表现卓越。

本项目成果授权发明专利37项，制定企业标准2项，发表SCI论文23篇、EI论文41篇。国内率先实现了交直交传动系统在轧机主传动中的工程化应用，使我国成为全球第二个掌握全套IGCT大功率高性能电气传动技术的国家。经院士专家评价："总体技术达到国际领先水平"。

三、应用推广情况

本项目成果已在广西柳州银海铝业股份有限公司、无锡硕阳不锈钢有限公司、新余新钢优特钢带有限公司等冶金板材轧制过程实现工程应用。冶金领域之外，该项目成果已成功推广应用到电力机车整车出厂滚动试验台、海上风电全功率变流器、高速磁浮牵引变流器等领域。

四、项目创新点

本项目取得如下创新：

（1）率先实现了IGCT大功率半导体器件三联对称式电气布局、低电感连接技术和"品"字形三串整体压装技术，攻克了器件换流回路杂散电感过大等难题，研制出全球单机容量最大，且完全具有自主知识产权的高功率密度、高可靠性大功率变流装置。

本项目获得2019年湖南省技术发明奖一等奖。

（2）发明了网侧综合最优控制、机侧鲁棒控制、多机高性能协同控制等方法，攻克了网侧谐波污染严重、机侧大功率动态响应能力弱、多机同步性差等难题，研制出电机动态速降等性能指标均优于国外标杆企业的高性能主传动系统与装置，实现了IGCT 低开关频率条件下电网侧电流谐波不大于1.5%（远低于5%的国家标准）、大功率负载下电机动态速降不大于0.25%、2倍过载工况下中点电压波动不大于5%，达到全球领先水平。

（3）发明了功率半导体器件故障实时监测与故障安全导向、滑模变结构故障重构等方法，攻克了大功率器件、变流装置、传动系统，以及多设备故障的协同保护等难题，首次研制出具有器件自诊断与保护功能的"器件—装置—系统"三级分布式故障诊断与保护装置。

五、项目意义

基于以上三大关键技术的突破，发明了全球单元模块输出容量最大的大功率高性能主传动系统关键技术及应用软硬件平台，项目成果总体技术水平达到国际领先。系统的成功研制与应用，打破了国外公司技术和市场垄断，有力提升了我国冶金加工行业核心装备的自主配套水平，为国家重大战略以及优势行业的产能转移奠定了坚实基础。

2019 年湖南省技术发明奖一等奖证书

高效厚板生产线全流程工艺及装备技术创新与应用

一、完成单位

中冶京诚工程技术有限公司。

二、项目概况

厚板技术装备及产品是衡量国家钢铁生产水平的重要标志之一，也是我国从钢铁大国迈向钢铁强国的重要特征之一，厚板是大国重器的脊梁，是国民经济和国防工业不可或缺的结构材料。现代宽厚板轧机由于结构体系复杂、精度要求高、制造难度极大，许多部件的重量尺寸都达到了机械制造及运输的极限，被誉为轧钢领域内的"轧机之王"。

"十三五"之前，在国内大型先进厚板生产线中，主要装备技术由国外技术总成，主要装备的设计、制造和控制技术均从国外引进，而国内低端或小型厚板产线则以国产机械设备和电控系统拼盘而成。中冶京诚利用自身研发优势，持续发展中厚板生产线自主智能制造关键技术，承担了工信部 2019 年制造业与互联网融合试点示范项目《钢铁企业智能制造大数据质量分析系统》《钢铁企业智能制造大数据质量分析系统平台建设项目》获中国五矿集团 2019 年信息化优秀案例。

三、应用推广情况

本项目技术成功应用于济源钢铁智能制造大数据质量分析系统，得到用户以及行业专家的高度评价。

四、项目创新点

本项目取得如下创新：

针对国内厚板产线建设的现状和厚板生产技术的发展，中冶京诚厚板团队将多年积累的技术总负责、机械设备设计和电控系统开发经验相结合，以效益最大化、产品差异化为突破点，针对产线自身定位和相关制约因素，开展全流程工艺技术、整体成

本项目获得济源钢铁智能制造大数据质量分析系统 2019 年全国冶金建设协会工程勘察设计优秀成果奖一等奖。

套装备技术以及配套电控系统的研发，为厚板产线量身定做适用于自身的工艺技术和装备水平。

五、项目意义

经工程应用检验，本项目达到国际先进水平，成为国内厚板技术的引领者，具备国际同台竞争的条件。

新能源汽车驱动电机用高端冷轧无取向硅钢关键工艺技术及装备研究开发

一、完成单位

中冶南方工程技术有限公司。

二、项目概况

由于工况的复杂性和特殊性，新能源汽车驱动电机对硅钢片磁性能和力学性能提出了更苛刻的要求，使得现有的硅钢常化酸洗、轧机和连续退火工艺和装备已经无法满足新能源汽车用硅钢的生产需求。在中冶南方突破该技术之前，国外公司长期垄断着该技术，使得我国同类工程建设投资高、周期长。

针对上述难题，中冶南方经过多年努力，在理论研究基础上，突破了新能源汽车用高牌号无取向硅钢冷轧生产线关键工艺装备技术。

本项目获得授权专利 50 项（发明 22 项），软件著作权 4 项，论文 31 篇；获得中国专利优秀奖 1 项，中冶集团（省部级）科技进步奖一等奖 2 项。形成了具有自主知识产权成套装备，填补了国内空白。项目成果总体达到国际先进水平，部分指标达到国际领先水平。

三、应用推广情况

本项目成果已经在中冶新材、马钢、俄罗斯 NLMK 等企业得到推广应用，不仅打破了国外公司对新能源汽车驱动电机用高端无取向硅钢的垄断，还实现了中冶南方乃至中国冷轧硅钢技术和高端成套设备首次向欧洲的输出。

四、项目创新点

本项目取得如下创新：

（1）研究并完善了新能源汽车驱动电机用高牌号无取向硅钢冷轧生产线成套装备技术的理论基础。

（2）突破了新能源汽车驱动电机用高牌号无取向硅钢优质高效化冷轧生产线关键工艺装备。创新开发了常化炉带钢脉冲式气雾冷却、工作辊与中间辊无偏距、带钢高效脱脂清洗、高脆性极薄带的带钢存储技术、新能源汽车用高牌号无取向硅钢的退火技术、极薄带钢在连续退火涂层机组上的板形控制技术、极薄带钢连续退火炉小张力控制技术、涂层高精度涂敷等核心技术，研制了高速常化酸洗机组、小辊径六辊冷轧机和高速极薄新能源汽车用硅钢退火涂层机组成套装备。

（3）研制了新能源汽车驱动电机用高牌号无取向硅钢冷轧生产线的系列节能环保工艺装备。

（4）研发了新能源汽车驱动电机用高牌号无取向硅钢冷轧生产线工艺过程的智能化控制系统。

五、项目意义

本项目突破了新能源汽车驱动电机用高端无取向硅钢冷轧生产线关键技术及装备，形成了具有我国自主知识产权的成套装备及工艺技术，填补了国内相关空白，打破了国外公司的技术垄断，实现了新能源汽车驱动电机用高端无取向硅钢的绿色化、智能化和高效化生产，推动了我国新能源汽车驱动电机用高端无取向硅钢装备国产化和技术进步。随着新能源汽车市场的快速发展，其市场需求增长趋势明显，该项目的科技成果将具有更加广阔的应用前景。

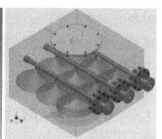

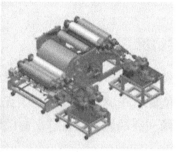

带钢高效清洗装备（系统）及高精度辊涂机

智能化、绿色化铁水脱硫及真空精炼关键技术及应用

一、完成单位

中冶南方工程技术有限公司、武汉钢铁有限公司、北京科技大学。

二、项目概况

高效铁水脱硫关键装备技术集成创新以现有装备为基础，新开发了搅拌头在线升降技术，搅拌过程中可实现实时升降，进一步改善了脱硫动力学条件，提高脱硫效率。

在线 RH 关键装备技术集成创新独创了流程在线的 RH 精炼系统工艺技术，改变了离线布局中转炉与 RH 精炼之间需要使用行车吊运钢水的钢包运输模式。

大型机械真空泵系统集成技术是真空精炼领域的重大节能项目，以四级机械真空泵替代蒸汽喷射泵，具有可大幅减少能源消耗，不产生含尘废水等优点。

智能测温取样机器人采用先进的机器人技术，充分利用机器人的灵活性驱动测温取样枪杆，从而高效率，高精度的完成整个测温取样流程，可广泛的应用在各种适宜场合。

三、应用推广情况

五年来累计推广铁水脱硫站 18 台（套），年处理脱硫铁水 3500 万吨，真空精炼装置 6 台（套），年处理真空精炼钢水 1200 万吨，覆盖十几个不同客户，国内市场占有率近 40%。

四、项目创新点

本项目取得如下创新：

（1）全自动扒渣技术。全自动扒渣技术具有降低人工操作强度，提高扒渣效率，减少铁损和温降的优点。

（2）一键脱硫技术。一键脱硫技术可实现"一键点击、全程自动"的效果，铁水终点 [S] 命中率可达 95% 以上，硫含量可以脱到 0.001% 以下，脱硫剂消耗可以降低至 5kg/t 铁水。搅拌器寿命大于 3000min，喷枪寿命大于 800min。

（3）高效铁水脱硫关键装备技术集成创新。新开发了搅拌头在线升降技术、吹气

本项目获得 2019 年度全国冶金行业优秀工程勘察设计一等奖。

赶渣技术、搅拌器在线清理装置、搅拌头下更换技术。

（4）在线 RH 关键装备技术集成创新，包括 RH 在线工艺布置、钢包卷扬提升、浸渍管侧向喷补维护技术等。

（5）大型机械真空泵系统集成技术。新开发了四级机械真空泵系统替代传统蒸汽喷射泵系统，可以减少 90% 的真空系统能源消耗，并且不产生含尘废水。

（6）智能测温取样机器人。机器人智能测温取样系统采用机器人与自动供料系统紧密配合的一体式智能测温取样方案。

五、项目意义

铁水预处理技术是为后续转炉炼钢提供优质铁水的主要保障工序，真空精炼技术是进一步提高钢水品质和丰富钢材品类的主要技术工序。智能化、绿色化铁水脱硫及真空精炼关键技术及应用项目成果在工艺合理化、设备先进性、控制智能化和生产绿色化方面不断接近和超越世界最先进水平，对各类优特钢的研发和生产都是重要的技术基础保障。

"俄罗斯 MMK 钢铁公司铁水脱硫 EP 工程"获 2019 年度全国
冶金行业工程设计优秀成果一等奖证书

智能测温取样机器人

板坯连铸装备设计理论研究与应用

一、完成单位

中国重型机械研究院股份公司、唐山燕山钢铁有限公司、大连华锐重工集团股份有限公司。

二、项目概况

本项目创建了板坯连铸装备设计理论及研发体系，建立7段函数组成的非正弦波振动理论和控制模型，优化结晶器振动系统；建立连铸机辊列设计连续弯曲连续矫直5次方曲线，优化辊子排列，提升铸流导向设备辊缝的冶金精度和动态控制水平；确立动态二冷水控制气水雾化冷却水量计算公式，优化二冷水动态控制。该成果涵盖板坯连铸生产线总体技术和核心区域设备，结合3项重大理论突破，配套开发了现代化板坯连铸核心设备及智能化控制系统。

本项目获授权发明专利18项，实用新型专利15项，计算机软件著作权5项；主要科技论文25篇；77万字的工程科技人员培训教材《高品质钢连续铸钢技术》1本；修订国家标准1部，制定机械行业标准5部，制定企业标准3部。项目成果经陕西省机械工程学会组织的行业专家鉴定，认为项目总体技术达到国际先进水平，连铸机结晶器振动模型与装置处于国际领先水平。

三、应用推广情况

本项目成果成功应用于唐山燕钢、河北承钢、山东莱钢、河北敬业、福建青拓、广西盛隆等十多家钢铁公司，已投产的15台25流板坯连铸生产线，吨钢节能627-1046kJ，金属成材率提高10%。

四、项目创新点

本项目取得如下创新：

（1）建立了结晶器非正弦波振动7段函数控制模型，研制出了第5代高频率往复式运动液压缸，减轻了对结晶器的振动冲击，减小了负滑脱时间和铸坯振痕深度，有效地保证了连铸机高拉速，提高了铸坯表面质量。

本项目获得2019年冶金科学技术奖三等奖。

（2）建立了连铸机辊列设计的连续弯曲、连续矫直 5 次方曲线，实现了连铸机辊列的优化布置，防止结晶器内周期性液面波动，使得弯曲区域和矫直区域辊子受力均匀，取得铸坯的更小弯矫应变和等应变速率，提高了连铸机装备水平和可靠性。

（3）确立了动态二冷气水雾化冷却水量计算公式，实现了不同钢种铸坯凝固过程中均匀冷却，优化了铸坯表面温度，解决了铸坯高效精准冷却与表面质量同时保障的难题。

五、项目意义

本项目从无到有创建了板坯连铸装备设计理论及研发体系。在连铸技术装备科技创新进程中起到奠基和引领作用。为中国钢铁工业生产流程的绿色化、智能化发展奠定了基础。拓宽了国内市场，打开了国际市场，极大提升了与国外供货商的竞争能力。培养了人才，形成了富有朝气的连铸工程科技创新团队。形成的著作与培训教材，发表的科技论文，制定的国家、行业与企业标准在支撑、指导和引领中国连铸技术装备及连铸工厂向智能化方向发展发挥着重要作用，极大地提升了我国的连铸装机水平。

沙钢超薄带工艺及产品

一、完成单位

江苏沙钢集团。

二、项目概况

沙钢超薄带生产线是引进美国纽柯公司 Castrip® 技术建成的亚洲首条薄带铸轧工业化生产线。超薄带技术是可直接浇铸出厚度小于 2mm 的铸带，再经一道次热轧生产出最薄可达 0.7mm 的热轧薄带钢的近终成型技术，是生产薄规格热轧宽带钢的发展方向，在"以热代冷"及轻量化方面具有非常强的竞争力。

三、应用推广情况

沙钢超薄带产线经过两年时间的工业化运营，各项指标稳步提升，成卷率、成材率、连浇炉数及合格率等指标已达到国外同类产线的先进水平。在超薄带品种开发方面，已形成"以热代冷"用结构钢、耐候集装箱板、高强及汽车用钢、工具钢等几大类共 20 多个品种，产品厚度规格涵盖 0.8~1.9mm，产品质量得到市场的广泛认可。

四、项目创新点

本项目取得如下创新：

（1）超薄带工艺下钢水可在不到 1s 的时间内完成从液态到固态的转变，快速凝固过程带来的直接优势就是几乎不存在元素偏析，带钢中的元素分布更均匀，因此也适合高合金元素钢种的生产，如高耐候钢产品、工具钢产品等。

（2）鉴于超薄带产品的重点是实现"以热带冷"，在主线之后配备了一条切边拉矫线，将产品切至目标宽度并进一步调整板型。

（3）与其他热轧工艺相比，超薄带工艺最明显的一个特点就是产线短，由此带来了投资、工序的节省及能耗、排放的降低。

（4）超薄带产品优势：易于实现超薄、超宽、高强类型产品生产；产品性能稳定，批次间波动小；各向同性好，横纵向性能几乎无差别；尺寸公差精确，板形好；元素无偏析，适宜生产特殊钢种。

五、项目意义

超薄带技术作为世界钢铁制造领域最先进、最前沿技术之一，已经从实验室研究走到了工业化制造，必将对钢铁制造流程变革产生深远影响，围绕超薄带技术的优化、产品开发及应用将成为钢铁领域研究新的热点。沙钢超薄带生产线的建成投产，使我国超薄带技术及产品研究能够与国际保持同步，也助推了企业产品结构转型升级，大大降低超薄规格卷材制造成本，提升我国下游制造行业的竞争力。

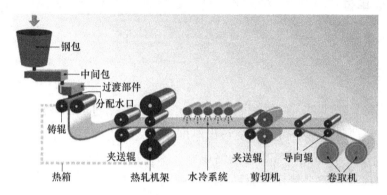

沙钢超薄带产线工艺流程简图

三冲量双模型钢坯精准切割系统

一、完成单位

陕西钢铁集团有限公司、北京中远通科技有限公司。

二、项目概况

陕钢集团联合北京中远通开发出了国内首套基于双目视觉钢坯精准控制系统。通过采集关键控制参数、3D 视觉、BP 神经网络和基于 SVM 回归 AI 算法来建立模型，解决了高精度钢坯定重要求的行业难题。

申请发明专利 2 项。经专家评价该成果达到国内领先水平。

三、应用推广情况

该方法已经在陕钢集团方坯连铸机应用，创造多个行业领先技术。

四、项目创新点

本项目取得如下创新：

（1）率先在连铸定重采用机器视觉技术、BP 神经元网络和 SVM 支持向量机回归算法模型。

（2）率先提出大数据拟合和精确检测两种模型，并结合温度、体积和速度等三冲量变量，实时调整和预测，建立钢坯准确预测模型和检测调整模型。

（3）通过大量的数据的训练与模型误差的优化来得到一个最优拟合的函数模型，建立钢坯的重量与参数之间的函数关系，依据有限的数据来拟合成一个函数来进行预测。

（4）由于数据的误差等信息，造成数据的分布不均匀，因此算法的核心就是通过维度的转换将分布不均匀的点转到高纬空间中，并拟合出一个函数关系来进行预测，通过核函数将最优回归超平面问题转为求解一个二次凸规划问题，最终算出精准模型的函数关系，计算得出最优的回归函数。

本项目获得 2018 年陕西省冶金科学技术奖一等奖。

五、项目意义

本项目成果控制合格率稳定达到90%以上的国内领先水平，且形成一整套具有自主知识产权的坯重精准控制技术，对行业具有技术引领作用。

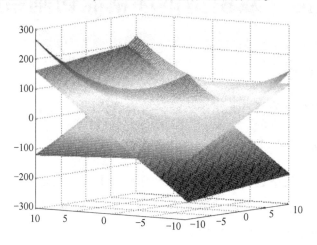

函数模型

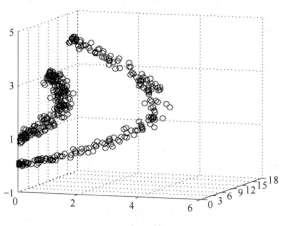

回归函数

7.5t大型"Ⅰ"型还蒸炉生产高品质海绵钛成套技术及装备研究

一、完成单位

攀钢集团钛业有限责任公司、攀钢集团攀枝花钢铁研究院有限公司、攀钢集团有限公司海绵钛分公司。

二、项目概况

海绵钛作为钛及钛合金的初始原料，广泛应用于航空航天、海洋开发、石油化工、临床医疗和体育休闲等领域。国内海绵钛产业发展状况为中低端产品产能过剩，高端产品匮乏且依赖进口。攀钢为进一步开发我国攀西地区钛资源，发展中国高端海绵钛生产技术，引进乌克兰现有的5t"Ⅰ"型炉技术，并结合实际需求，进一步放大后实施了7.5t大型"Ⅰ"型还蒸炉制备高品质海绵钛的工艺技术。

本项目研究期间共申报国家专利25项，获授权专利12项，其中授权发明专利6项，实用新型专利6项。技术达到国际先进水平，经济效益和社会效益显著。

三、应用推广情况

本研究已成功应用于攀钢集团15kt/a高品质海绵钛生产线，实现了攀西钛资源制备高品质海绵钛的批量化生产和应用。技术实施后解决了海绵钛生产过程系统技术和设备难题：使四氯化钛加料器故障率降低了30%、排料阀故障率降低了42%、真空蒸馏通道堵塞率降低了25%，还蒸电耗降低了4500kWh/t。海绵钛产量从3464t/a提高到15930t/a，连续两年跃居国内第一。产品中优等级90、0A级以上、0级以上比例分别提高了25.4%、36.9%和23.9%。

四、项目创新点

本项目取得如下创新：

（1）开发大型还蒸反应器渗钛技术。解决反应器渗钛层质量差、引入海绵钛杂质含量高问题。

（2）大型"Ⅰ"型还蒸炉镁热还原制备海绵钛工艺及装备技术研究。解决还原过

本项目获得2019年冶金科学技术奖二等奖。

程中装备及工艺控制难题。包括开发反应区强制风冷技术实现大料速（480kg/h）下温度稳定控制；开发容积式四氯化钛自动加料技术实现精准加料；开发下排式氯化镁排料技术提高应液位稳定性等。

（3）7.5t大型"Ⅰ"型还蒸炉真空蒸馏分离技术研究。包含真空蒸馏过程工艺条件对蒸馏过程和产品质量的影响规律研究；开发出利用凝华原理防止真空蒸馏通道堵塞技术等。

五、项目意义

本项目产品定位于航空航天级高端海绵钛，目前属于世界上最大"Ⅰ"型炉生产技术，国内外尚无其他工业化生产先例和示范。为我国钛资源高效综合利用、海绵钛冶金技术进步和攀钢钛金属产业发展做出巨大贡献。同时该技术成果可直接推广到国内外"Ⅰ"型炉海绵钛生产线上，为我国新建大型化海绵钛生产线提供借鉴和技术来源。

高品质钛白粉关键技术研究及应用

一、完成单位

攀钢集团有限公司、钒钛资源综合利用国家重点实验室。

二、项目概况

钛白粉为二氧化钛经过表面处理后得到的一种粉体材料，被誉为白色颜料之王。目前普遍采用硫酸法生产，生产过程大致为来源于钒钛磁铁矿或其他矿种的钛铁矿经酸解、水解、煅烧、表面处理等工序。本项目针对影响制备高品质钛白粉的关键工艺技术进行研究，属于钒钛资源综合利用（矿物加工）技术领域。

本项目获得了国家授权发明专利 7 项和日本授权发明专利 2 项，创新性显著。

三、应用推广情况

本项目研究成果已在攀钢集团旗下的重庆钛业和东方钛业硫酸法钛白生产线得到全面推广应用。应用结果显著提高了攀钢高品质钛白产品 R298 的遮盖力、分散性等技术指标，分散性达到 6.5 的比例由 30% 提高至 95% 以上，高品质钛白粉合格率保持在 90% 以上。本项目研究成果从 2014 年在生产线工业应用以来，三年已累计创效 1.51 亿元。

四、项目创新点

本项目针对制约生产高品质钛白粉的关键技术难点，如粒度精准控制困难及包覆时二氧化钛浆料黏度骤增、包覆层不均匀等，在现有的工艺基础上，通过系统基础研究，围绕钛白粉生产工艺中影响粒径及包覆过程的关键环节及参数，理清了影响产品粒径及粒径分布各因素的关系，剖析了包覆过程中铝离子存在形式、沉积 pH 范围和沉积物物理性能等，研究了关键工艺参数对产品粒径的影响规律以及包覆时铝离子在水溶液中的沉积规律，开发出了钛白粉平均粒径和粒度分布控制技术以及新型低黏度包覆工艺。

本项目获得 2018 年冶金科学技术奖三等奖。

五、项目意义

本项目研究成果为生产高品质钛白粉的通用型技术，可推广到国内其他硫酸法钛白和氯化法钛白生产线，应用前景广阔。本项目研发成功对促进我国钛白生产技术进步和提升钛白产品整体质量具有重大的意义，社会效益显著。

强腐蚀环境下镍基合金高压换热设备
关键技术集成及产业化应用

一、完成单位

中国石化工程建设有限公司、中国石化上海高桥石油化工有限公司、兰州兰石重型装备股份有限公司、常熟华新特殊钢有限公司、山东德齐华仪防腐工程有限公司。

二、项目概况

随着油田采油越来越困难，采油需添加大量含氯溶剂，同时由于电脱盐技术的局限性，导致介质里氯离子频频超标，同时炼油厂加工的油越来越向高硫等劣质化发展，造成的后果是管道腐蚀越来越严重，在一些部位，特别是低温部位，如常减压装置的常压塔顶系统及加氢装置热高分器顶部换热系统，形成严重的 $HCl-H_2S-H_2O$ 应力腐蚀环境及 NH_4Cl 和 NH_4HS 铵盐结晶腐蚀环境。由于选材不当，国内外都出现过运行过程中的腐蚀泄漏事故，给装置的长周期安全运行带来极大隐患，同时造成企业的很大经济损失。在这些管道应用部位，合金825是一个很好的钢种选择。由于炼油加氢装置操作环境苛刻，必须对合金825从管坯、化学成分、制管工艺、弯管工艺及热处理工艺、管板堆焊及热处理工艺、管接头焊接及胀接工艺等提出特殊要求，换热管以前基本上都是美国 SMC、瑞典 Sandvik 垄断市场。

目前中石化正在致力于建设世界先进水平的炼厂，其中一个重要的指标就是延长整个炼厂的检修周期。为此不得不进一步提升腐蚀敏感部位的高压换热器的材质，以对抗严重的腐蚀。由中石化总部领导下成立课题组，课题的工业产品为中国石油化工股份有限公司高桥分公司140万吨/年加氢裂化装置热高分与混合氢器，作为换热管国产化的重要内容，常熟华新特殊钢有限公司在中国石化工程建设公司的指导下，完成了一系列对825镍基合金的生产研究，包括无缝管的热挤压，斜轧穿孔，冷加工，热处理，U形弯管等生产研究。

三、应用推广情况

用于12套炼油加氢装置，原油加工装置规模达3540万吨。

本项目获得2020年中国石化科学技术进步奖二等奖。

四、项目创新点

本项目技术填补了国内空白，整体达到了国际先进水平。

（1）掌握了合金 825 关键化学元素对材料在 NH4Cl 强腐蚀环境下的影响规律。

（2）创新开发了合金 825 换热管 U 形弯管的成套制造技术。国内外率先实现了合金 825 的低温低速斜轧穿孔钢管生产技术；创新、集成设计了一整套 U 形弯管局部热处理设备、温控系统和弯管热处理工艺，建立了自动控温、测温，到温自动断电下料的智能化系统；创新开发了扁式多管路高压气幕吹扫急速冷却技术。

五、项目意义

合金 825 的 U 形无缝换热管进口价格高，采购周期长，本课题打破了钢管依赖进口的现状，降低了设备制造厂和业主的采购成本，不但有利于交货期和产品质量控制，同时便于售后服务，达成设备制造厂和业主真正意义上的双赢。

2020 年中国石化科学技术进步奖二等奖证书

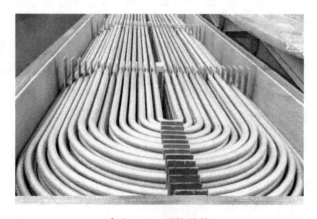

合金 825 U 形换热管

钢铁产品

压水堆核电站核岛主设备材料
技术研究与应用

一、完成单位

钢铁研究总院、中国第一重型机械股份公司、宝钢特钢有限公司、烟台台海玛努尔核电设备有限公司、上海重型机器厂有限公司、宝银特种钢管有限公司。

二、项目概况

核电是高效清洁能源，是国家能力的标志性技术之一。高安全、大功率、长寿期先进压水堆是我国核电发展方向，其核岛主设备主要包括压力容器、蒸发器、主管道及蒸发器传热管等。材料技术是实现核岛设备大型化、一体化、高性能化的关键，是支撑核电安全运行的保障，也是制约我国核电技术自主化的瓶颈。

2004 年前，我国百万千瓦压水堆核岛主设备材料全部依赖进口，2006 年，我国引进世界最先进三代压水堆，外方不转让核岛主设备材料技术。为此国家重大科技专项设立核岛关键材料研究课题，由钢研院联合冶金和机械行业龙头企业开展技术攻关。

本项目攻克了大型一体化设计百万千瓦压水堆核电站压力容器、蒸发器、主管道及蒸发器传热管等核岛主设备关键材料技术并在工程中大规模应用。研发技术已用于世界首堆，填补了国内外核岛主设备材料技术空白，彻底实现了我国百万千瓦压水堆核岛主设备材料技术的自主化，产品占领国内市场，深刻改变了国际市场格局，主导了核岛主设备材料市场定价权，显著提升了国家高端装备制造业核心能力，为我国成为世界核电技术和产业中心奠定了坚实基础。

本项目已获授权专利等 51 项（其中发明专利 25 项），形成企业技术秘密 72 项，修订国标 2 项和行标 11 项（与世界先进核电标准完全接轨），发表论文 74 篇、出版专著 3 部。

本项目还荣获中国冶金科技奖特等奖（2014 年）、北京市科技进步奖一等奖和上海市科技进步奖一等奖（2016 年）。

三、应用推广情况

本项目实施后，SA508-3 大锻件市场占有率从零到 90%，316LN 主管道和 F6NM

本项目获得 2017 年度国家科学技术进步奖二等奖。

环锻件市场占有率从零到 100%，690U 管市场占有率从零到 45%，产品占领国内市场，深刻改变了国际市场格局，主导了核岛主设备材料市场定价权，使我国核岛主设备采购价降低 60%，核电工程单位造价降低 30%。

四、项目创新点

本项目取得如下创新：

（1）创新研发压力容器 SA508-3cl.1 大锻件（300～600t 级钢锭）低温韧性提升和组织性能均匀性控制技术。发现了影响低温韧性的物理冶金机理，采用低碳高锰、严控锰/碳及氮/铝比，改进多包合浇和热过程工艺，获得了低偏析、高韧性、高均匀性大锻件，占领国内市场。

（2）率先形成蒸发器高强 SA508-3cl.2 大锻件消应力退火后强韧性匹配控制技术。发现硅、磷偏聚和组织粗化是韧性降低主因，发明低硅控铝钢冶炼浇注新工艺，获得高纯均质大钢锭；研制大锻件材料研究装置，创新组合热处理工艺，获得了高强高韧大锻件，占领国内市场。

（3）率先掌握整锻 316LN 大锻件锻造开裂和晶粒度控制技术，成功研制世界首批异形整锻主管道大锻件（100t 级钢锭），创新管道内孔套料和冷弯技术，实现整锻主管道批量生产，占领市场，国外尚无产品。

（4）率先成功研制世界首批三代核电堆内压紧弹簧 F6NM 马氏体不锈钢大型环锻件，实现批量生产，占领市场，国外尚无产品。

（5）创新高精控碳超纯冶炼、无缺陷热挤压、超长薄壁直管高信噪比公差一致性控制、在线脱脂和 U 形弯管技术及其装备，自主集成全流程生产线，我国首次实现蒸发器 690U 传热管批量制造，大批量替代进口。

五、项目意义

本项目填补了国内外核岛主设备材料技术空白，创新技术总体处于国际领先水平，彻底实现了我国压水堆核岛主设备材料技术的自主化，显著提升了国家高端装备制造业核心能力，为我国成为世界核电技术和产业中心奠定了坚实基础。未来 10 年我国是世界最大核电市场，本项目技术将有更广阔的应用空间。

基于 M3 组织调控的钢铁材料基础理论研究与高性能钢技术

一、完成单位

钢铁研究总院、北京科技大学、上海大学、东北大学、清华大学、山西太钢不锈钢股份有限公司。

二、项目概况

针对汽车、建筑、管线、桥梁、船舶等领域用钢的高安全性要求，开展高性能钢组织调控理论和技术基础研究。项目提出了"多相（Muhiphase）、亚稳（Metastable）和多尺度（Multiscale）"相结合的 M3 组织调控理论，通过形成 M3 组织控制裂纹的形成与裂纹的扩展，提高了裂纹的形核功与扩展功，在高强度水平下，有效地提高了塑性和/或韧性。系统研究了生产流程中的相关现象、规律和机理，形成第三代汽车钢和第三代低合金钢的原型钢技术。

针对汽车领域持续对钢材高强度与高塑性的要求，在 M3 组织调控理论指导下，创新提出中锰钢通过逆相变获得超细晶铁素体+奥氏体的目标组织、利用马氏体相变不均匀性控制残留奥氏体量、TWIP+TRIP 叠加效应提升强塑积等多个创新理论与技术，开发了第三代汽车钢。在抗拉强度为 600~1500MPa 级别时，强塑积（抗拉强度与断后伸长率的乘积）不小于 30GPa%，较第一代汽车钢翻番，有效地解决了强度提高带来塑性下降问题，不仅提高了高强度钢的冲压成形性能，还提高了车辆的碰撞安全性。

针对低合金钢的强度提升后韧性和/或塑性降低的情况，在 M3 组织调控理论的指导下，通过奥氏体状态调控，获得多相基体组织，并调控析出相的状态。通过在线回火多相组织调控、与析出相的协同析出开发了低屈强比、高均匀延伸的屈服强度 700MPa 级及以上的第三代低合金钢板卷，断后伸长率不小于 25%，屈强比不大于 80%，为低屈强比高塑性钢生产提供了理论与技术基础。工业规模生产中板的屈服强度在 9000MPa 级时、−40℃温度下 V 型缺口冲击功不小于 200J。

本项目获得 2018 年度国家技术发明奖二等奖。

三、应用推广情况

本项目的技术发明已在鞍钢、太钢、沙钢、济钢等多家企业成功应用，生产高性能钢材 110 多万吨，实现经济效益 750 多亿元，为汽车、建筑、管线、桥梁等领域提供了更经济的高品质钢材，实现了量大面广的汽车钢和低合金钢韧塑性大幅度提高，第三代汽车钢成为汽车用钢《节能与新能源汽车技术路线图》的发展方向。

四、项目创新点

率先实现了中锰合金化第三代汽车钢的实验室制备与工业生产，产品在卡车元宝梁和整体式桥壳等零件上进行试制并通过台架试验评价，显示了较传统钢铁材料在减重和高成形性能方面的特点。形成了温成形 B 柱技术，可以替代热成形钢。首次提出了第三代低合金钢的概念，指导高塑性和/或高韧性低合金钢的开发。高塑性第三代低合金钢相关技术已用于生产 X90/X100 超高强度管线钢，获得低屈强比、X80 抗大变形管线钢、500MPa 级桥梁钢、大型集装箱船板钢、高强度建筑钢的生产。

五、项目意义

本项目立足钢铁行业发展实践，在理论、学术、应用价值及社会效益等方面均有一定成效。首先是学术价值，该项目达国际领先水平，获授权发明专利 31 项、出版专著 2 部，发表论文 236 篇（单篇论文最高引用达 180 次），曾获"2017 年冶金科学技术奖一等奖"等奖项。

与此同时，该项目理论成果及其技术发明思路，引领了国际钢铁材料高性能化研究方向，使我国钢铁材料基础研究从跟跑变成领跑；有效指导了其他钢类低成本高性能化生产，促进节能减排与产业结构调整，社会、经济和环境效益显著，应用前景广阔。

宽幅超薄精密不锈带钢工艺技术及系列产品开发

一、完成单位

太原钢铁（集团）有限公司、山西太钢不锈钢精密带钢有限公司、山西太钢不锈钢股份有限公司、太原理工大学、燕山大学、山西省产品质量监督检验研究院。

二、项目概况

本项目属不锈钢材料、冶炼、轧制、热处理等技术领域。

不锈精密带钢是钢铁材料中的精品，尤其是厚度小于 0.05mm 的超薄不锈精密带钢是航空航天、军工核电、高端电子、新能源等尖端领域的关键基础材料，一直以来仅有日本等少数国家可以生产，且宽度不足 400mm，价格极高，并且对国内前沿领域限制出口，制约着我国高新技术的快速发展。

超薄不锈精密带钢生产难度极大，宽度不小于 400mm 的宽幅薄带生产中存在板形及厚度精度难以控制、钢质纯净度低导致的轧制穿孔等技术难题和长线退火过程中的抽带、断带及折印等生产难题，无法满足高平整度（不平度不大于 0.1mm/m）、高表面质量使用需求和稳定生产。

围绕上述难题，项目组在板形、张力控制、钢质纯净度等方面进行研究开发，实现众多创新成果。

申请发明专利 49 项，授权 44 项，起草 2 项行业标准，论文发表 18 篇，形成一整套具有自主知识产权的宽幅不锈钢超薄料关键生产工艺技术，厚度 0.02mm 且宽度600mm 以上国际独有。经中国金属协会组织行业专家评价，本项目总体技术达到国际领先水平。

三、应用推广情况

三年来累计开发精密带钢 7.2 万吨，出口 2.3 万吨，其中宽幅超薄不锈精带开发521t，国内市场占有率 70%，吨钢利润 300%~500%，产品应用于华为、恩力能源等高端制造企业的柔性显示屏、储能电池、军工核电等项目，并出口美国、德国等国家。

本项目获得 2019 年冶金科学技术奖特等奖。

四、项目创新点

本项目取得如下创新：

（1）率先开发出基于边界积分的压扁计算方法，耦合辊系变形和金属塑性成形特性，开发出以复合性多曲线锥度辊系配置、高强韧钛合金轧辊设计和多轧程板形动态控制为核心的成套轧制技术，实现宽幅超薄不锈精密带钢的高精度轧制，厚度0.02mm、宽度640mm的产品国际首发。

（2）开发出多点转矩平衡补偿、螺旋芯轴型展平辊设计、非线性卷取张力动态调整的热处理线张力精准控制技术等三大关键技术，解决宽幅超薄不锈精密带钢长线退火过程中断带、折印及塌卷等世界性难题，实现了大卷重（2t以上）超薄带高效连续稳定生产。

（3）开发出超薄带钢高表面系列控制技术，包括高纯净度塑性化夹杂物控制、无磷 Na_2SiO_3 高活性环保清洗（残留物不大于 $3mg/m^2$）、同步接触辊式密封等技术，解决超薄带钢轧制穿孔、表面划伤、清洗不良等问题，产品表面精美，覆膜性好。

（4）开发出软态、高硬高弹、去应力 TA 等性能调控技术，形成 20 余种特殊功能的系列产品。

五、项目意义

本项目打破国外贸易垄断和技术封锁，引领国际超薄不锈精密带钢发展方向，为高端中国制造提供了基础材料保障，对行业具有技术引领作用，对涉及国家战略、安全行业的材料需求有重要支撑意义。

高品质系列低合金耐磨钢板
研制开发与工业化应用

一、完成单位

南京钢铁股份有限公司、东北大学。

二、项目概况

本项目属于金属材料加工领域。耐磨钢板是大型工程机械、矿山机械、冶金机械和水泥装备制造的关键原材料。2007 年前，我国仅个别企业可生产低级别耐磨钢板，性能稳定性差，只能应用于某些非关键部件制造。而高端装备制造，只能选择进口。国外技术垄断，价格畸高，供货周期长，严重制约了我国高端装备发展。

在国家重点项目支持下，完成单位产学研合作，成功开发出低成本型、高韧性型、超级耐磨型和耐高温磨损型系列耐磨钢核心生产技术及产品，形成 4 大类、8 个牌号，构建起钢板焊接、折弯、切削加工应用技术体系。

项目共申请发明专利 31 项，授权 23 项，发表论文 48 篇，出版专著 1 部。"NM360 - NM500 关键生产技术与应用"获江苏省科学技术奖一等奖，NM400、NM450、NM500 耐磨钢板分别入选国家重点新产品，"调质耐磨钢的开发"获中国质量协会优秀质量奖；"NM500 高级别耐磨钢板"获江苏省专利新产品金奖，"矿山装备用薄规格耐磨钢"获中国钢铁工业产品市场开拓奖。

三、应用推广情况

项目累计生产高品质耐磨钢板 11.6 万吨，新增产值 7.21 亿元，利税 1.91 亿元。产品成功应用于美国 Caterpillar（全球最大工程机械制造公司）、瑞士 CV ACEROSAG（全球最大特殊钢材采购商）、力拓、FMG、张煤机、宁夏奔牛、北方重工、中联水泥等国内外著名公司中大型刮板运输机、盾构机、自卸矿车、挖掘机、掘进机、水泥球磨机等装备制造，为促进相关行业发展、提升产品国际竞争力做出重要贡献。

四、项目创新点

本项目取得如下创新：

本项目获得 2017 年冶金科学技术奖一等奖。

（1）创新提出耐磨钢减量化合金设计方法，成功开发出 NM360-NM600 全系列低成本耐磨钢板，达到国际最高级别水平，解决了传统耐磨钢因添加大量稀缺合金导致成型、焊接性能恶化难题。

（2）成功开发系列高韧性型、耐高温磨损型特种耐磨钢板，成型性和耐高温性能较传统耐磨钢提高 1 倍以上，突破了国际上 SSAB 等公司只提供 90°冷弯和最高 250℃使用温度极限，首次实现 NM360-NM450 钢板 180°冷弯成型和 500℃高温极端条件应用。

（3）成功开发基于超硬碳化物粒子增强耐磨性的新型超级耐磨钢板，实现在焊接、成型不降低情况下，耐磨性提高到相同硬度传统马氏体耐磨钢板的 1.3~2.0 倍。

（4）攻克了极限规格高级别耐磨钢板核心生产技术难题，成功实现国内最宽（4m）、最薄（4mm）、级别最高（NM600）系列耐磨钢板批量、稳定生产，解决了大宽厚比钢板板形、性能均匀性等控制难题，实现批量出口。

五、项目意义

本项目实现了极限规格高级别耐磨钢板批量、稳定生产，打破了国外在这一领域的技术垄断，实现了进口替代以及批量出口。产品成功应用于全球大型工程机械制造公司的装备制造，为促进高端装备制造行业发展、提升产品国际竞争力做出重要贡献。

高寒地区结构用热轧 H 型钢
关键制造技术研究与应用

一、完成单位

马钢（集团）控股有限公司、马鞍山钢铁股份有限公司、安徽工业大学、钢铁研究总院。

二、项目概况

本项目属金属材料加工制造科学技术领域。随着油气资源开采逐步向高寒地区进军，极地等高寒地区对热轧 H 型钢等的需求日益增加。北极等气候条件恶劣的高寒地区使用的结构钢要求在 -60℃ 以下具有高的强度、良好的韧性和焊接性能，普通结构钢不能满足要求。热轧 H 型钢由于其复杂的断面结构和厚度规格范围宽而具有更大的技术难度。马钢自 2011 年起，瞄准该领域开展了关键制造技术研究，取得了技术突破并实现了工程应用。

项目申报国家发明专利 6 项，授权 4 项，形成企业技术秘密 9 项，发表科技论文 7 篇，起草企业标准 3 项，形成了完整的具有自主知识产权的高寒地区热轧 H 型钢制造与应用技术，总体水平达到国际先进水平。

三、应用推广情况

应用该技术，马钢在国内率先开发出 -60℃ 条件下低温韧性和焊接性能优异的高强度系列热轧 H 型钢，其碳当量为 0.34%~0.38%，-60℃ 低温 V 型冲击功达 280J。2014 年 6 月，率先取得欧盟 CE 证书，8 月国内首家通过法国 Technip 公司认证并获得法国道达尔公司全球油气项目供应商资格，实现批量供货，填补了国内空白。已开发 52 个规格的 H 型钢，翼缘厚度覆盖 4.5~50mm，实现了国内最厚规格 50mm 高低温韧性 H 型钢的突破。为全球最大的油气结构工程 Yamal 项目供货近 5 万吨，成为国内海洋工程龙头企业中石油海工、中海油海工等首选供应商。实现新增产值 2.9 亿元，新增利税 1.7 亿元。经济效益和社会效益显著。

本项目获得 2017 年冶金科学技术奖一等奖。

四、项目创新点

本项目取得如下创新：

（1）突破国内外 Nb-Ni、V-Ni 和 Ti-N 等微合金化设计技术的限制，首次设计了 -60℃ 条件下低温韧性和焊接性能优异的大 H 型钢 V 微合金化与中小 H 型钢 Nb-V 复合微合金化经济型合金体系，实现了工业化应用。

（2）开发了 V 和 Nb-V 微合金化异型坯表面裂纹控制技术，解决了含 Nb、V、Al 的亚包晶钢异型坯表面裂纹问题，实现了铸坯无清理轧制，形成了高效稳定的异型坯连铸技术。

（3）通过有限元模拟、实验室和中试试验，研究了加热、变形与冷却等工艺对晶粒长大、变形渗透、再结晶及相变的作用机制，开发了大 H 型钢的低温轧制+弛豫—析出—控制相变与小 H 型钢的高温轧制及超厚规格的变形渗透控制技术。

（4）研究了焊接材料强韧性匹配、焊接方法、焊接工艺参数等对热轧 H 型钢焊接接头微观组织和性能的影响，揭示了焊接工艺、组织和性能间的规律，首次开发了满足 -60℃ 低温韧性要求的 V 与 Nb-V 微合金化热轧 H 型钢焊接技术。

五、项目意义

本项目形成了完整的具有自主知识产权的高寒地区热轧 H 型钢制造与应用技术，为我国油气资源开采逐步向高寒地区进军提供了材料保障。

大型水电站用高强度易焊接厚板与配套焊材焊接技术开发应用

一、完成单位

首钢总公司、秦皇岛首秦金属材料有限公司、北京科技大学、中国水利水电第七工程局有限公司机电安装分局、中国水利水电夹江水工机械有限公司、中国电建集团华东勘测设计研究院有限公司、中国葛洲坝集团机械船舶有限公司、天津大桥焊材集团有限公司。

二、项目概况

本项目属于金属材料加工制造工艺、焊接工艺与设备领域。我国电力结构约 70% 为火电，发展清洁能源已上升为国家战略，水电占我国清洁能源 60% 以上。随着水电站设计水头和装机容量不断提高，作为水电站主动脉的压力管道，其用钢向特厚、高强、高韧、易焊接发展。项目实施之初，120~150mm 岔管用特厚板及 800MPa 级焊材依赖进口，并存在预热温度高（120~150℃）、焊接窗口窄（不大于 25kJ/cm）等问题，难以满足野外焊接及复杂服役环境要求，尚未形成适用于高水头特大型水电站压力管道钢板生产及应用的成套技术。

从行业需求出发，首钢联合中国电建、中国能建两大水电建设集团历经 8 年解决了高强特厚水电钢制造、应用难题。项目通过低裂纹敏感性和高淬透性相耦合的成分设计，热影响区精细化组织设计，细化晶粒为核心的全流程工艺设计，解决特厚板易焊接与低淬透性的矛盾；从焊缝组织和气体元素控制角度，提出 800MPa 级焊材成分和药皮设计；利用钢板和焊材易焊接特性，开发了配套高效焊接技术。实现 50mm 以下 600MPa 钢板不预热焊接；800MPa 级钢板预热温度降低到 80℃，钢板和焊材焊接窗口提高到 50kJ/cm；国产 150mm 岔管用钢首次应用，提高焊接效率 77%。

项目获授权专利 12 项，其中发明专利 9 项，形成技术秘密 12 项。

2016 年，项目通过中国金属学会成果评价，总体技术达到国际先进水平，其中高水头大型电站用钢制造及配套焊接集成技术达到国际领先水平。

本项目获得 2017 年冶金科学技术奖一等奖。

三、应用推广情况

首钢高强水电钢市场占有率 24%，居国内第一，其中 150mm 产品市场占有率 100%。产品应用于多个大型水电站，其中巴基斯坦塔贝拉电站拥有世界最大钢岔管，埃塞俄比亚吉布Ⅲ电站是非洲最大电站，仙居电站拥有国内单机容量最大抽蓄机组，老挝 XPXN 电站为海外首次应用我国国产的 800MPa 钢板。

四、项目创新点

本项目取得如下创新：

（1）基于水电使用需求建立多制约条件下易焊接水电钢、焊材成分设计模型及组织调控方法，首次提出易焊接高强水电钢板、焊材、配套焊接工艺一体化解决方案，并形成高水头大型电站用钢制造及配套焊接集成技术。

（2）开创性的采用双淬火调质工艺，实现心部贝氏体组织再细化，突破了低压缩比连铸工艺生产保心部性能 150mm 特厚岔管用板技术瓶颈。

（3）集成焊缝金属精细结构控制技术和低氢高流动性焊条药皮设计方案，首次开发出适应 50kJ/cm 大线能量焊接的 800MPa 级配套超低氢焊材，填补行业空白。

五、项目意义

本项目为水电行业技术升级提供有力支撑，为水电站高效、环保施工和安全、稳定运行做出了重要贡献，提升了中国水电在"一带一路"沿线国家的影响力。

高品质双相不锈钢系列板材
关键制备技术开发及应用

一、完成单位

山西太钢不锈钢股份有限公司、钢铁研究总院、东北大学、太原钢铁（集团）有限公司。

二、项目概况

本项目所属学科为钢铁材料加工制造工艺领域，涉及冶金、压力加工、材料学科。双相不锈钢板材具有高强度、良好耐点蚀、耐应力腐蚀和焊接性能，属资源节约型不锈钢材料。在石化、造船、造纸、核电等领域得到广泛应用。

双相不锈钢板材的制备过程非常困难，应用环境非常苛刻，此前多项核心技术一直掌握在新日铁、奥托昆普等国外少数钢厂，国内需求只能依赖进口。为此，科技部进行了"973计划""863计划""科技支撑计划"的持续支持，太钢作为上述项目的负责单位，联合钢铁研究总院、东北大学，一直进行了系统深入研究，依靠自主创新，突破了冶炼、热塑性、高效酸洗、热处理、表面粗糙度控制、焊接等多项关键技术，实现了国产双相不锈钢板材的品种系列化、生产规模化、应用多样化，替代进口。

本项目申请发明专利10项，其中授权6项，起草国家标准1项，发表论文60余篇，产品填补了国内多种双相不锈钢的空白，通过了壳牌、BP、挪威石油技术规范及多国船级社认证，在国内外石化、造船、核电、罐箱等诸多领域得到广泛应用，国内重点工程市场占有率达90%以上。

本项成果达到了国际先进水平，其中连续化大变形热连轧工艺属国际首创。2015～2017年，累计生产高品质双相不锈钢系列板材77599t，在国内外石化、造船、核电、罐箱等诸多领域得到广泛应用。新增产值17.24亿元，新增利税4.41亿元，吨钢平均利润4937元，经济效益显著。本项目的实施，对提升我国不锈钢产业整体竞争力和支撑我国高端装备制造业的快速发展具有重要的战略意义。

三、应用推广情况

2015～2017年，累计生产高品质双相不锈钢系列板材77599t，在国内外石化、造

本项目获得2018年冶金科学技术奖一等奖。

船、核电、罐箱等诸多领域得到广泛应用，国内重点工程市场占有率达90%以上。

四、项目创新点

本项目取得如下创新：

（1）开发出一整套高效、高品质双相不锈钢板材的关键制备技术，包括低氧高洁净度控制（T.O≤0.002%）、高效酸洗（"低Fe离子H_2SO_4+高HF浓度混酸"的新型酸液配比、2101带钢高电解电流酸洗）、防止有害相析出的差异化热处理、中厚板表面低粗糙度控制（Ra≤5μm）等。

（2）提出了双相不锈钢高温动态回复再结晶软化新观点，即γ相发生动态回复；α相发生动态回复及动态再结晶，还析出对热塑性有利的形变诱导析出相γ'，解决了双相不锈钢高温窄区间热变形控制技术难题，开发出涵盖经济型、标准型及超级型系列双相不锈钢板材加工工艺。

（3）开发出了厚规格双相不锈钢卷板组织调控技术，实现了最大厚度12.0mm卷板生产，形成了不同规格、不同级别双相不锈钢系列板材，解决了制约使用的焊接组织及性能控制技术难题。

五、项目意义

本项目实现了国产双相不锈钢板材的品种系列化、生产规模化、应用多样化，产品填补了国内多种双相不锈钢的空白，对提升我国不锈钢产业整体竞争力和支撑我国高端装备制造业的快速发展具有重要的战略意义。

大口径高性能不锈钢无缝管冷轧生产技术与成套装备的研发及应用

一、完成单位

江苏武进不锈股份有限公司、太原重工股份有限公司、中冶京诚工程技术有限公司。

二、项目概况

本项目属于冶金科学技术、冶金装备技术及生产自动化领域。

大口径不锈钢及特种合金无缝管生产技术装备及产品是衡量国家钢铁生产水平的重要标志之一，也是我国从钢铁大国向钢铁强国迈进的主要特征之一。对于石化、化工、核电、海工和船舶等行业我国每年要从国外进口大口径高性能管约十多万吨，花费外汇近百亿元。这些进口管材不仅在采购价格上较高，而且在交货期、技术性能、技术标准上，对我国相关行业形成壁垒。因此研制高端化、智能化、绿色化、高性价比的大口径高性能无缝管生产技术及成套装备，打破国外的技术垄断，实现产业化，对保障国家相关产业安全具有重要意义。本项目自2012年开展关键技术研究以来，经过六年多的创新探索，形成了具有自主知识产权的大口径、高性能、低成本冷轧管制备技术，整体技术达到国际先进水平。

在研制过程中共获得授权发明专利17项、实用新型专利29项，已申请并受理专利2项（其中发明专利1项）；起草国家标准8项，发表论文8篇，"LG720冷轧管机组成套设备研制"获得山西省科技一等奖。

三、应用推广情况

本项目技术成果已应用于石化、化工、核电、煤制油、海工和船舶等行业的148个项目，累计生产大口径高性能无缝管共计1.5万吨，实现销售收入8.16亿元，创造了显著的经济效益。

四、项目创新点

本项目取得如下创新：

本项目获得2018年冶金科学技术奖一等奖。

（1）研制了世界最大规格的冷轧管机组——LG720 冷轧管机组，有 6 大特点：一是产品口径大，外径为 406~720mm；二是产品强度高，可生产高温镍基合金钢等合金管；三是产品性能高，产品性能达到或部分优于国内标准及国外标准；四是产品精度好；五是机组产能高，最高可达 28000t/a；六是轧制变形量大，工艺道次少。

（2）独创了"高温固溶+大变形冷轧+成品固溶"的大口径高性能不锈钢管生产专有工艺技术，具有 5 大特点：一是优化了冷加工变形量、变形速度、热处理速度三者之间关系；二是冷加工道次数仅为传统冷拔机组的 45%~60%；三是生产效率高，用时仅为传统冷拔机组的 30%~50%；四是生产成本低，成本仅为传统冷拔机组的 45%~65%；五是生产更环保，本机组用酸量仅为传统冷拔机组的 40%~55%。

（3）研发了机组生产工艺数学模型，实现了高精度控制，具有三大特点：一是提出了新的孔型设计方法，开发了孔型曲线设计数学模型，填补了世界的空白；二是建立了动平衡数学模型，解决了大型往复式冷轧管机的动载荷问题，实现了平稳轧制；三是研发了大功率伺服控制系统，实现了大惯量控制对象的高精度同步控制。

五、项目意义

本项目形成了具有自主知识产权的大口径、高性能、低成本不锈钢冷轧管制备技术，打破了国外的技术垄断，实现了产业化，对保障国家相关产业安全具有重要意义。

先进核能核岛关键装备用耐蚀合金系列产品自主开发及工程应用

一、完成单位

宝武特种冶金有限公司、钢铁研究总院、宝山钢铁股份有限公司、宝钢特钢有限公司。

二、项目概况

本项目所属学科为钢铁材料加工制造工艺领域，涉及冶金、压力加工、材料学科。

第三代和第四代核电是国际核电的发展方向，我国自主研发的第三代核电CAP1400大型压水堆及第四代核电高温气冷堆为全球首创，其核岛装备用耐蚀合金以Ni、Cr为基体，非铁合金元素总量最高96%，同时兼具高指标、大规格的特点，制造难度极大，国内制造技术完全空白，而CAP1400水室隔板和高温堆材料国外也无能力制造，CAP1400主泵屏蔽套薄板又遭到国外限制出口。因此，耐蚀合金关键材料成为严重制约我国先进核能发展和建设的瓶颈。

项目团队依托国家科技重大专项，围绕核岛关键装备用耐蚀合金开展研制，历经七年时间，突破了冶炼、热加工、冷变形、热处理等关键技术，实现了全流程自主制造。

项目申报专利26项（发明18项），已授权12项，认定技术秘密10项，起草国家标准1项（GB/T 15007—2017）、行业标准2项，发表论文33篇。

三、应用推广情况

本项目成功开发的N06625-2、C-276、690、N08810合金83个规格的板、带、管、棒产品，应用于CAP1400压水堆、高温堆国家重大专项示范工程，覆盖应用于AP1000和华龙一号，并推广到电力、化工、环保等领域。成果总体达到国际先进水平，其中CAP1400屏蔽套C-276薄板、690水室隔板，高温堆用N06625-2产品全球首发，达到国际领先水平。三年累计销售额6.0864亿元，新增利税1.0665亿元，经济和社会效益显著。

本项目获得2019年冶金科学技术奖一等奖。

四、项目创新点

本项目取得如下创新：

（1）掌握了耐蚀合金大锭型超纯净、均质化控制技术，实现了 10 吨电渣圆锭极低级别夹杂物控制（A、B、C 类不大于 0.5 级，D 类不大于 1.0 级）；解决了易偏析（W、Mo、Nb 总量不小于 14%）耐蚀合金 7 吨电渣扁锭的均匀性难题，实现成分均匀、无偏析。

（2）推导出最佳形变温度窗口和适合耐蚀合金的变形抗力模型，实现高抗力、难变形耐蚀合金轧制力的准确预测，突破了 N06625-2 和 C-276 合金 6mm×1150mm 钢卷热轧的技术难关，填补了国内空白。

（3）自主开发了宽幅超薄耐蚀合金冷轧板成型技术，发现了"退火-形变-组织-性能"的规律，掌握了退火、冷变形和热处理关键技术，国际上率先开发出 0.4mm×1018mmC-276 合金屏蔽套薄板。

（4）形成了高性能耐蚀合金"碳元素—晶粒度—高温性能"协同控制技术，破解了高强度和高持久寿命不平衡难题，满足了高温气冷堆用 N06625-2 合金 750℃持久性能要求（10 万小时外推强度达到 87MPa），板、管、棒材的持久数据填补了国际空白。

五、项目意义

本项目研制成功，为我国核能自主化和"走出去"战略提供了材料保障，带动了我国耐蚀合金整体技术水平和制造能力的提升。

高效环保变压器用高性能取向硅钢制备技术

一、完成单位

北京首钢股份有限公司、钢铁研究总院、首钢智新迁安电磁材料有限公司、中国电力科学研究院有限公司、特变电工沈阳变压器集团有限公司。

二、项目概况

本项目属于金属材料加工制造工艺领域。电网是国家能源输送的命脉，我国正在形成以特高压电网为主通道、以高能效配电网为末端的能源输送新格局，其变压器典型特征是高能效、高安全和高环保，对核心材料取向硅钢提出新需求：（1）超低损耗薄规格化。（2）优异涂层附着性。（3）低噪声，AWV 值小于 58dB。立项前，市场已有取向硅钢不能完全满足上述新需求，对被誉为钢铁艺术品的取向硅钢进行创新再雕塑，必须攻克如下共性技术难题：（1）带钢减薄后，抑制剂精准控制与钢卷温度均匀性的匹配。（2）发挥"钉扎"作用的底层镁铝尖晶石均匀生成控制。（3）影响噪声的二次再结晶组织、高斯位向及板形精准控制。

中国机械工业联合会联合中钢协对本项目进行了技术鉴定，认为产品综合性能达到国际先进水平，其中涂层附着性及噪声 2 项指标达到国际领先水平。项目形成专利 28 项，其中授权专利 18 项（含发明专利 15 项），起草国家标准 3 项，行业标准 1 项，用户企业标准 2 项，发表论文 16 篇。产品获"冶金行业品质卓越产品"及"北京市新技术新产品"称号。

三、应用推广情况

本项目产品 2016~2018 年产销 47 万吨，出口 4.4 万吨，利税 5.7 亿元，广泛应用于 ABB、特变电工等国内外 100 多家知名变压器企业。其中 0.20mm、0.18mm 极薄产品市场占有率第一，近 70%；0.23mm 耐热产品首次应用于全球容量最大、电压等级最高 220kV 示范性节能卷铁心高铁牵引变；0.18mm 产品应用于全球首台"超 1 级"能效卷铁心配电变压器；产品批量稳定应用于国家发改委、质检总局和工信部联合推荐的 S13、S14 及以上高能效配电变压器；产品应用于国网特高压"双百万"变压器、全球在建装机容量最大的白鹤滩水电站、北京新机场、泰国 EGAT、菲律宾 NGCP 等重大工程。

本项目获得 2019 年冶金科学技术奖一等奖。

四、项目创新点

本项目通过全产业链协同，开发了高效环保变压器用高性能取向硅钢，取得重大技术创新：

（1）开发了超低损耗成套控制技术，采用抑制剂强化控制及其与二次再结晶过程精细匹配，解决了表面效应导致二次再结晶发生不稳定的难题，开发的18SQGD060等3个超低铁损牌号填补了国际空白。

（2）率先创造了细密均质优附着底层综合控制技术，通过氧化膜细密化控制、高形核添加剂技术，解决了底层生成过程因镁铝尖晶石形成不均造成的"钉扎"不足难题，产品附着性A、B级不小于95%，优于新日铁等先进企业。

（3）开发了取向硅钢低噪声综合控制技术，采用脱碳退火两段式快速加热、大张力涂层均匀性控制与高叠装系数控制，减少了因产品组织不均致使磁化过程中磁畴转动不同步造成的高频成分，产品噪声AWV典型值51dB，实现了23SQGD080LN等2个低噪声牌号全球首发。

五、项目意义

本项目成功开发一系列高效环保变压器用高性能取向硅钢，满足了我国特高压电网、高能效配电网的电力输送需求，为我国能源输送新格局的形成提供材料支撑。

最高强度与特厚规格热冲压钢研制及其系列化开发

一、完成单位

本钢集团有限公司、东北大学。

二、项目概况

本项目属材料开发领域，涉及材料学、轧钢、冶金工程学科。提高材料强度，通过零件减薄方法，实现减重，成为汽车节能减排的有效途径。热冲压钢是最有效的轻量化材料之一。针对热冲压钢应用过程中出现的新问题，本钢与东北大学联合，充分发挥高校在基础理论方面的研究优势，结合本钢装备优势，开发了热冲压钢系列化产品，并成功解决热冲压钢作为底盘扭力梁冲压件应用的技术瓶颈，完成了由本钢制造到本钢创造的转变。

项目研发过程授权发明专利 2 项，申请国际专利公开 4 个国家。发表相关学术论文 10 篇，形成企业技术秘密 12 项，获省级基金资助 3 项，参与制定国家标准 1 项，获辽宁省科技进步奖二等奖 2 项，企业科技进步奖一等奖 1 项，中国汽车轻量化设计奖 1 项。

三、应用推广情况

三年累计销售 4.2 万吨，新增产值 2.8 亿元。其中，6.0mm 厚 1500MPa 产品独家应用于热销 MPV 车型，累计销量超 20 万辆。2017 年，实现 2000MPa 级热冲压钢全球首发，并批量应用于北汽新能源汽车。2019 年，应用于爱驰汽车。1800 ~ 2000MPa 产品先后在华晨、长安、东风、长城等主机厂开展并完成评估，新车型将陆续得到应用。

四、项目创新点

本项目取得如下创新：

（1）原创设计，实现世界最高强度 2000MPa 热冲压钢全球首发与应用，强度不小于 2000MPa，延伸率不小于 6%，韧性指标达到国际领先水平。充分利用 C 和 V 的溶解析出作用，结合热冲压工艺特点，综合采用细晶强化、析出强化、固溶强化提高材

本项目获得 2020 年冶金科学技术奖一等奖。

料强度，并控制获得低碳板条马氏体组织，避免韧性降低问题，实现强度和韧性同时提高的效果。

（2）突破热冲压钢底盘应用技术瓶颈，实现最厚规格 6.0mm 热冲压钢应用扭力梁的新技术。针对特厚规格热冲压钢作为底盘扭力梁冲压零件疲劳性能无法满足的问题，采用有限元分析方法确认心部临界冷却速率，结合成分设计，解决厚规格产品组织均匀性问题；采用喷丸技术去除热轧产品氧化铁皮，保障良好传热技术；采用稀土处理技术，改善钢中夹杂物尺寸及分布状态。解决厚规格热冲压钢应用的疲劳性能问题。

（3）实现热冲压钢 1500～2000MPa 系列化开发，也成为国内 1500MPa 级热冲压钢满足整车轻量化应用的企业，开发国内最宽规格 1.2mm×1800mm 冷轧热冲压钢产品，实现产品规格全覆盖。针对薄规格产品温降过快，冲压前发生铁素体相变导致合格率偏低的问题，采用优化的成分设计，开发宽工艺窗口热冲压钢。采用全流程生产管控技术，充分利用本钢热轧和冷轧先进的装备优势，实现 1500MPa 级超宽规格 1.2mm×1800mm 供货能力，国内最宽供货能力。

五、项目意义

本项目通过提高材料强度和零件减薄方法，实现减重，成为汽车节能减排的有效途径。

高鲜映性免中涂汽车外板制造
关键技术及装备

一、完成单位

首钢集团有限公司、北京首钢股份有限公司、北京首钢冷轧薄板有限公司、首钢京唐钢铁联合有限责任公司、长城汽车股份有限公司。

二、项目概况

本项目属于轧钢及制品领域。鲜映性（DOI 值）是定量反映汽车漆膜清晰程度的重要指标。为践行绿色发展理念，汽车行业对可挥发性有机物（VOCs）排放占比超过60%的涂装工序进行了技术变革，新型免中涂工艺（2C1B）将替代传统涂装工艺（3C2B）。该工艺因取消了中涂及烘烤过程，可降低 VOCs 排放60%以上。但是，2C1B 工艺漆膜厚度降低使漆膜鲜映性显著降低，传统的汽车外板已无法满足新工艺的要求。

针对 2C1B 工艺对高鲜映性免中涂汽车外板的迫切需求，国内外进行了大量研究，取得了丰硕的成果，但在钢板表面形貌的科学表征与测试、IF 钢板成形零件漆膜鲜映性差的材料学机理、热镀锌钢板表面不大于 0.8mm 细微缺陷控制、镀锌钢板表面低波纹度和高粗糙度矛盾等方面的难题尚未有效解决。

为此，首钢联合国内外知名汽车企业，经过 7 年多的技术攻关，成功地突破了：（1）钢板表面波纹度稳定快速检测技术。（2）IF 钢板成形过程表面波纹度演变机理及控制技术。（3）钢板表面波纹度和粗糙度协同控制技术。（4）锌锅内锌液温度及流动耦合控制技术。（5）新型炉鼻子加湿及排渣成套设备及控制系统。（6）热镀锌生产锌铝镁镀层产品相关配套设备及控制系统等 6 项关键技术，实现了高鲜映性免中涂汽车外板的稳定化生产和应用。

项目已获授权发明专利 10 项。中国金属学会组织了本项目的成果评价，认为成果总体达到国际先进水平，其中免中涂热镀锌 IF 钢表面波纹度控制技术达到国际领先水平。

三、应用推广情况

开发的高鲜映性免中涂汽车外板覆盖 IF 钢、BH 钢、高强 IF 钢三个钢种和连退、

本项目获得 2020 年冶金科学技术奖一等奖。

热镀锌、热镀锌铝镁三种钢板表面状态，广泛应用于奔驰、宝马、大众、日产、福特、长城等国内外知名品牌汽车，累积供货量超过 31 万吨，实现经济效益 2.79 亿元，国内市场占有率高达 46%。

四、项目创新点

本项目取得如下创新：

（1）提出了快速稳定评价波纹度形貌的 Wal-5 参数及其测量方法，揭示了成形过程中表面波纹度的演变规律，解决了钢板表面粗糙度与波纹度协同控制难题，实现难度最大的 IF 钢汽车外板免中涂工艺涂装下的鲜映性控制，鲜映性指标 DOI 不小于 88。

（2）集成开发了热镀锌钢板表面细微点状缺陷控制关键设备，形成了热镀锌汽车外板高鲜映性控制的成套技术，实现了 0.4~0.8mm 点状缺陷数量不大于 3 个/平方米。

（3）开发了高鲜映性免中涂汽车外板的关键技术和装备，突破了免中涂工艺下表面波纹度形貌及微细缺陷控制技术难题，形成具有自主知识产权的"SmooSurf"高鲜映性免中涂汽车外板产品系列。

五、项目意义

本项目成果将支撑我国汽车工业免中涂工艺的快速推广，社会和环境效益显著。

超薄宽幅高品质冷轧板带
工业化生产关键技术开发

一、完成单位

燕山大学、宝山钢铁股份有限公司、东北大学、山东科技大学、唐山扬邦钢铁技术研究院有限公司。

二、项目概况

本项目属于钢铁材料及加工制造工艺领域。随着新能源电池、绿色包装、智能家电等产品不断向着轻量化、耐久化、智能化方向发展，超薄宽幅高品质板带成为国民经济发展中不可或缺的工业材料，且市场占有率逐年增加。我国受设备能力制约和国外关键技术封锁，该类成品带钢极限宽厚比一直难以突破 5500，且达不到高品质要求，无法实现批量稳定工业化生产，长期依赖进口。为此，燕山大学与宝钢经过十五年联合技术攻关，最终突破了超薄宽幅板带工业化生产的关键技术瓶颈，形成了自主知识产权，实现了利用宝钢现有设备对超薄宽幅高品质板带的高效稳定工业化生产。

本项目共申请发明专利 74 项，其中授权 47 项（32 项已实现技术转化），软件著作权 129 项；出版专著 3 部，发表学术论文 111 篇（SCI、EI 检索 38 篇）。经专家鉴定，该项成果总体达到国际先进水平，其中二次冷轧与润滑工艺综合控制技术达到国际领先水平。

三、应用推广情况

上述创新成果已在宝钢 1220mm、1420mm、1730mm、2030mm 生产线上应用，生产出了以高等级电池钢、食品包装容器用钢、高端家电板等为代表的超薄宽幅高品质板带，产品最薄可轧到 0.1mm、最大宽厚比达 7500、板形质量控制在 2-4I、表面质量缺陷控制在 0.3% 以内、镀层孔隙率小于 $1.0mg/dm^2$ 并实现了镀液循环使用，产品质量满足高品质要求，替代了竞争对手国外先进钢厂的同类产品，并出口美国 Ardagh、欧洲 Silgan、Crown 及泰国 Swan、Lohakij 等国家和地区。三年生产超薄高宽厚比高品质板带 1018.2 万吨、实现出口 666.8 万吨、新增利润 119.36 亿元。

本项目获得 2020 年冶金科学技术奖一等奖。

四、项目创新点

本项目取得如下创新：

（1）宽幅冷轧板带超薄轧制关键工艺技术，开发出一次冷轧乳化液流量动态优化设定技术和二次冷轧机组气雾混合与油水管道混合的轧制润滑系统；研发出平整轧制过程七维板形控制思想（AS-UCM）与轧后卷取过程螺旋形开口弹性组合筒各向异性控制技术，突破了板带轧制宽薄工艺极限，实现了超薄宽幅板带高效稳定轧制。

（2）超薄宽幅板带连退过程高效稳定通板控制技术，开发出连退机组炉内板带跑偏与瓢曲控制技术，优化了全炉段张力控制模型与炉辊辊型，解决了薄宽板带通板稳定与成品质量难以控制的共性问题，实现了超薄宽幅板带连退过程高效稳定通板。

（3）超薄宽幅高品质板带超薄镀层关键技术，揭示了超薄冷轧板带表面微观波峰波谷处镀层沉积机理，提出了超薄镀层（小于 $0.1\mu m$）的表面质量表征方法、镀液健康状态评价与调控方法，优化了镀锡技术，实现了超薄镀层精准均匀控制；研发了阳极泥微量合金元素协同控制技术，实现了镀液零排放。

五、项目意义

本项目研究成果达到国际领先水平，采用该项目创新成果批量生产的超薄宽幅高品质板带打破了国外垄断，经济效益显著。

高品质汽轮机叶片钢关键技术研究与产品开发

一、完成单位

东北特殊钢集团有限责任公司。

二、项目概况

汽轮机叶片材料作为发展先进发电技术最重要基础，是制约机组参数提高的关键因素。随着国外超超临界汽轮机技术的引入以及汽轮机参数的不断提高，我国汽轮机行业对高品质叶片新材料的需求极为迫切，以西门子、阿尔斯通、日立、东芝等国际知名公司技术体系为代表，在原有标准要求基础上在产品洁净度、组织均匀性和调质态交货等方面提出了更高的要求。国内钢厂受生产装备及工艺技术水平所限，难以达到其要求，全球仅有极少数不锈钢企业全面掌握其核心技术。

项目以 10Cr11Co3W3NiMoVNbNB、1Cr12Ni3Mo2VN、X20Cr13 钢为代表，进行汽轮机叶片钢"高纯净化冶炼技术""组织性能均匀性研究"及"叶片扁钢连续调质技术"开发，取得了重大技术突破和创新成果。

本项目申报发明专利 5 项（授权 3 项），授权实用新型专利 1 项，修订国家标准 1 项，形成企业技术秘密 14 项，发表论文 14 篇，获得辽宁省科技进步奖和金杯奖等奖励 6 项。

本项目处于国内领先、国际先进水平。其中 X20Cr13、X22CrMoV12-1 调质扁钢已获得西门子认证证书，St12T 调质扁钢通过 ALSTOM 认证，获得 A 级质量评价，综合使用性能优于国外产品。对支撑我国汽轮机行业快速发展具有重要的战略意义。

三、应用推广情况

所生产的 X20Cr13、X22CrMoV12-1 调质扁钢已获得西门子认证证书，2013～2015 年累计生产 1.17 万吨，新增产值 3.11 亿元、利税 1 亿元，国内市场占有率达到 60%。

四、项目创新点

本项目取得如下创新：

本项目获得 2016 年冶金科学技术奖二等奖。

（1）开发了叶片扁钢连续调质技术，独创双层布料同时水空淬火方法，调质效率提高一倍，并在国内率先实现产业化。

（2）开发了 10Cr11Co3W3NiMoVNbNB 系列钢锻材和轧制扁钢：依据元素烧损规律设计电极成分，通过高洁净度冶炼、氩气保护浇注电极和采用电渣过程加入附加剂等一整套技术集成，实现该系列钢稳定化低成本生产，并在国内率先实现产业化。

（3）通过对电渣锭铸态组织偏析研究以及高温扩散过程合金元素均匀化效果的深入研究，确定了电渣锭最佳高温扩散参数，彻底解决了该系列钢由于铸态组织硼铌偏析严重，造成热加工开裂和链状碳化物技术难题。

（4）开发了 1Cr12Ni3Mo2VN 系列长叶片锻材：通过电渣渣系优化、快锻墩拔开坯和精锻机变频锻造结合技术攻关等工作，产品纯净度达到 9 项之和，2.0 级和横纵向性能差不大于 10%指标新要求。

（5）成功开发 PH13-8Mo 末级长叶片用锻材：独创高纯工业纯铁冶炼技术和双真空冶炼技术，产品实物达到国内领先水平，为国内汽轮机行业实现沉淀硬化钢代替钛合金制造长叶片奠定坚实基础。

五、项目意义

本项目处于国内领先、国际先进水平，对支撑我国汽轮机行业快速发展具有重要的战略意义。

超高强度镀锌钢绞线制造技术
集成创新及产品开发

一、完成单位

武汉钢铁江北集团有限公司、武汉钢铁股份有限公司、中国电力科学研究院、上海中天铝线有限公司。

二、项目概况

本项目属于钢铁产品深加工领域。镀锌钢绞线的主要生产工序：盘条表面处理、冷拉拔、热镀锌、捻制成型，产品通常用于架空输电电缆的加强芯、架空输电地线等。项目内容主要包括：（1）项目组结合武钢产线特点，开展了热轧盘条钢炼轧工艺的研究工作，发现了钢包精炼后软吹时间对钢中非金属夹杂物数量和尺寸的影响规律、辊压工艺对连铸坯和热轧盘条中心偏析的影响规律、终轧温度对盘条通条性能的影响规律。采用钢中非金属夹杂物控制技术、连铸坯中心偏析控制技术和盘条通条性控制技术，研制出强塑性优、组织均匀性好的镀锌钢绞线专用盘条 SWRH82B-GS 和 87Mn-KL。（2）项目组开展了镀锌钢丝关键工艺技术的研究工作，研究了抹拭电流、钢丝运行速度等对镀锌钢丝表面质量、锌层重量的影响规律，研究了盘条微观组织、钢丝运行模式等对镀锌钢丝应力强度比的影响规律，同时对镀锌钢丝扭转性能的影响因素进行了分析，形成了镀锌钢丝表面质量、锌层重量、应力强度比、扭转等基本性能的控制技术，成功开发免铅浴淬火和二次拉拔的生产工艺，研制出超高强度镀锌钢丝，最高强度等级达 G6A，经鉴定其综合力学性能指标达到国际领先水平。（3）项目组开展了超高强度镀锌钢绞线捻制工艺的研究工作，采用钢丝预变形量、钢丝捻制张力和钢绞线捻制应力控制技术，研制出 1mm×61mm 等多层复杂结构超高强度镀锌钢绞线，产品成型质量优良，钢丝张力分布均衡。（4）项目组研制的 G4A-290-37/3.14mm 产品，成功应用于国家重点工程"皖电东送"淮南—浙北—上海 1000kV 特高压交流工程长江大跨越，是目前国内工程应用的单盘长度最长（3563m）、截面最大（290mm²）的大跨越输电导线承载用超高强度级别钢芯，产品质量经鉴定达国际先进水平；研制的"淮南—南京—上海 1000kV 特高压交流工程"苏通长江大跨越用 G6A-400-61/2.90mm 产品，400mm² 超大截面、4 层 61 丝复杂结构，填补了国内外同行业空白，达

本项目获得 2016 年冶金科学技术奖二等奖。

到国际领先水平。

本项目获得 3 项发明专利、9 项实用新型专利和 2 项企业标准。

三、应用推广情况

本项目成功开发并批量生产了 4 种结构超高强度镀锌钢绞线产品 3121t，以及超高强钢芯铝合金导线 5550t，广泛应用于国家电网特高压及大跨越输送电工程，共实现利税 5296 万元。

四、项目创新点

本项目取得如下创新：

（1）采用钢中非金属夹杂物控制技术、连铸坯中心偏析控制技术和盘条通条性控制技术，研制出强塑性优、组织均匀性好的镀锌钢绞线专用盘条 SWRH82B-GS 和 87Mn-KL。

（2）成功开发免铅浴淬火和二次拉拔的生产工艺，研制出超高强度镀锌钢丝，最高强度等级达 G6A。

（3）采用钢丝预变形量、钢丝捻制张力和钢绞线捻制应力控制技术，研制出 1mm× 61mm 等多层复杂结构超高强度镀锌钢绞线，产品成型质量优良，钢丝张力分布均衡。

五、项目意义

本项目超高强度镀锌钢绞线的开发，有效解决了特高压输电线路承载用镀锌钢绞线性能不足的问题，保障并促进了我国特高压输电线路建设，为我国特高压输电技术进步做出了贡献。

高品质中高碳合金钢热轧卷板
关键工艺技术与系列产品开发

一、完成单位

太原钢铁（集团）有限公司、山西太钢不锈钢股份有限公司、钢铁研究总院、北京科技大学，黑旋风锯业股份有限公司。

二、项目概况

本项目属于黑色金属材料加工制造工艺技术领域。高品质中高碳合金钢热轧卷板产品市场前景广阔，技术要求高、技术难度大，对生产线的工艺与装备一体化系统控制要求高，在国际上仅有少数厂家掌握。尤其高附加值的高端产品长期依靠进口，市场几乎为进口产品垄断。本项目结合太钢装备特点，基于转炉－精炼－宽板坯连铸－常规宽带钢热连轧－（罩式退火）－EPS/酸洗工艺路线，开发了碳含量 0.5%～1.0% 的热轧宽带钢生产成套技术，实现了 TS90CH、TS90CHM、9SiCr、T65CrMn 等 12 个牌号的高品质中高碳合金钢热轧卷板的品种开发、批量稳定生产和应用。

本项目技术及产品实物质量水平包括：（1）9SiCr 厚度规格最薄 1.5mm，达国际领先水平。（2）TS90CHM 表面硬度控制偏差 ΔHRC 不大于 2，整卷硬度 HRB 不大于 88，成分和硬度的匹配性控制达国际领先水平。（3）TS90CHM 脱碳层厚度不大于 0.02mm，接近新日铁为代表的国际最好控制水平。（4）夹杂物均小于 0.5 级，与德国克虏伯为代表的国际最好水平相当。

三、应用推广情况

项目成果在太钢二钢南区/北区+2250mm/1549mm 热轧线投入生产应用，2013～2015 年期间，高品质中高碳合金钢总产量 67290t，新增产值 37009.5 万元，新增利税 11278.8 万元。开发的系列锯片用钢进入全世界最大的金刚石锯片企业（黑旋风锯业）、国内最大的金属锯生产企业（唐山冶金锯业），高强度混凝土泵车输送管用钢进入三一重工和中联重科并延伸到售后市场，汽车离合器膜片弹簧用钢进入国内中高端汽车市场，园林工具用钢进入高端海外工具市场，量具刃具用钢占领高端国内市场。

本项目获得 2016 年冶金科学技术奖二等奖。

四、项目创新点

本项目取得如下创新：

（1）针对中高碳合金钢易发生成分波动、夹杂物难控制、易开裂等技术难题，开发了保证成分均匀性和减少偏析、消除开裂等控制工艺技术。

（2）针对加热过程易脱碳的特点，开发了减少脱碳层厚度的加热控制技术。

（3）针对厚度精度控制难度大和易发生板形不良等问题，开发了保证产品精度和板形的热轧、轧后冷却及热处理控制技术。

（4）在国内率先应用了中高碳合金钢热轧宽带钢 EPS 绿色清洁表面技术。

五、项目意义

高品质中高碳合金钢热轧卷板的成功开发与应用，使太钢处于行业领先水平，并促进和引领了国内中高碳合金用钢热轧卷板的技术进步，部分产品实现了替代进口。未来十年本项目技术将有广阔应用空间。

用连铸坯制造海洋工程用大厚度
齿条钢板的研究与开发

一、完成单位

江阴兴澄特种钢铁有限公司。

二、项目概况

本项目属钢铁材料新产品、新工艺研发及应用领域。海洋工程用大厚度齿条钢板是大型海工装备中最为关键的结构材料,它不仅厚度大(通常大于100mm)、强度高、韧性好,而且要求钢板在整个厚度截面上具有高的、均匀的综合机械性能以及良好的加工性能。目前,能够制造完全满足这一要求钢板的企业仅日本、欧洲等少数几家钢厂,致使我国长期以来一直依赖进口。这些钢厂在制造时均采用模铸钢锭或电渣锭作为坯料,不仅使得制造工艺复杂、成材率低而且也使得制造成本高,交货周期长,严重限制了我国海工装备制造业的发展。为此,兴澄特钢在2012~2016年期间自筹资金开展了大厚度齿条钢板的攻关,以目前国内外海工装备制造业广泛需求的大厚度(177.8mm)齿条钢板为代表,进行了"用连铸坯制造海洋工程用大厚度齿条钢板的研究与开发",取得了以下重大技术突破和成果:

(1)直接采用连铸坯制造厚度达177.8mm齿条钢板的制造方法:这一方法不仅为国内首创而且在国际上也未见报道。通过采用高纯净钢冶炼、高均质厚板坯连铸、低压缩比(小于3)轧制、微观组织协同性控制等一整套技术集成,成功研发出达到国际先进水平的厚度达177.8mm的齿条钢板及其用连铸坯制造的技术。其中,厚度152.4mm齿条钢板的制造技术已通过美国船级社、挪威船级社和中国船级社的认证并获得了它们的生产许可,在国内外率先实现了连铸坯制造大厚度齿条钢板的产业化和市场销售。

(2)在国内率先研发出低碳当量的齿条钢板:通过微观组织协同性控制研究,研发成功低碳当量齿条钢板。对厚度152.4mm和177.8mm钢板,其碳当量分别小于0.64%和0.74%,达到国际先进水平,填补了我国无低碳当量大厚度齿条钢板的空白,解决了齿条钢板的焊接、火焰切割加工性能不良的问题。

(3)在国内率先研发出轧制压缩比小于3的齿条钢板制造技术:这一技术在国际

本项目获得2017年冶金科学技术奖二等奖。

上也未见报道，突破了船级社材料与焊接规范规定的轧制压缩比须不小于 3 的限制，并通过了船级社的认证，获得了它们的生产许可。

本项目已申报发明专利 7 项（已获授权 3 项），发表论文 2 篇，合作起草国家标准 1 项，实现了直接用连铸坯制造大厚度齿条钢板从无到有的技术突破，成为国内外率先获船级社认证和生产许可的使用连铸坯制造大厚度齿条钢板的企业。据此制造的产品达到国际先进水平，已开始替代进口产品。

三、应用推广情况

开发的产品通过了国际船级社的认证，获得了它们的生产许可。

四、项目创新点

本项目取得如下创新：
（1）直接采用连铸坯制造厚度达 177.8mm 齿条钢板的制造方法。
（2）在国内率先研发出低碳当量的齿条钢板。
（3）在国内率先研发出轧制压缩比不小于 3 的齿条钢板制造技术。

五、项目意义

实现了直接用连铸坯制造大厚度齿条钢板从无到有的技术突破，成为国内外率先获船级社认证和生产许可的使用连铸坯制造大厚度齿条钢板的企业。据此制造的产品达到国际先进水平，实现替代进口产品，极大地降低了生产成本，经济效益显著。

大型水电工程用 600~750MPa 级高精度磁轭钢制造技术创新

一、完成单位

武汉钢铁股份有限公司、钢铁研究总院、中国长江三峡集团公司、哈尔滨电机厂有限责任公司、上海福伊特水电设备有限公司。

二、项目概况

本项目属于金属材料领域。我国水资源丰富，水电作为清洁能源在能源结构中占有突出地位，也是未来能源战略的优先发展方向。磁轭钢用于制作水轮发电机的核心——转子磁轭部件。随着水电工程向大型化发展，转子转速和直径不断提高、磁轭片加工方式由冲压向激光切割转变以及低温环境的使用需求，对磁轭钢提出了高强度（纵、横向屈服强度不小于 600~750MPa）、高韧性（纵、横向 -20℃ KV_2 不小于 60J、40J）、高精度（钢板不平度不大于 1mm/m）以及高磁感性能的严格要求，而如何实现薄规格热轧高强钢强度、韧性、精度和磁感的良好匹配一直是世界性的技术难题。在本项目研发以前，高强韧性磁轭钢完全依赖进口，磁感性能检测低效且无高场磁感检测方法，磁轭现场叠装质量和效率低。

针对上述难题，结合我国重大水电工程需求，武钢、钢研总院、三峡集团等单位成立联合项目组，通过系列科技攻关，形成以下创新成果：

（1）开发了高强韧性与高磁感的协同控制技术。首创 C-Mn-Ti-Nb-Mo 经济型成分体系，通过细小均匀多边形铁素体+弥散微细第二相强韧化技术，获得了强韧性与磁感性能的良好匹配。

（2）创立了薄规格热轧高强钢的全流程低内应力控制体系。自主开发了高分辨率加密冷却和平整—退火—平整—矫直的互补递进式精整协同技术，实现了全流程低内应力控制，成功开发出 750MPa 级高精度（不平度不大于 1mm/m）磁轭钢，满足大型水电工程用钢需求。

（3）创建了磁性能高效检测装置和方法，制定《双管直流磁性能检测方法》行业标准，解决了传统方法低效且不能进行高场磁感性能检测的难题。

（4）发明了无补偿片的新型高精度磁轭叠装工艺。自主开发了鸽尾定位及坑内叠

本项目获得 2017 年冶金科学技术奖二等奖。

装工艺，大幅提高了叠装质量与施工效率，为发电机组的安全稳定运行提供了坚实保障。

本项目形成专利 14 项，行业标准 1 项，企业技术诀窍 57 项。750MPa 级高精度磁轭钢于 2013 年经中钢协评审达国际领先水平，2014 年获中国钢铁工业产品开发市场开拓奖。

三、应用推广情况

所开发高强度高精度磁轭钢已批量应用于溪洛渡、越南 SONLA 等国内外大型水电工程，国内市场占有率达 80%。三年累计供货 7.7 万吨，新增利税 6.22 亿元。

四、项目创新点

本项目取得如下创新：

（1）开发了高强韧性与高磁感的协同控制技术。

（2）创立了薄规格热轧高强钢的全流程低内应力控制体系。

（3）创建了磁性能高效检测装置和方法，制定《双管直流磁性能检测方法》行业标准，解决了传统方法低效且不能进行高场磁感性能检测的难题。

（4）发明了无补偿片的新型高精度磁轭叠装工艺。

五、项目意义

本项目的成功开发，大幅提升了高等级磁轭钢的生产能力，使我国高强度高精度热轧钢板的制造技术跃居世界一流水平，推动了冶金、机械制造和水电行业的整体技术进步，有力地支撑了我国重大水电工程建设和清洁能源的长远发展战略。

超大型集装箱船用钢全流程
关键技术创新及应用

一、完成单位

鞍钢股份有限公司、北京科技大学、大连船舶重工集团有限公司。

二、项目概况

本项目属于金属材料领域，所涉及科技成果为超大型集装箱船用高强韧性钢板的冶炼、连铸、轧制、评价等全流程关键技术创新集成，产品通过八国船级社认证，实现超大型集装箱船用钢品种、规格全覆盖及批量推广应用。

近年来，集装箱船向大型、高效、安全、环保方向发展，对船体结构设计及材料提出更多、更高要求。2010 年，针对这一趋势，鞍钢设立集团重大课题，在国内率先开展系列化集装箱船用钢研发，并首先获得万箱集装箱船供货业绩。同时，为配合北京科技大学承担的"973 计划"第三代低合金钢研究，鞍钢与北京科技大学签订了低屈强比高性能钢的研发计划。自 2012 年，鞍钢参与了船级社规范制修订工作，为中国船级社编写《船用高强度钢板超厚板检验指南》提供了有效技术支持。同时，结合国际船级社协会发布的集装箱船用止裂钢规范，2013 年，鞍钢继续深入开展止裂钢强韧化机理、冶炼轧制工艺、止裂性能评价研究，形成创新性超大型集装箱船用钢全流程关键技术集成。

本项目所形成的全流程关键技术达到国际领先水平，产品替代进口，填补国内空白，极大提高我国钢铁、船舶业的国际竞争力，创造了可观经济效益和显著社会效益。鞍钢在海洋装备用高端金属材料领域的新突破，为实现国家建设海洋强国、发展蓝海经济战略目标做出贡献。

三、应用推广情况

2016 年 5 月，在与 POSCO 及 JFE 的竞争中，鞍钢凭借品种规格全覆盖、实物质量稳定、止裂与焊接性能卓越等优势，独家中标我国首次自主设计制造的两艘 20000 箱超大型集装箱船全部合同，并完成包括止裂钢在内的 10.5 万吨钢板供货。截至 2016 年底，鞍钢累计生产超大型集装箱船用钢 70 余万吨，创效近 2 亿元。

本项目获得 2017 年冶金科学技术奖二等奖。

四、项目创新点

本项目取得如下创新：

（1）创新性提出基于 TMCP 新工艺的多相组织调控冶金学原理及实现高止裂性能理论。采用针对特厚钢板的多阶段再结晶轧制技术及多相组织相变控制冷却工艺，通过细化原奥氏体晶粒、匹配软硬多相组织获得具有高强塑性、低屈强比、高止裂性和易焊接性的高性能钢板。

（2）建立了"洁净化、均质化、稳定化和规范化"的超大型集装箱船用高强韧钢全流程关键制造技术集成；突破了高品质铸坯冶金质量、高精度超宽厚板形控制、高等级表面质量等核心技术。

（3）国内率先采用落锤试验替代宽板拉伸试验，实现了集装箱船用止裂钢脆性断裂评价方式的创新。

（4）成功开发极限规格高止裂性钢板，最大厚度 90mm，最大宽度 4150mm，最大 K_{ca} 达到 $12000N/mm^{3/2}$ 以上，实现工业化稳定生产和国产化示范应用。

五、项目意义

本项目所形成的全流程关键技术达到国际领先水平，产品替代进口，填补国内空白，极大提高我国钢铁、船舶业的国际竞争力，创造了可观经济效益和显著社会效益。鞍钢在海洋装备用高端金属材料领域的新突破，为实现国家建设海洋强国、发展蓝海经济战略目标做出了重大贡献。

高性能贝氏体/马氏体复相
高强钢的研发与应用

一、完成单位

北京交通大学、清华大学、钢铁研究总院、中国铁道科学研究院、包头钢铁（集团）有限责任公司、河钢股份有限公司承德分公司、北京特冶工贸有限责任公司、四川清贝科技技术开发有限公司。

二、项目概况

本项目属于材料和冶金科学相结合的领域。

本项目利用"人工神经网络"和"相变热力学、动力学"等材料计算技术，结合试验手段，揭示合金元素对贝氏体转变动力学、关键相变临界温度、贝氏体形貌的影响规律，形成了低成本 Mn-Cr 和 Mn-Si-Cr 系贝氏体/马氏体复相高强钢成分—工艺—组织设计与调控原理，并成功开发系列粒状贝氏体/马氏体、下贝氏体/马氏体和无碳化物贝氏体/马氏体复相高强钢。研究各类贝氏体与马氏体复相组织的精细结构、强韧性、抗延迟断裂性能和疲劳性能，揭示复相组织的"成分—工艺—组织—性能"关系，实现了贝/马复相钢组织的精确控制和性能的综合提升。

项目研究首次发现并证实了超高周疲劳阶段贝/马复相高强钢"非夹杂起裂"和"夹杂物起裂"的竞争机制，揭示了"显微组织—夹杂物—超高周疲劳性能"的相关关系，提出了长寿命贝/马复相高强钢化学冶金和物理冶金协调控制的理论，用于指导生产实践，使钢的洁净度与组织类型、均匀性和细化程度达到理想匹配，实现低成本、绿色制造。

开展贝/马复相高强钢在高强重载钢轨、高强精轧钢筋、耐磨铸钢领域的关键生产技术研究；结合理论研究、仿真模拟和试验手段，有效地指导生产过程中化学冶金质量、成型工艺、在线/离线热处理工艺的优化，在典型企业实现低成本、标准化和批量化生产。研究贝/马复相贝氏体钢轨的关键应用技术，突破重载钢轨的焊接技术难题，实现贝氏体钢轨在重载铁路曲线段的国内首次应用，并达到国际领先水平。

本项目的特点是涉及新材料的研发、生产到应用领域的全工艺、全流程，上下游协同攻关、相互迭代，促进贝/马复相高强钢系列产品的不断完善和改进，实现钢铁产

本项目获得 2018 年冶金科学技术奖二等奖。

品生产关键共性问题的突破。本项目研发过程中运用材料计算、仿真模拟和试验手段，实现从传统的"试错法"转变为以相变热力学和动力学为依据的钢种设计，缩短材料开发周期。

本项目获代表性国家发明专利 10 项，制定了国际上第一个贝氏体钢轨的暂行技术条件《U20MnSiCrNiMo 贝氏体钢轨暂行技术条件》（TJ/GW 117—2013），发表 SCI 检索论文代表作 73 篇，引用次数共计 679 次。本项目带动了我国新钢种的研发与应用，推动我国钢铁产品向高品质转型升级，实现节能减排，经济和社会效益显著。

三、应用推广情况

三年新增产值 9.2 亿元，新增利税 6120 万元。

四、项目创新点

本项目取得如下创新：

（1）利用"人工神经网络"和"相变热力学、动力学"等材料计算技术，结合试验手段，揭示合金元素对贝氏体转变动力学、关键相变临界温度、贝氏体形貌的影响规律，形成了低成本 Mn-Cr 和 Mn-Si-Cr 系贝氏体/马氏体复相高强钢成分—工艺—组织设计与调控原理，并成功开发系列粒状贝氏体/马氏体、下贝氏体/马氏体和无碳化物贝氏体/马氏体复相高强钢。

（2）研究各类贝氏体与马氏体复相组织的精细结构、强韧性、抗延迟断裂性能和疲劳性能，揭示复相组织的"成分—工艺—组织—性能"关系，实现了贝/马复相钢组织的精确控制和性能的综合提升。

（3）率先发现并证实了超高周疲劳阶段贝/马复相高强钢"非夹杂起裂"和"夹杂物起裂"的竞争机制，揭示了"显微组织—夹杂物—超高周疲劳性能"的相关关系，提出了长寿命贝/马复相高强钢化学冶金和物理冶金协调控制的理论，用于指导生产实践，使钢的洁净度与组织类型、均匀性和细化程度达到理想匹配，实现低成本、绿色制造。

（4）开展贝/马复相高强钢在高强重载钢轨、高强精轧钢筋、耐磨铸钢领域的关键生产技术研究；结合理论研究、仿真模拟和试验手段，有效地指导生产过程中化学冶金质量、成型工艺、在线/离线热处理工艺的优化，在典型企业实现低成本、标准化和批量化生产。

（5）研究贝/马复相贝氏体钢轨的关键应用技术，突破重载钢轨的焊接技术难题，实现贝氏体钢轨在重载铁路曲线段的国内首次应用，并达到国际领先水平。

五、项目意义

本项目带动了我国新钢种的研发与应用，推动我国钢铁产品向高品质转型升级，实现节能减排，经济和社会效益显著。

先进发动机用低膨胀高温合金
GH907合金研制及工程化应用

一、完成单位

钢铁研究总院、东北特殊钢集团有限责任公司、攀钢集团江油长城特殊钢有限公司。

二、项目概况

本项目属于新材料新工艺研发领域。

低膨胀GH907合金是以Nb、Ti、Si、B为主要强化元素的铁钴镍基时效合金，在650℃以下具有高的强度、低的热膨胀系数和几乎恒定不变的弹性模量，特别是该合金的热膨胀系数只有普通高温合金的一半，在航空工业高速发展的今天，减小转动件和静止件之间的间隙从而提升燃油使用效率是提升现代航空发动机推重比的关键技术，据资料介绍，燃气涡轮叶尖间隙和叶高比每降低0.01，燃油使用效率将提升2%。因此，具有良好的低膨胀性能和优异的综合性能的GH907合金是制造航空发动机间隙控制元件的不可或缺的关键材料。

2012年以前，国产GH907合金主要存在四大问题：第一，540℃缺口持久性能数据不稳定，潜力小，波动大；第二，棒材超声检测杂波严重，严重影响超声检测对棒材内部缺陷的识别；第三，棒材横向性能水平远低于标准，影响棒材品质的提升；第四，返回料处理过程中Al、Cr、P等残余元素含量增量明显，严重影响返回料的使用比例。

为提升高强度GH907合金棒材产品质量，增强市场竞争力，项目组从2012年开始自发立项，自发开展了低膨胀GH907合金工程技术研发与应用项目。通过本项目研发，低膨胀GH907合金棒材横向性能达到了标准要求，产品质量实现了质的飞跃。

本项目研制成果，起草企业标准1项，授权发明专利3项，形成企业核心技术诀窍2项，使GH907合金棒材产品质量达到国内第一、世界领先的水平，完全代替进口，深受用户的信赖和好评。该合金主要用于制作控制航空发动机中转动部件和静止部件之间间隙的环件，提高燃油使用效率，因此低膨胀GH907合金的国产化并在航空发动机上的使用，对航空工业的发展和航空发动机的升级具有划时代的重要意义。

本项目获得2018年冶金科学技术奖二等奖。

三、应用推广情况

2015~2017 年间，共生产 GH907 合金棒材 462.2t，实现产值 13357.1 万元，实现利税 8303.9 万元。

四、项目创新点

本项目取得如下创新：

（1）优化了 GH907 合金感应炉冶炼工艺，GH907 合金夹杂物和有害元素含量得到有效控制。

（2）优化了高 Nb 含量的 GH907 合金的真空自耗炉生产工艺，提升了钢锭的组织均匀性。

（3）优化了 GH907 合金返回料处理工艺，返回料中 Al、Cr、P 残余元素的增量得到完全控制。

（4）系统研究了 Si 元素含量对 GH907 合金组织和性能的影响，使 GH907 合金棒材高温性能及其稳定性得到大幅度提高。

（5）系统研究了高温扩散过程中 GH907 合金铸态 Laves 相的回溶规律和 Nb、Ti 元素的扩散规律。

（6）在 GH907 合金锻造过程中应用镦拔工艺、分级阶梯降温锻造工艺和补偿加热工艺，棒材组织均匀性得到大幅度提高，超声检测合格率达到 100%。

五、项目意义

本项目成功实现了低膨胀 GH907 合金的国产化，对航空工业的发展和航空发动机的升级具有划时代的重要意义。

特大型钢桥用低屈强比易焊接
高性能桥梁钢的开发与应用

一、完成单位

首钢集团有限公司、秦皇岛首秦金属材料有限公司、中铁山桥集团有限公司、中铁宝桥集团有限公司。

二、项目概况

本项目属于金属材料加工制造工艺、焊接工艺与设备领域。

为满足高速铁路和公路建设需求，特大型桥梁向大跨度和重载荷发展，对低屈强比高强钢、易焊接高强特厚板和耐候桥梁钢需求迫切。项目启动前，尚无低屈强比的500MPa级桥梁钢，Q420qE屈强比仅能控制不大于0.90；主梁用钢板最厚80mm，缺乏更厚桥梁钢及配套焊接技术；低温耐候钢焊接接头韧性低，不满足小于−40℃环境使用。

针对上述问题，首钢联合中铁山桥、中铁宝桥等桥梁制造集团开展技术攻关。项目解决了高强度钢板屈强比偏高的问题，屈强比稳定不大于0.86；攻克连铸坯生产TMCP态特厚板强韧性差难题，形成420MPa级、最厚115mm钢板制造技术，开发出高强厚壁桥梁结构的双丝埋弧焊接技术，较单丝效率提高50%；突破耐候钢焊接接头低温韧化技术瓶颈，满足最低−60℃环境使用。

项目获发明专利授权17项，受理2项。2017年，项目通过中国金属学会成果评价，整体达到国际先进水平，其中屈强比控制和特厚板生产技术达到国际领先水平。

三、应用推广情况

首钢高性能桥梁钢市场占有率大于50%，国内第一，其中420~500MPa级产品占81%，不小于50mm厚板占90%，115mm高强特厚板独家供应。首钢连续两年获评中铁大桥局"优秀物资供应商"，产品应用到"一带一路""八纵八横"沿线等多个世界级特大型桥梁工程，包括世界最大跨度1092m斜拉桥沪通大桥、最大壁厚115mm钢桁桥帕德玛大桥、最大跨度588m高矮塔组合斜拉桥芜湖大桥、国内首座大型免涂装耐候公路桥官厅桥等项目，极大提升了中国制造的世界影响力。

本项目获得2018年冶金科学技术奖二等奖。

四、项目创新点

本项目取得如下创新：

（1）提出多类贝氏体组织协同控制技术，有效解决了 TMCP 工艺生产高强度钢板屈强比高的技术难题，批量生产的 Q420qE 及 Q500qE 屈强比稳定不大于 0.86，满足了一批世界级特大型桥梁建设需求。

（2）采用独创的"低温轧制+在线强冷+自回火"的特厚桥梁钢性能成套集成控制技术，解决了基于连铸工艺条件生产最厚 115mm 桥梁板工程技术难题；首次开发出以双丝埋弧焊和低温预热为特点的特厚高强桥梁钢高效焊接技术，攻克焊接效率低的难题；首次开发的 420MPa、115mm 特厚高强桥梁板批量用于帕德玛大桥，实物质量优于国际先进水平。

（3）突破耐候桥梁钢焊接接头-60~-40℃低温韧化技术瓶颈，形成从材料到焊接成套技术，并成功应用于我国首座大跨度免涂装耐候公路桥梁，推动了我国免涂装耐候桥梁发展。

五、项目意义

本项目产品成功应用到多个世界级特大型桥梁工程项目，包括世界最大跨度 1092m 斜拉桥沪通大桥、最大壁厚 115mm 钢桁桥帕德玛大桥、最大跨度 588m 高矮塔组合斜拉桥芜湖大桥、国内首座大型免涂装耐候公路桥官厅桥等项目，极大地提升了中国桥梁制造的世界影响力。

高品质抗湿硫化氢腐蚀管线钢板
关键技术创新与产业化

一、完成单位

江阴兴澄特种钢铁有限公司、钢铁研究总院。

二、项目概况

本项目针对高品质管线钢的品种质量升级，属于钢铁冶金新产品、新工艺研发及应用领域。

油气输送过程中，由于湿硫化氢腐蚀而引起的氢致裂纹、应力腐蚀是导致管道失效的主要原因。近年来，我国管线钢制造技术已取得突出成绩，但在高品质抗湿硫化氢腐蚀管线钢的生产技术及应用等方面与先进国家仍有较大差距。针对此现状，项目组通过基础研究、关键技术开发与应用推广相结合的思路，开展了高品质抗湿硫化氢管线钢的技术攻关，实现了产品和制造技术升级。

本项目发明专利授权 15 项，论文 21 篇。

三、应用推广情况

产品冶金质量达到国际先进水平，并批量应用在 Welspun（兴澄特钢是国内唯一抗硫化氢钢板合格供应商）全球顶尖钢管企业，三年累计生产 9.82 万吨，产值 5.75 亿元，创汇 3.88 亿元，创造了良好的经济效益。

四、项目创新点

本项目取得如下创新：

（1）国内率先创造"BOF+RH+LF+RH"高纯净钢冶炼工艺，突破了超低碳高纯净钢冶炼过程中的技术瓶颈，形成了国内领先、国际先进的钢水纯净度集成控制技术，稳定控制 $S \leqslant 0.0008\%$；$[O] \leqslant 0.0010\%$；$[N] \leqslant 0.0020\%$；$[H] \leqslant 0.0001\%$；夹杂物 A+B+C+D $\leqslant 2.0$ 级。

（2）国内率先创造适用于高品质管线钢的 450mm 厚度高均质连铸坯制造和轧制控制技术。突破了特厚连铸坯的制造和轧制技术，开发了 450mm 板坯专用液芯压下、

本项目获得 2019 年冶金科学技术奖二等奖。

电磁搅拌和低过热度浇铸等控制技术，板坯质量达到了中心偏析等于优于 C0.5 级，中心疏松等于优于 0.5 级水平；开发了差温高渗透轧制、奥氏体超细化控制、MA 组元和带状组织精准调控等技术，有效改善了厚钢板的断裂韧性和抗酸性能。

（3）突破了大壁厚管线钢制造技术，首次实现了 38mm X65MS 抗湿硫化氢管线钢的产业化应用。

（4）通过集成创新实现产品升级，使 X60-X90 系列管线钢产品的抗酸性能大幅度提高。兴澄特钢生产的 X60-X90 系列管线钢产品均可通过 NACE0284-A 溶液抗酸实验考核。

五、项目意义

本项目是高品质钢板工艺创新集成和产业化的代表，引领我国高品质管线钢的技术进步，对推动我国高端中厚板制造技术进步具有重要的意义。

高品质非调质钢产业链关键技术
协同开发及应用

一、完成单位

南京钢铁股份有限公司、上海大学、南京工程学院、东风锻造有限公司。

二、项目概况

本项目属于金属材料加工领域。非调质钢已广泛应用于汽车领域，特别是发动机动力转换组件，包括曲轴、连杆、活塞等。我国非调质钢研发与应用起步较晚，长期以来不甚理想，产品生产技术以及下游客户零部件锻造技术均处于一般水平，研究开发的非调质钢性能不稳定，仅适用于低端零部件，而高端发动机动力转换组件的制造，只能依靠进口。技术匮乏与国外垄断严重制约我国高端产品发展。

南京钢铁股份有限公司联合上海大学、南京工程学院、东风锻造有限公司等致力于高端发动机用非调质钢产业链的关键技术研发及应用，实现新材料开发到产品应用整个产业链各端的整合开发。

围绕本项目申请发明专利 23 项，48MnV、F40MnVS 非调质圆钢通过江苏省高新技术产品认定。

三、应用推广情况

三年累计销售非调质钢产品 14.25 万吨，销售收入 8.56 亿元，新增利税 1.25 亿元，装配车辆 1500 万辆以上，为社会节省能耗 1.4 亿度电，减少 CO_2 排放 120 余万吨，减少 SiO_2 排放 3500 余吨，并为产业链节省成本 1.68 亿元，取得了显著的经济和社会效益。产品已批量供应通用、大众、奔驰、PSA、福特汽车、韩国现代、康明斯发动机、沃尔沃、东风商用车、江铃汽车、依维柯、舍弗勒、蒂森克虏伯、Bosch、法雷奥等国内外知名主机厂及零部件厂，带动相关行业发展，具有强劲市场竞争力。

四、项目创新点

本项目取得如下创新：

（1）开发出含硫非调质钢、高硫易切削钢硫化物纺锤化控制核心技术，含硫非调

本项目获得 2019 年冶金科学技术奖二等奖。

质钢硫化物按照 NF A 04-108 标准评定达到 B~C 级水平，长宽比 95%控制在 1~3 之间，实现了长宽比不大于 5 的防脆状控制，国际首创；高硫易切削钢硫化物形态按照 SEP1572 检验达到 2.2~2.3 级别，打破国际垄断替代进口。

（2）突破易切削非调质钢超洁净控制技术瓶颈，将宏观夹杂物密度控制在 5mm/dm^3 以下，单个长度 5mm 以下，攻克了该类钢在各类车辆及船运发动机曲轴上的磁痕技术难题，连续保持 5 年曲轴零磁痕纪录，达到国内领先水平。

（3）攻克非调质钢强度有余而韧性不足的技术难题，实现圆钢轧态晶粒度 10 级以上，在国际上首次将非调质钢轧材冲击功达到 190J 以上，达到国际领先水平。

（4）开发了非调质钢构件第二相粒子析出、晶粒细化与组织演变的协同控制技术及表面剧烈形变诱导梯度纳米结构改性技术，实现非调质钢构件第二相粒子纳米化析出、晶内铁素体增韧、组织性能差异化控制以及表面强化，满足胀断连杆不同部位差异化的组织和性能要求，使得曲轴、半轴等零部件具备优异的强韧性匹配，耐疲劳周次提升约 1~2 倍。

五、项目意义

本项目开发的产品替代进口，已批量供应国内外知名主机厂及零部件厂，取得了显著的经济和社会效益，并带动相关行业发展。

工程机械用超高强度调质结构钢板关键制造技术与应用

一、完成单位

东北大学、湖南华菱涟源钢铁有限公司、南京钢铁股份有限公司。

二、项目概况

本项目属于金属材料加工领域。随着工程装备向大型化、轻量化方向发展，对关键部件制造用超高强结构钢板提出更高要求，如强韧性匹配良好、易焊接、冷成型优异和高平直度板形等。此前，同类钢板均由瑞典 SSAB 进口，形成独家垄断。进口钢板周期长，价格畸高，且只售钢板不售技术，阻碍了我国装备制造业发展。

在国家项目支持下，东北大学、涟钢、南钢产学研合作，历时十年，逐步建立起超高强结构钢合金体系、组织调控技术体系和产品体系，攻克热处理装备技术瓶颈，研发成功国际最高级别钢板和配套焊接、折弯、切削加工应用技术。

本项目共申请发明专利 29 项、授权 19 项，发表论文 62 篇；起草国家和企业标准 3 项；产品相继获 "冶金产品实物质量特优质量奖" "湖南省名牌产品" "江苏省高新技术产品" 等荣誉；中国金属学会评价 "项目在薄规格板形控制技术达到国际领先水平" "低温韧性、焊接性和疲劳性能优于 SSAB 同级别产品"。

三、应用推广情况

三年累计生产高品质钢板 16.1 万吨，国内市场占有率 70% 以上，新增产值 13.8 亿元，利税 4.9 亿元；成果已广泛应用于徐工、中联、三一和柳工等国内主要工程机械企业以及欧洲、南美等国际市场中大型起重机、混凝土泵车等关键部件。项目的成功，满足了大型工程机械用材需求，促进了相关行业发展，提升了我国工程机械国际竞争力。

四、项目创新点

本项目取得如下创新：

（1）率先提出以碳含量和碳当量控制为基础、Ti-Nb/V-Mo 微合金化的超高强钢

本项目获得 2020 年冶金科学技术奖二等奖。

合金体系，协同细晶、相变、析出复合强韧化机制，获得超细晶高强韧位错型板条马氏体基体，首次开发出屈服强度 1300MPa 工程机械用结构钢板；钢板奥氏体平均晶粒尺寸小于 10μm，–60℃ 冲击功不小于 50J，达到国际最好水平。

（2）提出并实践了超高强钢板轧制—冷却—热处理一体化组织调控方法，发明了超高强钢板中提高精轧压下率细化并压扁奥氏体、控冷纳米析出和余热自回火控制铁碳化合物等新工艺，显著提高钢板强韧性、止裂性和抗氢脆性能。

（3）提出极薄高强钢板受约束淬火变形机制和低残余应力淬火方法，发明多机架高刚度伺服控制辊系、高强均匀阵列射流水刀等核心部件，成功研制出极薄钢板辊压式淬火装备和 2~12mm 钢板高平直度淬火技术，2mm 钢板整板淬火不平度不大于 3mm，率先实现批量淬火生产。

（4）成功研发 Q890~Q1300 共 12 个牌号工程机械用高强调质钢，实现级别和规格国产化全覆盖，率先将国产钢板应用于超大型工程装备，成功开发配套折弯、焊接、切割应用技术，钢板切割不变形、焊后 180° 折弯不开裂，形成对进口钢板的性能优势。

五、项目意义

本项目的成功开发，满足了大型工程机械用材需求，促进了相关行业发展，提升了我国工程机械国际竞争力。

高品质抗湿硫化氢腐蚀压力容器用钢板制造技术及应用

一、完成单位

江阴兴澄特种钢铁有限公司、兰州兰石重型装备股份有限公司。

二、项目概况

本项目针对高品质压力容器钢板进行品种质量升级研发，属于钢铁冶金新产品、新工艺研发及应用领域。

氢致开裂、硫化物应力开裂和应力导向氢致开裂是压力容器设备在湿硫化氢环境中失效的主要原因，是当前石油化工领域生产中最突出的技术难题之一，严重困扰石化企业生产装置的安全运行。近年来，我国冶金企业在抗湿硫化氢腐蚀压力容器用钢板的研制方面取得了一定进展，但在产品最大厚度、性能稳定性和产业化应用技术方面与国外先进产品仍有差距。为此，江阴兴澄特种钢铁有限公司（简称兴澄特钢）联合兰州兰石重型装备股份有限公司（简称兰州兰石）组织科技人员成立项目组，开展抗湿硫化氢腐蚀压力容器用钢板制造及应用技术研究，并取得了重大技术突破和成果。

本项目发明专利授权 14 项，论文 5 篇。

三、应用推广情况

本项目开发的产品批量应用于 RAPID 项目、BP 项目、大连石化和恒力石化等项目，三年累计生产 4.5 万吨，产值 3.6 亿元，出口创汇 1.1 亿元，具有良好的经济效益和社会效益。

四、项目创新点

本项目取得如下创新：

（1）国内率先采用 NACT（正火加速冷却+回火）工艺研发出最大厚度达 250mm 的抗氢致开裂压力容器钢板。采用高纯净钢冶炼、大压下轧制工艺、NACT 工艺、带温压平、厚度方向组织性能均匀性控制等整套技术集成，成功研发达到国际先进水平的抗氢致开裂压力容器用钢板，填补了我国大厚度抗氢致开裂压力容器钢板的技术空白。

本项目获得 2020 年冶金科学技术奖二等奖。

（2）采用亚温淬火+回火工艺制造高韧性抗氢致开裂压力容器钢板。采用高纯净钢冶炼、连铸板坯偏析高温扩散、带状组织控制等整套技术集成，成功研发达国际先进水平的抗氢致开裂压力容器用钢板。PCT发明专利"一种抗氢致开裂压力容器钢板及其制造方法"获得欧洲专利局授权。产品具有内部质量良好、低温冲击韧性储备充足、抗氢致开裂性能优异的特点，适用于冷成型和热成型，在国内外实现了产业化，并开拓了销售市场。

（3）国内率先采用真空轧制复合技术，成功制造出具备国际先进水平的大厚度高品质抗湿硫化氢腐蚀压力容器用钢板，可以大幅度提高钢板的内部质量、抗层状撕裂性能和芯部冲击性能，关键核心技术处于国际先进水平。

（4）成功开发"450mm连铸板坯替代钢锭制造大厚度高品质抗湿硫化氢腐蚀压力容器用钢板"绿色制造技术，压缩比突破传统不小于3.0的限制。

（5）成功开发项目产品配套的厚壁双丝窄间隙埋弧焊接技术，焊道外形美观，焊接缺陷少，显著节省了熔敷金属量，大大提高生产率。

五、项目意义

本项目开发的产品质量达国际先进水平，批量应用于RAPID项目、BP项目、大连石化和恒力石化等项目，有效推动石化行业高端压力容器制造业发展，具有良好的经济效益和社会效益。

大轴重长寿命重载铁路用无碳贝氏体合金钢及组合辙叉研制开发

一、完成单位

钢铁研究总院、浙江贝尔轨道装备有限公司、江苏沙钢集团淮钢特钢股份有限公司。

二、项目概况

针对我国重载铁路所需高耐磨长寿命辙叉产品的迫切需求,历时十二年开发出无碳(无渗碳体)全贝氏体合金钢及翼轨焊接式组合辙叉。使辙叉通过总重由原来的2亿吨大幅提高到3亿吨。节省维护成本超20%和更换频次时间超10%,保证了列车运行安全获得了良好的经济和社会效益。

本项目所开发的合金钢辙叉为对称结构设计,是由心轨和翼轨组成:心轨叉心由贝氏体钢轨制造;翼轨为三段式焊接结构,两端为U75V珠光体轨有利于与重载铁路同质珠光体轨在线焊接保证质量。翼轨中间段为贝氏体轨,与叉心轨共同承担车轮转轨过程中的强冲击和高磨损。与非对称辙叉心轨设计和辙叉镶嵌式翼轨设计相比,辙叉对称结构设计特点是贝氏体钢轨用量少,贝氏体钢翼轨承力总面积大,承受列车往返通行的能力一致,达到了低成本高性能的目的。

通过合金体系设计和热处理工艺开发,实现了无碳化物下贝氏体合金钢具有强度可控、塑韧性和硬度可控和高抗接触疲劳和耐磨性能。翼轨闪光焊接工艺性能可靠,是高锰钢辙叉升级换代产品,整体性能优于国内其他贝氏体钢辙叉类型。

本项目获发明专利2项,实用新型专利12项,制定冶金行业标准1项、团体标准1项,形成了成套生产技术和企业标准。该项目整体技术成果达到了国际领先水平。

三、应用推广情况

目前已经在全路18个铁路局和地铁推广应用,辙叉年产超过9000组,产销量占全国合金钢辙叉超过71%。产品已销往韩国、土耳其等国家,与韩国朝恩公司合作,提供合金钢材料等核心部件和技术。三年累计经济效益超3.3亿元。

本项目获得2020年冶金科学技术奖二等奖。

四、项目创新点

本项目取得如下创新：

（1）开发出无碳（无渗碳体）全贝氏体合金钢及翼轨焊接式组合辙叉。使辙叉通过总重由原来的 2 亿吨大幅提高到 3 亿吨。

（2）项目形成了合金钢成分设计—微观组控制机理—合金钢冶炼轧钢生产—合金钢辙叉生产—质量检测全链条成套生产技术，形成了成套生产技术和企业标准。

（3）研制了辙叉用一代 1240MPa 级和二代 1300MPa 级无碳贝氏体合金钢。通过合金体系优化和关键热处理工艺开发，获得无碳下贝氏体组织钢轨钢，同时控制钢中残余奥氏体和马氏体在 5% 以内，达到了不影响钢材综合性能的目的，在保证了钢材组织一致性，使综合性能大幅提高。

（4）改进辙叉用贝氏体钢轨生产工艺，由钢坯原来的铸锭+锻制工艺改为直径 500mm 连铸大圆坯+热轧大扁坯生产，保证了坯料微观组织均匀性和性能稳定性。

（5）开发出适用于 75kg/m 和 60kg/m 钢轨配套的 12 号和 18 号翼轨焊接式贝氏体合金钢辙叉，满足了轴重 25t、27t 和 30t 轴重的重载列车提速和重载化发展需要。

（6）通过合金体系设计和热处理工艺开发，实现了无碳化物下贝氏体合金钢强度可控、塑韧性和硬度可控，高抗接触疲劳和耐磨性能，翼轨闪光焊接工艺性能可靠，是高锰钢辙叉升级换代产品，整体性能优于国内其他贝氏体钢辙叉类型。

五、项目意义

本项目成果满足了我国重载铁路所需高耐磨长寿命辙叉产品的迫切需求，大幅节省维护成本，保证了列车运行安全，具有良好的经济和社会效益。

高性能大规格直接切削用
非调质钢的开发及推广应用

一、完成单位

中国汽车工程研究院股份有限公司、苏州苏信特钢有限公司、钢铁研究总院、中信金属股份有限公司、江苏永钢集团有限公司、河南济源钢铁（集团）有限公司、海天塑机集团有限公司、陕西东铭车辆系统股份有限公司、河南省特殊钢材料研究院有限公司。

二、项目概况

本项目属于先进钢铁研制及其应用技术领域。自 2009 年开始，针对工程机械、重载车辆承载零件所面临的强韧性提升、制造节能降本两大行业共性需求，基于 NbV 复合微合金化，结合在控轧控冷方面的创新设计、下游产品应用技术的协同攻关，完成一系列高性能大规格直接切削非调质钢开发，实现大规模应用于国内工程机械、重载车辆零件制造领域。

通过本项目开展，突破了实现工程机械、重载车辆关键零件在重载、冲击、复杂应力条件下的服役安全性、可靠性保障目标的合金化设计、制备及其应用技术瓶颈问题，填补国内高性能大规格直接切削非调质钢开发及其在工程机械、重载车辆零件制造业内的应用空白，形成国产大规格直接切削非调质钢技术体系。

本项目授权专利 11 项、发明专利 10 项、发表论文 26 篇、出版专著 1 部，部分成果已获相关行业级科技奖项。

三、应用推广情况

2014 年至今，钢种开发成果相继落地于苏钢、济钢、永钢，在海天、陕汽等十余家工程机械、重载车辆零件制造企业实现应用。通过大幅度材料节约、零件制造过程的节能降本，产生了可观的经济和社会效益。自 2014 年至今，项目上下游产业链新增产值共计约 20.59 亿元，新增利润共计约 3.26 亿元。

本项目获得 2020 年冶金科学技术奖二等奖。

四、项目创新点

本项目取得如下创新：

（1）基于 NbV 复合微合金化，依托 Nb、V 的第二相随控轧控冷不同阶段析出所产生的协同"强韧化"效应，实现钢材保强增韧，工艺性改善，零件服役性能提升的创新技术理念，开发 Nb-V-N（含铁素体+珠光体、贝氏体两大组织类型）、Nb-V-B 两大合金体系、十余种大规格直接切削非调质钢牌号，规格涵盖 70~250mm。

（2）开发了面向高强韧性、大规格直接切削用非调质钢的创新控轧控冷专用技术，在满足总压缩比及关键道次压缩率条件下，通过控制再结晶过程和快冷、缓冷的匹配，得到大规格棒材均匀细化的奥氏体晶粒组织；终轧后通过穿水快冷，得到相变后细化的基体组织；并通过轧制和专用冷却工艺的计算机模拟，形成和固化了高性能大规格直接切削用非调质钢专有的控轧控冷工艺技术和流程。

（3）基于开发的大规格直接切削非调质钢性能优势，研究了其下游应用技术问题，突破了装载机和重型车辆半轴、注塑机拉杆等典型承载零件基于新钢种的产品设计、工艺匹配等工程瓶颈技术问题，使材料的高性能转化为了零件的高功能。开展了从材料性能、微观组织、冲击断口直到零件功能的台架试验和使用试验等多维的材料性能和零件功能的测评，即从微观到宏观的多维度的系统评价，完成了材料设计到零件应用的全链条研发。

五、项目意义

本项目突破了实现工程机械、重载车辆关键零件在重载、冲击、复杂应力条件下的服役安全性、可靠性保障目标的合金化设计、制备及其应用技术瓶颈问题，填补国内高性能大规格直接切削非调质钢开发及其在工程机械、重载车辆零件制造业内的应用空白，形成国产大规格直接切削非调质钢技术体系。该项目产生了可观的经济和社会效益。

石化加氢装置用大口径奥氏体合金无缝管关键技术与产品开发

一、完成单位

江苏武进不锈股份有限公司、永兴特种不锈钢股份有限公司。

二、项目概况

加快推进成品油质量升级，适应日益严格的排放标准，是改善环境、治理雾霾等污染、促进绿色发展、应对全球气候变化的重要举措，已成为石化企业提质改造升级重点。加氢装置作为石油精制、深加工的重要装置其作用也正逐步扩大，由于各方面的原因，加氢装置用具有特殊要求的管材大都依赖进口，而进口管料在技术、采购价格、交货期等方面受制于国外供应商，严重制约了我国炼化工业的发展。因此，研究、开发和生产特殊要求的管材，实现国产化，对提高我国炼化设备制造水平，促进炼化工业发展，保障国家能源安全有着重要意义。在此情况下，江苏武进不锈股份有限公司、永兴特种不锈钢股份有限公司参与对石化加氢装置用大口径奥氏体合金无缝管成套技术进行研发。该项目产品列入了国家火炬计划项目"高温高压加氢裂化用大口径不锈钢管无缝管""N08825高温耐蚀特种合金材料"，经过八年多来系统研究制造工艺技术及关键设备的自主集成，成功研发了石化加氢装置用大口径奥氏体合金无缝管，项目整体技术处于国内领先水平，N08825大口径管处于国际先进水平。

项目获得专利32项，其中发明专利5项，起草了7项国家标准，发表论文4篇，形成多项技术秘密。技术经济指标达国际先进水平，已获经济效益2.48亿元。在国内40个新建石化和加氢装置技术升级改造项目上应用；在推动不锈钢产业技术向高精尖、高附加值方向发展，实现钢铁工业转型方面具有重要意义。

三、应用推广情况

本项目在国内40个新建石化和加氢装置技术升级改造项目上应用，已获经济效益2.48亿元。

本项目获得2016年冶金科学技术奖三等奖。

四、项目创新点

本项目取得如下创新：

（1）开发出超低碳奥氏体合金钢的氩氧炉精炼工艺和电渣重熔工艺，即 AOD 精炼 $CaO-Al_2O_3-MgO-SiO_2$ 四元渣系精炼工艺方法，包括了深脱氧和脱硫工艺，超低碳冶炼工艺、电渣锭偏析控制等核心技术，形成了夹杂物纯净化冶炼关键工艺。

（2）率先创造了铁镍基合金的电渣锭的锻造防止开裂和晶粒度控制技术。使圆钢具有最佳的塑性韧性和良好的加工成型及耐蚀性。

（3）实现大直径 N08825 高温合金热穿孔，自研了斜底式加热技术和对圆钢热穿孔工艺优化，突破大口径奥氏体合金热穿孔过程中成型工艺，解决了穿孔过程中表面开裂等问题。

（4）独创了大口径奥氏体无缝管"高温固溶热处理+大变形冷轧+成品固溶热处理"为核心的冷加工工艺技术，解决了冷加工过程中表面裂纹、离层等一系列技术难题，产品实物质量达国际先进水平。

（5）自主集成了固溶热处理成套关键技术和装备，开发大口径辊底式固溶热处理生产线、箱式炉快速下水装置等关键技术，实现细晶和均一奥氏体组织的控制目标。

五、项目意义

本项目在推动不锈钢产业技术向高精尖、高附加值方向发展，实现钢铁工业转型方面具有重要意义。项目开发成果对提高我国炼化设备制造水平，促进炼化工业发展，保障国家能源安全有着重要意义。

宽幅高碳马氏体不锈钢卷板
关键工艺技术及产品开发

一、完成单位

太原钢铁（集团）有限公司、北京科技大学、山西太钢不锈钢股份有限公司。

二、项目概况

本项目属于材料科学与技术领域，涉及冶金、压力加工等学科。

高碳马氏体不锈钢属于不锈钢中非常有特色且具有高附加值的一类产品，由于其在淬火后具有高硬度和良好的耐蚀性，在五金刀剪、手术医疗器械、量具及磨具等行业具有广泛的应用前景。该类钢种技术水平要求高、制造难度很大，对宽幅卷板生产而言尤为如此，国际上仅有日本的 JFE 及德国的蒂森克虏伯等极个别不锈钢企业掌握其核心技术，国内高端行业基本依赖进口。其技术难度主要体现在以下几个方面：（1）在钢质纯净度方面，为满足食品行业安全及产品耐蚀性要求，必须对重金属元素及夹杂物进行严格控制。（2）连铸易漏钢；且由于碳含量高，凝固过程极易产生碳的偏析。（3）在热轧及热处理过程中，容易形成碳化物不均匀现象，影响钢板的冷加工性和产品的使用性能。（4）韧脆转变温度高，冷脆性大，冷轧易断带等。

本项目经过五年的探索，在大量研究工作基础上，形成了一系列宽幅高碳马氏体不锈钢卷板专利和专有技术，并在国内首次开发成功包括 3Cr13、4Cr13 及 5Cr15MoV 等在内的系列宽幅高碳马氏体不锈钢卷板，产品实物质量达到国际先进水平，满足了高端五金刀剪、手术医疗器械及量具的行业需求。

本项目共申请专利 5 项，授权 3 项，形成企业技术秘密 10 项，发表论文 4 篇，总体水平达到国际先进水平。

三、应用推广情况

2013~2015 年累计开发 3Cr13、4Cr13 及 5Cr15MoV 高碳马氏体不锈钢卷板 68654t，实物质量达到国际先进水平，产品替代进口，广泛应用于国内知名生产企业，产品80%出口欧美等海外市场。三年实现新增产值 49882 万元，新增利税 4986 万元，出口创汇 495 万美元。

本项目获得 2016 年冶金科学技术奖三等奖。

四、项目创新点

本项目取得如下创新：

（1）开发出了高碳马氏体不锈钢高纯净度控制技术，使重金属元素含量及夹杂物控制达到国际先进水平。

（2）开发出了高质量宽幅高碳马氏体不锈钢板坯连铸工艺技术，彻底解决了其在连铸过程中易漏钢及碳偏析问题。

（3）开发出了高碳马氏体不锈钢合理的热轧及热处理工艺，改善组织中二次碳化物分布的不均匀性，大大提高了材料的加工性和使用寿命。

（4）开发出了高碳马氏体不锈钢冷板温加工技术，彻底解决了其在冷加工过程中易断带问题。

五、项目意义

本项目的完成提高了国内不锈钢生产水平，优化了我国不锈钢品种结构，促进了我国不锈钢消费和生产结构调整；提高了我国不锈钢产品的国际竞争力，同时促进了我国不锈钢相关产业的健康、可持续发展。

低成本高性能系列冷轧高强 DP 钢
开发及成形应用技术

一、完成单位

鞍钢股份有限公司、北京科技大学。

二、项目概况

本项目属冶金材料科学技术领域。目前，在汽车用各类高强钢中，冷轧双相钢仍然是应用最多的钢种之一。但如何以较低的成本生产高性能冷轧高强钢并系统搞清与各工艺相应的微观组织与宏观成形性、回弹及高应变速率下的碰撞性能等应用性能关系，为产品低成本生产和高效应用提供科学依据仍是重大的现实课题。本项目主要内容包括：针对汽车轻量化、安全与低成本的总需求，设计开发系列低成本高强冷轧及热镀锌双相钢并建立系统优化的工艺控制技术；建立热轧后冷却至退火的全程组织演变模型，实现对各相分数、组织及碳浓度分布等参量的定量化可视化描述，并通过微观组织对宏观板料性能的预测，系统研究杨氏模量、屈服准则等对高强钢回弹计算精度的影响，建立提高高强钢回弹预测精度的实用方法；系统研究高应变率下高强 DP 钢的力学行为及碰撞性能，为应用提供科学依据。

项目特点包括：低成本、高性能。冶金材料专家鉴定意见为"该成果在总体上达到国际先进水平，在超低硅热镀锌双相钢成分设计和工艺技术方面居国际领先水平"。已申报专利 12 项（已授权发明 5 项、实用新型 4 项），开发的 DP490、DP590 钢中 Si 含量最低（0.01%Si），显著提高了表面质量、焊接性和成形性能；DP590 为低 C，较低 Mn，不添加其他合金，具有低成本和较低屈强比；DP780、DP980 采用低碳当量设计，不加 Mo、Nb 等合金元素，实现低成本并避免偏析、焊接性恶化和表面质量问题，成形性能良好。

三、应用推广情况

开发生产的低成本高性能系列冷轧双相钢及超低硅热镀锌系列双相钢主要用于制造轿车覆盖件、结构件，实现了车体轻量化、提高安全性及节能减排。该项目三年生产应用各级别冷轧及热镀锌双相钢 24.1 万吨，新增产值 11.73 亿元，新增利税 2.0242

本项目获得 2016 年冶金科学技术奖三等奖。

亿元，在东风日产等用户使用效果良好，经济社会效益显著。

四、项目创新点

本项目取得如下创新：

（1）提出低成本减量化的系列冷轧高强双相钢合金成分设计，采用柔性退火技术，在低成本前提下成功开发出冷轧 DP490-DP1180 和热镀锌双相钢系列产品，改善了表面质量，保证了优良的综合性能。

（2）设计开发出具有良好成形性和表面质量的 GI490DP、GI590DP 超低硅热镀锌双相钢，不添加 Mo、Nb、V 等合金元素，明显降低了成本。

（3）建立了高强双相钢连续退火全过程组织演变分析模型、回弹预测与数值分析、高应变速率影响与碰撞性能评价新方法，定量分析了马氏体—铁素体间的应力应变，为质量性能控制和应用打下坚实的科学基础。

五、项目意义

本项目开发生产的低成本高性能系列冷轧双相钢及超低硅热镀锌系列双相钢广泛应用于制造轿车覆盖件、结构件，实现了车体轻量化、提高了安全性，实现了节能减排。

高温合金高品质棒材制备技术研发及应用

一、完成单位

东北特殊钢集团有限责任公司。

二、项目概况

高温合金是以镍、钴、铁为基体,能够在600℃以上高温和一定应力作用下长期服役的金属材料。高温合金既是航空发动机热端部件、运载火箭发动机和导弹发动机各种高温部件的关键材料,又是工业燃气轮机、核电和超超临界发电等清洁能源、石油开采和炼油化工等工业领域所需的高温耐蚀部件材料。因而高温合金是国防建设和经济建设不可或缺的重要材料,它的研制和生产状况是一个国家金属材料发展水平的标志之一。

高温合金棒材是武器装备和高端装备的各种盘锻件、环锻件、轴锻件、无缝管的重要基础材料。它的质量决定了盘锻件、环锻件、轴锻件以及无缝管的微观组织和力学性能,最终将影响各类发动机、燃气轮机、汽轮机、核反应堆、油气井、石油炼化设备的整体性能和稳定运行。

"十二五"期间,为满足我国武器装备重点型号、高端装备和经济建设重点工程的需求,以国产材料顶替进口,抚钢系统地创新高温合金棒材的制备工艺技术。一系列新技术的应用大幅度提升了高温合金棒材的纯净度和微观组织均匀性,解决了高温合金棒材超声检测噪声超标问题,提高了高温合金棒材的力学性能,高温合金棒材的直径限制有了跨越式增大。为国防和各工业领域提供了高品质棒材,推动了军民融合发展,确保国计民生的关键材料后墙不倒。

目前已授权发明专利3项,实用新型专利4项,修订国家标准5项,形成企业技术秘密18项,3项通过省优秀新产品鉴定,5项获得抚顺市科技进步奖和辽宁省新产品奖,1项获冶金实物质量金杯奖,1项产品被评为抚顺市名牌,其他市级奖励4项,发表论文70余篇。本项目处于国际先进水平,促进了行业技术发展,对我国特钢行业的转型升级和创建民族品牌做出了贡献。

本项目获得2017年冶金科学技术奖三等奖。

三、应用推广情况

目前，抚钢 77 种牌号的高温合金棒材，普遍应用了本项目相关工艺技术，多种国内急需材料打破了国外战略垄断，多个牌号打入国际民航市场，抚钢高温合金的质量和产量得到飞跃式发展。2014~2016 年，生产高温合金 11104t，产值 254072 万元，实现利税 125850 万元。

四、项目创新点

本项目取得如下创新：

（1）在熔炼方面，开发了电弧炉/感应炉+钢包真空精炼技术；开发了高温合金返回料纯净化处理技术；开发了大型真空感应炉浇注挡渣系统；开发了真空感应炉浇注金属电极去应力技术；开发了真空电弧炉熔炼超大规格锭型技术；开发了真空感应炉+电渣炉+真空电弧炉熔炼技术。

（2）在热加工方面，开发了快锻机多向锻造和控温锻造技术；开发了精锻机锻造高温合金技术和高温合金剥皮技术。

五、项目意义

本项目为国防和各工业领域提供了高品质棒材，推动了军民融合发展，促进了行业技术发展，对我国特钢行业的转型升级和创建民族品牌做出了贡献。

高性能焊丝钢开发及应用

一、完成单位

江苏沙钢集团有限公司、北京科技大学。

二、项目概况

本项目属于钢铁冶金、金属材料和焊接领域。

本项目创建了低焊接飞溅理论和控制技术，打破了行业长期仅依靠焊接工艺优化来降低飞溅的普遍认知，开辟了通过材料（焊丝）来降低飞溅的新途径；创建了高拉拔性能的理论和控制技术，开辟了深加工行业用线材的技术质量评价新体系；自主研制了六大系列、28 个牌号的焊丝钢，多个产品填补国内空白，2 项为国际首创；研发产品在西气东输、铁道货车、石化加氢反应器、俄罗斯乌恰管线等国家工程中应用，效果良好。

本项目特点包括：横跨钢铁冶金、金属材料和焊接领域，涉及炼钢、轧钢、材料、焊接、用户应用技术。

本项目获授权发明专利 17 项、发表论文 52 篇，大会邀请报告 4 次，国外邀请报告 4 次，获得国内外同行的高度评价。总体技术水平为国际先进水平，部分指标国际领先水平。

三、应用推广情况

国际首创产品 SK65H 用于中亚 B 线和俄罗斯乌恰等项目。新一代管线 X90 用焊丝钢率先通过中石油认证、用于试验段建设。加氢反应器用 CrMo 系焊丝钢用于中石化镇海 300 万吨/年的催化裂化装置项目。管道对接全自动焊用焊丝钢 THG80 已开始小批量替代进口。耐候焊丝钢 ER55-G 用于中车的多批次货车车厢。海底管线用 H08C 已用于中海油海西和荔湾等重点项目。低飞溅 ER70S-6 广泛用于制造业，占国内 30%以上份额，并首次实现了国内焊丝钢出口日本。沙钢已成为国内高性能焊丝钢的研发生产基地。项目实施近三年，累计销售 64.6 万吨，销售收入 29.7 亿元，新增利税9961 万元，出口创汇 5148 万美元。

本项目获得 2017 年冶金科学技术奖三等奖。

四、项目创新点

本项目取得如下创新：

（1）采用高钛高硼合金技术在国内率先成功研制出新一代管线 X90/100 用焊丝钢，国内首创。

（2）基于两相设计的 1000MPa 焊丝钢在确保强度和低温韧性的同时，还实现了免预热，国内首创。

（3）开发的低温热煨弯管 K65 专用焊丝，-40℃ 冲击功在 80J 以上，解决了现有技术条件下冲击功 20~50J、不能满足 47J 的技术要求的顽疾，国际首创。

（4）开发的加氢反应器用 CrMo 焊丝钢，在去氢和去应力热处理后，-20℃ 冲击功和抗拉强度达到日欧进口产品水平，填补国内空白。

（5）开发的管道对接全自动气保焊丝 THG80 解决了全位置焊成型问题，填补国内空白，与国外产品同一水平。

（6）开发的低飞溅焊丝钢 ER70S-6，飞溅比同类产品低 50%~70%，与日本产品同一水平，并实现出口日本，居国际先进水平。

（7）开发的高拉拔性能 ER70S-G，成分和强度均匀性、氧化皮厚度和剥离性、加工断丝率等达到国外产品水平，领先国内产品。

五、项目意义

本项目创建了低焊接飞溅理论和控制技术，打破了行业长期仅依靠焊接工艺优化来降低飞溅的普遍认知，开辟了通过材料（焊丝）来降低飞溅的新途径；创建了高拉拔性能的理论和控制技术，开辟了深加工行业用线材的技术质量评价新体系。

钛合金油井管产品开发

一、完成单位

天津钢管集团股份有限公司。

二、项目概况

本项目属于材料科学技术领域。国际上多数气田井下均含有高浓度 CO_2、H_2S 及单质硫等强腐蚀性介质，我国 70% 的主产区块腐蚀苛刻程度堪称世界之最，油井管如何安全经济选材一直是困扰行业安全规模开发大气田的突出难题。目前使用的镍基合金油管存在悬重大、存在铁污染腐蚀风险、交货期长及价格高等问题。因此，急需寻找更高性价比的替代产品。

自 2011 年开始，本项目首创性的把钛合金材料与高效无缝钢管生产技术结合，实现了生产工艺的创新。完成了钛合金油井管的钢种成分设计、坯料制备、高效轧制、组织性能调控、特殊螺纹设计及评价等发明创新。

本项目成果不仅填补了国内外苛刻腐蚀环境用钛合金油井管的市场空白，也为钛合金材料开拓了新的制造工艺模式与应用领域。获得 7 项专利授权其中 5 项为发明专利，另有 3 项发明专利在申请中。

经专家组鉴定本项目开发的钛合金油井管及配套生产技术达到世界领先水平。

三、应用推广情况

开发的钛合金油井管通过了第三方实验室评价，指标达到设计及工程要求，得到中石化专家组的认可并在中石化元坝区块实现了全球首次全井使用，共计 6324m，服役状况良好，业界给予了高度评价。仅 2015 年一年，即实现销售收入 2161.1 万元，利润 1136.38 万元，利润率达到 50% 以上。

四、项目创新点

本项目取得如下创新：

（1）针对油井管对高耐蚀及高强韧性的要求，开发了钛合金成分设计体系，形成

本项目获得 2017 年冶金科学技术奖三等奖。

了高纯均质化铸锭工艺技术、多维细晶中温管坯锻造技术。

（2）针对钛合金热加工温度窗口范围窄，制造过程精细化程度高，开发了高耐蚀高强韧钛合金无缝管材的"钢—钛"结合低成本工业化制造成套技术。在完成工艺创新的同时有效降低工艺成本。

（3）针对高强钛合金冲击功较低，开发了钛合金韧性遗传控制技术及复相组织强韧匹配调控技术。

（4）开发抗大应变的钛合金油井管特殊螺纹接头及工程评价成套技术。

五、项目意义

本项目成果不仅填补了国内外苛刻腐蚀环境用钛合金油井管的市场空白，也为钛合金材料开拓了新的制造工艺模式与应用领域。项目产品创新性强，附加值高，经济和社会效益显著。

易焊接高性能耐磨钢的研发与应用

一、完成单位

莱芜钢铁集团银山型钢有限公司、北京科技大学。

二、项目概况

本项目属于金属材料加工领域。在国家"863 计划""高性能耐磨钢开发"(2012AA03A508)重点项目的支持下，不仅解决了我国钢铁企业长期不能生产 NM450-NM600 系列高强耐磨钢的问题，还提出了此类钢板不能仅局限于硬度指标的系列化，而应该针对不同应用领域对耐磨钢个性化需求开展研究，突破专业用途耐磨钢及其配套应用关键工艺技术。正是在此行业背景下，莱钢联合北京科技大学及相关用户企业，在系统研究不同用户对耐磨钢个性化需求的基础上，突破了诸多关键工艺技术，打造了差异化供货平台，开发出"易焊接、高均质、耐磨蚀、好加工"等多个系列高性能钢板。

本项目已申请国家专利 13 项，其中发明专利 12 项，实用新型 1 项；已授权 10 项，已公开 3 项。已认定企业技术秘密 20 项，公开发表学术论文 24 篇。

三、应用推广情况

三年累计生产销售高性能耐磨钢板 9.29 万吨，新增产值 6.16 亿元，新增利税 1.68 亿元。"易焊接、高均质、耐磨蚀、好加工"系列耐磨钢成功应用于中煤张煤机、新矿集团、兖矿集团、淄博天晟等煤矿综采设备制造公司，以及三一重工、山推股份、徐工集团、临工股份、山推胜方等工程机械制造企业。

四、项目创新点

本项目取得如下创新：

（1）攻克了低裂纹敏感指数高强耐磨钢生产技术。采用低碳含 Nb 的低 P_{cm} 值的合金设计，显著提高了耐磨钢可焊性及焊接接头性能，热影响区-20℃冲击功均值可达 140J 水平，大幅提升了焊接效率。

（2）实现了厚规格耐磨钢窄硬度区间控制技术。攻克了厚规格耐磨钢厚度方向硬

本项目获得 2018 年冶金科学技术奖三等奖。

度不均匀的问题，实现了 40~50mm 厚度的 NM450 级别耐磨钢厚度方向硬度变化不大于 HBW15；最大可供货规格达到 100mm 厚度，实现了高均质的耐磨钢产品研发应用。

（3）突破了耐磨蚀高强钢板组织调控技术。设计了低 C、低 Mn 复合添加 Cu、Ni 的合金成分体系，开发了新型耐磨蚀 NM360 高强度钢板，在矿井复杂的服役环境下，相对于传统 NM360 的服役寿命显著提升。

（4）开发了高强度耐磨钢板三枪切割装备技术。发明了"三枪切割设备"，实现了"前枪预热、中枪切割、后枪处理"的"三枪切割法"，有效解决了传统耐磨钢切割开裂问题。

五、项目意义

本项目攻克了高性能耐磨钢产品研发生产技术瓶颈，为实现相关应用领域钢铁材料的升级、产业技术进步和冶金产品国产化进程发挥着积极推动作用，推广应用前景广阔，经济效益和社会效益显著。

高品质承压设备用钢板的研制与应用

一、完成单位

江阴兴澄特种钢铁有限公司。

二、项目概况

兴澄特钢高端压力容器用钢板包括大单重临氢 CrMo 钢、抗 HIC 钢和锅炉汽包钢等，主要应用于石油、化工、煤制油以及电站锅炉等领域。临氢 CrMo 钢产品包括国标 12Cr2Mo1R、14Cr1MoR、15CrMoR，美标 SA387 系列。12Cr2Mo1R 钢板最大厚度 210mm，最大单重 52t，厚度和单重均为国内外同类热轧钢板最大；最大厚度 140mm 14Cr1MoR 钢板在保证高温性能的前提下仍可保证较高的心部 −18℃ 冲击韧性；满足 −38℃ 冲击要求的 15CrMoR 为国内外首次量产，达到国际先进水平。抗 HIC 钢主要用于湿硫化氢环境压力容器，厚度 6~200mm，抗 HIC 和 SSC 性能国内领先，并与 Arcelor、Dillinger 相当。锅炉钢板主要应用于汽包领域，产品主要包括欧标的 P355GH、16Mo3、美标的 SA299 以及国标的 13MnNiMoR 等。190mm 锅炉钢 SA299 心部性能优良为国内最厚。

高端压力容器用钢板的共同特性表现为高纯净度、良好的内部质量、可焊性及匹配良好的机械性能；根据用途的差异，不同使用环境下的容器板又各具特性，如要求超大厚度、高温性能、抗 HIC 性能等。高端容器板的共同特性可以简单概括为：高质量，高难度，多品种，多规格。目前，仅有国外几家钢厂，我国长期以来依赖进口，成本高、交货周期长，严重限制了我国石化能源领域装备制造业的发展。为此，兴澄特钢在 2012~2017 年期间自筹资金开展了高端压力容器用钢板的开发与研究。

本项目已获授权发明专利 5 项，实用新型专利 4 项，另有 3 项发明专利处于实审状态。发表论文 4 篇，参与制定国家标准 1 项。

三、应用推广情况

产品主要应用于石油、化工、煤制油以及电站锅炉等领域。12Cr2Mo1R 钢板最大厚度 210mm，最大单重 52t，厚度和单重均为国内外同类热轧钢板最大；最大厚度达 140mm 的 14Cr1MoR 钢板在保证高温性能的前提下仍可保证较高的心部 −18℃ 冲击韧

本项目获得 2018 年冶金科学技术奖三等奖。

性；满足-38℃冲击要求的 15CrMoR 为国内外首次量产，达到国际先进水平。抗 HIC 钢主要用于湿硫化氢环境压力容器，厚度6~200mm，抗 HIC 和 SSC 性能国内领先，并与 Arcelor、Dillinger 相当。锅炉钢板主要应用于汽包领域，产品主要包括欧标的 P355GH、16Mo3、美标的 SA299 以及国标的 13MnNiMoR 等。190mm 锅炉钢 SA299 心部性能优良，为国内最厚。

四、项目创新点

本项目取得如下创新：

（1）创新性的采用钢锭锻造+轧制工艺生产最大单重 52t 12Cr2Mo1R 钢板。

（2）国内率先采用两次淬火+回火生产厚度 100mm 以上且具有优良低温韧性的 CrMo 钢板。

（3）率先采用亚温淬火+回火工艺制造厚度达 50mm 抗 HIC/SSC 压力容器钢板的制造方法。

（4）在国内率先研发出最大厚度达 200mm 的抗 HIC/SSC 压力容器钢板。

（5）率先利用连铸坯，配合正火+分阶段、多维度加速冷却+回火的热处理工艺制造厚度达 145mm 且保心部力学性能的 13MnNiMoR 钢板的制造方法。

（6）通过成分优化，在国内率先研发出保证-20℃冲击的正火态 16Mo3 汽包板。

（7）在国内率先研发出最大厚度达 190mm 的 SA299GrB 汽包板。

五、项目意义

本项目成功开发了不同使用环境的高端压力容器用钢板，实现了产品进口替代，极大地推动了我国石化能源领域装备制造业的发展。

高端深井钻具用特殊钢研究与开发

一、完成单位

大冶特殊钢股份有限公司、中国科学院金属研究所、湖北新冶钢有限公司、湖北新冶钢特种钢管有限公司。

二、项目概况

本项目属黑色金属制造业领域，涉及石油深井钻具用钢铁材料、冶金、热加工成形与计算机模拟等多学科系统集成。

项目研发的高端特殊钢材料主要用在石油开采领域，是石油开采设备的关键材料。由于我国石油深井钻具用特殊钢材料长期存在材料力学性能低、服役寿命短的问题，且不能生产大尺寸、高强度、耐高温 H_2S 腐蚀等深井钻具用特殊钢材料，导致我国高端石油深井钻具用特殊钢材料长期依赖进口，受制于人。针对这些问题，围绕材料成分优化、钢水纯净化冶炼、钢锭低偏析与高致密控制、高等向性锻造与热处理方法以及大尺寸、高强度、耐高温 H_2S 腐蚀等深井钻具用特殊钢材料制备关键技术问题，展开系统研究。采用数值模拟技术、实验室研究与中试实验验证相结合方法，完成了高端石油深井钻具用特殊钢认证及产品开发，并实现了批量化供货。

三、应用推广情况

项目开发的产品已形成批量化生产能力，产品得到了美国哈里伯顿、美国艾默生、瑞典阿特拉斯等国际著名企业的认可和应用。自 2013 年实施起到 2015 年 12 月，新增产值 4.86 亿元，创收 1.8 亿元。

四、项目创新点

本项目取得如下创新：

（1）开发了低氧纯净化冶炼、低偏析高致密凝固、高等向性锻造及热处理等关键技术，降低了坯料成分偏析、细化了钢中夹杂物、提高了组织均匀性，获得了高强度、高等向性、耐高温 H_2S 腐蚀的高端深井钻具用特殊钢。

（2）采用上述技术，开发的 12mm（12in）大规格 AISI 4330V 钢材经调质处理后，

本项目获得 2018 年冶金科学技术奖三等奖。

半径 1/2 处屈服强度不小于 170Ksi，通过北美五大石油服务商之一 NOV（国民油井公司）认证；开发的改进型 4130M 125Ksi 钢级深井钻具用钢，国内首家通过了哈里伯顿 CTS 实验室 720 小时以上耐高温 H_2S 腐蚀试验；开发的高品质 TDP 钻头用钢得到瑞典山特维克公司认可；开发的 AISI 4340 钢，调质后全截面硬度波动范围不大于 10HBW，横向与纵向抗拉强度比值不小于 0.98。

（3）本项目开发的大规格 AISI 4330V 170Ksi 钢级被 NOV（国民油井公司）认可，并成为其全球采购新版技术规范《DMS2333 Rev 12》。

（4）项目开发的产品已形成批量化生产能力，打破了大规格高端深井钻具用钢依赖进口的局面，产品得到了美国哈里伯顿、美国艾默生、瑞典阿特拉斯等国际著名企业的认可和应用。项目实施期间，共申请专利 3 项，获得授权专利 2 项；自 2013 年实施起到 2015 年 12 月，新增产值 4.86 亿元，创效 1.8 亿元。

（5）经国内同行专家鉴定：本项目整体制备技术，已达到了国际先进水平，其中 170Ksi 大规格 AISI 4330V 钻具产品制备技术处于国际领先地位。

五、项目意义

本项目解决了大尺寸、高强度、耐高温 H_2S 腐蚀等深井钻具用特殊钢材料制备关键技术问题，研制出高强度、高等向性、耐高温 H_2S 腐蚀的高端深井钻具用特殊钢制备技术，开发的产品已形成批量化生产能力，打破了大规格高端深井钻具用钢依赖进口的局面。

北极、海上严寒区域用低温韧性结构钢板的开发与工业化应用

一、完成单位

南京钢铁股份有限公司、北京科技大学。

二、项目概况

本项目属于钢铁材料制造领域。中国是能源需求及能源进口大国,北极能源项目为中俄重大能源合作项目、建设海外大庆、"一带一路"项目及"冰上丝绸之路"新实践,海上风电等为国家"十三五"规划重点发展方向。之前我国未有在北极恶劣环境下施工的先例,海上风电开发刚起步,北极、海上用高性能钢板基本国外技术垄断,采购价格高、供货周期长,严重制约了我国能源战略发展需求。

在国家重大能源项目、"十三五"规划等支持下,完成产学研合作,成功开发了低温服役、抗应变、易焊接、耐腐蚀系列产品、核心生产及应用技术。

本项目共申请发明专利20项,授权13项,发表论文7篇。南钢是国家标准《风电发电塔用结构钢板》(GB/T 28410—2012)第一起草单位,《海上风塔用S355NL开发》通过江苏省新产品鉴定,风塔专用钢板入选国家重点新产品、省高新技术新产品。

三、应用推广情况

2014~2017年,项目累计生产低温结构钢板15.01万吨,新增产值4.88亿元,利税1.17亿元,产品成功应用于俄罗斯亚马尔LNG项目(全球最大液化天然气项目)、欧洲北海EAST ANGLIA海上风电项目以及国内沿海海上风电项目,为国家能源战略发展、提升产品国际竞争力做出重要贡献。

四、项目创新点

本项目取得如下创新:

(1)采用低碳合金钢成分设计,连铸坯C类偏析精准控制技术,TMCP工艺过程中的粗轧大压下技术,在低压缩比条件下成功研制出最厚100mm、保心部冲击低温结

本项目获得2018年冶金科学技术奖三等奖。

构钢板，钢板低温韧性优异，特别是心部处-40℃冲击均值不小于150J，韧脆性转变温度低于-60℃，钢板焊接、-10℃低温CTOD性能优异，产品开发填补国内空白、替代国外钢厂打入海外市场，满足海上结构复杂交错环境下服役要求。

（2）保障北极苛刻低温服役环境同时，实现钢板内外部质量无缺陷交货，低应力控制保证钢板切割不变形，外观零缺陷防止表面任何缺陷可能导致的腐蚀，钢板经历了北极恶劣环境下施工作业的考验，国内极少数钢厂具备供货资质。

（3）攻克了极限规格钢板的核心生产技术难题，开发全厚度规格（最薄4mm、最厚250mm）保-50℃冲击钢板，并取得欧盟CE认证，首创三坯复合工艺生产220mm Q345EZ35特厚板，首次应用于海上风电项目。

（4）突破在-50℃环境服役钢材的行业焊接难题，焊接接头及热影响区焊接质量均满足-50℃超低温冲击要求，100mm厚钢板实现不预热直接焊接，"极寒环境"下焊接施工能力大步升级。

五、项目意义

本项目成功开发了低温服役、抗应变、易焊接、耐腐蚀系列产品、核心生产及应用技术，打破了国外技术垄断，填补了国内空白，为国家能源战略发展、提升产品国际竞争力做出重要贡献。

航空发动机用高温合金小规格棒材生产技术开发及应用

一、完成单位

攀钢集团江油长城特殊钢有限公司。

二、项目概况

本项目中航空发动机用高温合金小规格棒材系国家军工配套重点项目选材，其中GH720Li、GH93、GH605合金为直升机发动机用材；GH350合金为新一代航空发动机高强度紧固螺栓用材；GH4169、GH99、GH625、GH536、GH696、GH4033、GH3044、GH3030、GH1016、GH2132合金为在役批产发动机用材；另外，公司是GH605、GH93合金小规格棒材产品国内某型号直升机的独家供应商；公司提供的GH99、GH1016等合金小规格棒材产品占国内市场份额30%以上。

由此可见，为提高产品质量和缩短交货期，为更好的服务中国航空工业，占领和抢占更多高温合金小规格棒材市场、有必要开展航空发动机用高温合金小规格棒材生产技术开发及应用，对GH720Li、GH350、GH605、GH4033、GH99、GH93等合金的特性、冶炼工艺、冷热加工工艺开展深入细致的研究。

本项目研究内容为：根据公司的5t非真空感应炉、3000Ib/6t真空感应炉、3t/7t真空自耗重熔炉、1t/3t/7t电渣重熔炉等冶炼设备、2000t/4500t压机、1t/3t/5t电液锤、3150t挤压机、500mm轧机、15t冷拔机等装备特点及优势进行航空发动机用高温合金小规格棒材生产技术研究，进行了熔炼、锻造、挤压、轧制、冷拔等方面技术研究，熔炼方面：进行Ca基纯净化熔炼技术研究和重熔过程防宏观偏析技术研究；冷热加工方面：预防难变形高温合金锻造过程开裂技术研究、3150t挤压机挤压工艺研究、轧制工艺研究和冷拔工艺研究。

三、应用推广情况

产品用于国家军工配套重点项目。

本项目获得2019年冶金科学技术奖三等奖。

四、项目创新点

本项目研究目标为：生产的航空发动机用高温合金小规格棒材产品各项技术指标均满足对应标准和型号使用要求。本项目取得如下创新：

（1）实现高温合金纯净化，使硫含量降低至较低水平，甚至达到 0.001% 以下。

（2）采用包套技术控制变形过程温降，避免和减小难变形高温合金 GH720Li 等热加工过程开裂，改善热加工塑性。

（3）采用成分优化、热处理制度调整等方式解决 GH99、GH605、GH4033 等合金的组织和性能问题。

（4）采用特殊成型工艺流程生产 GH720Li 和 GH350 合金小规格棒材，打通 GH720Li 和 GH350 合金产品工艺路线。

五、项目意义

本项目生产的航空发动机用高温合金小规格棒材产品各项技术指标满足了国家军工配套重点项目，为更好地服务中国航空工业做出了贡献。

核电用无缝钢管关键技术开发及应用

一、完成单位

天津钢管集团股份有限公司、天津大学、中广核工程有限公司。

二、项目概况

项目属冶金技术产品技术开发及应用。为满足国内核电站建设对高性能无缝钢管的迫切需求，打破国外技术垄断，提升产品技术含量和开展产品质量控制，自 2006 年开始，项目组开展联合攻关完成了核电用无缝钢管关键材料技术研制。经过近十年的技术创新及小批量试制，完成了从材料成分优化设计-炼钢控制技术控制-PQF 轧制精准控制-热处理精细组织控制等工作，实现了核电用无缝钢管关键材料的国产化和自主化。产品的开发，打破了国外企业的垄断，实现了产品国产化。已获得授权国家发明专利 4 项，在国内外公开期刊发表相关论文 11 篇。

三、应用推广情况

产品的开发，打破了国外企业的垄断，实现了产品国产化。累计开发生产 60 余个规格核电用钢管 7950.9t，主要应用在目前我国 CPR100、AP1000 以及"华龙一号"等三大核电站技术类型，涉及将近 20 余台核电站机组的管道建设。累计实现销售收入 7.06 亿元（其中天津钢管 2.26 亿元，中广核约 4.8 亿元），利税 1.26 亿元（天津钢管），增收节支总额 1.3 亿元（其中天津钢管 7712 万元，中广核约 5300 万元）。产品附加值高，经济效益和社会效益显著。

四、项目创新点

本项目取得如下创新：

（1）针对核电用管质量和性能一致性要求高，制订了电弧炉+钢包精炼+真空脱气+模铸+锻造+退火+扒皮工艺生产管坯、PQF 轧制技术生产无缝钢管的工艺路线。实现了高质量核电用无缝钢管关键材料的国产化，形成了全面的产品质量保障体系。

（2）针对 WB36CN1 钢中温相变产物复杂，制造过程组织控制困难，发展了正火过程中温等温停留针状铁素体控制技术、矫直过程瞬态微应力变形针状铁素体晶粒细

本项目获得 2019 年冶金科学技术奖三等奖。

化方法提高钢管的强度和冲击韧性、提出了正火过程消除不利组织的方法以及矫直过程组织形态控制技术等技术诀窍，大大提高了热轧钢管的各项性能。

（3）完成了核电用无缝钢管关键材料的成分优化，通过在锅炉管的基础上添加一定的 Cr 元素，大大提高了产品的抗冲刷腐蚀能力，大大提高了产品的使用寿命。通过添加一定量的 Ni 元素，使 20 控 Cr 和 A106Gr. B+Cr 获得了良好的低温冲击韧性。在中碳非合金钢的低温冲击韧性方面，有了新突破。

（4）消化吸收国外牌号的技术要求，结合 TPCO 的设备技术工艺水平，形成了管道国产化技术规范，解决了国产化执行标准问题。同时形成了具有自主知识产权的新钢种——20 控 Cr、A106Gr. B+Cr 和 WB36CN1。

五、项目意义

本项目成果打破了国外企业的垄断，实现了产品国产化，大力推动了我国电力行业向清洁能源转型，对于全面落实十九大报告提出的"壮大清洁能源产业"起到了重大作用。

家电用彩色预涂印刷钢板
关键技术研发和应用

一、完成单位

合肥河钢新材料科技有限公司、青岛河钢复合新材料科技有限公司、青岛河钢新材料科技有限公司。

二、项目概况

近年来，随着国内彩色预涂钢板产能不断增加，普通质量的预涂钢板产品竞争已进入红海，阻碍了彩涂行业技术进步和可持续发展。在彩色预涂钢板行业，河钢新材不断研究开发行业先进材料、工艺装备，并在家用电器行业持续创新，开展高端家电用彩色预涂印刷钢板关键生产技术研究与应用。

彩色预涂钢板作为家用电器外壳用复合材料得到广泛应用，据国家统计局 2017 年数据显示，我国家用电冰箱产量 8670.3 万台；冷柜 17952 万台；洗衣机 7500 万台。目前 60% 以上的冰箱、20% 的冷柜、30% 的洗衣机均采用彩色预涂钢板。

随着人们生活水平提高，用户追求产品高端化，因此在传统的单色预涂钢板表面印刷精美图案，成为家电客户和预涂彩板生产商研究方向。

本项目区别于传统钢板表面片材丝网印刷、热转印印刷以及印刷膜复合钢板工艺技术，主要围绕卷钢表面凹版印刷工艺装备及其涂层材料技术开展工作。

本项目的投产，实现了卷钢高速凹版印刷，填补国内技术空白，达到国际先进水平。目前本项目已授权发明专利 1 项、实用新型 3 项、外观专利 9 项，同时已受理发明专利 2 项，关键技术已在公司内部推广并成熟应用。

三、应用推广情况

本项目成果自投入运行后，三年共实现销量 48000t，实现直接经济效益 40040 万元。本项目产品目前广泛应用于海尔、三星、松下等国内外高端家电品牌。该技术应用提升客户满意度，产品销价和利润得到提高，为公司创利创收。

本项目获得 2019 年冶金科学技术奖三等奖。

四、项目创新点

本项目取得如下创新：

（1）开发了一系列技术，包括将凹版胶轮转印技术应用至硬质钢板承印物、自干型油墨技术、印刷前后涂层材料技术、触感立体纹理图案技术、精细纹理印刷图案技术、抗时效3涂3烘镀锌钢板技术。

（2）与常见彩色预涂钢板比较，其表面有1~3道印刷图案，具有更好装饰效果。

（3）与家电用印刷膜复合钢板比较，实现了同种花纹图案的同时，摒除PVC材料，对环境保护更有利，而且减少如聚对苯二甲酸乙二醇酯薄膜和聚氯乙烯薄膜化工原材料使用，降低产品成本。

（4）与家电用钢板表面片材丝网印刷和热转印印刷工艺比较，工序简化，生产效率提升。

（5）产品不仅具有金属材料本身强度及加工性能，由于表面进行涂装、印刷和罩光处理，提高了钢板耐腐蚀性、耐化学品等性能，能满足作为家电外壳、建筑装饰用材料加工成型要求及防护。

（6）产品具备高抗时效、高加工性、高强度，可满足冰箱门壳类弯曲加工成型无滑移线、高强度抗凹性要求。

五、项目意义

本项目的投产，实现了卷钢高速凹版印刷，填补了国内技术空白。该项目成果的应用提升了客户满意度，具有很好的经济效益和社会效益。

高品质热轧酸洗钢板低成本
制造技术及工业化应用

一、完成单位

江苏沙钢集团有限公司。

二、项目概况

本项目属于钢铁冶金、金属材料和轧钢等技术领域。主要内容包括：针对热轧酸洗钢 SPHC 不同应用需求，系统研究了炼钢工艺、合金元素、热轧工艺对钢板组织、性能和表面质量的影响，通过差异化成分与工艺设计，创新性地开发了热轧酸洗钢板 SPHC 系列细分产品。

本项目获授权发明专利 2 项，有 2 项专利进入实质审查阶段，发表科技论文 4 篇，形成了一系列企业专有技术。本项目中"微合金化酸洗板 SPHC"于 2018 年经江苏省经济和信息化委员会组织的新产品新技术鉴定，该产品生产技术属国内首创，达到国内领先水平。

三、应用推广情况

本项目开发的热轧酸洗板 SPHC 和 SAPH440 三年累计销售 70 万吨，新增产值 26.46 亿元，产品应用于机械五金、建筑结构、家电和汽车等领域，创造了显著的经济效益和社会效益。

四、项目创新点

本项目取得如下创新：

（1）通过差异化成分与工艺设计，创新性地开发了热轧酸洗钢板 SPHC 系列细分产品，具体包括采用"LF 炉+平整"工艺生产薄规格普通 SPHC（1.8~4.0mm），采用"RH 炉+平整"工艺生产薄规格冲压用 SPHC（1.8~4.0mm），采用"LF 炉+硼钛微合金化免平整"工艺生产厚规格 SPHC（4.0~6.0mm），打破了采用"单一冶炼工艺+平整"生产 SPHC 的传统制造方法，解决了传统 SPHC 产品冲压开裂、钢卷表面横折印和密皱纹缺陷等技术问题，突破了沙钢平整机组产能限制瓶颈，降低了制造成本，

本项目获得 2019 年冶金科学技术奖三等奖。

实现沙钢 SPHC 系列产品的工业化稳定生产和大批量供货。

（2）采用铌微合金化成分体系，开发了高强钢控轧控冷工艺，攻克了传统碳锰成分体系 SAPH440 钢板强度偏低、带状组织明显、表面氧化铁皮残留以及钛微合金化 SAPH440 钢板通卷性能波动大等技术难题，成功开发了性能稳定、表面质量好和生产成本低的高强度汽车结构用酸洗钢板 SAPH440，并实现了工业化稳定生产，产品批量供货吉利等汽车厂。

五、项目意义

本项目通过差异化设计热轧酸洗钢板的成分和工艺，开发了基于不同用途的 SPHC 系列细分产品和高强度汽车用酸洗板 SAPH440，实现了沙钢热轧酸洗钢板产品质量与用户需求的精准匹配，最大化降低了制造成本，提高产品市场竞争力，对企业技术创新推动产品结构升级和节能降本具有重要示范意义。

高品质纳米晶极薄带关键技术
开发与产品应用

一、完成单位

太原钢铁（集团）有限公司、山西太钢不锈钢股份有限公司。

二、项目概况

本项目所属学科为新型功能材料制造领域，涉及冶金、压力加工、材料学科。

随着数字电子产品、智能电网、光伏发电和新能源汽车充电等高新领域的发展，对电子领域中的元件在高频、大电流、小型化和节能方向提出了更高的要求。纳米晶极薄带因其特有的高饱和磁感（1.2T）、高磁导率（大于800）、高磁感下的高频低损耗等综合优异性能，使其成为替代传统材料的方向之一。

纳米晶极薄带成分复杂、产品规格薄，研发和生产过程中技术难度大，主要包括：（1）为了实现高性能，需研究 Co、Ni 等元素，实现系列化生产。（2）采用高速喷射法浇注，一次成型，要求母液具有极高的纯净度。（3）高速浇注过程水口尺寸窄，极易出现喷嘴堵塞等问题，生产效率极低。由于其核心技术掌握在日立金属、VAC 等国外少数企业，国内需求只能依赖进口。

为了满足高端电子领域的要求，实现纳米晶极薄带国产化，通过政府重大专项、高校合作和内部成立研究团队等方式，自主开发了纳米晶极薄带生产工艺技术。

本项目授权发明专利1项，发表论文1篇，产品填补了国内高品质纳米晶极薄带的空白，通过了格力、美的、正泰技术规范与船级社认证，在国内外家电、工业设备、仪器仪表等诸多领域得到广泛应用。

三、应用推广情况

本项目产品填补了国内高品质纳米晶极薄带的空白，通过了格力、美的、正泰技术规范与船级社认证，在国内外家电、工业设备、仪器仪表等诸多领域得到广泛应用。截至2017年，累计生产高品质纳米晶极薄带材235t，新增产值951万元，吨钢平均利润4000元。

本项目获得2019年冶金科学技术奖三等奖。

四、项目创新点

本项目取得如下创新：

（1）开发了一系列行业用高钴镍纳米晶带材产品，与传统纳米晶相比，通过添加钴和镍（总体原子百分比大于 15%），解决了高饱和磁感下磁导率快速衰减的技术难题，磁导率衰减点由常规的 10A/m 延伸至 450A/m，磁导率线性段内的变化率小于10%，满足了高端电子行业的特殊要求。

（2）开发了高洁净度、低成本纳米晶母液熔炼技术，与常规的非真空感应炉熔炼母液+真空炉重熔的两步法工艺相比，该技术采用 BOF→RH 熔炼母合金+真空感应炉一步法熔炼纳米晶母液，显著提高了母液洁净度，降低生产成本，其中杂质元素 C+P+Al+T.[O] 含量由传统工艺的 0.08% 降低至 0.018%，合金生产成本降低 400 元/吨。

（3）开发了纳米晶极薄带高效浇注技术，在常规浇注模式的基础上，通过采取滤渣式流钢槽、滤网式中间包和全自动稳流浇注等技术，显著改善了极薄带浇注过程喷嘴堵塞率高、带材厚度不均匀等技术，成材率由 30% 提高至 80%，实现了极薄带的高效化生产。

五、项目意义

本项目实现了纳米晶极薄带国产化，对提升我国高端纳米晶极薄带整体竞争力和推动非晶行业的快速发展具有重要的战略意义。

商用车用1200MPa级非调质高强结构钢开发与应用

一、完成单位

本钢集团有限公司、东北大学、辽宁金天马专用车制造有限公司。

二、项目概况

本项目所属技术领域：项目开发产品属于金属材料加工制造工艺，项目开发的超高强度结构钢（简称高强钢）是指采用微合金化和热机械轧制技术生产出的同时具有超高强度、良好延性、韧性以及加工性能的结构钢材。

主要研究内容：2016年开始研制非调质1200MPa高强结构钢，通过以下技术研究内容和路线：（1）企业对标分析和已有经验，设计若干合金成分体系进行小炉冶炼。（2）实验室轧制模拟实验研究轧制工艺对组织及力学性能影响。（3）实验室冷却模拟实验研究冷却策略对组织及力学性能影响。（4）实验室卷取过程模拟实验研究卷取温度对组织及力学性能影响。（5）实验室退火模拟实验研究退火温度及时间对组织及力学性能影响。（6）确定合金成分并优化工艺窗口，总结实验结果并汇总。最终实现1200MPa非调质高强结构钢的研制开发。产品广泛应用于工程机械吊臂、汽车底梁、车厢板、保险柜等领域。2017年6月开始陆续实现工业化批量实际生产应用，2017年6月至2019年12月共计生产5万余吨，吨钢增利1000元以上，为企业创造较大的经济效益，同时，由于高强度钢板的使用，有效地减轻了车身自重，节能减排效果明显，也有显著的社会效益。

三、应用推广情况

（1）产品广泛应用于工程机械吊臂、汽车底梁、车厢板、保险柜等领域。2017年6月开始，陆续实现工业化批量实际生产应用，2017年6月至2019年12月，共计生产5万余吨，吨钢增利1000元以上。（2）所开发的1200MPa级高强结构钢产品已成功应用于深圳中集车辆厂制作汽车底梁、大连中集保险柜支架、营口金天马集团专用车大梁和支撑结构件、本溪平安车业自卸车车厢板等部件，部分产品替代了首钢同类产品，用户多年来持续订货，市场反馈良好。（3）项目开发过程中总结的关键技术，

本项目获得2020年冶金科学技术奖特等奖。

如合金强化技术、控轧控冷技术、超快冷技术、低温卷取技术等目前均用于本钢研制开发系列高强钢项目，应用本项目技术，开发了系列高强钢产品，如：B750L、BG960、BG1100 等高强结构钢，非调质 NM360/400 高强耐磨钢，1700MPa 高强防弹钢等产品，丰富本钢热轧高强钢产品结构的同时，也受到了用户的一致好评。

四、项目创新点

本项目取得如下创新：

（1）利用本钢杂质较少的优质铁水，通过炼钢厂先进的冶炼工艺，冶炼出低 P、低 S、低夹杂物的纯净钢质，通过精确控制强化合金元素的添加，来保证产品各项性能。

（2）项目开发了一系列的关键技术，如控轧控冷技术、超快冷技术、低温卷取技术等。

（3）通过 2300mm 机组较强的控轧控冷能力，保证各温度点的稳定控制，最终实现 1200MPa 非调质高强结构钢的通卷力学性能的稳定。

（4）开发出的产品不但具有较高的强度，同时具有良好的低温冲击韧性、冷成型性能、焊接性能等。

五、项目意义

本项目成果既丰富了本钢热轧高强钢的产品结构，又为企业创造了较大的经济效益。同时，项目产品高强度钢板在汽车行业的广泛使用，有效地减轻了车身自重，节能减排效果明显，具有显著的社会效益。

绿色清洁能源装备用钢成套技术开发及产业化应用

一、完成单位

舞阳钢铁有限责任公司。

二、项目概况

随着国际社会对能源安全、异常气候等问题的日益重视,加快开发和利用环境友好的清洁能源已成为世界各国的普遍共识。风电和水电作为清洁能源,具有可再生、无污染、运行费用低、便于进行电力调峰等特点。到 2020 年,风电年发电量达到 2.1 亿千瓦时,全国水电年发电量将达到 3.5 亿千瓦时。

本项目结合国内外市场需求,对清洁能源用钢的关键技术难点进行了分析,突破了能源装备用钢板合金设计与控制、冶炼-轧制-热处理装备技术、一体化组织调控等关键瓶颈,成功开发出 6～400mm 系列清洁能源用钢板和配套应用技术,屈服强度覆盖 355～690MPa 级,并规模化应用于国家重大工程。

三、应用推广情况

清洁能源用钢总产量超过 101 万吨,新增产值 47.8 亿元。其中,风电用钢通过了多家风电公司的技术评定,并广泛应用于国内大型海上和陆上风电项目,在国内海洋风电用钢市场占有率达 70%,陆地风电用钢 40%,总供货量超过 96.3 万吨,新增产值 43.5 亿元;水电用钢顺利通过多家用户和机构的焊接评定以及三峡集团技术评审,并成功应用于乌东德、白鹤滩以及敦化、丰宁抽水蓄能等国家大型水电项目中,使大型水电站巨型水轮发电机组用特厚钢板和水电压力水管、岔管用钢成功实现国产化,总供货量 4.8 万吨,新增产值 4.3 亿元。

四、项目创新点

本项目取得如下创新:

(1) 开发出绿色能源装备用钢成套冶炼技术:采用真空碳脱氧技术,将 C 含量有效控制在 0.08% 以下;采用铝钛复合脱氧技术控制风电和水电用钢 A 类和 B 类夹杂物

本项目获得 2020 年冶金科学技术奖三等奖。

稳定在 0.5 级以下，探伤水平达到锻件标准要求，达到国际领先水平；开发出新型氧化物冶金技术，焊接线能量最大达到 300kJ/cm。

（2）以低 C 为基础，开发出低合金钢 TMCP 轧制控制技术，同时利用该工艺开发出屈服强度 355~460MPa 级风电、水电能源装备用钢，钢种涵盖美标、欧标、国标及国际船级社等 12 个标准，钢板最大厚度达 110mm；所生产钢板厚度 1/4 和 1/2 位置 −60℃冲击功达到 200J 以上，满足国内外市场需求。

（3）利用调质高强钢的固氮保硼精炼技术和低 C 高强水电装备用钢调质技术，同时针对国内外水电压力水管、岔管用钢市场需求，开发出了屈服强度 690MPa 低焊接裂纹敏感性高强钢，突破了高水头大型水电站材料开发与应用的技术瓶颈，实现国内外大批量应用。

（4）以舞钢特有设备为依托，开发了清洁能源用特厚钢板扁钢锭铸造技术和电渣重熔生产技术，同时利用特厚板淬火装备，开发出大厚度风电和水电装备用钢配套生产技术，最大单重 50t，最大厚度 400mm，钢板探伤满足国标一级要求，Z 向性能不小于 45%，特厚钢板成功替代迪林根进口产品。

五、项目意义

本项目成功开发了一系列清洁能源用钢并规模化应用于国家重大工程，极大地推动了清洁能源的开发利用，为我国低碳社会发展做出重要贡献。

超薄规格高强韧耐磨钢系列产品开发与应用

一、完成单位

湖南华菱涟源钢铁有限公司、东北大学、中信金属股份有限公司、河南骏通车辆有限公司。

二、项目概况

本项目属于金属材料及加工制造领域。

耐磨钢板是大型工程机械、矿山机械、冶金机械和水泥装备制造的关键原材料，2012年前，国内仅少部分企业可生产低级别、中厚规格耐磨钢板，且性能波动性大，低温韧性、焊接性能差，屈强比高，无法折弯成型；而高端超薄规格耐磨钢板，完全被瑞典SSAB独家垄断，制约了我国高端装备发展。

在系列项目支持下，完成单位产学研用合作，研发成功四大类、14个牌号耐磨钢产品，构建起钢板焊接、折弯、切削加工应用技术体系。

本项目共申请发明专利22项，获授权16项；发表学术论文60余篇，出版专著1部，起草国家和企业标准各1项；同行专家评价"整体达到国际领先水平"；项目成果相继获中钢协新产品"市场开拓奖""冶金产品实物质量品牌培育推荐产品（原特优质量奖）"和冶金产品实物质量金杯奖、卓越成果奖以及娄底市、湖南省冶金一等奖；《人民日报》《中国冶金报》《世界金属导报》等权威媒体均对项目成果进行报道。

三、应用推广情况

三年项目累计生产高品质耐磨钢板14.37万吨，新增产值11.5亿元，利税3.36亿元。目前，项目获得的薄规格高强韧耐磨钢板国内市场占有率稳居第一，达70%以上；2mm极限宽薄规格耐磨钢板、-60℃高韧性和180°成型性特种耐磨钢板等均为世界唯一可生产企业。项目成果在中国重汽、中集集团、三一重工、新宏昌重工、十堰驰田、河南骏通等企业工程机械、矿山机械和水泥机械等关键制造部件应用，并被出口到欧美等国家和地区，为促进相关行业发展、提升产品国际竞争力做出重要贡献。

本项目获得2020年冶金科学技术奖三等奖。

四、项目创新点

本项目取得如下创新：

（1）成功研发高品质减量化型、高韧性型、低屈强比高成型性型和超级耐磨型四大类、14 个牌号系列超薄规格耐磨钢产品，规格 2.0~25.4mm，产品类型和极限规格均为世界最好水平。

（2）成功研发 2~6mm 规格、NM300~NM500 系列极限薄规格耐磨钢板"在线淬火+卷罩式退火"短流程生产工艺，突破了国际上瑞典 SSAB 最薄生产 3mm 规格极限，新生产工艺效率提高 10 倍以上，相对耐磨性提高 15%~18%，碳当量降低约 10%。

（3）成功研发一系列高韧性和低屈强比高成型性耐磨钢板，成型性和低温韧性较传统提高 1 倍以上，屈强比由 0.90~0.98 降低至 0.65~0.75，突破了国际上瑞典 SSAB 最高提供 90°冷弯和最低-40℃局限，首次实现 NM300~NM500 钢板 180°整板冷弯成型和-60℃低温极端条件应用。

（4）成功研发连铸坯内生超硬粒子增强耐磨性的超级耐磨钢板，耐磨性最高达到同等级别传统马氏体耐磨钢 2.0 倍，突破了传统耐磨钢板依靠硬度增强耐磨性的局限。

五、项目意义

本项目成功开发了高品质减量化型、高韧性型、低屈强比高成型性型和超级耐磨型四大类超薄规格耐磨钢产品，打破了国外在这一领域的技术垄断，为促进大型工程机械、矿山机械、冶金机械和水泥等装备制造业的发展、提升产品国际竞争力做出了重要贡献。

邮轮用宽薄船板关键生产技术开发与应用

一、完成单位

南京钢铁股份有限公司、上海外高桥造船有限公司。

二、项目概况

本项目属于钢铁材料制造领域。邮轮用宽薄板是邮轮、客滚船等船舶制造的关键基础材料。《中国制造2025》战略提出要"突破豪华邮轮设计建造技术",这为我国高技术船舶发展指明了方向。邮轮的研发和建造长期以来主要集中在少数欧洲船厂手中,国内还没有豪华邮轮的建造业绩。邮轮用宽薄船板技术要求严格,基本被国外技术垄断,产品主要依靠进口,采购价格高、供货周期长,严重制约了我国邮轮建造技术的发展。

基于上述背景,在高技术船舶项目支持下,南京钢铁股份有限公司与船厂合作,成功开发了邮轮用宽薄规格AH36高强船板产品和关键生产技术。

围绕本项目申请发明专利24项,其中授权16项,发表论文9篇;"炉卷轧机宽薄极限规格品种钢的开发与工业化生产"获南京市科技进步奖三等奖,"10mm以下宽薄规格钢板在五米生产线的开发及工业生产"获得冶金科学技术奖三等奖,"邮轮用高效焊接极限宽薄规格AH36船板"通过了江苏省工信厅组织的新产品鉴定,产品整体水平处于国际领先水平。

三、应用推广情况

2017~2019年,项目累计生产销售邮轮用宽薄钢板92465t,新增产值5.35亿元,利税8654.74万元。产品成功应用于招商局重工有限公司的极地探险邮轮、上海外高桥造船有限公司大型邮轮、中航威海船厂高端客滚船、广船国际有限公司阿尔及利亚高端客滚船、厦门船舶重工股份有限公司2800豪华客滚船等国内重大船舶项目,产品得到了客户和船东的一致好评。南钢产品在国内第一艘极地探险邮轮项目和国内首艘大型邮轮项目的成功应用,打破国际垄断,替代进口,为大型邮轮薄板材料的国产化、提升产品国际竞争力做出重要贡献。

本项目获得2020年冶金科学技术奖三等奖。

四、项目创新点

本项目取得如下创新：

（1）提出炉卷轧机和中厚板轧机钢板厚度控制方法，形成了一套 4~15mm 厚钢板关键生产技术，平均厚度公差 0~0.2mm，实现了对钢板重量的精确控制。

（2）创新开发了宽薄板板形控制技术，解决了生产过程中温降快、板形差的技术难题，提出钢板内应力量化分析评价方法，为内应力分布均匀化提供理论依据，实现批量稳定供货。

（3）提出了薄板叠板轧制工艺，实现了 4mm 厚 3500mm 宽和 5mm 厚 3500mm 宽薄板的稳定生产，突破了国内外传统中厚板轧机生产的极限规格，满足了邮轮建造的极限规格产品需求。

（4）攻克了宽薄板高效焊接的难题，利用低碳当量、微合金成分设计，解决了薄板焊接接头冷速快、淬硬性高的难题，满足了薄板双丝 MAG 焊和激光复合焊的技术需求。

五、项目意义

本项目开发的邮轮用宽薄规格高强船板产品，打破了国外在这一领域的技术垄断，为大型邮轮薄板材料的国产化、提升产品国际竞争力做出了重要贡献。

太阳能领域用高品质含铌奥氏体不锈钢关键工艺及产品技术开发

一、完成单位

太原钢铁（集团）有限公司、中国成达工程有限公司、山西太钢不锈钢股份有限公司。

二、项目概况

本项目所属学科为钢铁材料加工制造工艺领域。

太阳能光热发电和光伏发电是国际新能源开发应用的热点，在我国"一带一路""走出去"战略中意义重大。光热电站的高温熔盐储罐以及光伏多晶硅项目的冷氢化反应器等关键装备需在高温恶劣环境中长时安全稳定运行，制造上述装备用含铌奥氏体不锈钢晶粒度控制难度大、高温性能指标高，材料长期依赖欧洲进口，项目进度难以保障且价格昂贵，国内尚处于工业化生产技术及产品应用的研发初期。

2014 年以来，太钢联合中国成达工程有限公司，围绕太阳能领域用含铌奥氏体不锈钢 347H 关键工艺及产品技术开展研制，突破了成分优化设计、热加工、热处理等关键技术瓶颈，实现了太阳能领域用不锈钢关键材料国产化。

项目申报专利 2 项，授权 1 项，受理 1 项，认定技术秘密 10 项。本项目研制成功，对实现太阳能发电项目用不锈钢关键材料国产化，推动太阳能发电装备产业化、规模化，增强我国新兴可再生能源技术在国际上的话语权和竞争力具有重要意义。

三、应用推广情况

开发成功的太阳能领域用 347H 板材产品，批量应用于敦煌 50MW、玉门 50MW 等国家光热发电示范项目以及东方新希望、新疆大全等 10 万吨级大型太阳能光伏多晶硅项目中，产品国内项目应用覆盖率达 70% 以上，成果总体达到国际先进水平。近两年累计向太阳能领域项目供货 347H 中板 4977t，新增产值 1.211 亿元，新增利税 2589 万元，经济效益和社会效益显著。

本项目获得 2020 年冶金科学技术奖三等奖。

四、项目创新点

本项目取得如下创新：

（1）掌握了 C、N、Nb 元素对奥氏体不锈钢高温力学性能的影响规律，发现了有利于材料高温性能的最佳元素含量匹配方式，优化设计了一种高 Nb、控 C、N 的 347H 成分体系。

（2）率先创造了以"高温控轧+双区间热处理"为核心的 347H 晶粒度控制技术，突破了由于 Nb 的强烈细晶作用导致 347H 难以获得粗晶组织（晶粒度不大于 7 级）的技术难关，填补了国内空白。

（3）掌握了 347H 奥氏体不锈钢板材粗晶条件下的高温拉伸性能控制技术，成功解决了粗大晶粒和高温拉伸性能不平衡难题，满足了太阳能领域用 347H 的 400～600℃高温力学性能要求。

五、项目意义

本项目研制成功，对实现太阳能发电项目用不锈钢关键材料国产化，推动太阳能发电装备产业化、规模化，增强我国新兴可再生能源技术在国际上的话语权和竞争力具有重要意义。

300M 钢超大规格钢棒研制

一、完成单位

中航集团第一飞机设计研究院、航空材料研究院、抚顺特殊钢股份有限责任公司、二重万航模锻厂、中航起落架公司、钢铁研究总院。

二、项目概况

300M 钢是低合金超高强度钢，主要用于飞机承力结构件。随着航空业的发展，产品最大规格已由原来的 $\phi300mm$ 发展到 $\phi400mm$ 及以上超大规格棒材。据此其对锭型的要求也随之加大逐步变为 $\phi660mm$、$\phi920mm$ 真空自耗锭型。然而，由于硫化物、氧化物是 300M 钢中主要的两种夹杂物，尤其是塑性硫化物，严重影响钢的塑韧性，特别是在真空自耗钢锭锭型尺寸扩大以后，因硫化物的熔点低，在自耗重熔冶炼过程中，凝固时产生硫化物的积聚会严重降低钢的塑韧性，因此开展优化电炉+炉外精炼、真空感应、真空自耗的冶炼工艺，获得高纯净钢是本项目的主旨，从而满足项目要求的 300M 钢 $\phi400mm$ 及以上超大规格棒材，达到对材料的设计要求，并建立完整的材料性能数据库，形成稳定生产供货能力。

三、应用推广情况

"300M 钢超大规格棒材研制"项目的研究已形成了批次稳定供货能力。通过对国产 300M 钢超大规格棒材及锻件的研制及全面性能、工艺性研究、典型件考核等应用研究工作，实现 300M 钢大规格棒材和锻件在××××上领先应用，并为其他机型设计奠定基础。

自装机以来，按照订货单位的要求，共有订货 20 余个不同规格棒材，分别为 $\phi16\sim430mm$。订货量为 559.6t，共计交货 447.1t。

四、项目创新点

本项目取得如下创新：
（1）300M 钢大锭型和大尺寸棒材试制技术。
（2）大锭型批次稳定性技术。

本项目获得 2017 年国防科学技术进步奖三等奖。

通过本项目的技术攻关，申请专利1项，技术秘密1项，发表文章4篇，形成的标准、规范及工艺说明书2份。

五、项目意义

通过本项目的研究，实现了300M钢超大规格棒材的国产化，同时具备稳定的工业化生产能力，解决了起落架及外筒、活塞杆、上防扭臂、撑杆、卡箍、螺栓、螺母等重要零件的材料和制造技术，实现国内自主保障。

超大规格棒材

航空领域飞机起落架用钢

定膨胀封接铁镍钴 4J29 合金

一、完成单位

东北特殊钢集团股份有限公司。

二、项目概况

精密合金属于金属功能材料，是特钢中的特钢，按其功能用途分为软磁合金、膨胀合金等六大类，4J29 合金即属于精密合金中的膨胀合金，含 29%Ni-17%Co-余 Fe，具有较高的居里点，以及良好的低温组织稳定性，合金的氧化膜致密，容易焊接和熔接。具有与 DM305 等硬玻璃相匹配的膨胀系数，加工性能好，因此被广泛用于制作高真空玻璃—金属气密封接的结构材料。一般国外称为"可伐合金"。4J29 合金采用真空感应炉冶炼，通过抽真空精炼、脱氧及微合金化等过程有力地降低了钢中的杂质含量，使合金钢质纯净，钢中的气体含量明显降低。通过炉中化学成分分析，很好地控制了标准中规定的 14 种成分（C、Mn、Si、P、S、Cr、Ni、Co、Mo、Ti、Al、Cu、Mg、Zr），保证每炉化学成分稳定，从而能够保证性能稳定。冷轧过程的在线测厚仪进行尺寸监控，保证了带材的尺寸精度和板型。

4J29 冷轧带产品的内在质量和尺寸、表面等外观质量得到提高，使钢带实现大卷重、高精度、高表面。实物质量将提升到高水平的美国标准，综合质量水平达到国内一流，产品在国际市场有一定竞争力。

三、应用推广情况

4J29 合金冷轧带用于电真空及航空航天行业，制造真空电子管、真空开关管、高频功率管、整流管管、X 射线管等的部件，和相应的硬玻璃、软玻璃、陶瓷云母等进行匹配密封连接，其气密度要求相当严格。实物质量经用户使用证明达到国内先进水平，满足了电真空元件的综合性能要求。

四、项目创新点

本项目取得如下创新：
（1）钢质纯净，化学成分稳定，因而具有良好的与硬玻璃匹配封接性能。

本项目获得 2017 年辽宁省重点名牌产品。

（2）具有良好的塑性及焊接熔接性能。

（3）板型好，尺寸精度高，表面质量好。

（4）包装牢固可靠，采用气相防锈包装，标志清晰。

五、项目意义

本项目实物质量与国内同行业相比，化学成分均匀性、力学性能、物理性能、表面质量、尺寸精度等均受到用户的好评。实物质量经用户使用证明达到国内先进水平，满足了军工电子材料的需求，并逐步满足了民用需求，随着技术改造产品质量的提高，完全替代了进口材料。

轧制中的钢带

带钢产品

深海油井管及酸性气体输送管线用
耐蚀合金 UNS N08028 （N08028）

一、完成单位

抚顺特殊钢股份有限公司。

二、项目概况

本项目属于新材料新工艺研发领域。

铁镍基耐蚀合金 N08028 是瑞典于 20 世纪 70 年代中期开发的 Ni-Fe-Cr-Mo-Cu 耐蚀合金，定名为 Sanicro28，它属于铁镍基超低碳奥氏体合金。在化学工业苛刻的腐蚀介质中具有优异的耐蚀性；在湿法磷酸中其耐全面腐蚀性能良好，此外亦具有优良的耐点蚀、缝隙腐蚀、晶间腐蚀、应力腐蚀等性能。2009 年 7 月，抚钢 14 号非真空感应炉成功试制新产品 N08028，近几年随着抚钢 N08028 合金的订货量持续增加，一次次地通过理论与实践相结合，系统地研究了 N08028 的冶炼、加工，以及热处理制度对合金的影响。采用 EAF（超高功率电弧炉）+LF（炉外精炼）+VOD（真空吹氧脱气）+ESR（电渣炉）的冶炼工艺。3150t 快锻+1800t 精锻机联合锻造的加工工艺，完全掌握了该合金的组织和性能特点。同时为了保证超低碳合金强度偏低的问题，进行的加氮工艺实验，进行了氮含量的确定及控制。通过进行扩散工艺的攻关，成功地达到消除第二相（脆性相）的目的。确保了 N08028 合金的组织及性能的稳定性，为国内开发耐蚀合金技术攻关提供了坚实的基础。近两年吸收并发展国内外最新研究成果，对部分高端产品进行高温扩散、多向锻造、强喷水冷却工艺等，使得产品质量更上一个台阶，产品质量已经达到了国际先进水平。

三、应用推广情况

该产品为石油天然气行业的主流产品，市场前景十分广阔，以其高毛利及需求量巨大的优势迅速成为目前国内重点关注产品。我公司主要负责棒材的生产工艺的研制与开发。目前年产量在 1000t 以上，随着市场需求逐年增长。国内主要用户集中在浙江、江苏、天津等地，其他各地都有应用。产品在我国华东市场具有良好的声誉。通过用户后续加工，产品不仅具有良好的抵抗应力腐蚀、点蚀和缝隙腐蚀性能，且具有

本项目获得 2016 年抚顺市科技进步奖二等奖。

优良的力学性能和加工性能，得到了用户的一致好评。

四、项目创新点

本项目取得如下创新：

（1）UNS N08028（N08028）合金本身因含碳量低，硬度不够，为满足用户钢级要求，提出加氮工艺，并且确定氮加入量，满足用户潜在需求。

（2）UNS N08028（N08028）合金电炉冶炼过程中，通过软吹前改变渣性等措施，使电极棒夹杂物水平达到0.5级，大幅度提高了合金纯洁度。

（3）UNS N08028（N08028）合金电渣过程中由三元渣系变为四元渣系，大幅度提高了电渣产品的纯洁度。

（4）UNS N08028（N08028）合金通过发明扩散直锻工艺及加强水冷等措施，完美解决了析出相危害，得到了用户的好评。

五、项目意义

耐蚀合金N08028主要用于石油和天然气工业中的深海酸性气井套管和内衬以及井管，亦可用以制造酸性气体输送管线等，随着近几年经济的飞速发展，世界各国对石油和天然气等能源物资的需求呈现出持续增长的趋势，其市场开发情景非常广阔。本项目对N08028合金化学成分、冶炼及加工工艺进行了创新性优化，成品钢材质量已经达到了国际先进水平，与进口材料相比较，其耐蚀性能、非金属夹杂物、显微组织等方面没有差别，完全可以替代进口材料。

钛合金叶轮

利用海砂矿与红土镍矿生产高强度耐腐蚀和耐火钢筋

一、完成单位

广西盛隆冶金有限公司、钢铁研究总院。

二、项目概况

随着我国建筑行业的迅猛发展，对建筑用热轧带肋钢筋的质量要求也越来越高，不仅要求钢筋具有较高的强度和工艺性能，而且在一定的使用场合下还要求具有较高的功能性，如抗震性能、耐蚀性能、耐火性等。而生产高强度耐蚀或耐火钢筋需要钒、镍、铬合金元素，单纯的利用钒氮合金、镍铁、铬铁用于量大面广的钢筋生产，既浪费了这些昂贵的战略资源，生产成本也非常高。

盛隆冶金与钢铁研究总院/钢研晟华科技股份有限公司合作，充分利用印度尼西亚、菲律宾、澳大利亚、新西兰、巴布亚新几内亚等国数千亿吨滨海钒钛磁铁矿砂中的主要金属钒钛资源，以及东南亚丰富的红土镍矿（也称红土矿）镍、铬等元素，在一定程度上缓解我国资源的短缺。

通过一系列的技术攻关，对海砂矿配加红土镍矿直接还原生产高强度耐腐蚀和耐火建筑钢材用钒钛镍铬合金工艺的关键技术难点进行深入的研究，解决了海砂矿和红土镍矿复合矿粉的冷固结含碳球团制备技术、海砂矿和红土镍矿复合矿预还原工艺和熔分冶炼工艺、含钒钛镍铬合金转炉冶炼技术、海砂矿和红土镍矿复合矿低成本生产高性能建筑用钢的成分设计、轧钢工艺和控轧控冷技术等，并取得突破性的成果，形成具有我国自主知识产权的低成本生产高强度耐腐蚀和耐火建筑钢材技术。

通过模拟实验研究多种元素以及成分含量对强度、伸长率、弯曲性能、强屈比、耐蚀性能的影响，实现含镍铬系耐腐蚀高强度抗震钢筋成分的优化设计；模拟了含镍铬系耐腐蚀高强度抗震钢筋的热变形过程组织转变以及性能的影响规律；在对耐腐蚀高强度抗震钢筋锈层成分和形貌分析的基础上，研究了主要添加元素对锈层的电化学影响机理和钢筋耐腐蚀性的试验和评价方法；根据试验成果，总结优化参数匹配关系，对各单元设备和单元工序进行技术集成，制定合理的工业生产方案和工艺制度，进行全流程监控，生产合格的产品。参与起草的国家标准《模拟海洋环境钢筋耐蚀试验方法》（GB/T 31933—2015）于2016年6月1日开始实施，提出和制定的国家标准《改善耐蚀性能热轧型钢》（GB/T 32977—2016）于 2017 年 10 月 1 日起开始实施。

通过对含铜磷系、含铜镍铬系和镍铬系耐蚀钢筋实验研究和现场试验，开发了含镍铬 HRB400a/cE、HRB500a/cE、HRB600a/cE、HRB700a/cE 耐腐蚀高强度抗震钢筋，在国内首次成功开发了 HRB400F、HRB500F 系列耐火钢筋，并提出和制定了国家标准《钢筋混凝土用热轧耐火钢筋》（GB/T 37622—2019），实现了利用海砂矿—红土镍矿—配矿还原、钢包精炼的低成本生产耐蚀或耐火高强钢筋的目标。

在研发期间，申请发明专利 14 项。通过本项目的研究，培养了多名具有创新意识和创新能力的各类人才，形成了一支稳定的、包括基础科学研究、现场服务研发队伍。

三、应用推广情况

我国由于钢筋易受腐蚀，影响了钢筋混凝土的握裹力，降低了使用性能和建筑使用的寿命，提高了建筑的维护费用。房屋、桥梁、港口等钢筋混凝土迫切期待低成本高性能耐候钢筋的开发生产。交通运输部等单位曾对华南地区码头调查的结果，有 80% 以上均发生严重或较严重的钢筋锈蚀破坏，出现破坏的码头有的距建成的时间仅 5～10 年，造成严重经济损失。如果使用耐蚀钢筋代替普通钢筋，每年减少因钢筋锈蚀破坏带来的社会成本在千亿元以上。

按照当前我国建设规模，我国钢筋年产量约 2.2 亿吨，使用高强钢筋每年可以节省钢筋 1000 万吨，相应减少 1600 万吨铁矿石、600 万吨标准煤、4100 万吨新水的消耗，同时减排 2000 万吨 CO_2、2000 万吨污水和 1500 万吨粉尘。如果其中耐蚀钢筋用量占比 10%，节能减排的效果也是十分显著的。

四、项目创新点

本项目取得如下创新：

（1）海砂矿和红土镍矿复合矿粉的冷固结含碳球团制备技术，矿粉的合理配料参数和球团的压制工艺。

（2）海砂矿和红土镍矿复合矿不同配料、不同温度和时间下的预还原工艺和金属化球团的性能控制（主要包括金属化率、球团强度）。

（3）海砂矿和红土镍矿复合配料熔分冶炼工艺，冶炼后含钒钛镍铬合金的成分，以及 V、Ti、Ni、Cr 元素收得率控制。

（4）海砂矿和红土镍矿复合矿得到含钒钛镍铬合金转炉冶炼技术，包括转炉吹氧高拉碳、加入含钒钛镍铬合金的钢水温度控制和 V、Ti、Ni、Cr 元素收得率控制，以及连铸工艺技术，吹炼炉渣的综合利用技术。

（5）海砂矿和红土镍矿复合矿低成本生产高性能建筑用钢的成分设计、轧钢工艺和控轧控冷技术。

（6）首次提出海砂矿与红土镍矿配矿进行直接还原和熔分生产钒钛镍铬合金，在国内首次开发低成本生产400MPa、500MPa耐蚀耐火高强钢筋。

五、项目意义

本项目在国内率先成功开发400MPa、500MPa耐蚀耐火钢筋，并参与起草了国家标准《钢筋混凝土用热轧耐火钢筋》（GB/T 37622—2019）和企业生产的内控质量标准体系，是加快转变经济发展方式的有效途径，是建设资源节约型、环境友好型社会的重要举措，对推动钢铁工业和建筑业结构调整、转型升级具有重要意义。

高品质汽轮机叶片钢关键技术
研究与产品开发

一、完成单位

东北特殊钢集团有限责任公司。

二、项目概况

汽轮机叶片作为先进发电机组最重要的基础部件，其技术质量水平是制约机组参数提高的关键因素。近年来，随着国外超超临界汽轮机技术的引入以及汽轮机参数的不断提高，我国汽轮机行业对高品质叶片新材料的需求极为迫切，以西门子、阿尔斯通、日立、东芝等国际知名公司技术体系为代表，在原有标准要求基础上对产品洁净度、组织均匀性和调质态交货等方面提出了更高的技术要求。国内钢厂受生产装备及工艺技术水平所限，难以达到其要求，全球仅有极少数不锈钢企业全面掌握其核心技术。东北特钢集团抚顺特钢成功开发出高品质调质叶片扁钢和叶片用锻棒，解决了行业中的热点、难点和关键技术问题，各项指标均达到世界知名公司西门子、阿尔斯通的高标准要求，并通过认证；目前产品广泛应用于我国汽轮机行业，如：哈尔滨汽轮机有限责任公司、东方电气集团东方汽轮机有限公司、上海电气电站设备有限公司上海汽轮机厂、北重阿尔斯通（北京）电气装备有限公司、北京北重汽轮电机有限责任公司、杭州汽轮机股份有限公司、南京汽轮电机（集团）有限责任公司、无锡透平叶片有限公司、天仟重工有限公司、西门子工业透平机械（葫芦岛）有限公司等，实现了产业化生产，取得良好的经济效益和社会效益。

本项目已申报发明专利5项（授权3项），授权实用新型专利1项，修订国家标准1项，形成企业技术秘密14项，发表论文14篇，获得辽宁省科技进步奖和金杯奖等奖励6项。

三、应用推广情况

《高品质汽轮机叶片钢关键技术研究与产品开发》项目取得了优异的成果，提升了我国汽轮机叶片钢的生产技术和质量水平，达到了降低企业生产成本和减少对进口汽轮机叶片钢依赖的目标，广泛应用于高温段、非过渡区、过渡区及末级叶片，产品

本项目获得2016年冶金科学技术奖二等奖。

质量稳定受到广泛好评。助力我国汽轮机行业的健康发展，提升了我国汽轮机行业的国际竞争力。目前，该系列产品年销售量4000余吨，吨钢利税8000多元，国内市场占有率达到60%。本项目的完成对支撑我国汽轮机行业快速发展具有重要的战略意义。

四、项目创新点

本项目取得如下创新：

（1）独创双层布料同时水空淬火方法，实现叶片扁钢连续调质技术，调质效率提高一倍，并在国内率先实现产业化。

（2）依据元素烧损规律设计电极成分，通过高洁净度冶炼、氩气保护浇注电极和采用电渣过程加入附加剂等一整套技术集成，实现该系列钢稳定化低成本生产，并在国内率先实现产业化。

（3）通过对研究电渣锭铸态组织偏析机理及高温扩散过程合金元素均匀化的规律，确定了电渣锭最佳高温扩散参数，彻底解决了该系列钢由于铸态组织硼铌偏析严重，造成热加工开裂和链状碳化物技术难题。

（4）通过采取电渣渣系优化、快锻镦拔开坯和精锻机变频锻造结合技术使产品纯净度达到2.0级和横纵向性能差不大于10%指标新要求。

（5）独创高纯工业纯铁冶炼技术和双真空冶炼技术，产品实物达到国内领先水平，为国内汽轮机行业实现沉淀硬化钢代替钛合金制造长叶片奠定坚实基础。

五、项目意义

本项目处于国内领先、国际先进水平。开发出高品质调质叶片扁钢和叶片用锻棒，解决了行业中的热点、难点和关键技术问题，各项指标均达到世界知名公司西门子、阿尔斯通的高标准要求，并通过国际认证，目前产品广泛应用于我国汽轮机行业。

汽轮机叶片

高温合金高品质棒材制备技术研发及应用

一、完成单位

抚顺特殊钢股份有限公司。

二、项目概况

高温合金既是航空发动机热端部件、运载火箭发动机和导弹发动机各种高温部件的关键材料，又是工业燃气轮机、核电和超超临界发电等清洁能源、石油开采和炼油化工等工业领域所需的高温耐蚀部件材料。因而高温合金是国防建设和经济建设不可或缺的重要材料，它的研制和生产状况是一个国家金属材料发展水平的标志之一。

"十三五"期间，为满足我国武器装备重点型号、高端装备和经济建设重点工程的需求，以国产材料顶替进口，抚钢系统地创新高温合金棒材的制备工艺技术。70 余种牌号的高温合金棒材，普遍应用了上述相关工艺技术，多种国内急需材料打破了国外战略垄断，多个牌号打入国际民航市场，抚钢高温合金的质量和产量得到飞跃式发展。目前已授权发明专利 3 项，实用新型专利 4 项，修订国家标准 5 项，形成企业技术秘密 18 项，3 项通过辽宁省优秀新产品鉴定，5 项获得抚顺市科技进步奖和省新产品奖，1 项获冶金实物质量金杯奖，1 项产品被评为抚顺市名牌，其他市级奖励 4 项，发表论文 70 余篇。

三、应用推广情况

本项目达到国际先进水平，年产高温合金产量 3000 余吨，实现年利税 40000 余万元。促进了高温合金和耐蚀合金材料行业技术发展，对我国特钢行业的转型升级和创建民族品牌做出了贡献。同时，在最新型高纯净度齿轮、轴承材料生产中得到推广和应用。

四、项目创新点

本项目取得如下创新：

（1）电弧炉/感应炉+钢包真空精炼+（电渣重熔）超纯净高温合金生产工艺。精炼炉 MTA 废气分析系统得到全面应用，最低碳含量可以达到 0.005% 以下，出钢前非金属夹杂物含量总和不超过 0.5。建立了系统的高温合金废料处理体系，使真空感应炉

本项目获得 2017 年冶金科学技术奖三等奖。

循环使用高温合金废料的比例最高达到80%。电渣工艺棒材非金属夹杂物含量总和不超过2.0。

（2）高温合金真空感应炉高品质电极的制备技术。自制新型挡渣浇注装置，通过整体漏斗和流槽的旋流及堰坝交替、深凹结构设计，挡渣效率提高50%，电极纯洁度大幅度提升。研发出真空感应炉浇注金属电极的快速高温红送去应力处理技术，大幅度提高了电极产品的质量。

（3）高温合金超大锭型的真空电弧熔炼技术，解决了复杂合金化材料的大锭型组织转变应力和热应力产生的金属"炸裂"风险，通过浅熔池短弧熔炼技术成功冶炼出高品质高温合金铸锭。

（4）研制出高温合金三联冶炼工艺即真空感应炉+电渣炉+真空电弧炉三重熔炼工艺。特殊的渣系和配比，稳定了铝、钛、铪、锆、镧等强还原元素的组合烧损规律，各元素含量得到精确控制，从而解决了铝、钛、铪、锆、镧等元素变化带来的性能波动问题。

（5）研制出快锻机 X+X′+Y 多方向锻造和控温锻造技术、新型加热技术、快锻机开坯+径锻机整形技术，降低了棒材的各向异性、细化了晶粒组织、解决了快锻机生产棒材表层粗晶和混晶的问题。

（6）开发了预变形+均匀化扩散处理技术，有效地缩短了均匀化扩散处理时间。

五、项目意义

本项目成果总体技术水平达到国际水平，属于国内领先。该项目打破国外贸易垄断和技术封锁，在高端装备上打破了欧美对华禁运限制，保障了国家敏感工业领域的安全。引领我国高温合金的发展方向，为我国高端高温合金材料提供了基础保障，对行业具有技术引领作用，对涉及国家战略、安全行业的材料需求有重要支撑意义。

高温合金棒材

先进发动机用低膨胀高温合金 GH907
合金研制及工程化应用

一、完成单位

钢铁研究总院、东北特殊钢集团有限责任公司、攀钢集团江油长城特殊钢有限公司。

二、项目概况

GH907 是以 Nb、Ti 为主要强化元素的时效型低膨胀铁镍基合金，具有较高的强度和较低的热膨胀系数，是制造现代先进航空发动机间隙控制元件的关键材料。东北特钢集团抚顺特钢从 20 世纪 90 年代开始试制 GH907 合金，但是合金中部分微量元素仍有进一步优化控制，棒材组织均匀性可以进一步提高，为配合《先进发动机用低膨胀高温合金 GH907 合金研制及工程化应用》《高强度低膨胀 GH2907 合金棒材工程化技术研发与应用》项目的完成，开展了 GH907 合金棒材质量优化工艺攻关。该项目突破了国内低膨胀高强度高温合金的空白。材料型材包括板材、锻材、轧棒等是航空航天、军工核电、新能源等尖端领域的关键基础材料，一直以来仅有美国等少数国家可以生产，价格极高，并且对国内前沿领域限制出口，制约着我国高新技术的快速发展。

三、应用推广情况

三年来累计开发航空航天用低膨胀 GH907 合金 500 吨，国内市场占有率 80%，产品应用于贵州安大航空锻造厂、无锡派克新材料有限公司、中国航发等高端制造企业的军工项目。该项目的实施对提升我国自主创新研发能力，增强民族品牌自信具有重要意义。

四、项目创新点

本项目取得如下创新：

（1）研发了 GH907 合金的成分设计、对冶炼工艺中易偏析元素的添加和收得进行归纳并固化工艺。

（2）高温均匀化工艺的不断优化，获得低燃气消耗，均匀化效果最佳，并且拥有

本项目获得 2018 年冶金科学技术奖二等奖。

钢锭扒皮量最少的操作办法，大大提高了成材率和产品质量。

（3）锻造工艺的优化，拥有变温锻造、优配变形量、快精联合等工艺的设计，获得探伤水平较高，组织均匀的产品。

五、项目意义

本项目成果总体技术水平达到国际领先。该项目打破国外贸易垄断和技术封锁，引领低膨胀高温合金的发展方向，为高端中国制造提供了基础材料保障，对行业具有技术引领作用，对涉及国防事业材料的需求有重要支撑意义。

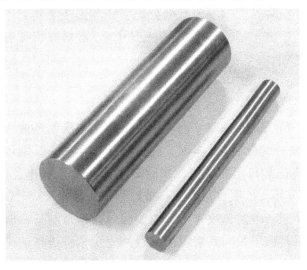

低膨胀高温合金棒材

高品质压铸模具钢关键技术开发与应用

一、完成单位

钢铁研究总院、抚顺特殊钢股份有限公司、江苏天工工具有限公司、大连思泰博模具技术有限公司、宁波甬抚模具技术有限公司、宁波辉旺机械有限公司、大连亚明汽车部件股份有限公司。

二、项目概况

模具是制造业不可或缺的基础工装，是衡量一个国家制造业水平的重要标志。以复杂、精密、长寿的大型压铸模具体现了其最高技术水平。长期以来，欧美、日本等发达国家实施严格的技术和标准封锁，我国高端压铸模具钢一直100%依赖进口，价格奇高。自2007年开始，该项目在国家科技计划等课题的支持下，通过产学研用全链条联合，历经十余年艰苦攻关，攻克了"材料设计—冶金制备—模具热处理"等全链条关键技术。本项目打破了我国高端压铸模具钢完全依赖进口的格局，在多家知名用户企业实现进口替代，实现历史性跨越，扭转了用户只能使用指定进口材料，国产材料不值得信赖的固化思维。占领国内国产高端压铸模具钢市场50%以上，应用于奔驰、大众、捷豹、特斯拉等高档汽车模具，加速了国际知名汽车关键零部件国产化进程。项目技术填补了国内空白，实现了我国模具钢的升级换代，促进了行业的技术进步，建成我国高品质压铸模具钢生产基地2个、产学研应用示范基地3个，经济和社会效益显著。

本项目已获授权专利38项，修订国家标准2项，制定企业标准41项，形成技术秘密14项，发表论文58篇，编写著作1部，获得奖励6项。

三、应用推广情况

高品质压铸模具钢关键技术在抚顺特殊钢股份有限公司、江苏天工工具有限公司得到产业化应用，自2008年起，抚顺特钢、江苏天工利用项目技术累计生产销售高品质压铸模具钢13.4万吨，实现经济效益33.6亿元，占领国内国产高端压铸模具钢市场的50%以上。抚顺特钢高品质热作模具钢连续9年评为《中国钢铁工业协会质量金杯奖》和《中国钢铁工业协会特优质量奖》，是国内此类产品唯一获此殊荣产品，成

本项目获得2019年冶金科学技术奖一等奖。

为国产高端模具钢的第一品牌。

四、项目创新点

本项目取得如下创新：

（1）在国内率先开发了满足国际先进标准 NADCA 207 号的高品质压铸模具钢系列化品种，实物质量达到国际先进水平，打破国外垄断，批量替代进口，应用于高档汽车变速器壳体模具的使用寿命达到国际领先水平（突破 12 万模次）。建立了我国高端压铸模用钢的品种体系及首个国家标准。

（2）自主研发了中碳铬系热作模具钢等向性提升集成创新技术，首次发现了影响等向性的关键因素，设计了"高纯净冶炼—电渣重熔—高温扩散—多向锻造—超细化处理—球化退火—真空热处理"工艺集成创新方案，H13 钢在国内首次实现达到 NADCA 号 207 Superior quality 水平，等向性不小于 0.8，攻克了行业共性难题。

（3）在国际上率先建立了 H13 钢高温扩散模型和动力学方程，形成了用于指导生产工艺制定的理论依据和科学方法，成功解决了中碳铬系热作钢组织均匀性差的难题。

（4）发明了"双细化处理+控速等温球化"工艺，解决了低 Si、低 V 类热作模具钢的退火组织不均匀的难题，球化组织合格率由 38% 提高到 100%。

（5）率先研发了"温差控速+阶梯冷却"真空热处理技术，采用临界心表温差控制冷却节奏的技术手段，成功解决了大型模具快冷开裂与慢冷力学性能不足的矛盾问题，突破了国外对我国模具热处理技术的封锁。

五、项目意义

本项目通过三方的强强联合，优势互补，形成高端压铸模具新材料研发、生产、模具设计制造、大型复杂模具的热处理集成创新链，项目的成功实施将实现高端压铸模具行业全产业链的技术进步，满足国内高端压铸模用钢需求。FS413 压铸模具钢于 2018 年荣获中国钢铁工业协会冶金产品实物质量金杯奖及特优质量奖。

起重泵送装备用系列高强度结构钢板
关键技术开发与应用

一、完成单位

湖南华菱涟源钢铁有限公司、东北大学、钢铁研究总院。

二、项目概况

本项目属于金属材料加工制造领域。

在国家重点项目支持下，涟钢、东北大学和钢铁研究总院产学研合作，开发成功强度 600~900MPa 级析出强化型低应力钢板和 960~1300MPa 级调质超高强度结构钢板，构建起钢板的焊接、折弯、切削加工等应用技术体系。

本项目共申请专利 19 项，获授权 10 项，发表学术论文 56 篇；项目成果相继获得"中国钢铁工业协会冶金产品实物质量特优质量奖（注：每个钢种仅此一个）""冶金产品实物质量金杯奖""冶金工业质量经营联盟冶金行业品质卓越产品"和"湖南省名牌产品（（600~1100MPa）工程机械用钢）"等荣誉称号，产品连续三年被国内主要起重机和泵送装备制造商三一重工评为"优秀供应商"。

三、应用推广情况

本项目属于钢铁新材料制造领域，主要应用于工程机械制造中综合性能要求极高的起重机吊臂、拉板以及泵送机械的臂架等制造，涵盖高强度结构用钢和超高强度结构用钢板的研究开发和工业化生产制造技术。项目研制成功的超高强度钢板薄规格高平直度板形及低残余应力控制技术在湖南华菱涟钢 2250—横切—热处理生产线实现应用，开发的系列高品质高强度结构钢产品在国内中联重科、三一重工、柳州重工和徐工的大型工程机械装备起重机和泵送机械上实现应用，性能达到或超过世界同级别产品的先进水平。

四、项目创新点

本项目取得如下创新：

（1）成功开发超高强度钢板薄规格高平直度板形及低残余应力控制技术。利用独特的超快冷和薄板专用淬火工艺装备，解决了钢板厚度精度难以精准控制、轧制和热

本项目获得 2018 年国家冶金科学技术奖三等奖。

处理后板形差等行业共性难题，实现了最薄 3mm 和最高强度级别 1300MPa 钢板的工业化生产，成为世界上唯一可采用调质热处理生产 3mm 超高强度结构钢板的厂家。

（2）成功开发 Ti-Nb/V-Mo 合金体系最薄 2mm 大析出强化铁素体基 600~900MPa 级热轧回火高强度钢板，钢板内应力大幅度降低，一次折弯合格率由 45% 提高到 95% 以上，批量应用于起重机吊臂的制造，降低了用户的后续处理成本。

（3）成功开发低碳 Nb-V-Mo 合金体系 960~1300MPa 全系列（3~21mm）超高强度离线调质钢板，低温韧性达到 F 级别，解决了薄规格超高强度钢板韧塑性差、焊接性和疲劳性能难以保证、折弯开裂和切割变形等难题。

五、项目意义

本项目成果在国内中联重科、三一重工、柳州重工和徐工等大型工程机械装备起重机和泵送机械上实现应用，并出口到欧洲、南美、韩国等国际市场，满足了工程机械中起重机和泵送机械关键原材料的制造需求，大幅度地降低了该类产品的价格，为促进相关行业发展、提升产品国际竞争力作出重要贡献。项目对起重泵送装备用系列高强度结构钢板进行了多目标、多内容的系统创新，从而进一步发挥了涟钢 210—2250—横切热处理生产线的潜在优势，提升了整体的技术水平。项目对发展起重泵送装备用系列高强度结构钢板关键技术开发，推动起重泵送装备用系列高强度结构钢板在国内外的应用，提高产品附加值方面具有重要的意义和广阔的推广应用前景。

高强度结构钢板制造的起重泵送设备

中高碳合金钢带系列产品开发及应用

一、完成单位

湖南华菱涟源钢铁有限公司。

二、项目概况

本项目属于金属材料加工及制造领域。

中高碳合金钢带广泛应用于汽车零部件、大理石框架锯、双金属锯、高端木工/冶金圆锯片、超薄刀片、农用机械长寿命犁刀、轴承、油锯链条等领域，是我国工具制造业的关键材料，然而其中的相当部分钢铁原材料需要从德国、日本、韩国等国进口。

涟钢中高碳钢合金钢带系列产品共申报国家发明专利 10 余项，其中 5 项已授权，发表学术论文 10 余篇，项目成果相继在企业、行业获得了多项科技奖励，如"国家冶金科学技术进步三等奖"和中钢协"金杯奖"等。与下游企业联合成立了"高端锯切工具用特殊钢基材湖南省工程研究中心"，率先在国内组建了双金属及大理石框架锯产业链联盟。

三、应用推广情况

目前涟钢中高碳合金钢带市场覆盖率在国内处于前三位，其中的圆锯片用钢国内市场占有率达到 75% 左右，成为细分行业的标杆钢厂。涟钢产品在黑旋风锯业、日照海恩锯业、长沙泰嘉股份、三一中阳机械、苏州翔楼新材、浙江荣鑫带钢、浙江东华链条等行业知名企业得到广泛应用。其中，所研发的大理石框架锯用钢、双金属锯用钢、油锯链用钢正在进行进口替代，目前疲劳性能、锯切性能及使用寿命等指标均达到了进口材水平。

四、项目创新点

本项目采用转炉—氩站—LF 精炼—（RH 精炼）—板坯连铸—热连轧工艺流程来生产中高碳钢合金钢带，突破了电炉—方坯等窄带或特钢传统的工艺生产流程，实现了系列新产品、新工艺的创新性技术，创新成果包括：转炉冶炼中高碳合金钢高纯净度控制技术；高合金钢连铸板坯生产技术；连铸高效高质生产技术；合金钢表面质量控制技术；半无头轧制与辊型控制的高精度轧制技术；热轧卷板显微组织与性能多样化控制技术；热轧卷表面脱碳控制及球化退火技术。涟钢中高碳合金钢带生产技术对比传统的窄带冶炼和轧制工艺，能极大降低生产时间和能源消耗，降低成本；产品尺寸精度高；表层脱碳等表面质量优良；组织与性能优良。

五、项目意义

涟钢采用常规的碳钢生产线生产中高碳合金钢带，不同于传统的特殊钢或窄带钢生产线工艺，本工艺路线具有技术难度大，产品效率高，产品质量好的特点，技术创新意义明显。通过采用常规碳钢线生产，生产成本可降低800元/吨以上，每年可以为产业链的下游用户节约原材料成本约2.4亿元以上。实现了进口替代，为用户降低成本、缩短订货周期、解除产品限制做出了非常大的贡献，也是中国钢铁新材料突破国外垄断的一个案例。

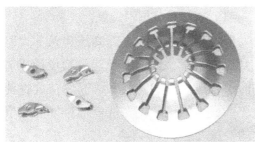

汽车离合器磨片弹簧与链条

圆锯片与双金属锯

高层建筑结构用钢板系列产品开发

一、完成单位

湖南华菱湘潭钢铁有限公司。

二、项目概况

本项目属建筑结构用钢板、冶炼、轧制、热处理等技术领域。

建筑结构用钢板是近年来国家大力发展的钢铁制品，在超高层建筑、大跨度公共建筑上不仅能够实现建筑轻量化、绿色环保的目标，还能实现建筑物设计、造型的丰富多样，增加各种新技术新功能，并同时保证建筑物的美观和极高的抗震性能。近年来，我国建筑用钢需求逐渐上升，尺寸更大，性能更稳定，抗震性更好的建筑用钢市场需求越来越大，以适应我国建筑行业的快速发展。

为提高建筑结构用钢板的材质一致性，以及降低屈强比，项目组从基础理论入手，对不同成分建筑结构用钢板的连续冷却转变以及金相组织、碳化物析出、夹杂物进行分析，从微观组织层面控制建筑结构用钢板的性能；从设备特性入手，分析了轧机的轧制力模型，计算了轧后冷却过程的温度场，确保轧制过程中金属流变以及冷却过程中各个位置的冷速可控；从客户使用入手，通过精确控制建筑结构用钢板的厚度，降低建筑物的自重，并确保建筑物自重时受力的均匀性。

通过以上的研究与分析，湘钢的建筑结构用钢板实现以下几大特点：（1）板厚均匀，尺寸精确，不同批次供货一致性强。（2）性能稳定性佳，同钢种同规格钢板强度偏差均在 50MPa 以内。（3）建筑结构用钢板的屈强比稳定并且远低于国家标准的要求，确保建筑结构的抗震性。（4）建筑结构用钢板的交货状态丰富，TMCP、正火、控轧、调质状态均可交货，交货最大厚度可达 150mm。（5）建筑结构用钢板碳当量低，保证钢板的可焊性。

本项目申请发明专利 4 项，授权 3 项，论文发表 4 篇，形成了全系列、全交货状态的建筑用钢板的生产以及应用。80mm 及以上的 TMCP 交付的 420MPa 以上的高建钢在国内处于先进水平。经中国钢铁工业协会评定，湘钢建筑结构用钢板 2015 年与 2019 年分别获得金杯优质产品。

本项目获得 2019 年金杯优质产品。

三、应用推广情况

三年来建筑用钢板累计销售超过 30 万吨，80mm 及以上厚板超过 5 万吨，在国内主要的钢结构加工企业沪宁钢机、中建钢构等合作单位的供货占比超过 20%，部分厚板吨钢利润超过 1000 元。产品应用于国家会议中心、首都新机场等国家重点项目，满足了大型公共建筑对于高强度、大厚度、高抗震性的建筑结构用钢的需求。

四、项目创新点

本项目取得如下创新：

（1）基于五米轧机的轧制力模型以及冷却过程温度场计算模型，开发出建筑用钢板的轧制以及冷却工艺，提高钢板的整板性能均匀性，实现同规格建筑用钢的性能波动在 50MPa 以内，处于国内领先水平。

（2）通过对组织以及连续冷却转变进行分析，设计低碳当量+微合金化的成分，解决了厚板建筑用钢的板内均匀性的问题，实现整板组织均匀，避免建筑用钢板出现过冷硬相组织，实现 420MPa 以上的建筑用钢厚板屈强比均小于 0.8。

（3）对于 Q460 级别的高建钢中，提出了利用低碳贝氏体作为钢的基本组织，解决了珠光体铁素体基体强度不够的问题，稳定达到 460MPa 以上强度。开发了 80mm 的 TMCP 交货状态的 Q460GJ，丰富了厚板交货速度，得到了客户认可。

（4）基于轧制抗力模型，开发出精确厚度控制技术，提高建筑用钢板成材率，也为客户提供厚度更加准确的钢板，确保建筑用钢板供货一致性更强。

五、项目意义

本项目成果总体技术水平达到国内先进水平。满足了大型公共建筑对于高强度、大厚度、高抗震性的建筑结构用钢的需求，为发展中的中国基建行业提供了有力的基础材料保障。该项目的实施对于提升我国钢结构大型建筑的发展具有重要意义。

北京大兴机场，湘钢供货 5 万吨

2019 年建筑结构用钢获金杯优质产品证书

化工核心设备用特厚钢板的
研发及产业化应用

一、完成单位

河钢集团有限公司、舞阳钢铁有限责任公司、东北大学、兰州兰石重型装备股份有限公司、中石化洛阳工程有限公司。

二、项目概况

本项目属于金属材料加工领域。

临氢设备是石化、煤化工行业核心装备，占项目总投资 1/3 以上，临氢铬钼特厚钢板是关键制造材料。因长期处于高温、高压、强腐蚀服役环境，钢板成分要求严格，生产工序多、难度大。国际上仅法国阿赛洛、德国迪林根、日本 JFE 等极少数公司能够生产，平均售价超过 3 万元/吨，并严格封锁核心技术，制约了我国石化、煤化工行业的发展。

完成单位协同攻关，突破了临氢铬钼特厚钢板合金设计与控制、轧制-热处理装备技术、一体化组织调控等关键瓶颈，成功开发 100~290mm 系列临氢特厚钢板和配套应用技术。

本项目授权专利 6 件，发表论文 6 篇，制定国家标准 1 项。三年累计供货钢板 25.02 万吨，新增产值 110.4 亿元，利税 28.2 亿元，国内市场占有率稳定在 60% 以上，其中不小于 100mm 厚钢板国内市场占有率 70%（含进口钢板），相继应用于中石化、中石油、神华宁煤等重点项目近千台大型临氢设备，钢板及临氢设备分别出口至 8 个和 16 个国家。项目的完成，解决了长期制约我国的临氢化工关键钢铁材料国产化问题，干勇、王一德院士等专家评价该项目"实现全系列钢板国产化覆盖、大幅度替代了进口，钢板性能达到国际领先水平，解决了大厚度板焊临氢设备制造的瓶颈问题"。

三、应用推广情况

三年完成单位供货临氢铬钼特厚钢板 25.02 万吨、累计在近千台大型临氢设备上使用，相继开发出国内单重最大（60t）、厚度最大（290mm）钢板，填补了多项国内技术空白。相继获得了中国钢铁行业十大标志性品牌、中国冶金行业品质卓越产品、

本项目获得 2019 年河北省科技进步奖一等奖。

冶金产品实物质量认定证书（金杯奖）等奖励。临氢铬钼钢板国内市场占有率稳定在 60% 以上，其中 100mm 以上厚钢板国内市场占有率 70% 以上，加钒钢和 150mm 以上特厚钢板国内市场占有率 75%（均包含进口钢板）。

2015 年，完成单位击败国外公司，中标当时国内最大直径（5.2m）板焊式加氢反应器项目，为中石化提供 2000 余吨临氢化工钢板，创造了"最大单重临氢铬钼钢板""最大壁厚板焊加氢反应器""最大锻造锭"三个"中国之最"。2016 年，世界最大煤制油项目——神华宁煤 400 万吨/年煤炭间接液化示范项目全流程贯通。2017 年，完成单位临氢钢板应用于舟山世界级石化基地炼化一体化项目，累计供货超过 1 万吨。同年，200mm 级临氢钢板应用于中石化湛江世界级炼化基地关键基础目——中科炼化项目，产品质量合格率 100%。

四、项目创新点

本项目取得如下创新：

（1）国际上率先提出厚板"低 Si+V/Nb 微合金化"铬钼成分体系，开发出复合碳化物调控、大锭坯五元渣系等成分精准控制专有技术，回火脆化系数 $J \leqslant 45$、$X \leqslant 0.0007\%$、高温持久强度不小于 309MPa，抗回火脆化性和抗高温蠕变性高于欧系、日系钢板近 30%，服役性能优异。

（2）创新模铸、连铸、电渣重熔、锻造锭坯多元生产模式，提出"温控形变控制轧制+多路径热处理"一体化组织调控方法，解决了临氢厚钢板强韧性匹配差、断面性能差异大的共性问题，290mm 厚钢板心部 -30℃ 冲击功不小于 200J、TI 级探伤合格，形成了对进口钢板的性能优势。

（3）创新提出"外部机械化炉+辊式淬火机"临氢特厚钢板热处理模式，研发成功国际首条 300mm 级钢板连续辊式热处理线及配套高冷速、高均匀性热处理技术，100mm 厚以上钢板心部冷速提高 1 倍以上、加热—淬火控温精度提高 3 倍，实现了对国外同领域装备技术的超越。

（4）研发成功 6 大类 40 余个牌号临氢钢板产品及配套成型、焊接、检测等应用技术，解决了装备制造厚板成型困难、焊接匹配性差等瓶颈问题，率先将国产厚钢板批量应用于超大型石化、煤化工核心装备，牵头制定了"临氢设备用铬钼合金钢板"国家标准。

五、项目意义

本项目形成了我国特色的临氢铬钼特厚钢板合金设计思路，掌握了成套自主产权的核心生产技术与组织调控技术，建成了国际首条专用连续热处理线，开发出系列特厚钢板产品及配套应用技术，打通了"研发—生产—应用—评测"创新链条，为国内同类临氢钢板研发生产单位提供了可靠的技术和生产经验，也为重点领域高端钢铁产品研发应用提供了可行的案例，形成了行业辐射。而且，该项目实现了全系列、全厚度临氢铬钼钢板国产化生产，有力支持了我国石化、煤化工行业装备国产化进程，提升了国家自主保障能力。国产钢板在中石化、中石油、神华集团等国家重大石化、煤化工项目中规模化应用，并反向输出钢铁和装备制造强国，提升了中国制造的国际影响力。

加氢反应器

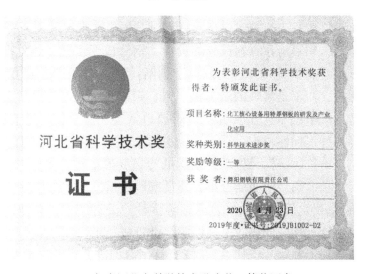

2019年度河北省科学技术进步奖一等奖证书

低碳低合金高性能特异型无缝钢管系列

一、完成单位

江苏界达特异新材料股份有限公司。

二、项目概况

本项目属黑色金属材料、冶炼、轧制、成型、热处理等技术领域。

改革开放以后，装备制造业的快速发展，国之重器不断地推出，轻质、高性能的材料需求尤为明显。对异型钢管综合性能的要求越来越高：在材质方面，在保证良好可焊性的基础上，要求高强度、高韧性，同时适用于低温等极端条件下应用；在装配要求上，有的要求良好的尺寸精度，减少机加工工序；有的要求超薄壁，以最大限度地提高刚度、减轻重量。要打破国外的技术和价格垄断，降低制造成本，使民族工业在国际市场上具有强大的竞争力。

根据用户对特异型无缝管的需求进行设计，并进行仿真工艺分析，包括材料成分的设计、冶炼工艺要求、成形工艺、热处理工艺、成品矫直等。根据以上要求再一一展开落实研发，最终实现工艺技术质量目标和满足用户需求。

围绕上述难题，项目组在材料成分的设计、钢管成形工艺、热处理工艺、异型钢管截面变化等方面进行研究开发，实现以下创新：（1）组合添加微量的钒、铌、钛、铝等细化晶粒元素，而不是常规的添加铬、镍、钼等合金元素，通过合理的成分设计和冶炼工艺要求，既节约了合金资源，同时获得低碳、低合金、易于焊接的高强度、高塑性、良好低温冲击韧性材料。（2）通过对成型模具的型腔和截面设计，采用有芯棒液压冷拔拔制，冷拔时平稳无振动。多次的冷拔变形工艺，使材料组织更紧密，应力更小。获得尺寸精度高，扭曲变形小，外径壁厚比超过 40 倍的对称和不对称异型截面的异型管。（3）开发出连续式喷射冷却等多种热处理工艺，获得畸变小，细晶组织，高强度、高塑性、良好低温冲击韧性的综合机械性能。

本项目申请各项专利 90 余项，制（修）订国家标准、行业标准共计 10 项，形成一整套具有自主知识产权的低碳低合金耐低温高性能特异型无缝钢管系列关键生产工艺技术。经行业专家和用户评价本项目总体技术达到国际领先水平。

三、应用推广情况

低碳低合金耐低温高性能特异型无缝钢管系列产品能大幅度减轻构件的自重，并提高低温安全性，国内外对此系列产品有迫切的需求。本公司目前在低温高性能异型钢管的产品开发和应用上成效显著，且未来市场巨大。四年来累计开发销售30余万吨，其中低碳低合金耐低温高性能特异型无缝钢管系列产品，国内市场占有率达到65%。目前主要应用方向：航天发射塔架、舰船武器支架，千吨级大型起重吊机的龙门支柱、吊臂、60m消防云梯车臂架、运输车车轴、石油钻采井架、豪华大巴车身结构、大型桥梁钢构等。

四、项目创新点

本项目取得如下创新：

（1）研发出低碳、低合金、易于焊接，轻质、高强、耐冲击、耐疲劳的材料。

（2）突出特异、根据不同用户、不同用户要求，个性化地开发生产各种特殊形状的产品，满足不同用户的装配使用要求。

（3）开发出高强度（屈服强度不小于800MPa，抗拉强度不小于880MPa），高韧性（伸长率A_5不小于30%），耐低温冲击（-60℃冲击韧性不小于80J），耐疲劳（疲劳寿命不小于80万次）、耐磨、耐腐蚀等高性能的系列异型钢管。

五、项目意义

本项目成果总体技术水平达到国际领先水平。该项目引领国内特异型钢管结构件的发展方向，对行业具有技术引领作用，为中国先进制造装备提供了基础材料保障，对装备制造业标准化和质量提升规划有重要支撑意义。

节能环保

冶金渣大规模替代水泥熟料制备高性能生态胶凝材料技术研发与推广

一、完成单位

西安建筑科技大学、西安德龙新型建筑材料科技有限责任公司。

二、项目概况

本项目成果属于工业固体废弃物资源化利用领域。其研发、应用、推广符合《国家中长期科学和技术发展规划纲要》和陕西省"十二五"科技发展规划等科技和产业发展政策。

本项目针对常规粉磨工艺将冶金渣与水泥熟料共同粉磨导致冶金渣粒度过大、胶凝活性难以有效发挥,传统球磨机装备粉磨能耗过高、粉磨效率低、噪音大、维护困难等问题,创造性地将高压立磨用于矿渣、钢渣微粉的制备,集成研发出集渣料烘干、高压辊式挤压粉磨、金属与非金属矿物及 RO 相分离、颗粒分级和气体与微粉分离为一体的先进冶金渣超细制备新工艺,形成年产 30 万吨、60 万吨、100 万吨、150 万吨、200 万吨等不同规模的系列工艺。

三、应用推广情况

本项目成果在国内 32 条不同规模生产线上应用,年利用冶金渣 2400 万吨,年新增产值 62.4 亿元,新增利税 34 亿元,减排 CO_2 2160 万吨(按替代 1 吨水泥熟料减排 900 公斤 CO_2 计),年节约标准煤 240 万吨。建成了全世界规模最大的超细粉磨生产线——长治钢铁(集团)瑞昌水泥有限公司年产 130 万吨矿渣水泥和矿渣超细粉的粉磨生产线及全世界最大的矿渣资源化利用基地——张家港恒昌新型建筑材料有限责任公司年处理 700 万吨渣的矿渣资源化利用基地,创造了巨大的经济效益,为全国循环经济事业的发展起到示范作用。

四、项目创新点

针对制约我国冶金渣资源化利用的瓶颈问题—大型高压立式辊磨的国产化,自主开发出 $\phi3.6m$、$\phi4.6m$、$\phi5.6m$ 的低振动高压立磨装备,设备价格较同规格进口设备

本项目获得 2017 年度国家科技进步奖二等奖。

减少50%，供货周期缩短3个月，设备的连续运行周期是进口磨机的2倍，制备的产品细度（400~1000m²/kg）远高于传统球磨机粉磨的产品（小于350m²/kg）。ϕ4.6m立磨主机电耗低于27kWh/t产品，系统电耗42kWh/t产品，低于国内外同规格立磨主机电耗。

研发出冶金渣粉配制高性能胶凝材料的技术方案，有效提高了冶金渣微粉在水泥、混凝土中的掺入量，改善了混凝土耐久性，实现了钢铁冶金渣在建材工业大规模资源化利用。发明的钢渣热态改性和RO相分选技术，可分离出钢渣中的非水化相，显著提高了活性成分比例，有效解决了钢渣难以在胶凝材料中大掺量使用的问题。

五、项目意义

我国每年排放冶金工业固体废弃物3亿吨左右，大量占用耕地并严重污染环境，尤其是水资源。如何变废为宝，是实现我国绿色、低碳、循环发展的重大课题。该项目自主研发设计的"FTLM低振动高压立磨"在5家企业、6条生产线上实施应用，提升了我国低能耗超细粉碎、高效分离等重点共性技术和重大成套装备的技术水平和推广应用能力。构建了建材工业与钢铁工业融合发展的新型产业经济模式，极大地推动了中国钢铁企业废渣资源化利用的进程。培养了一批从事冶金工业固废资源化利用技术开发的高素质复合型人才，树立了产学研用相结合的典范。

高效节能环保烧结技术
及装备的研发与应用

一、完成单位

中冶长天国际工程有限责任公司、宝山钢铁股份有限公司、中南大学、内蒙古包钢稀土钢板材有限责任公司。

二、项目概况

烧结是我国钢铁冶炼主要的原料加工工艺，其能耗占钢铁企业总能耗的 15% 以上。开展"高效、节能、环保"的烧结技术及装备研究，是解决我国烧结工序生产效率低、原料适应性差、产品质量不稳定、能耗物耗高、环境污染严重、装备水平落后等一系列行业共性问题的重大战略课题。

自 1999 年起，在国家重大产业技术开发专项和"十二五"国家科技支撑计划项目的支持下，中冶长天就开始针对高效节能环保烧结技术和装备，围绕烧结成矿、冷却、余热利用和烟气治理 4 个关键环节开展全面科研攻关。

经过近 20 年的自主创新，项目团队研发了厚料层高效烧结技术及装备，首创了环冷机液密封技术及装备，发明了余热循环高效回收利用技术及装备，开发了烟气协同净化装备技术等。目前，已形成提高效率与质量相同步、减少物耗与能耗相耦合，过程控制与末端治理相协同的高效节能环保烧结技术体系及技术标准，实现了我国烧结技术及装备的重大历史性突破，整体技术居国际领先水平。

本项目已获中国专利金奖 1 项、优秀奖 1 项，省部级一等奖 4 项；出版专著 1 部、起草国家标准 1 项、软件著作权 1 项；已授权国际发明专利 3 项、中国发明专利 20 项、实用新型专利 3 项；发表相关学术论文 25 篇。

三、推广应用情况

项目成果已推广应用到国内外 50 多个烧结工程，其中 500m² 以上特大型烧结工程 12 个，国内市场占有率约 70%，推广到日本、巴西等 5 个国家 8 个海外工程。近三年累积节约标煤 491 万吨，减排二氧化碳 1277 万吨、粉尘 2.69 万吨、二氧化硫 12.81

本项目获得 2017 年度国家科学技术进步奖二等奖。

万吨、氮氧化物 4.89 万吨，为钢铁行业的节能减排和绿色发展做出了重要贡献，经济效益和社会效益显著。

四、项目创新点

本项目取得如下创新：

（1）研发了厚料层高效烧结技术及装备，使大型烧结机节能水平处于国际领先。

（2）首创了环冷机液密封技术及装备，使环冷机漏风率由原来的 30%~35% 下降到小于 10%，其中"一种环冷机台车"荣获第十七届中国专利金奖。

（3）发明了余热循环高效回收利用技术及装备，使烧结系统余热利用率提高50%，冷却废气近"零排放"。

（4）开发了烟气协同净化装备技术，实现了烟气多污染物深度协同治理和副产物的资源化综合利用。

五、项目意义

本项目攻克了高效节能环保烧结工艺及装备系列技术，使大型烧结机节能水平处于国际领先水平，解决了长期困扰烧结生产的世界性漏风难题，开创了我国工业烟气治理领域新的里程碑，为钢铁行业的节能减排和绿色发展做出了重要贡献，为推动我国绿色钢铁冶金技术和装备走向世界做出了重要贡献。

全过程优化的焦化废水高效处理
与资源化技术及应用

一、完成单位

中国科学院过程工程研究所、鞍钢股份有限公司、北京赛科康仑环保科技有限公司、哈尔滨工业大学、合肥学院、鞍山盛盟煤气化有限公司。

二、项目概况

焦化废水已成为影响生产企业环保达标的主要障碍，也是实施"水十条"急需解决的重点问题。焦化废水含有高浓度氨、酚，以及苯系物、杂环类、多环类等有机芳烃污染物，国内外普遍采用"萃取脱酚–蒸氨–生物降解"集成工艺处理，但由于水中有毒难生物降解有机物浓度高加之水质波动大等原因，导致该工艺稳定性差、难以满足地方和行业新的环保要求，成为污染治理难题。

在国家"水体污染控制与治理科技重大专项""863计划"等支持下，项目组遵循有价资源回收和全过程综合控污思路，历经十余年攻关，从污染物解析追因—内在关系揭示—技术创新—工程应用开展系统攻关，发明了废水全过程高效低成本处理核心装备和成套技术，实现了废水毒性消减及污染物深度脱除，系统稳定性高、处理成本低，获大规模应用。主要创新性成果包括：

（1）针对焦化废水处理工艺常因生物毒性有机物导致"生化系统崩溃"的现象，开展了特征污染物全过程生命周期研究，提出酚油协同萃取减毒耦合污染物梯级生物降解的废水处理新工艺，发明设计出已商业化的新型多元复合萃取剂，创新研制出可实现高浓度菌群高效处理的反应—沉淀耦合一体化装备，实现了有机物资源化回收和废水处理工艺稳定运行。

（2）针对焦化生化尾水难降解有机物深度脱除重大难题，研究揭示了芳烃类污染物分子结构、氧化剂和催化剂活性位点之间交互影响关系，设计出用于焦化废水常见污染物高效臭氧氧化降解的锰—稀土—镁复合多孔活性炭催化剂，创新研制出传质–反应过程最佳匹配的臭氧氧化设备，突破了工业放大的技术瓶颈，形成非均相催化臭氧氧化成套技术，率先在煤化工和钢铁行业完成工业应用。该成果专家鉴定意见为"处理效果达到国际领先水平"，入选工信部、科技部、生态环境部联合发布的《国家

本项目获得2018年度国家科学技术进步奖二等奖。

鼓励发展的重大环保技术装备目录（2014年版）》。

（3）依托成果（1）和（2），开发出集成"酚油协同萃取预解毒—精馏蒸氨—梯级生物降解脱碳脱氮—非均相催化臭氧深度氧化—多膜组合脱盐"的焦化废水全过程强化处理工艺和装备，建立了多单元耦合集成的优化模型，构建了工业设计基础工艺数据包。多项工程实践均实现废水资源回收和低成本深度处理，满足行业和地方最新污水排放标准，成本降低20%以上。该技术入选生态环境部发布的《国家鼓励发展的环境保护技术（水污染治理领域)》（2015年）。

该项目入选参加国家"十二五"重大成就展（2016年）。已获授权发明专利34项，生态环境部科技进步奖一等奖1项；发表SCI论文55篇；1人获国家杰出青年科学基金、1人入选中组部"万人计划"科技创新领军人才。

三、应用推广情况

成果已推广应用到鞍钢、武钢、中煤等大型央企在内的41项水污染控制工程，总规模达5521万吨/年。项目经济环境效益显著，三年累计处理废水1.52亿吨，实现节水和废水回用1.34亿吨、回收焦油75万吨，减排COD 24万吨，氨氮9万吨。

四、项目创新点

项目组历经十余年攻关，在详细开展高温、低温焦化废水处理过程特征污染物生命轨迹分析基础上，从污染物解析追因—内在关系揭示—技术创新—工程应用开展科技攻关，形成全过程优化的废水高效处理与资源化利用技术路线，实现污染物深度脱除和系统稳定、低成本运行的目标。本项目取得如下创新：

（1）提出酚油协同萃取减毒耦合污染物梯级生物降解的废水处理新工艺，创新研制出新型多元复合萃取剂和可实现高浓度菌群高效处理的反应—沉淀耦合一体化装备，实现了资源回收和废水处理工艺稳定运行。

（2）研发出基于官能团定向转化的难降解有机污染物非均相催化臭氧氧化用新型高效催化剂和反应设备。

（3）建立了全过程集成优化的焦化废水低成本稳定控污成套技术，突破产业化放大工程技术瓶颈，实现大规模推广应用。

五、项目意义

本项目成果及示范工程在第三方评估中得到高度评价，"酚油萃取协同解毒技术与药剂、非均相催化臭氧氧化技术与催化剂，及处理效果等达到国际领先水平。"成果初步解决了制约钢铁焦化、钴镍电池材料、稀土、钨等行业正常生产的水污染问题。产业化工程处理给用户创造了一定的经济效益外，还产生了重大社会效益。

黑色冶金过程废水资源化循环利用技术及应用

一、完成单位

太原钢铁（集团）有限公司、山西太钢不锈钢股份有限公司。

二、项目概况

黑色冶金（钢铁）行业属于耗水大户，同时也是工业污染大户，因此钢铁工业废水处理及回用，是当今钢铁工业重要任务，也是水处理技术领域难点。太钢坚持绿色发展，以科技创新和技术进步为支撑，尤其是在工业废水处理技术开发及资源循环利用方面，开发了废水源头治理，综合处理、分质供水的水资源循环利用技术，结合三维水平衡技术的应用，实现水资源循环利用、定额、分质供水，节能减排，为我国钢铁工业环境保护树立了榜样。本项目授权专利11项，发表论文3篇。整体技术达到国际先进水平。

三、应用推广情况

本项目成果的应用，使太钢工业水重复利用率达到98.12%，吨钢耗新水降至1.45t，达到国际同行业先进水平。

四、项目创新点

本项目取得如下创新：

（1）创新发明了以破乳+气浮+纸带过滤+不锈钢超滤膜的乳化液前处理技术，以双级气浮+双级生物接触氧化+双级高密度沉淀池为含油废水的前处理技术，以多介质过滤+活性炭过滤+超滤+反渗透为乳化液及含油废水的深度处理技术，解决了轧钢乳化液及含油废水处理深度回用技术难题。

（2）创新发明了利用低碘值煤基活性焦副产物对生化后的焦化酚氰废水深度处理技术，包括解析粉末筛分、活性焦制浆及投加、混凝絮凝剂投加、吸附混凝絮凝反应、混凝沉淀、高活性焦底泥中间罐循环等技术环节。

（3）针对黑色冶金企业综合废水水质特点，创新发明了以沉淀池+气浮池和纤维

本项目获得2016年冶金科学技术奖一等奖。

球过滤为前处理工艺，生态调节池+曝气氧化+高密度沉淀池+V 型滤池预处理工艺，超滤+双级反渗透+混床的深度处理工艺，结合专有技术，形成了一套完整的工艺技术包。逐级产水达到循环水、一级除盐水、二级除盐水、高品质除盐水标准，分质回用。

五、项目意义

本项目成果的应用，使太钢工业水重复利用率达到 98.12%，吨钢耗新水降至 1.45t，达到国际同行业先进水平。目前大型钢厂用水，已经占到城市用水总量的 1/3，如能将这项技术推广到整个钢铁行业，推广到电力、石化、造纸、纺织等耗水大用户，进而在生活和其他领域广泛应用，将使我国水资源的供需矛盾大为缓解，有助于我国经济持续、较快、健康的发展。

宝钢产品基于 LCA 的生产 过程、环境友好的研究

一、完成单位

宝山钢铁股份有限公司。

二、项目概况

本项目属于环境科学技术领域环境系统工程学科。宝钢提出"环境经营"发展战略,不仅追求钢铁制造过程的绿色,更要致力于"成为绿色产业链的驱动者",促进钢铁行业全产业链绿色化。项目利用生命周期评价(LCA)方法为"环境经营"战略提供了方法体系、技术及数据上的支撑,是宝钢产品环境效益与竞争力相结合的具体实践。项目经过十多年发展,从建立方法学体系,模型及软件工具开发,到在上下游全产业链上应用,升华到产品的生态设计层面,逐步形成了一整套应用体系。

三、应用推广情况

本项目直接创收经济效益 1822 万元,项目服务的用户销售增量 4.75 亿元。项目成果已推广应用到宝钢集团范围以及部分上下游企业,具备对外技术推广能力。形成多项自主知识产权成果,获国际钢协"LCA 领导力奖",达到国际领先水平。

四、项目创新点

本项目取得如下创新:

(1)方法、标准与模型。建立了完善的钢铁产品生命周期评价方法学体系,提出了宝钢产品环境绩效指数评价绿色产品方法,形成国家标准《钢铁产品生产生命周期评价技术规范(产品种类规则)》(GB/T 30052)。开发了宝钢产品环境绩效计算模型、钢铁企业碳排放核算模型。

(2)软件、在线平台与数据库。开发了钢铁产品 LCA 软件,并面向不同用户场景开发了 16 套定制化 LCA 软件。建立了宝钢 LCA 在线系统平台。建立了覆盖宝钢全部产品的环境绩效数据库。

(3)绿色制造。开展了宝钢硅钢 NSGO 产品绿色制造全流程节能降本研究,实现

本项目获得 2017 年冶金科学技术奖一等奖。

降本效益 1003 万元。以汽车板典型钢种为研究对象，开展了制造全流程优化排产研究。

（4）绿色营销。首次提出了基于 LCA 方法绿色用钢解决方案概念，与海尔、上海日立、变压器厂、电机厂、汽车零部件及主机厂合作开展了硅钢、汽车板、家电板等多个绿色用钢解决方案研究，从质量、成本、环境绩效为用户提供选材指导。

（5）绿色采购。从全流程综合评价采购成本与使用成本，形成考虑环境绩效的"综合成本效益"。并以耐火材料、辅料、油脂、轧辊和电极等产品为试点，进行了绿色采购的实践。

（6）生态设计。与海尔、日立、变压器厂、上汽、标致雪铁龙等合作开展家电板、硅钢和汽车零部件的生态设计研究，促进产品全生命周期的绿色化。

五、项目意义

本项目的实施不仅促进了钢铁制造过程自身的绿色，更是宝钢"成为绿色产业链的驱动者"计划的具体实践，推动了钢铁行业上下游包括供应商、生产者、消费者的整体绿色化，引领中国钢铁绿色发展新思路。

活性炭法烟气多污染物协同高效净化关键技术与装备研究

一、完成单位

中冶长天国际工程有限责任公司、宝山钢铁股份有限公司、清华大学。

二、项目概况

钢铁烧结烟气成分复杂，排放量大，是工业大气污染物控制的重点和难点，其排放的 SO_2、NO_x、二噁英、粉尘分别约占钢铁工业大气污染物排放总量的 70%、48%、90%、40%。常规烟气污染物治理技术存在多污染物不能协同治理、净化效率不高、副产物和气溶胶易产生二次污染等问题；国外在多污染物协同治理方面研究较早，但也存在净化效率不高、投资昂贵等问题，亟须研发一种污染物去除效率高、可实现副产物资源化的烟气多污染物协同处理技术。

项目完成单位从 2008 年开始，在国家"863 计划"项目支持下，通过产学研用合作，经过实验室、小试、中试研究及工程示范，开展了活性炭法烧结烟气多污染物协同净化技术的基础理论研究、关键技术攻关、核心装备研制及系统集成应用。

本项目已获授权发明专利 16 项、实用新型专利 4 项，主编行业标准 1 项、企业标准 2 项，发表学术论文 11 篇，形成了活性炭法烟气多污染物协同高效净化技术体系。

三、应用推广情况

本项目成果已应用到宝武钢铁、安阳钢铁等八个大型烧结工程，环境及经济效益巨大，目前正与国内鞍钢、日照钢铁及国外韩国现代、浦项钢铁等开展合作洽谈。

四、项目创新点

本项目取得如下创新：

（1）研发了分层错流多位喷氨吸附技术及装备。研究了活性炭对污染物催化吸附规律，开发了分层整体错流吸附及预酸化—分段分级喷氨强化脱硝技术，研制了可控制不同活性炭层停留时间及喷氨位置与强度的单级与组合式双级吸附反应塔，实现了多污染物高效去除。

本项目获得 2018 年冶金科学技术奖一等奖。

（2）研发了多段可控整体流再生技术及装备。研究了再生方式、温度、时间对不同污染物的转化规律，开发了复杂温度场控制及整体流排料技术，研制了深度再生反应塔，提高了再生后活性炭的活性，强化了 SO_2 的富集资源化利用和 NO_x、二噁英的无害化分解。

（3）研发了多点卸料"Z"型输送技术及装备。开发了料斗姿态可控多变向长距离输送技术，发明了料斗运行状态及炭粉层温度监控系统，研制了多点卸料"Z"型输送机，降低了活性炭的转运损耗，实现了系统安全稳定运行。

（4）开发了余氨循环利用及废水零排放技术及装备。研究了污染物迁移及浓度分布规律，开发了炭粉和单质硫胶体协同去除、高浓度氨氮废水重金属脱除、余氨循环利用–废水蒸发补偿烟温控制等梯级废水处置技术及装备，实现了重金属富集微量化处理及废水零排放，突破了 SO_2 资源化利用技术瓶颈。

五、项目意义

本项目成果的整体技术居国际领先水平，实现了烧结烟气污染物的超低排放，对钢铁行业绿色转型发展和工业烟气治理意义重大。

高效低耗安全不锈钢混酸废液资源化 再生利用关键技术及装备

一、完成单位

中冶南方工程技术有限公司、福建鼎信科技有限公司。

二、项目概况

本项目涉及钢铁企业不锈钢混酸酸洗废液处理。该废液含硝酸、氢氟酸及含镍铬钛等重金属的金属化合物，是钢铁企业产生的最重大污染物之一和废水总氮污染重要来源，也是可资源化回收利用的可再生资源。我国是世界不锈钢生产第一大国，行业混酸废液排放量高达 200 万立方米/年，其资源化治理与危废减量化已成为我国棘手的重大环保难题。

过去该废液处理多采用石灰中和法等产生大量固废和二次处置成本高的落后工艺，而可实现大部分资源回收的常规喷雾焙烧法技术为国外垄断，引进费用高且存在硝酸回收率低、燃气适应性差、能耗高、关键设备寿命短等问题。

本项目 2013 年开始研发，2014 年获武汉市东湖国家自主创新示范区"3551 光谷人才计划"基金支持并于 2016 年列入中冶集团重点研发项目。

中国金属学会组织以干勇院士为主任，毛新平院士和刘复兴教授为副主任的评价委员会，对该成果进行评价，认定达到国际领先水平。该成果入选中国特钢企业协会不锈钢分会"2018 年度中国不锈钢行业十大新闻"。

依托本项目起草了国家标准 1 项，获得授权专利 27 项（其中发明专利 13 项）。

三、应用推广情况

本项目从供给侧打破国外技术垄断，满足市场急切需求。至 2018 年 11 月，已推广应用至国内外多家不锈钢生产企业，2018 年，国内市场占有率达到 100%，为我国节省大量机组引进费用，并成功践行"一带一路"国家战略。

四、项目创新点

本项目取得如下创新：

本项目获得 2019 年冶金科学技术奖一等奖。

（1）通过对金属化合物高温热水解反应机理研究，提出再生 HF 置换废酸液中硝酸盐提前释出 HNO_3 理论，创新开发 HF 置换+高温热水解新工艺，使硝酸回收率相对于常规喷雾焙烧工艺提高约 10%。

（2）开发大循环自适应 SCR 脱硝技术及装置，外排尾气 NO_x 浓度不大于 100mg/m^3，远低于国家排放限值要求（NO_x 不大于 240mg/m^3），降低能耗约 400kJ/L 废酸。

（3）创新开发焙烧炉温度场、流场优化技术，开发适应低热值燃气的高效、节能、安全、长寿的焙烧炉等系列关键技术和成套装备，实现混酸废液资源化再生利用系统装备的国产化。

（4）开发针对非典型性但危害性大的突发故障诊断、分析、预警和处置建议的实时专家智能诊断控制技术、自适应控制技术、离线仿真模拟控制系统及远程专家协助系统，确保高危介质条件下系统安全、稳定、高效运行。

五、项目意义

本项目应用前景广阔，经济社会效益显著，对不锈钢行业技术进步及绿色高质量发展具有良好促进作用。

大型热轧板带工程绿色高效
建造技术研究与应用

一、完成单位

中国二十冶集团有限公司。

二、项目概况

本项目属于冶金工程建设领域。轧钢是钢铁产品生产的关键工序，其装备、技术是体现钢铁工业总体水平的一个重要标志。热轧板带是轧钢产品的主要品种，广泛应用于军工、工业、建筑业等国家支柱型产业。随着航天、航海、国防等行业发展的高科技化，热轧板带产品的性能质量逐步迭代升级，并且随着国家对绿色环保的强力推进，大型热轧板带工程建设日趋精益化、绿色化和智能化。

本项目起草国家标准6部，行业标准4部，国家级工法3篇，省部级工法16篇，省部级科技成果鉴定13项，授权发明专利22项、实用新型专利10项、软件著作权2项，发表论文8篇，3项核心专利获中国专利优秀奖。

三、应用推广情况

本项目先后成功应用于宝钢、南钢、首钢等52项国内大型热轧板带工程，在国内建设市场占有率达63%，3项工程获中国建设工程鲁班奖，累计产生直接经济效益4.16亿元，间接经济效益近400亿元。

四、项目创新点

本项目取得如下创新：

（1）超大型连续设备基础裂缝及沉降控制技术：针对设备基础功能性保障难题，率先提出了超长连续（约1000m）设备基础"跳仓法"无缝施工综合技术，攻克了耐热、耐腐蚀、不间断动荷载下超大型混凝土设备基础有害裂缝控制的难题；研发了超大型设备基础差异沉降控制技术，基础工效提高约40%，完善相应的国家与行业设备基础标准规范体系，保证了连续设备基础复杂工况下的耐久性。

（2）特大型轧机机架吊装及液压润滑管道绿色施工技术：针对特大型轧机机架

本项目获得2019年冶金科学技术奖一等奖。

（目前世界最重480t）受空间环境及行车起重能力限制无法吊装的技术难题，开发全自动液压顶升装备（顶升能力达500t）及系列吊装技术，满足目前全球最大轧机机架整架吊装，形成了2项国家标准，降低建设投资成本约4%。研发了气液混合冲洗技术，开创了液压润滑管道物理冲洗的先河，研制了智能化高效节能环保型管道在线油冲洗装备及配套技术，冲洗效率提高17%、环路复用率32%、避免油品乳化、实现试压全覆盖。

（3）热轧传动系统高效精准施工技术：针对热轧传动设备施工技术标准覆盖不全，存在技术盲区、工效低、精准性差等难题，研发了大型电机液压顶升穿芯装备及系列模块化施工技术，以及小功率等效替代大功率高效精准调试技术，形成冶金自动化仪表、主传动系统交接试验等系列规范，填补了冶金主传动系统标准的空白。施工效率提升40%，生产线运营能耗降低2%以上，综合故障率降低35%以上，保障生产线的稳定高效运营。

五、项目意义

本项目成果的实施推动了行业的发展，引领了国内外冶金建设领域的技术进步。

迁钢钢铁生产全流程超低排放关键技术研究及集成创新

一、完成单位

北京首钢股份有限公司、冶金工业规划研究院、首钢集团有限公司、柏美迪康环境科技（上海）股份有限公司、北京首钢国际工程技术有限公司、北京北科环境工程有限公司。

二、项目概况

本项目属于冶金环保领域。2013 年以来，国家陆续出台《大气十条》《打赢蓝天保卫战三年行动计划》等政策，持续推动大气环境质量改善。由于钢铁业颗粒物、SO_2、NO_x 排放量居工业首位，分别占排放总量的 30.1%、13.7%、15.7%，推动钢铁业超低排放是打赢蓝天保卫战的关键。然而钢铁生产流程长、排放源多、阵发性强、工况复杂，实现全流程超低排放难度巨大，全球尚无成功案例。因此，钢铁生产全流程超低排放关键技术亟须取得突破。

本项目在对全流程污染物排放特征研究的基础上，按照源头预防、过程管控和末端治理的思路，开展了重点排放源稳定超低排放技术、全流程系统集成超低排放技术、无组织排放管控治一体化技术等方面的研究。

中国金属学会组织专家对研究成果进行了评价，一致认为总体技术水平达到国际领先水平。项目申请专利 18 项（发明专利 14 项），授权 8 项（发明专利 4 项）。

三、应用推广情况

项目成果在迁钢公司成功应用，经中国环境监测总站验收监测，迁钢各排放源均稳定达到超低排放标准。吨钢颗粒物、SO_2、NO_x 排放绩效分别达到 0.17kg、0.21kg、0.4kg，和按全流程超低排放限值测算的排放绩效相比，分别降低了 51.4%、4.5% 和 16.7%。2018 年，被唐山市评为超低排放 A 类钢铁企业，2019 年年底，被生态环境部评定为国内首家实现超低排放 A 类钢铁企业。

本项目获得 2020 年冶金科学技术奖一等奖。

四、项目创新点

本项目取得如下创新：

（1）在严格监测、掌握大量排放数据的基础上，摸索规律、研究特征、开发技术、优化治理，开发了系列的有组织、无组织协同治理技术并实现工程化应用。

（2）提升了烧结和球团脱硫脱硝长期稳定超低排放装备创新水平，将 SCR 脱硝技术拓展创新应用到球团烟气治理。通过活性炭精料保证、精细运维等措施保证了烧结和球团工序产生的颗粒物小于 $8mg/m^3$、SO_2 小于 $25mg/m^3$、NO_x 小于 $40mg/m^3$ 的优于超低排放技术指标。

（3）首次实现了连铸机大包回转台烟气有效捕集、湿式电除尘器与转炉 OG 除尘技术相结合，开发了高炉煤气均压放散全量回收、一体化控硫等系列清洁生产技术，实现了对钢铁生产超低排放的技术支撑。

（4）将图像智能识别技术首次应用于钢铁生产颗粒物无组织排放控制，并高效应用了生物纳膜、超细雾炮、双流体干雾等抑尘技术装备。

（5）将大数据、模型优化算法、机器学习自适应算法等信息技术成功应用于钢铁生产无组织管控一体化平台建设，保证了无组织超低排放的长期科学管控。

五、项目意义

本项目为生态环境部等五部委出台《关于推进实施钢铁行业超低排放的意见》提供了技术支撑，为钢铁行业稳步推进超低排放改造起到重要的引领及示范作用，社会和环境效益显著。

长型材绿色化制备关键技术开发及应用

一、完成单位

钢铁研究总院、中冶华天工程技术有限公司、广东粤北联合钢铁有限公司、宁夏钢铁集团有限责任公司、台山市宝丰钢铁有限公司、抚顺新钢铁有限责任公司、四川德胜集团钒钛有限公司。

二、项目概况

本项目属于轧钢节能减排技术领域。2003 年 7 月 18 日，本项目组首次提出了长型材"无加热炉热轧"创新思路，并公布了发明专利"一种条形钢材连铸和连轧过程中不加热的加工方法"。在"十二五"期间承担了节能减排国家支撑计划课题"钢铁企业长型材直轧技术工程示范"。

本项目在完成了国家课题的基础上，针对国家上千条长型材轧钢工序生产能耗高的重大问题，系统地研究了长型材生产过程中降低能源消耗、提升产品质量稳定性的关键技术，在不对现有装备做大的改造的情况下，实现了连铸和轧钢工序短程、中程、长程衔接的绿色化制备工艺。

本项目四项核心技术的开发和应用，解决了长型材绿色化制备过程中的短程、中程、长程衔接的关键技术难题，实现了典型示范线轧钢能耗减少 30kgce/t，轧钢工序能耗小于 10kgce/t，吨钢减少二氧化碳排放 75kg。

本项目达到的主要指标优于国际上先进的同类企业：美国纽柯公司诺福克二分厂有感应加热器，直轧率 85%～90%；日本神户制钢感应加热直轧率 95%；意大利达涅利的无头连铸连轧采用感应补热衔接铸轧工序。

本项目已公布发明专利 27 项，已获得授权发明专利 15 项，发表学术论文 20 篇，软件著作授权 2 项。

三、应用推广情况

本项目推广的五家企业三年累计增加销售收入超过了 200 亿元、创造直接经济效益超过了 12 亿元。

本项目获得 2020 年冶金科学技术奖一等奖。

四、项目创新点

本项目取得如下创新：

（1）开发出连铸方坯高温恒温恒量出坯技术，实现了铸机布局、浇铸速度、铸坯切割协同设计的工程化，钢坯的头部和尾部温度差不超过 50℃、钢坯出坯温度大于 1000℃。

（2）建立了多流连铸机在不同工艺下的连铸坯排队模型，开发出长型材铸—轧界面钢坯排队控制技术，使典型生产线产量提高了 7.9%。

（3）开发出长型材绿色化铸—轧衔接技术。针对连铸机与轧机不同布置，分别采用无加热轧制、感应补热、高温钢坯均温等不同方式，实现了多种生产线工艺布置高效衔接。典型生产线的直轧率达到了 99%。

（4）研究了温度场与应变场协同控制、轧后冷却路径控制模型，开发出无加热轧制的长型材性能稳定性控制技术，实现了同一浇次钢筋屈服强度的波动低于 12%。

五、项目意义

本项目开发的核心技术适合应用于我国众多长型材生产线，创新性专利成果在钢铁企业推广应用，具有良好的社会效益。

煤气净化的富油脱苯的循环洗油
再生工艺及装置研发

一、完成单位

鞍钢集团工程技术有限公司、山东铁雄冶金科技有限公司、新绛县中信焦化厂。

二、项目概况

本项目所属科学技术领域为煤化工技术领域。煤气脱苯工艺是利用洗油吸收煤气中的苯组烃，影响粗苯回收率的因数主要有吸收温度、洗油分子量及循环量、贫油含苯量、吸收面积及炼焦煤的挥发分，对于改造项目，除贫油含苯量外，其他因素均变化不大。决定贫油含苯量的是粗苯蒸馏工艺。粗苯蒸馏工艺是从洗苯得到的富油中蒸出粗苯的工艺。一般有蒸汽法和管式炉法两种工艺。常规粗苯工艺存在蒸汽耗量高、洗油耗量大以及贫油含苯量高的问题，直接影响洗苯塔塔后煤气含苯量，影响粗苯的收率，环境污染较大。据此，2009 年 1 月，项目团队开始针对粗苯蒸馏工艺及装备中的技术难点展开攻关，确定整体工艺技术方案，取得了良好的工业应用效果。该成果研发出 1 项核心发明专利及多项专有技术。由多位专家组成的鉴定委员会一致认为该项成果整体技术达到了国际先进水平。

三、应用推广情况

本成果已成功应用到新绛县中信焦化厂粗苯改造项目、鞍山盛盟煤气化工有限公司脱苯兼脱萘项目、山东铁雄冶金科技有限公司焦化三分厂、二分厂以及一分厂的粗苯改造项目推广应用前景广阔。

四、项目创新点

本项目取得如下创新：

（1）自主开发"再生洗油在管式炉对流段中加热技术"与"蒸汽引射混合及洗油再生分缩一体化技术"，实现了再生洗油在管式炉对流段中部分汽化再生的功能，有效降低管式炉过热蒸汽的温度。

（2）自主研制"具有沉降功能双室结构的负压脱苯塔"及"油水分离功能的脱水

本项目获得 2016 年冶金科学技术奖二等奖。

塔",不仅有效解决了换热系统的堵塞难题,保证了脱苯系统长期稳定运行,提高了设备的利用率,改善了现场生产操作环境,而且还能将富油中的 NH_3 和 H_2S 有效分离,避免了对后续设备的腐蚀。

(3)经过实践应用证明,该工艺技术与传统的管式炉法相比,改善了循环洗油质量,粗苯产量提高 6%左右,废水量减少 50%以上,能耗降低 20%以上。

(4)该成果首创了具有国际领先水平的"蒸汽引射混合及洗油再生分缩一体化技术"。

五、项目意义

本项目工艺及装置为国内首创,整体装备国产化率 100%,具有工艺先进合理、装置运行安全可靠、投资小、消耗低、净化效率高、自动化程度高、占地面积小、环境污染小等优点,对新建厂,尤其是对老厂改造,有很好的推广应用前景,可以满足国内外不同用户需要。

煤—煤气混烧锅炉双尺度低NO$_x$燃烧技术的研究与应用

一、完成单位

首钢京唐钢铁联合有限责任公司、烟台龙源电力技术股份有限公司。

二、项目概况

首钢京唐钢铁联合有限责任公司两台300MW煤—煤气混烧锅炉在采用双尺度低NO$_x$燃烧技术后，在节能减排降耗方面取得了明显的效果。煤—煤气混烧锅炉有三种燃料，高炉煤气底部两层，可掺烧200000m^3/h，焦炉煤气四层与煤粉五层交叉布置，可掺烧焦炉煤气35000m^3/h。在纯煤工况下，生成氮氧化物由600mg/m^{3}降至220mg/m^3；煤气掺烧工况下，生成NO$_x$由400mg/m^{3}降至170mg/m^3，减少后序处理难度。

三、应用推广情况

首钢京唐钢铁联合有限责任公司两台300MW煤—煤气混烧锅炉在采用双尺度低NO$_x$燃烧技术后，年经济效益可达1116.2万元，锅炉效率提高0.58%，年节约标煤耗8680t。

四、项目创新点

本项目取得如下创新：

（1）双尺度低NO$_x$燃烧技术即在过程尺度（纵向），空间尺度（横向）同时采取空气分级，复合。在纵向空间，各层煤粉喷口由水平分离改成分上下层浓淡喷射，使浓相侧煤粉更浓，建立高温低氧还原区，将已生成的NO$_x$还原，淡相侧更淡，使煤粉的燃烧氧化反应更加充分。

（2）通过模拟仿真计算，将燃尽风风口升高7m，以达到加长燃烧过程，稳定高效燃烧的效果。在横向空间，将煤粉喷口与助燃风设计成3度夹角，这种横向布置，可使煤粉初始燃烧时，助燃风不能过早混合进来，形成缺氧燃烧，在火焰内就进行NO$_x$还原，抑制NO$_x$产生。在火焰末端，助燃风再及时掺混合进来，使缺氧燃烧时产

本项目获得2017年冶金科学技术奖二等奖。

生的焦炭再燃烧。底部两层高炉煤气采用多管式燃烧器，高气的常规掺烧，起到托火的作用，延长炉渣的下落，同时高炉煤气热值低，燃烧时间长，随着烟气的上升，到达火焰中心时，起到了降低火焰中心温度、稀释氧浓度的作用，减少了热力型氮氧化物的生成。

（3）焦炉煤气隔层交叉分布于煤粉层间，在淡相侧，焦气中的 H_2 可有效还原烟气中的氮氧化物，在浓相侧，焦气中的 H_2 可优先与氧气结合，使得浓相侧的煤粉缺氧燃烧，可在生成 NO_x 阶段得到有效控制。

（4）在煤粉层喷口两侧加装（贴壁风）扁平竖向独立风口，在风口两侧的水冷壁形成风膜，防止煤粉对水冷壁的冲刷磨损。同时，在近壁区域形成了较高的氧化性气氛，在有效冷却冲击的高温灰粒防治炉膛结渣，可有效抑制水冷壁的高温腐蚀。

五、项目意义

本项目成果在专业燃煤电站锅炉及钢铁企业煤—煤气混烧锅炉均有推广应用价值，可以从源头上控制氮氧化物的生成，减少后序处理费用。

环城矿山污染减排与生态修复
关键技术及集成应用

一、完成单位

鞍钢集团矿业有限公司、山东大学、中华全国供销合作总社天津再生资源研究所、潍坊科技学院。

二、项目概况

矿山采选业作为钢铁工业的基础，在快速发展的同时也面临着巨大生态环境问题。2015 年，我国铁矿采选业粉尘排放量为 630 万吨，不仅导致矿区大气污染，也是大气雾霾的重要贡献源；铁尾矿累计堆存量超过 100 亿吨，且每年以 11% 的速度增长，存在大气、水、土壤环境污染和巨大环境风险；260 亿平方米的矿山遭受破坏。上述环境问题已成为制约铁矿采选业绿色转型升级的重要瓶颈，影响钢铁行业可持续发展和国家生态文明建设。

本项目属于环境科学技术中的环境生态工程领域。项目组采用产学研金用结合、理论研究、技术突破、优化集成与示范推广等方式，建立了一整套源头减量化、过程循环利用、末端再生资源化的矿山污染减排与生态修复技术体系，技术成果达到了国际领先水平。

该技术成熟可靠，运行稳定，适用性好，经济、社会、生态环境效益显著。依托本项目申请和授权发明专利 6 项，实用新型 6 项，技术规范 2 项，标准 2 项，论文 14 篇，培养博士 6 人，硕士 16 人。

三、应用推广情况

通过本项目成果的实施，建成生态林 359 公顷，三年创收直接经济效益达 5.20 亿元。

四、项目创新点

本项目取得如下创新：

（1）铁矿采选过程粉尘高效防控与减排技术。针对矿山爆破、转载、采选、堆存

本项目获得 2017 年冶金科学技术奖二等奖。

过程中粉尘产生点多、影响面广、难以沉降等难题，开发了雾化机械抑尘源头减量技术，研发出具有抑尘、保湿、抗冻、抗蚀、长效等特点的高效凝并和抑尘技术，开发了6种新型环保凝并剂和抑尘剂，建立了爆破凝并、机械雾化、化学抑尘剂等全过程粉尘控制技术体系，实现了铁矿采选过程的源头减尘和动态抑尘。

（2）铁尾矿（废石）永续高值绿色资源化利用技术。针对尾矿土壤化利用存在的持水透气性差、有机质含量低、盐渍化程度高、重金属污染等难题，开发了4种绿色改良剂、2种重金属钝化剂、2种微生物菌剂和4种地产植物改良与土壤污染治理技术，建立了物化—微生物—植物联合改良技术体系，实现了铁尾矿大规模土壤化利用，破解了铁尾矿堆存量大、污染重、风险高的技术瓶颈，消除了铁尾矿（废石）利用过程中的污染风险。

（3）矿区生态环境修复关键技术与集成应用。针对矿区生态修复客土短缺、水土流失、植物成活率低等难题，开发了铁尾矿（废石）—修复剂—微生物—植物协同生态修复技术，研发出筐袋固坑保水保肥、边坡修建水平沟防流失、斜坡整形防塌防滑等技术，建立了矿区生态修复与绿化复垦技术体系，完成了大规模推广应用，实现了固肥、保水、防流失技术的绿色化、经济化、通用化和长效化。

五、项目意义

本项目有效促进了我国铁矿采选业的转型升级，助推了钢铁行业绿色持续发展和国家生态文明建设。

绿色洁净电弧炉炼钢关键技术及应用

一、完成单位

中冶赛迪工程技术股份有限公司、北京科技大学、西安电炉研究所有限公司、长春三鼎变压器有限公司、天津天管特殊钢有限公司、西宁特殊钢股份有限公司、新余钢铁集团有限公司、无锡红旗除尘设备有限公司、河南太行全利重工股份有限公司。

二、项目概况

本项目属于炼钢技术领域。电弧炉炼钢是世界主要的炼钢方法之一，具有流程短、节能环保等特点，随着废钢积蓄量提高，电炉钢产量将不断增加。我国电弧炉炼钢不仅生产普通棒线材，也是高品质特殊钢冶炼的主要工艺流程，为能源交通、机械制造、国防军工等领域关键装备及零部件生产提供所需的钢铁材料。加快电弧炉炼钢技术创新，不仅对我国成为世界制造强国有重要影响，也将促进钢铁工业朝绿色制造方向发展。

2002 年以来，项目团队以电弧炉炼钢绿色制造、钢质洁净为目标，对传统电弧炉炼钢技术进行了系统、全面的自主和集成创新，解决了长期困扰电弧炉生产的冶炼周期长、能量利用率低、质量不稳定及生产成本高等重大技术难题。2014 年，项目完成创新性研究并在具有世界先进水平的电弧炉炼钢企业成功应用。

中国金属学会组织的项目成果评价会认为，项目总体达到国际先进水平，其中特大型电弧炉变压器及电极调节、多介质复合喷吹控磷、氮、氧等技术达到国际领先水平。项目获发明专利 27 项、实用新型 50 项、软件著作权 7 项、国际/国家/行业标准 6 项、论文 160 篇（SCI/EI 50 篇）。

三、应用推广情况

本项目累计交付成套技术及装备一百余套，销售零备件三万余件，整体及单元技术覆盖全国 30%以上电炉钢产能，并出口至俄罗斯、土耳其等二十多个国家。2014 年，在天津钢管等企业应用，平均吨钢冶炼电耗降 11.32kWh、钢铁料消耗降 6.12kg、合金消耗降 0.54kg、余热回收 17.6kgce、CO_2 减排 55.3kg、成本降 55.08 元；2015~2017 年，项目新增产值 16.35 亿元、利税 6.76 亿元、增收节支 3.43 亿元，经济及社会效益显著。

本项目获得 2018 年冶金科学技术奖二等奖。

四、项目创新点

本项目取得如下创新：

（1）研发出国际领先的超高功率电弧炉变压器和电极调节技术，首次形成了超高功率电弧炉供电技术标准体系，打破了国外长期技术垄断，强力支撑《中国制造》。

（2）发明了熔池内气—固喷吹、CO_2-Ar动态底吹、出钢过程在线喷粉脱氧等新方法，实现了低成本快速深脱磷、脱氮和钢液氧含量控制，攻克了长期制约电弧炉洁净化冶炼的世界性难题。

（3）开发了适应多元炉料结构的全余热回收、低阻尼除尘、高效急冷二噁英治理、阶梯扰动涵道废钢预热等新技术，系统解决了连续加料、废钢预热、余能利用及废气治理等关键问题，显著提升了电弧炉炼钢节能环保水平。

（4）提出了以质量为核心的炼钢洁净生产与绿色制造协同运行新思路，开发了非接触钢液连续测温、炉气成分在线分析、终点预报和成本质量控制软件等，实现了电弧炉炼钢绿色-洁净技术集成。

五、项目意义

本项目成果的实施显著提升了我国电弧炉工艺及装备制造水平，引领了电弧炉炼钢技术发展。

宝钢大气污染特征及综合治理技术的
系统研究及应用

一、完成单位

宝山钢铁股份有限公司。

二、项目概况

本项目属于环境保护科学技术领域。针对钢铁企业内引起广泛关注的烧结烟气综合治理、烟粉尘污染治理及冷轧、硅钢异味扰民等大气环境治理方面的难点棘手问题，从前瞻性应用技术研究、解决生产现场急迫问题、满足国家法律法规需求三个方面，开展了烧结及电厂烟气综合治理技术研究、烟粉尘污染特征及减排技术研究、二噁英减排技术研究、异味检测与控制技术研究四大类共 11 个子项目的研究。

三、应用推广情况

技术应用于宝钢股份 1 号烧结等多台大型烧结机，实现 PM2.5 减排 52%、烟尘总排放减少 22.6%、二噁英排放不大于 0.5ng TEQ/m^3（标态）。

四、项目创新点

本项目取得如下创新：

（1）开发形成了一体式微细粉尘电凝聚技术与装备成套技术，并成功应用于宝钢股份 1 号烧结机头 ESCS 脱硫系电除尘器的提效改造，实现 PM2.5 减排 52%、烟尘总排放减少 22.6%；对 22 种常规滤料的特性进行了系统研究，筛选出 7 种 PM2.5 脱除效率在 90% 以上的高效滤料，提出了钢铁生产主要工序滤料评价与选用的技术标准。

（2）开发了电厂燃煤烟气低温 SCR 催化剂并进行了在线中试研究；改性活性炭脱汞吸附剂，脱汞效率 90% 以上，形成完整的汞脱除技术工业应用方案。完成烧结烟气脱硫脱硝及综合治理技术的技术经济分析，建立了烧结烟气治理技术成熟度评价模型，形成烧结烟气减排技术一揽子解决方案。

（3）从源头及过程控制出发，开发形成了烧结机二噁英减排的成套工艺技术，在宝钢股份 1 号烧结等多台大型烧结机成功应用，实现二噁英排放不大于 0.5ng TEQ/

本项目获得 2018 年冶金科学技术奖二等奖。

Nm^3，彻底消除了烧结机二噁英经常性超标的环境风险。热镀锌工序二噁英排放核算，建立了二噁英无组织排放监测方法，评估得出热镀锌工序的二噁英污染风险可控、并无健康风险的结论。

（4）弄清了硅钢区域异味污染特征，研发产生低浓度异味控制减排技术，提出从有组织及无组织两方面实现异味控制的综合解决方案并拟在后续冷轧和硅钢异味治理改造工程中应用。

（5）研究掌握了烧结、原料、炼焦等铁前工序的颗粒物无组织排放的污染特征，提出了无组织扬尘量确定及评价方法，提出无组织扬尘减排控制对策与建议。

（6）通过冷轧酸再生工艺影响污染物排放的各种因素及改进技术的研究，开发了系列优化改进技术，实施后机组正常运行的颗粒物及 HCl 排放量分别下降 37% 和 38%，实现颗粒物及 HCl 不大于 $15mg/m^3$（标态），排放浓度低于国标限值的 50% 以下；研究开发了尾气冷凝分离技术，可进一步将颗粒物及 HCl 排放浓度降低至不大于 $10mg/m^3$（标态）。

五、项目意义

在污染物综合治理方面，为其他钢铁企业提供了一揽子解决方案。

逆流活性炭烟气净化装置关键技术的研究与应用

一、完成单位

邯郸钢铁集团有限责任公司、邯郸钢铁集团设计院有限公司。

二、项目概况

本项目属环境保护科学技术领域。党的十八大以来，国家实施了京津冀一体化发展战略，其中环保治理是一体化战略的重心，河北省大气主要污染物 NO_x、SO_2 排放量长期位居全国第一和第三，十个污染最严重的城市中河北占据七席，在大气治理异常严峻的形势下，河钢邯钢勇担社会责任，集中全公司优势技术力量，开展了国内首套逆流式活性炭净化装置的研究与开发。

2018 年 3 月 23 日，中国金属学会组织殷瑞钰院士等 7 名权威专家，对该项目进行了评价，评价认为：项目总体技术达到国际领先水平，推荐在全国推广应用。

项目实施过程获得授权实用新型专利 12 项，登记计算机软件著作权 2 项，形成了具有自主知识产权的烟气净化技术。

三、应用推广情况

目前该技术已陆续在首钢等重点企业的 7 个项目上进行了推广应用，应用成效显著。项目实施后，烧结烟气中 SO_2 不大于 $5mg/m^3$，脱硝率不大于 $50mg/m^3$，颗粒物不大于 $10mg/m^3$，实现了超低排放。截至 2019 年 4 月，已累计处理烧结烟气量 323.4 亿立方米（标态），减排粉尘量 2325t、SO_2 约 32500t、NO_x 约 11750t，环保效益巨大。并通过增产、减免环保税费，年创效 4777 万元，取得了优异的总体效果。

四、项目创新点

本项目取得如下创新：

（1）研制了国内首套可同时脱除烧结烟气中硫化物、氮氧化物、二噁英、氟化物、颗粒物等多污染物的活性炭逆流吸附装置，吸附模块从上至下分为脱硝、喷氨、脱硫

本项目获得 2020 年冶金科学技术奖二等奖。

三段独立功能区，避免生成硫酸氢铵等副作用盐类物质，利用活性炭与烟气逆流接触的动力学优势，实现烧结烟气中多污染物高效协同处理和超低排放，脱硫率不小于99.5%、脱硝率不小于85%，达到国际同类装置最好水平。

（2）开发了独有的烟气吸附模块组上、下叠加技术。可使吸附模块组上下叠加，利用小截面、密封的活性炭通道，解决了上层模块组排料问题和下层模块组装料问题，上、下模块组之间既紧密叠加，气流与活性炭流又完全隔离，各模块组内的反应互不影响，占地面积减少50%。

（3）研制了多点喷氨混合一体装置，氨气与烟气在喷枪圆盘（$\phi300mm$）处逆向接触，使之充分均匀混合，提升烟气中氮氧物脱除率至85%以上，而氨逃逸不大于$2.65mg/m^3$。

（4）开发了吸附模块组离线检修技术。吸附装置共有64个模块组为并联布置，某一模块组需要维护时，切断该模块组的烟气与活性炭阀门，将其隔离出来离线检修，其他模块组正常工作，保证生产作业达到100%。

（5）自主开发了活性炭风筛分拣装置。通过调节风筛入口热空气流速，风筛内部小颗粒活性炭（小于2.5mm）随气流上浮进入除尘系统，实现小颗粒活性炭的自动分拣。

五、项目意义

本项目引领了我国烧结烟气净化技术的发展，具有广泛的应用前景。

低耗低排放高品质氧化铁粉盐酸废液再生关键技术及装备

一、完成单位

中冶南方工程技术有限公司、宝山钢铁股份有限公司、上海宝钢磁业有限公司。

二、项目概况

本项目涉及钢铁企业盐酸酸洗废液的处理。废液含盐酸及其金属化合物，已列入国家危废名录，同时也是可资源化回收利用的可再生资源。酸洗是钢铁深加工的必要工序，2019 年，全行业酸洗产生的废液量约 450 万吨，其资源化利用、危废减量化已成为我国棘手的重大环保难题。

本项目前，中小企业多采用石灰中和法等产生大量固废的落后工艺，国有大中型企业采用喷雾焙烧法工艺对废酸进行再生回收，但常规喷雾焙烧法技术在实现酸再生的同时，存在燃气消耗高、再生产生的烟气难以满足日益提高的环保要求、副产品氧化铁粉品质难以满足磁性材料工业需求等问题；废酸净化工艺，氨水等化学药剂消耗量大并产生大量含酸的有害污泥，投加的氨水最终会进入水体需要进行脱氮处理，处理费用高。有害污泥处理费用高达数千元/吨，2019 年，全行业消耗氨水约 3 万吨，产生的有害污泥约 14 万吨。

本项目 2005 年开始研发，通过理论创新，攻克了多项工艺、设备等方面的难题，并不断瞄准市场需求持续研发、迭代升级，研制出拥有完全自主知识产权的"低耗低排放高品质氧化铁粉盐酸废液再生工艺及装置"。

中国金属学会组织评价委员会，对该成果进行评价，认定达到国际领先水平。依托本项目起草国家标准 2 项，获得授权专利 29 项，其中发明专利 15 项。

三、应用推广情况

本项目已在国内外得到产业化应用 33 套，应用前景广阔，经济社会效益显著。

四、项目创新点

本项目取得如下创新：

本项目获得 2020 年冶金科学技术奖二等奖。

（1）提出了高密度污泥酸液净化理论，发明了高密度污泥酸液净化工艺技术和装置，在实现同等净化效果的前提下，与传统工艺相比，本发明减少了氨水消耗17%、助凝剂消耗20%、有害污泥41%。

（2）发明了焙烧炉温度场优化和入炉酸废液浓度自适应控制技术，开发了半混型焙烧炉专用烧嘴，在中压喷雾条件下实现了酸再生装置生产的氧化铁粉比表面积（BET）不小于$3.0m^2/g$。同时，燃气消耗较传统喷雾焙烧机组降低10%。

（3）发明了在酸水操作转换前/后，预先向文丘里预浓缩器中注入新酸或再生酸的防红烟控制技术，解决了酸水操作切换过程中粉尘易逃逸而产生"红烟"和"红顶"的问题。发明了"二塔+二文+烟气冷却"工艺和装置，实现了酸再生烟气超低浓度排放，HCl和颗粒物浓度均低于$10mg/m^3$（标态）。

五、项目意义

本项目对钢铁行业技术进步及绿色高质量发展具有良好的促进作用。烟气超低排放技术为现有和新建酸再生装置超低排放改造提供了可靠的技术解决方案，示范工程成为了行业的新标杆。

化产单元节能减排及固废利用创新项目

一、完成单位

马钢（集团）控股有限公司、合肥工业大学、合肥华升泵阀股份有限公司。

二、项目概况

本项目所属科学技术领域为煤化工。本项目创造性地改变工艺操作模式，发明了新的配碱洗涤方式，开辟了化产废弃水的回收利用新技术，完善了生化废水后处理缺陷，打破了固废核心设备国外垄断局面。形成发明专利1项，实用新型专利13项，论文6篇。

三、应用推广情况

2008年起，项目陆续在马钢化产单元改造和实施，2014年完成并投用，系国家和马钢股份公司推广项目。6项具有较高技术水平的工艺、设备和环保内容，均位于国内同行业前列，部分项目属于国内首创。目前，公司计划逐步对老的煤气净化系统全部进行改造。本项目中包含的焦油渣切割泵、焦油渣固体输送泵已成功在上海梅山、宁夏宝丰、湛江钢铁、新疆拜城等单位使用。

四、项目创新点

本项目取得如下创新：

（1）创新一种初冷器洗萘工艺技术。模糊初冷器一二段的差别，保证洗萘系统的稳定顺行，内容及特点：1）使初冷器上下段洗萘系统相互独立；2）降低了冷却水的用量。

（2）变革煤气蒸氨、脱硫塔工艺操作技术。充分消化生产过程中产生的废水并合理利用，达到节能减排的效果，内容及特点：1）将粗苯分离水及真空冷凝液作为补充碱液稀释水，以降低能耗；2）变革了国外多年KOH液间接性添加为连续低流量添加，保持出厂煤气H_2S指标稳定。

（3）化产单元产生的软水再利用等工艺改造技术。收集化产单元产出的软水，进行二次优化，减少外供除盐水量，系统冷凝水全收集后用泵送到系统软水用户，节省

本项目获得2016年冶金科学技术奖三等奖。

了除盐水的补充。

（4）新的煤气捕雾塔增加在饱和器后工艺装置。根据离心分离原理和破沫捕雾技术将饱和器雾沫夹带的酸性颗粒捕集下来，降低压力损失，增加了硫铵产量，降低了硫酸及 NaOH 消耗量。

（5）生化水处理系统后混凝工艺改进技术。消除了污水处理站后混凝系统存在的工艺缺陷，提高出水指标。内容及特点：1）出水的最终沉淀池采用动力泵抽取方式降低出水悬浮物含量，降低出水 COD 值；2）建立了浓缩后污泥直接送至备煤工艺，节约了污泥处理成本和污泥压滤设备的负荷。

（6）焦油回收系统节能环保关键设备技术研究及工程应用技术。解决了焦油渣的切割及搅拌、运输过程中长距离输送等技术难题。内容及特点：1）焦油渣切割泵、焦油渣固体泵已实现知识产权保护，产品完全替代进口，填补国内空白；2）采用联动新技术，实现全自动化闭式废物回收利用，避免了污染。

五、项目意义

本项目创造性地改变了工艺操作模式，发明了新的配碱洗涤方式，开辟了化产废弃水的回收利用新技术，完善了生化废水后处理缺陷，打破了固废核心设备国外垄断局面。

钢铁尘泥转底炉法环保处理应用
及系列标准研究与制定

一、完成单位

马钢（集团）控股有限公司、冶金工业信息标准研究院。

二、项目概况

本项目属冶金行业节能减排领域。转底炉直接还原技术自 1978 年出现以来，世界上已有少数国家实现了工业化，如美国、日本等。日本新日铁于 2000 年引进美国技术，对因含锌高而无法利用需填埋处理的含铁尘泥，用转底炉进行脱锌处理，可生产出金属化球团，并可得到副产品粗锌粉。

2009 年 6 月，马钢与日本新日铁合作建成的国内首条转底炉生产线投产，年处理钢铁尘泥 20 万吨，但投产前三年，由于原料、系统稳定性、工艺参数配置等原因，系统年脱锌率低于 80%、作业率在 80% 左右。为充分发挥该系统的脱锌功能，提高运行效率，2012 年以后，马钢组织力量加强了对该系统的技术攻关、改造和工艺参数优化，2013 年后转底炉系统的各项生产指标取得了显著进步，部分指标达到了同行业的世界先进水平：2015 年作业率已达到 93.16%；2014 年、2015 年脱锌率分别达到 91.13% 和 91.68%，连续 27 个月稳定在 90% 以上；焦炉煤气单耗由 2011 年最高的 10.86GJ/t 金属球逐步下降到 2014 年和 2015 年的 8.86GJ/t、7.52GJ/t。

在项目攻关、改造期间，共申报专利 14 项，目前已授权专利 7 项（发明 5 项、实用新型 2 项），另有 3 项发明专利在实审。

三、应用推广情况

为进一步促进钢铁尘泥转底炉处理系统在国内的推广和技术进步，2010~2014 年马钢与冶金工业信息标准研究院合作，开展了 5 项行业标准的研究与制定，并均已正式发布和实施，填补了国内外转底炉相关标准的空白。本项目在 2013~2015 年新增总利润 1287.67 万元，同时有利于促进转底炉技术在国内的推广和应用。

本项目获得 2016 年冶金科学技术奖三等奖。

四、项目创新点

本项目取得如下创新：

（1）率先在国内钢铁尘泥转底炉系统实现了年作业率超93%的技术指标，同时脱锌率超91%，焦炉煤气消耗低于7.55GJ/t，开创了转底炉系统"高作业率、高脱锌率、低燃气消耗"的世界先进操作模式。

（2）开发了钢铁污泥转底炉湿法配料造球新工艺，解决了污泥烘干能耗高、故障多、易堵塞，影响系统作业率的难题。

（3）率先在国内制定了转底炉法含铁尘泥金属化球团的行业标准，规范了金属化球团的产品分级标准和技术要求。

（4）率先在国内制定了转底炉法粗锌粉的行业标准，规范了粗锌粉的产品分级标准和技术要求。

（5）率先在国内制定了转底炉法含铁尘泥金属化球团中硫、碳、锌、磷、钾、钠含量的化学分析方法。

五、项目意义

本项目有利于促进转底炉技术在国内的推广和应用，提高含锌、含铁尘泥的利用率和资源附加值，减少对环境的危害，促进冶金行业节能减排和循环经济的进一步发展。

武钢燃气—蒸汽联合循环发电（CCPP）系统集成与应用技术研究

一、完成单位

武汉钢铁股份有限公司、武汉都市环保工程技术股份有限公司。

二、项目概况

本项目属于冶金行业低热值燃气轮机发电技术领域。2011 年，武钢能源总厂与设计院、制造厂商共同研发出适应国内钢铁行业高炉煤气低热值特点的燃气蒸汽联合循环发电机组，通过对低热值煤气燃气轮机发电的技术研究与应用开发，形成了自己独特的技术主导地位，实现企业高效利用余热发电，达到节能减排、高效利用目标。

主要研究内容：（1）对低热值燃气轮机燃烧室的研究，提高了机组运行灵活性与可靠性，通过对圆筒型燃烧室和环形燃烧室燃烧天然气和低热值煤气进行数值模拟，结合两者的优点，创新性地提出了分管逆流环形燃烧室。（2）对联合循环余热锅炉和汽轮机配套工艺进行创新研究。根据生产工艺经过理论测算对 CCPP 余热锅炉采取取消旁通烟道设计，设备采购成本大大降低，对余热锅炉流场分布进行重新核算，奠定设备可靠性基础。（3）对联合循环煤气压缩系统工艺和布置形式进行建模分析研究。通过对工艺分析，采取经济学建模评估，创新性提出低热值燃机分轴布置模型，设备运行方式灵活，集中度高，可靠性高；关于煤气冷却问题，我们将其设计为三级串联式梯级冷却，实现高效利用煤气余热。（4）对联合循环各辅助系统的优化配置进行研究，提高整体可靠性结合运行实践与理论论证，对一些辅助设备如煤气管系振动、氮气吹扫系统、煤气汽水分离系统、煤气热值控制系统、煤气净化脱硫系统等进行优化改造，有效提高机组可靠性和稳定性。

三、应用推广情况

武钢通过首次成功与外企合作研发的全球首台低热值煤气联合循环发电机组，已经形成了一整套成熟的技术和规范，其中主要以相关的规程规范、指导书、作业标准为代表的综合技术对外进行推广。邯钢根据武钢的成果应用，在 2013 年也建立了一套相同的 CCPP 发电机组。

本项目获得 2016 年冶金科学技术奖三等奖。

四、项目创新点

本项目取得如下创新：

（1）武钢 CCPP 是引进 GE 全球首台低热值燃机，通过应用和改进，实现了全球首台机组稳定运行。

（2）我们通过运用试验模型和大量实践测试，国内首次成功将燃机燃料热值从 $1050kcal/m^3$（标态）降至 $1000kcal/m^3$（标态），且保证燃机的正常、稳定运行，也是属于国内首家。

（3）在国内燃机中，氮气吹扫系统目前均通过增加储气容量、液氮等方式来弥补氮气泄漏，而武钢氮气吹扫系统和自制的吹扫程序，有效降低了投资成本和运行费用，属于国内首创。

（4）煤气分级冷却系统，通过不同水源分级冷却，最大限度提高热利用率，增加联合循环的热效率，该技术也是国内首创。

五、项目意义

为企业高效利用余热发电提供新方案，有助于节能减排、高效利用目标的实现。

烧结废气循环成套技术的工业化应用

一、完成单位

宁波钢铁有限公司、宝山钢铁股份有限公司、中冶北方（大连）工程技术有限公司。

二、项目概况

烧结废气循环的工业化应用项目属于冶金科学技术领域。冶金技术包括冶炼技术、金属压力加工技术等，其中此技术属于为炼铁技术提供主要含铁原料的烧结技术，烧结的产品是烧结矿。

生产烧结矿的烧结工序能耗约占整个钢铁生产总能耗的 10%，SO_2、NO_x、CO_2、粉尘排放分别约占钢企总排放量的 40%~60%、50%~55%、12% 和 13%，这些污染物的排放绝大部分都是通过烧结机的主烟道烟气系统排放的。同时，烧结 60% 的热能被主烟道废气和冷却机废气带走，其排放的废气达到 1500~2500m^3/t，且含有二噁英等多种复杂的环境污染物，是钢铁业的主要污染源。

本项目的主要目的是烧结低温废气自烧结支管风箱排出后，再次被引入、通过烧结料层时，因热交换和烧结料层的自动蓄热作用，可以将其中的低温显热全部供给烧结混合料；同时热废气中的二噁英、PAHs、VOC 等有机污染物在通过烧结料层中高达 1300℃ 以上的烧结带时被激烈分解，NO_x 在通过高温烧结带时亦能够通过热分解被部分破坏，从而达到节能减排的作用。

三、应用推广情况

本项目开发的烧结烟气废气循环利用技术，不但可以显著减少烧结工艺的废气排放总量及污染物排放量，还能回收烟气中的低温余热、节省烧结工序能耗，具有较大的节能减排和推广应用价值，此技术已在宁波钢铁成功应用，并于 2014 年 11 月 26 日完成项目结题验收，以殷瑞钰为组长的验收组对烧结废气循环利用研发团队的成果高度肯定，第三方热工检测数据为依据，实现直接经济效益（节焦效益+污染物减排效益+降低脱硫运行降本效益）为 1936.07 万元（65% 负荷）和 2866.58 万元（100% 负荷）；同时具备烧结工艺提产增效的间接效益为 4380 万元（100% 负荷）。该技术既适

本项目获得 2017 年冶金科学技术奖三等奖。

合现有烧结机的改造,也适用于新增烧结机的建设,沙钢集团宏昌厂三号烧结机已采用本套技术,日照钢铁、永钢、中钢、山东钢铁、南钢等多家企业也陆续应用。

四、项目创新点

本项目取得如下创新:

(1)实现从 0 到 1 的突破:在国内属于首套,填补国内空白。

(2)实现增产节能的效果:增加循环风机实现提高产量,余热利用实现节能。

(3)实现污染物总量减排:部分废气循环总量减少,实现总量减排。

(4)节省投资:烧结废气因循环处理量减少,后续外排烟气的处理设施规格可减少而节省投资。

(5)提高脱除效率:烧结废气因循环浓度上升,带来处理效率提高。

(6)成品质量改善:因废气循环表层烧结矿质量改善,也带来粒度组成改善。

五、项目意义

本项目开发的烧结烟气废气循环利用技术,不但可以显著减少烧结工艺的废气排放总量及污染物排放量,还能回收烟气中的低温余热、节省烧结工序能耗,具有较大的节能减排和推广应用价值。

首钢烧结高温烟气循环提质
节能减排新工艺

一、完成单位

首钢总公司、北京首钢股份有限公司、北京科技大学。

二、项目概况

本项目属于冶金炼铁领域。钢铁工业能耗约占我国工业总能耗的15%，高炉炼铁能耗占钢铁工业的70%，对于高炉炼铁素有"七分原料、三分操作"之说，精料是高炉炼铁的基础，我国高炉炉料结构中60%以上为烧结矿；烧结工序能耗约占钢铁工业的12%；烧结烟气排放量约占钢厂总烟气的40%，且烧结烟气含有30%以上的SO_2、NO_x和二噁英以及重金属等有害物质。因此，提升烧结矿质量是我国钢铁工业节能减排的重中之重。

烧结过程存在复杂的物理化学反应，并受数十种参数影响。近年来围绕提高质量、降低成本和减少污染物排放三个方面的单体技术都有所发展，但难以综合兼顾，通常降低烧结矿成本或减少污染物排放的技术一定程度上会牺牲烧结矿质量。烧结工序要实现提质、节能和减排三者之间的协同强化，面临着相关基础理论匮乏、设计体系缺失、核心设备空白等一系列重大难题，严重制约烧结技术的进步和发展。

项目完成单位从2011年开始，历时5年多的产学研合作研究，攻克了烧结过程烟气循环的工艺理论、烟气循环系统设计、核心设备技术等一系列重大技术难题，形成了一整套烧结提质节能减排的关键技术，并进行生产跟踪、研究和完善，经受了生产实践的检验，取得了烧结技术的重大突破。

项目获得专利8项，发表论文7篇，其中SCI 1篇，EI 3篇。

三、应用推广情况

项目投入使用后，取得了烧结矿平均粒径提高12%，烧结综合返矿率下降6.6个百分点，烧结固体燃耗降低3.35kg/t，高炉燃料消耗降低2.7kg/t，烧结粉尘排放降低27.30%，SO_2减排15.34%，NO_x减排22.37%的良好效果。

本项目获得2017年冶金科学技术奖三等奖。

四、项目创新点

本项目取得如下创新：

（1）低氧高温的烧结烟气循环工艺理论：发现了循环烟气风量、氧含量、温度的最佳匹配关系，提出 19%氧浓度下提高燃料燃烧效率的最佳温度应保持在 300℃水平，突破了传统热风烧结认为 200~250℃效果最佳的观念，为实现烧结高温烟气循环奠定了理论基础。

（2）烧结高温烟气循环系统的设计体系：明确了改善表层烧结矿质量的最佳烟气循环面积应占烧结机的 23%~35%；多管除尘器及所有热风管道做外保温，大烟道至多管除尘器的热风管需做内耐磨衬，为实现烧结高温烟气循环提供设计技术保障。

（3）满足烧结高温烟气循环的核心设备：将国产高压热风鼓风机应用到烧结大烟道高温烟气循环领域，为实现烧结高温烟气循环提供装备技术保障。

五、项目意义

本项目开发了烧结高温烟气循环提质节能减排新工艺，指导了烧结机的设计改造，为烧结技术的发展做出了重要贡献。当前国内有烧结机一千多台，项目的推广对于烧结提质降耗减排意义重大。

钢渣梯级利用与余热梯度回用技术及应用

一、完成单位

中钢集团武汉安全环保研究院有限公司、中冶建筑研究总院有限公司。

二、项目概况

本项目属于钢铁行业固体废弃物资源化及余热利用领域。钢渣是一种宝贵的二次资源，具有可观的综合利用价值。而目前国内钢渣综合利用率仅为 20%左右，钢渣显热回收尚处于实验室研究阶段。

为了进一步促进钢渣资源化利用和显热回收，本项目开展了以下研究内容：研究典型钢渣理化性质和应用性能，建立钢渣理化性质及应用性能评价数据库；研究并建立钢渣梯级利用模式；研制钢渣热态改性调质试验装置并开展精炼渣制备炼钢熔剂的工艺试验研究；研究钢渣辊压破碎-余热有压热闷工艺技术及相关专用装备；研究钢渣余热发电技术并建立技术中试示范线。

三、应用推广情况

目前，钢渣梯级利用技术已在湖南华菱湘潭钢铁集团公司进行了运用，指导其开展了钢渣精细化管理和梯级利用工作，制定了相关技术方案，部分项目已在实施中。钢渣有压热闷处理工艺技术在经过一系列系统化研究和工业优化设计后，在河南济源钢厂和珠海粤裕丰钢厂完成了首批产业化示范推广应用工程分别建成了 60 万吨/年和50 万吨/年的钢渣处理生产线，现已投产运行。

四、项目创新点

本项目取得如下创新：

（1）测试了国内 34 家钢铁联合企业的典型钢渣样品的理化性质和应用性能，并对相关数据进行了统计分析，建立了钢渣理化性质及应用性能评价数据库。

（2）建立了"冶金流程回用→有价元素提取→末端利用"的Ⅲ级钢渣梯级利用模式和钢渣综合利用评价数学模型，并在此基础上编写了《钢渣梯级利用技术指南》。

（3）开发了精炼渣热态脱硫改性及制备炼钢熔剂技术并研制了 300kV·A 精炼渣

本项目获得 2017 年冶金科学技术奖三等奖。

热态脱硫试验设备。中试试验研究结果表明通过热态脱硫技术精炼渣中的硫可在 30min 内从 1.1% 降低到 0.15%，且冷却后的改性渣本身为块状，满足了制备预熔精炼渣的要求，可直接回用于精炼。成本分析表明，利用脱硫改性精炼渣制备预熔精炼渣，其原料成本比一般产品低 20% 以上。

（4）开发了钢渣水冷辊压破碎-余热有压热闷工艺并研发了该工艺技术的成套装备，该技术可实现钢渣产品的粉化率达到 70%，浸水膨胀率小于 2%，渣铁分离良好，且其活性指数满足钢渣高附加值利用的相关技术要求。

（5）开发了钢渣余热回收发电技术，并在沧州中铁建设了中试试验线，中试试验结果表明，汽水换热器实现钢渣余热回收率为 37.2%。

五、项目意义

通过以上研究成果的推广应用，将促进钢铁企业钢渣利用和显热回收水平的提升，并实现较好的经济效益和环境效益。

活性焦烧结烟气综合治理技术

一、完成单位

中冶北方（大连）工程技术有限公司、上海克硫环保科技股份有限公司、江苏永钢集团有限公司。

二、项目概况

本项目属于钢铁冶金节能减排及环保技术领域。项目成果是解决钢铁冶金行业烧结烟气污染问题的实用技术，主要涉及烧结烟气循环、烟气治理及半干法脱硫灰处理技术。

本项目研发的活性焦烧结烟气综合治理技术，主要包括烧结烟气减量排放和污染物协同治理两个方面：

（1）烧结烟气减量排放。深入研发适应各种条件的烧结烟气循环核心技术，包括结合实际条件制定工艺流程，通过计算选取工艺参数，研究自动控制方法等；研制烟气循环专用装备，为烧结烟气循环核心技术的工业化应用创造条件。

（2）污染物协同治理。针对烧结烟气特点，研究适合烧结机生产的活性焦烟气净化工艺，在大型烧结机上实现工业化应用。开发和集成具有自主知识产权的烧结烟气多种污染物联合脱除技术及装备；优化活性焦吸附的设备和工艺，以减少活性焦循环量和机械损耗，提高活性焦烟气净化系统的脱硝效率；优化活性焦再生的设备和工艺，降低活性焦再生过程的加热成本；利用烧结工艺和活性焦烟气净化技术，实现半干法脱硫灰资源化利用，彻底解决二次污染问题。

三、应用推广情况

本项目成果已实现工业化应用，正逐步在全行业内推广，将为钢铁行业烧结生产的转型升级、绿色化改造提供技术支撑。在联峰钢铁江苏永钢 2 号 450m² 烧结机工程中，采用了"先减排再净化"的工艺模式，将烧结烟气循环与活性焦烟气净化装置相结合，对烧结烟气污染进行了综合治理。在该项目中，应用烟气外循环技术，成功实现烟气减排 30%，与全烟气处理相比，活性焦烟气净化装置的一次性投资和运行费用节省约 20%~25%，大幅减少了吨烧结矿的环保投入。

本项目获得 2017 年冶金科学技术奖三等奖。

经过对活性焦烟气净化工艺的不断完善和更新，本项目的研究成果还先后应用于日照钢铁、营口振华物流有限公司、河北前进钢铁集团有限公司、首钢京唐等多个烟气治理项目。

四、项目创新点

本项目取得如下创新：

（1）对烧结烟气先减排再净化，降低烧结烟气污染治理难度的同时，回收一部分烧结烟气显热。

（2）烧结烟气污染物协同治理，同一装置实现多种污染物的脱除。

（3）烟气净化过程干态运行，无污染物产生。

（4）污染物资源化，副产品可回收利用。

五、项目意义

本项目的成功应用打破了国外公司在此领域的技术垄断，推动了我国烧结烟气治理技术的进步，为我国钢铁行业节能减排、实现清洁生产提供了成功示范作用，具有重要的创新和引领作用。

高掺量粉煤灰新型节能墙材
规模化生产及技术应用

一、完成单位

太原钢铁（集团）有限公司。

二、项目概况

本项目属于能源环境技术领域。粉煤灰的综合利用是世界性难题，我国每年产生粉煤灰 4 亿多吨，堆存量多达 70 多亿吨，浪费资源又污染环境。太钢自备电厂每年产生 55 万吨粉煤灰，利用率不足 50%，开发高掺量粉煤灰综合利用技术迫在眉睫。本项目针对蒸压粉煤灰加气混凝土砌块（板）、粉煤灰砖生产线固废利用量少、生产效率低、产品质量差等问题进行了系统研究。

本项目共申报国家专利 25 项，已授权 10 项，其中 1 项获中国专利铜奖，主编省地方标准 1 部，发表学术论文 7 篇。

三、应用推广情况

本项目实施后，粉煤灰利用量由 20 万吨提高到 55 万吨，实现了自有粉煤灰的全利用，达到行业领先水平，新增经济收入 1.86 亿元，节约土地 361 亩。高掺量粉煤灰新型节能墙材规模化生产及技术应用，已成功推广至国内十余家粉煤灰综合利用墙材企业。

四、项目创新点

本项目取得如下创新：

（1）根据太钢粉煤灰特性，开展了蒸压粉煤灰加气混凝土 C/S 最佳匹配研究，研发了甲基含氢硅油改性高钙快速生石灰、专用外加剂、无水泥生产等技术，突破了传统生产工艺中粉煤灰掺加比例限制，粉煤灰的掺量加气混凝土砌块由 70% 提升到 78%、加气混凝土板由 66% 提升到 76%，实现了粉煤灰高掺量。

（2）针对蒸压粉煤灰加气混凝土砌块及板产量低、产品质量差等问题，自主设计研发了桨叶式连续搅拌及"锤式"浇注装置，研发了防裂槽在线切割工艺，首创了横

本项目获得 2018 年冶金科学技术奖三等奖。

切缝优化及纵切分段摆动技术；建立了加气混凝土板裂纹解决理论与模块，发明了加气混凝土板裂纹控制技术。优化了产品气孔结构，提高了切割精度，实现了高精产品生产，产量提高了78%，产品合格率提高了6.4%。

（3）通过开发高炉渣替代石屑、冶金除尘白灰替代成品灰、成型参数匹配调整等技术，研发新型静压成型布料系统，解决了蒸压粉煤灰砖固废利用量少、成品率低等问题，固废掺加比例由64%提高到100%，实现了全固废生产蒸压粉煤灰砖。

五、项目意义

本项目促进了我国固废利用产业升级及行业可持续发展，有着显著的引领示范作用。

首钢水厂铁矿尾矿一体化处置全流程技术与装备研究

一、完成单位

首钢集团有限公司矿业公司。

二、项目概况

该项目属尾矿处置技术领域。针对国内尾矿处置工艺存在的单一化、区域化技术应用上的局限性，按照减量化、再利用、资源化原则，以高值化、规模化、集约化利用为核心，从减少尾矿排放、提高尾矿综合再利用和恢复采区生态环境等多角度出发，设计研发了集尾矿高效浓缩、一级泵站高浓度输送、尾矿干排、建筑砂提取及采坑回填复垦于一体的全流程一体化尾矿处置工艺系统。

该项目技术、经济、环境综合水平达到国际先进水平，已申请 3 项发明专利，1 项实用新型专利。

项目实施后，大幅度提升了浓密机运行效率和浓缩效果，浓密机运转台数由 9 台降低至 5 台，沉砂浓度由 25% 提升至 50% 以上，溢流水含固量由 2% 降至 0.3% 以下；简化了尾矿输送管理，优化了尾矿输送模式，由四级泵站输送升级为一级泵站高浓度输送工艺，尾矿输送浓度由 25% 提高至 40%；每年可生产建筑砂 60 万吨/年，生产干排砂 420 万吨/年，减少尾矿库尾砂入库量 70% 以上，延长尾矿库的服务年限 5.31 年；改变了干排砂常规堆存模式，实施干排砂采坑回填和土地整备治理综合研究与应用，推动尾矿资源综合再利用的发展，实现采区生态环境的良性循环。

三、应用推广情况

2016 年，该项目在首钢水厂铁矿成功应用，实现经济效益 6552 万元/年，生产服务期内可实现经济效益 5 亿元以上。

四、项目创新点

本项目取得如下创新：

（1）成功开发了尾矿一体化处置全流程技术与装备，实现了尾矿高效浓缩、一级

本项目获得 2018 年冶金科学技术奖三等奖。

泵站高浓度输送、尾砂干排回填采空区、粗粒生产建筑砂、残余尾砂入库堆存，实现了尾砂资源化利用、规模化消纳和安全化处置，达到了节能减排的效果。

（2）通过对浓密机池底角度、池壁高度、中心筒尺寸、耙架结构等进行优化，实现了普通浓密机高效化升级，减少了工程投资，缩短了建设周期。

（3）研究成功了隔膜泵新型给料系统，实现了尾矿汇集、浓缩、搅拌、动压给料及系统动态平衡等多功能集成。

（4）研究成功了组合筛片圆筒筛生产建筑用砂，并具有为隔膜泵隔渣功能。

（5）采用阶梯式分散布置尾砂干排工艺，减少了工程投资和生产运营成本。

五、项目意义

本项目取得经济、环境、社会效益显著，在国内属于首创，在冶金矿山行业起到了积极的示范作用。

基于固废的高炉系统节能环保
不定形耐火材料的研发与应用

一、完成单位

北京科技大学、首钢京唐钢铁联合有限责任公司、北京精冶源新材料股份有限公司、北京市北耐耐火材料厂。

二、项目概况

国家"十三五"规划纲要要求"严格钢铁等高耗能行业产品能耗标准,积极推进其节能减排改造"。高炉炼铁是钢铁工业最主要的环节之一,其中高炉本体及出铁系统又是钢铁企业污染、耗能的重灾区,研制和改进高炉本体及出铁系统耐火材料,保证高炉长寿、高效和连续生产,是实现钢铁企业节能减排的重要举措。

项目所属科学技术领域为冶金科学技术。本项目利用廉价的固体废弃物制备出用于高炉系统的优质不定形耐火材料并投入工业应用,实现了固体废弃物循环利用的同时,保证了高炉的长寿和连续生产,显著降低了高炉系统的能耗和污染,相关技术在同类研究中达到国际先进水平。

本项目发表相关论文16篇,获得专利14项,通过鉴定1项。

三、应用推广情况

本成果成功应用于大型钢厂,三年创直接经济效益大于2.70亿元。仅速干浇注料一项若全部采用固废,可每年减少煤矸石堆存1600万吨,节约能耗1120万吨(标煤)。本项目发明单位北京科技大学、首钢京唐钢铁联合有限责任公司、北京市北耐耐火材料厂、北京精冶源新材料股份有限公司精诚合作,完成了项目的研发、转化、应用及市场推广工作,是高校与企业产学研用相结合的成功典范。

四、项目创新点

本项目取得如下创新:

(1)基于物理化学分析改性高炉压入料,实现高炉在线修补。首次提出采用呋喃树脂等材料作为外加剂,利用其流动性好、主动捕捉热点的特性,解决了高炉修补压

本项目获得2019年冶金科学技术奖三等奖。

入料难以压入、必须停炉修风的技术难题，实现了高炉在线修补，填补了国内在线压入技术空白。

（2）基于材料微膨胀原理开发高炉冲渣槽用耐磨料，实现不定形耐火材料免烧长寿。通过引入 42.5 硅酸盐和 Al-71 纯铝酸钙水泥复合材料使其快速获得早期强度，加入金属铁粉使材料具备微膨胀特性并具有良好的耐磨性。本材料在室温下混合后无需烧成可立即投入使用，寿命达到同类产品 2.5 倍以上，且在使用期间无需修补。

（3）基于煤矸石固废原料开发短周期速干浇注料，实现高炉快速修补。以煤矸石等固体废弃物为原料，成功研制出速干铁沟浇注料，搅拌混合后即可砌筑，无需烘烤就可进行通铁操作，将常规铁沟浇注料 3~5d 工期缩短至 1d，无大修通铁量从 10 万 ~ 15 万吨提高到 18 万吨以上。

（4）基于用后耐火材料研制低成本环保炮泥，显著降低污染排放。以用后耐火材料为原料研发出高炉用环保炮泥新技术，使之无致癌烟气产生，且原料成本降低 15%，吨铁消耗量可低至 0.5kg/t，达到国际先进水平。

五、项目意义

本项目是高校与企业产学研用相结合的成功典范。

含铬镍固废资源综合利用技术开发与应用

一、完成单位

太原钢铁（集团）有限公司、山西大学、山西太钢不锈钢股份有限公司。

二、项目概况

本项目属于废物处理与综合利用学科领域。太原钢铁（集团）有限公司年产四百余万吨不锈钢，产生不锈钢渣约 100 万吨、不锈钢除尘灰 18 万吨、铬泥 2 万吨和铬泥粗颗粒 1 万吨。开发含铬镍固废资源高值化利用技术迫在眉睫。

本项目针对不锈钢除尘灰、铬泥、铬泥粗颗粒及不锈钢渣的资源化利用进行了研究。针对不锈钢除尘灰粒度细、比重轻、流动性差及压球易粉化等问题，开展了不锈钢除尘灰压球黏结剂选择、配加部分骨料与全粉料压球、全流程压球工艺及返电炉利用工艺研究，研发出一种不锈钢除尘灰全粉料无消解冷固压球返电炉冶炼的短流程利用工艺技术，建成一条年产 8 万吨不锈钢除尘灰压球生产线；针对铬泥和铬泥粗颗粒水分含量高且不稳定的问题，在研究铬泥和铬泥粗颗粒的微观结构及基本特性的基础上，研发出铬泥粗颗粒冷固压块、铬泥冷固压球返不锈钢冶炼利用的工艺技术，建成一条年产 3 万吨铬泥及粗颗粒压块生产线。针对经干、湿法处理后的不锈钢尾渣利用的环境风险问题进行研究，评价其对土壤、地下水和作物重金属含量的影响。结果表明不锈钢尾渣施用量在 25%以下时，对土壤和地下水生态环境不存在安全隐患；施用量为 100 千克/亩不会对农作物食品安全造成风险。

本项目来源于"十二五"山西省科技重大专项"不锈钢尾渣综合利用技术开发与应用"（20111101016）、山西省科技创新计划"除尘灰资源化综合利用研究（2010101003）"。本项目授权国家发明专利 7 项；发表学术论文 8 篇，其中 SCI 收录 1 篇，EI 收录 1 篇。

三、应用推广情况

2016~2018 年，共利用不锈钢除尘灰压球 162458 吨、铬泥压球 74782 吨和铬泥粗颗粒压块 18090 吨，共创效 48877 万元。

本项目获得 2019 年冶金科学技术奖三等奖。

四、项目创新点

本项目取得如下创新：

（1）研发了不锈钢除尘灰全粉料无消解冷固压球返电炉冶炼的短流程工艺，实现了高值化利用不锈钢除尘灰的目标，解决了不锈钢除尘灰流动性差、黏性大和压球易粉化不易冷固成型的技术难题（专利"一种除尘灰压球工艺"ZL201710264828.1、"一种不锈钢除尘灰的利用方法"ZL201710264871.8）。

（2）研发了铬泥粗颗粒冷固压块、铬泥冷固压球及返不锈钢冶炼的利用工艺，解决了铬泥粗颗粒、铬泥含水量高不易成型的技术难题，使铬泥粗颗粒、铬泥实现内部自循环利用（专利"一种转炉冶炼不锈钢废弃物—铬泥的利用方法"ZL201611177126.1）。

（3）明确不锈钢尾渣施用量在25%以下时，对土壤和地下水生态环境影响风险低，不存在安全隐患；施用量为100kg/亩时不会对农作物食品安全造成风险。

五、项目意义

本项目在含铬镍固废资源化利用领域具有推广示范的引领作用。

基于中钙体系的电解锰渣建材化
低成本利用技术与应用

一、完成单位

北京科技大学、贵州中科见地新材料科技有限公司。

二、项目概况

本项目技术属于冶金固废循环利用，应用于电解锰渣、赤泥等冶金渣综合利用领域。本课题组针对电解锰渣的排放和堆积日益增加与资源化利用率过低这一电解金属锰生产过程中的关键矛盾，从资源循环的角度，有效利用各种工业固废（电解锰渣、赤泥、粉煤灰、脱硫石膏、钢渣、磷渣等）的特征研发了免烧透水砖、路面基层材料、水泥添加剂、路面混凝土制备的新技术。主要内容涵盖了材料研发、理论研究和实际工程应用三个层面，通过本研究，形成了具有自主知识产权的电解锰渣等固废协同利用及建筑材料制备理论与技术体系，在固废大宗利用、建筑材料基础设施建设等方面具有非常重要的意义。

本项目成果已经获得国家发明专利 2 项，在国内重要期刊和国外高水平期刊上发表 SCI/EI 论文 100 余篇；起草了《村户路道路施工与验收标准》和《透水砖铺路施工标准及验收规程》两项企业标准。鉴定委员会专家一致认为，该成果对我国电解锰渣等大宗工业固废的资源化利用具有非常重要意义，经济、社会效益显著，应用前景广阔，项目整体技术达到国内领先水平，建议尽快推广应用。

三、应用推广情况

本技术已经由贵州中科见地新材料科技有限公司应用在松桃县城、背后坪和棒桂村等地城市建设及道路工程等，资源化利用约 90 万吨电解锰渣和 150 万吨赤泥和粉煤灰等其他固废材料，不但保护了环境，而且为上述企业取得了新增利润 3521 万元，节支 3370.95 万元的经济效益。

四、项目创新点

本项目取得如下创新：

本项目获得 2020 年冶金科学技术奖三等奖。

（1）本技术理论适用于电解锰渣免烧透水砖、路面基层材料、水泥添加剂及路面混凝土等水泥基建筑材料的制备。

（2）本技术适用在工业固废产生量较大、种类较多的地区，应用条件一般在距离电解锰渣渣库一定距离内。

（3）利用电解锰渣制备建筑材料是一种电解锰渣消耗量较大的应用方式，不仅制备工艺简单、性能优良、成本低廉，还可节省大量的石灰、砂石、黏土等资源，具有广阔的市场应用前景。

五、项目意义

电解锰渣等多固废协同利用制备建筑材料，不仅固废消耗量大，而且生产成本低廉、产品性能优良，还可节省大量的石灰、砂石等天然资源，并拓宽了建筑材料原材料的选择范围。研究成果对我国电解锰渣等冶金工业固废的资源化利用具有较高的环境、经济、社会效益，且应用前景广阔。

焦炉煤气超净脱硫系统集成
技术开发与示范

一、完成单位

宣化钢铁集团有限责任公司、北京化工大学、张家口天龙科技发展有限公司。

二、项目概况

本项目属钢铁冶炼技术领域，涉及焦化、脱硫、资源化、"三废"处理等多方面。

本项目主要内容为 AS 脱硫系统优化，降低煤气中 H_2S 的含量和降低硫酸烟囱 SO_x 的排放量；研发以铁基离子液为催化活性的离子型有机脱硫液，有效降低脱硫运行过程中脱硫液的降解和辅助化学药剂的使用，减少副产无机盐的产生，避免产生难处理工业有机废水；建立离子型有机脱硫液再生工艺，实现脱硫液在空气中快速再生，避免产生固废/危废；建立有机介质体系中的硫黄沉降分离工艺，促进硫黄颗粒生长和沉降，解决硫黄的堵塞难题；利用煤焦油、离子型脱硫液与水的不相混溶的特性，实现脱硫液循环利用和回收煤焦油，降低了工艺成本；开发新型高效气液接触脱硫塔，加强了对硫化氢的吸收能力，提升净化效率。

本项目自 2007 年国家"863 计划"和国家自然科学基金重大研究计划立项以来，项目申请并授权专利 16 项，其中发明专利 10 项，项目总体技术水平达到国际先进水平。

三、应用推广情况

本项目在宣化钢铁集团有限责任公司焦化厂得到应用，投运后，运行稳定，各治理设施的运行效率、处理效率和处理效果均达到了设计要求，焦炉煤气硫化氢及氨均达标超低排放，实现减排目标。在煤气脱硫脱氨的同时，利用煤气中的硫制成硫酸，与氨合成硫酸铵，实现了绿色环保循环利用；在创造环保成果的同时，通过源头治理减少了后续脱硫、脱氨成本，在国内焦炉煤气脱硫净化排名第一，为典型行业治理起到借鉴指导作用。

四、项目创新点

本项目取得如下创新：

本项目获得 2020 年冶金科学技术奖三等奖。

（1）开发 AS 脱硫与离子型有机脱硫联合净化焦炉煤气新工艺，解决 AS 脱硫脱氰净化煤气排放超标难题。

（2）开发有机介质的湿法氧化煤气脱硫新工艺，以离子型有机铁基离子液与非质子溶剂的复配物为脱硫液，与酸洗脱氨后焦炉煤气充分气液混合，实现焦炉煤气中 H_2S 的超低排放。

（3）开发离子型有机脱硫液的再生工艺，通过射流+微孔曝气增压方式，结合升温，将空气中氧气在有机脱硫液中的增溶与氧化反应速率密切关联，提升脱硫液再生效率，解决还原态二价铁离子在硫黄产物中含量高难题，显著提高硫黄产物纯度，避免固废/危废产生。

（4）开发脱硫液净化与焦油回收工艺，通过向含有煤焦油的焦炉煤气脱硫液中加入分离试剂水，实现煤焦油与脱硫液分离。

五、项目意义

本项目实现了绿色环保循环利用，通过源头治理减少了后续脱硫、脱氨成本，在国内焦炉煤气脱硫净化排名第一，为典型行业治理起到借鉴指导作用。

大型烧结机节能环保综合技术研究与应用

一、完成单位

山东省冶金设计院股份有限公司。

二、项目概况

本项目属于钢铁冶金行业铁矿石造块（烧结）技术领域。烧结工序是钢铁企业能源消耗大户和污染物主要源头，国家新的《钢铁烧结、球团工业大气污染物排放标准》的颁布实施，完善了国家大气污染物排放标准，对钢铁企业烧结工序的节能减排和达标排放提出了严格的要求。对大型烧结机节能环保综合技术进行研发和创新，对建设"资源节约型、环境友好型"钢铁企业具有重要意义。

大型烧结机节能环保综合技术研究与应用主要包含：（1）混合机技术开发方案（黏料清扫装置、筒体衬板结构、变频调速技术）。（2）烧结机多点布料和厚料层技术开发方案（多点布料技术、厚料层烧结技术）。（3）节能型烧结烟气循环技术开发方案。（4）新型水密封环冷机技术开发方案。（5）主抽风机变频调速控制技术。

本项目已获实用新型专利2项。

三、应用推广情况

大型烧结机节能环保综合技术已应用在山钢日照精品基地烧结机上，脱硫脱硝系统烟气量减少20%～30%，固体燃耗降低4kg/t以上，取得了非常好的节电效益，节能效益显著，取得了较大成功。

四、项目创新点

本项目取得如下创新：

（1）混合机内采用新型组合衬板和黏料清扫装置，有效减轻筒体内黏料，改善混合制粒效果。混合机的变频启动和运行模式增加了对混合料混合制粒效果的掌控，还有利于降低电耗。

（2）烧结布料系统采用了8个液压闸门控制和曲线布料器，实现多点布料和料层厚度的控制，并与烧结风箱温度压力形成烧结终点的有效控制，有利提高烧结矿产量

本项目获得2020年山东省冶金科技进步奖一等奖。

和质量，降低煤气和固体燃耗。

（3）两台主抽风机参数完全一致，其中一台主抽风机废气部分进入烟气循环系统。通过脱硫烟道上挡板门开度调节控制循环烟气流量，不采用循环风机，系统控制有效，节能降耗。

（4）新型水密封环冷机实现了传统环冷机风箱与水密封结构有效融合，环冷机回转体上下两组动静接触面组合密封装置均采用水密封，上部水槽设隔热砖和弹性连接构件，下部水槽设锥形漏斗和高压水枪。

（5）水冷式高压变频控制技术在异步高压电机的应用，降低烧结主抽风机的电耗达到20%以上。

五、项目意义

大型烧结机节能环保综合技术适合应用于新建烧结机，也可以在其他烧结机改造工程中应用其中的一项或多项技术，以实现节能环保的目的，同时改善作业环境，提高设备的可靠性。尤其是混合机变频控制技术、烧结多点布料技术、厚料层烧结技术、节能型烧结烟气循环技术、新型水密封环冷机技术和高压异步电机的水冷式高压变频调速技术都具备较好的节能环保效果，可以降低烧结生产运行费用，具有较好的经济效益和社会效益，值得其他类似工程借鉴和应用，推广前景良好。

新型水密封环冷机水槽　　　　　　　　　厚料层烧结技术

低成本海水淡化集成优化技术

一、完成单位

首钢京唐钢铁联合有限责任公司。

二、项目概况

本项目属于新能源与节能，其他水的处理、利用与分配，余热余压余气利用等技术领域。尽管国家大力倡导发展海水淡化，但中国海水淡化产业一直没有蓬勃发展，根本原因是制水成本太高，所以说目前海水淡化面临的核心问题不是"如何海水淡化"而是"如何低成本海水淡化"，该项目以降低海水淡化成本为目标，以工艺集成优化为主要手段，从开发新热源、浓盐水商品化、降低投资和运行费用等多个方面进行研发，实现了多项国内外技术创新，经过该项目的实施，海水淡化的制水成本得到大幅度降低。

热法海水淡化系统热效率从30%提高至82%，蒸汽能耗降低45%以上，吨水蒸气成本从8元降低到4元，降幅50%；浓盐水创造出0.21元/吨的附加价值，海水淡化成本从行业的10元/吨左右降低至5.8元/吨，降幅40%以上。海水淡化行业情况为：能源成本8元~9元/吨，制造成本1.3元/吨，运行成本0.5元/吨，无效益来源，而京唐海水淡化能源成本4元/吨，制造成本0.72元/吨，运行成本0.3元/吨，因浓盐水外卖收益，每吨淡水价格可降低0.42元（产生1t淡水可外售2t浓盐水）。

低成本海水淡化集成优化技术开辟了一条"热—电—水—盐"四联产的能源综合利用路线，同时为国内海水淡化产业的发展起到了推动作用，该技术符合国家海水淡化发展的需求，可作为循环经济、节能减排的典范进行推广。

本项目技术发表论文25篇，其中2篇被SCI收录，影响因子高达2.46；获得国家专利12项，其中发明专利8项，实用新型专利4项；起草国家标准1项，行业标准3项。

三、应用推广情况

通过应用该技术，首钢京唐公司海水淡化成本大幅度降低，三友化工纯碱公司利用浓盐水进行化工制碱，变废为宝的同时还解决了海水污染的问题。三年累计效益约2亿元，首钢未来规划海水淡化全面推广效益达25亿元。

本项目获得2017年河北省科技进步奖二等奖。

四、项目创新点

本项目取得如下创新：

（1）创建了热法海水淡化与汽轮发电机组耦合技术，大幅度降低了热法海水淡化的能耗成本。本项目开发非标特制汽轮机，用热法海水淡化装置代替汽轮发电机的凝汽器，首次利用发电后的乏汽进行海水淡化。汽轮机排汽参数保持在 0.035 ± 0.001 MPa、$74 \pm 2℃$ 范围内，节省投资的同时大幅度降低了海水淡化的蒸汽成本。同时将海水淡化与汽轮发电机两套复杂的工艺装置通过控制手段有效结合，实现两个装置有机协同运行，该技术在世界大型热法海水淡化装置中属首次应用。

（2）创建了多种余热余能利用方式结合的海水淡化调节技术，解决了钢铁厂低品质余热难以利用的难题。将钢铁厂 0.03MPa 以上的余热收集用于海水淡化，国内首创双热压缩器技术和变负荷调节技术，可以根据余热品质和数量随时调节海水淡化工况，负荷调整范围为 $50\% \sim 110\%$，解决了钢铁厂因季节变化和产能变化造成的蒸汽放散问题。

（3）开发了以"热膜耦合—提钙提镁"为核心的浓海水综合利用工艺，既解决了膜法海水淡化冬季海水需要加热的问题，又解决了浓海水高硬度容易造成膜污堵的问题，将浓盐水的高浓度和高温度转化为化工企业制碱的成本优势，并从中提取化工副产品，实现了海水淡化和化工企业的产业融合，将浓盐水变废为宝的同时还解决了海洋环境污染问题。

（4）完成了大型热法海水淡化设备自主设计和现场加工制造，大幅节省了海水淡化设备的投资成本，提升了国内大型海水淡化设备加工制造的整体水平。自主设计平行六面体形状在国内属首次使用，该设计取消了检修效，使得内部空间利用更加合理，占地面积减少 30% 以上；设备现场加工制造填补了国内空白，采用三部一体、现场总成施工技术，单台装置节省运输及吊装费用约 700 万元；对设备及材料进行国产化研究，实现部分关键设备及材料的国产化，国产化率由 70% 提高至 95% 以上。

（5）发明了大型热法海水淡化设备的化学清洗技术，解决了设备结垢造成的运行效率降低的问题，该技术对常规碳酸盐垢去除率大于 98%，对硫酸盐垢去除率大于 90%，同时还能很好保护设备内部贵金属换热管不被腐蚀。酸洗后海水淡化系统热效率提高 5% 以上，产量提高 10% 以上。

五、项目意义

虽然起初海水淡化只是作为电厂、化工、钢铁等大型耗水企业的配套设施来建设，但如今海水淡化可形成循环经济产业链来运作。除了符合国家资源可持续发展战略要求外，还能够为企业带来实实在在的经济效益。立足于水资源安全和可持续发展的高度，提升海水淡化的战略地位，把海水淡化与工业冷却、制盐、化学资源提取等相结合，可降低成本、提高总体效益、减少环境污染。

新型多温区 SCR 脱硝催化剂
与低能耗脱硝技术及应用

一、完成单位

华北电力大学、中国华电集团有限公司、中国华电科工集团有限公司、华电电力科学研究院有限公司、北京华电光大环境股份有限公司、北京清新环境技术股份有限公司。

二、项目概况

本项目属于火力发电、钢铁冶炼、废弃物焚烧、化工等行业节能环保领域。

选择性催化还原（SCR）脱硝技术是目前最广泛使用的烟气氮氧化物脱除技术，其核心在于 SCR 脱硝催化剂和工程设计技术。不同行业排放的烟气特性差异极大，然而国际上成熟的 SCR 脱硝催化剂仅适用于 300～420℃ 的中温烟气，无法用于低温、高温或者特殊烟气的脱硝；而且国外对平板式 SCR 脱硝催化剂（适用于高灰烟气）实行技术封锁；常规脱硝工程技术还存在能耗高等问题。该项目在国家 "973 计划" 等项目的支持下，经过十余年的持续攻关，自主研发了适用于不同烟气的系列化平板式 SCR 脱硝催化剂，同时开发了高效低能耗 SCR 脱硝工程设计技术。

本项目已获得授权发明专利 32 项（包括 1 项国际专利）、实用新型专利 15 项、软件著作权 7 项，发表论文 83 篇（其中 SCI 论文 36 篇），出版著作 2 部，参与起草 1 项国际标准、1 项国家标准和 3 项行业标准。项目主要成果获得 2018 年度高等学校科学研究优秀成果奖（科学技术）一等奖。专家鉴定委员会认为，研究成果为复杂烟气工况脱硝的技术难题提供了解决方案，支撑了火力发电，特别是非电燃煤行业等行业的节能环保，整体达到国际领先水平。

三、应用推广情况

本项目研究成果已应用于火力发电、钢铁冶炼、废弃物焚烧、化工等多个行业进行烟气高效脱硝。2016～2018 年，平板式 SCR 脱硝催化剂和脱硝工程设计技术已分别应用于 229 个和 248 个脱硝工程；新增销售额 56.28 亿元，新增利润 7.16 亿元，节省环保开支 149.39 亿元，累计使用平板式催化剂超过 37200m³，可减排氮氧化物超过 105 万吨，具有显著的经济和社会效益。

本项目获得 2019 年度国家科学技术进步奖二等奖。

四、项目创新点

本项目取得如下创新：

（1）率先在国际上成功研发了适用于多温区与含硫含砷等复杂烟气的新型平板式高效 SCR 脱硝催化剂的核心配方与成套生产技术，包括平板式宽温差催化剂（250~450℃）、低温催化剂（140~300℃）、高温催化剂（450~650℃）和抗砷中毒催化剂。该成果成功解决了燃煤发电与非燃煤发电行业的烟气高效脱硝技术难题。

（2）率先在国内成功研发了平板式中温 SCR 脱硝催化剂（适用温度：300~450℃）的核心配方、成型工艺与成套生产线，突破了国外的技术封锁，形成了国内率先具有自主知识产权的成套技术。

（3）开发了高效低能耗 SCR 脱硝工程设计技术。实现了 SCR 脱硝系统的安全、高效、低能耗和稳定运行以及智能化精确管控。

五、项目意义

本项目开发的平板式中温 SCR 脱硝催化剂，形成了国内率先具有自主知识产权的成套技术与装置，突破了国外的技术封锁；项目开发的多温区特种催化剂，率先在国际上获得大规模工业应用，促进了氮氧化物脱除技术的发展与进步，推动了环保行业的技术升级。

产品照片

全过程优化的焦化废水高效处理与资源化技术及应用

一、完成单位

中国科学院过程工程研究所、鞍钢股份有限公司、北京赛科康仑环保科技有限公司、哈尔滨工业大学、合肥学院、鞍山盛盟煤气化有限公司。

二、项目概况

本项目属于环境领域。焦化废水已成为影响生产企业环保达标的主要障碍，也是实施"水十条"急需解决的重点问题。焦化废水含有高浓度氨、酚，以及苯系物、杂环类、多环类等有机芳烃污染物，国内外普遍采用"萃取脱酚—蒸氨—生物降解"集成工艺处理，但由于水中有毒、难生物降解的有机物浓度高，加之水质波动大等原因，导致该工艺稳定性差、难以满足地方和行业新的环保要求。

在国家"水体污染控制与治理科技重大专项""863计划"等支持下，项目组遵循有价资源回收和全过程综合控污思路，历经十余年攻关，从污染物解析追因—内在关系揭示—技术创新—工程应用开展系统攻关，发明了废水全过程高效低成本处理核心装备和成套技术，实现了废水毒性消减及污染物深度脱除，系统稳定性高、处理成本低，获大规模应用。

本项目入选参加国家"十二五"重大成就展（2016年）。已获授权发明专利34项，生态环境部科技进步奖一等奖1项；发表SCI论文55篇；1人获国家杰出青年科学基金、1人入选中组部"万人计划"科技创新领军人才。

三、应用推广情况

本项目成果已推广应用到鞍钢、武钢、中煤等大型央企在内的41项水污染控制工程，总规模达5521万吨/年。项目经济环境效益显著，三年累计处理废水1.52亿吨，实现节水和废水回用1.34亿吨、回收焦油75万吨，减排COD 24万吨，氨氮9万吨。

四、项目创新点

本项目取得如下创新：

本项目获得2018年度国家科学技术进步奖二等奖。

（1）针对焦化废水处理工艺常因生物毒性有机物导致"生化系统崩溃"的现象，开展了特征污染物全过程生命周期研究，提出酚油协同萃取减毒耦合污染物梯级生物降解的废水处理新工艺，发明设计出已商业化的新型多元复合萃取剂，创新研制出可实现高浓度菌群高效处理的反应—沉淀耦合一体化装备，实现了有机物资源化回收和废水处理工艺稳定运行。

（2）针对焦化生化尾水难降解有机物深度脱除重大难题，研究揭示了芳烃类污染物分子结构、氧化剂和催化剂活性位点之间交互影响关系，设计出用于焦化废水常见污染物高效臭氧氧化降解的锰—稀土—镁复合多孔活性炭催化剂，创新研制出传质—反应过程最佳匹配的臭氧氧化设备，突破了工业放大的技术瓶颈，形成非均相催化臭氧氧化成套技术，率先在煤化工和钢铁行业完成工业应用。

（3）依托成果（1）和（2），开发出集成"酚油协同萃取预解毒—精馏蒸氨—梯级生物降解脱碳脱氮—非均相催化臭氧深度氧化—多膜组合脱盐"的焦化废水全过程强化处理工艺和装备，建立了多单元耦合集成的优化模型，构建了工业设计基础工艺数据包。多项工程实践均实现废水资源回收和低成本深度处理，满足行业和地方最新污水排放标准，成本降低 20% 以上。

五、项目意义

本项目成果及示范工程在第三方评估中得到高度评价，"酚油萃取协同解毒技术与药剂、非均相催化臭氧氧化技术与催化剂，及处理效果等达到国际领先水平。"成果初步解决了制约钢铁焦化、钴镍电池材料、稀土、钨等行业正常生产的水污染问题。产业化工程处理给用户创造了一定的经济效益外，还产生了重大社会效益。

承压一体化冶金废水处理装置

一、完成单位

中冶京诚工程技术有限公司。

二、项目概况

本项目属于钢铁冶金、污水处理技术领域。在钢铁企业生产过程中需要用净化水直接喷淋至钢材和设备表面，使钢材冷却成型并带走生产过程中产生的氧化铁皮和油脂，从而产生大量高温、高浊度、高油脂的污水。污水经过净化、冷却处理后循环利用，这部分经过净化处理后循环利用的污水被称为"浊环水"。浊环水处理传统工艺技术对浊环水中的污染物去除率低，直接影响钢铁产品的质量，尤其是优质钢、高强度钢、特殊钢对水质要求高，传统技术已经无法满足铁行业产品转型升级对水质的更高要求。此外，传统工艺技术还存在处理流程长、运行能耗高、占地面积大、生产环境差等一系列技术缺陷，不利于节能环保、绿色生产和土地的集约利用。

本项目总体研发思路聚焦于钢铁行业污水处理的技术瓶颈，通过理论突破与技术攻关，打通了从关键技术、核心装置创新到成果市场转化的全套技术环节，全面解决了钢铁行业污水处理水质波动大、污染物去除率低、处理能耗高、占地面积大、环境污染严重的五大技术难题。取得了压力絮凝理论和原创性技术突破，首创了多级沉淀一体化污水处理技术体系。

承压式一体化冶金污水净化处理装置技术体现了节电、节地、节水、节材、环保的循环经济理念，用于取代传统技术省去了二次提升用电，运行能耗降低30%~50%。此外相比于传统工艺，本技术装备的密闭式特点有助于改善周边的生产环境，在实现绿色生产的同时，对于提升厂区环境，促进环境协同治理，改善区域的空气质量起到了积极的作用。申请发明专利31项，授权16项，经中国金属协会组织行业专家评价本项目总体技术达到国际先进水平。

三、应用推广情况

2016~2020年（8月18日）间，累计工程应用案例达22个，销售承压一体化设

本项目获得2018年中国专利优秀奖。

备 308 台（套），其中出口 9 台（套），累计销售额达 1.73 亿元，实现销售利润 3500 余万元。该产品应用于河北钢铁集团、济源钢铁集团、山西建龙集团等钢铁企业的浊环水处理过程。

四、项目创新点

本项目取得如下创新：

（1）本发明基于 Stokes、Bridge 和 Knych 理论并引入分形方法论，首次揭示了钢铁行业污水在加压条件下胶体脱稳、絮体成型、高密度污泥产生及污泥压缩沉淀的关系，率先发明了一种带压混凝的新型污水处理技术，将絮体颗粒的分形维数从 2.2 提高到 2.8，提高了絮体的密实度和抗破碎能力，解决了长期困扰钢铁行业污水处理水质波动大、污染物去除率低的技术难题，使污水处理后主要污染物浓度降低 50%～67%。

（2）率先创造了"一级水力澄清+二级混凝反应+四级沉淀"耦合的承压密闭污水处理技术体系，发明了多级沉淀一体化污水处理技术装备，将传统物化处理工艺中相互分离的混凝、絮凝、澄清、沉淀过程高度耦合在同一个承压密闭空间内进行，相互紧密衔接，所有过程的反应动力均来自一次提升的动能，实现了污水一次提升能量的阶梯利用和余压利用，并且极大减少了与环境的物质交换，达到了节约能源与环境保护的双重技术目标，并解决了传统敞开式污水处理设施环境污染严重的问题。

（3）针对国内外钢铁企业原有污水处理技术负荷低的缺陷，突破了断面流速提高与牺牲水质的技术矛盾，发明了高负荷污水净化装置，污水净化装置断面流速较传统技术提高了 3～20 倍，在国际首创了钢铁行业污水处理短流程工艺，解决了传统工艺设施分散、占地面积大的问题，污水处理占地减少 40%。

五、项目意义

本项目创新成果的规模化应用引领了钢铁行业污水处理技术发展的新方向和新市场。

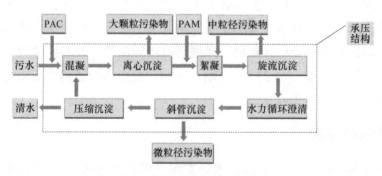

承压一体化技术原理图

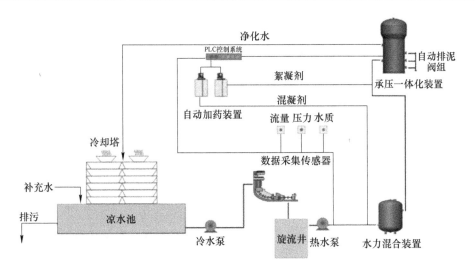

承压一体化浊环水处理工艺流程图

传统技术使用现场　　　　　　　　　　本技术应用现场

本技术应用前后现场环境对比

工序烟气多污染物半干法协同
超低治理技术及应用

一、完成单位

中冶京诚工程技术有限公司。

二、项目概况

本项目属大气污染防治工程科学技术领域。针对钢铁行业焦炉、烧结等工序烟气超低排放的要求，完善了"密相系统传质理论"，解析"竞争氧化/催化还原反应过程机制"，确立以密相干法和循环流化床半干法技术为核心工序的烟气脱硫脱硝除尘技术的理论体系，SO_2 去除效率均高于 90%，优化副产物质量；研发了半干法工艺脱硫除尘一体化装置，通过半干法工艺为技术核心，不断对脱硫和除尘装置进行小型化、超低排放指标、紧凑化改良。

本项目结合烟气余热的高效回收与整个技术路线中各参数的精准调控，构建了适用于钢铁行业全工序的节能型烟气超低排放治理体系，可节省再热过程所需能源，实现多污染物协同去除和节能与减排高效耦合；在半干法脱硫除尘一体化装备基础上，结合半干法脱硫、SCR 催化还原，开发出一系列脱硫脱硝除尘成套工艺装备，取得一系列创新性成果。

本项目获授权发明专利 4 项，实用新型专利 24 项，发表科技论文 16 篇，形成了以烟气脱硫脱硝除尘为主的，适用于钢铁行业多工序、多污染物处理的环保技术产品，并成功应用于焦化、烧结工序的烟气治理，在国内相关技术领域取得领先地位。

三、应用推广情况

本项目组致力于钢铁行业的烧结烟气脱硫装置建设和研发，在包钢庆华、沧州中铁、建龙集团、河钢等多家主要大中型钢铁企业共建成脱硫装置，实现了半干法去除 SO_2、颗粒物等污染物的初步净化。在此基础上推行适用于钢铁行业全工序多污染物半干法烟气超低排放技术体系，实施了适用于包钢集团、建龙集团、新华冶金和河北钢铁的烟气脱硫脱硝装置，SO_2 脱除平均效率达到 99%，设置脱硝设施的 NO_x 脱除平均效率达到 90%。

本项目获得 2020 年中冶集团科学技术奖一等奖。

四、项目创新点

本项目取得如下创新：

（1）开发适用于焦炉/烧结烟气净化及焦炉/烧结机生产特点的全流程净化工艺。

（2）开发低温多效催化剂，实现低温下脱硝达标并减少氨逃逸。

（3）开发占地面积小、能利用 CO 反应热的低能耗反应器装备。

（4）开发和完善了密相干塔和循环流化床两种半干法烟气脱硫脱硝除尘一体化理论研究。

（5）开发无动力烟囱热备装置，保障焦炉生产安全。

五、项目意义

本项目实现烟气脱硫脱硝技术突破，引领国内钢铁企业烟气脱硫脱硝技术的发展方向，为钢铁企业实现超低排放提供了技术保障。在环保领域，为打赢蓝天保卫战、践行"两山"理念做出了突出贡献；在促进行业转型升级，推动企业高质量发展上提供了优质的环保问题解决方案。

焦炉烟气脱硫脱硝余热回收一体化装置

烧结烟气半干法脱硫脱硝装置

高效低耗安全不锈钢混酸废液资源化
再生利用关键技术及装备

一、完成单位

中冶南方工程技术有限公司、福建鼎信科技有限公司。

二、项目概况

本项目属钢铁环保领域。本项目涉及钢铁企业不锈钢混酸酸洗废液处理。该废液含硝酸、氢氟酸及含镍铬钛等重金属的金属化合物，是钢铁企业最重大污染物之一和废水总氮污染重要来源，也是可资源化回收利用的可再生资源。在本项目前，该废液处理多采用石灰中和法等产生大量固废和二次处置成本高的落后工艺，对环境危害大，一些企业面临环保不达标而关停问题，而可实现大部分资源回收的常规喷雾焙烧法技术为国外独家垄断。我国是不锈钢生产大国，占全球产量约50%，不锈钢又是钢铁高端化发展的方向，项目开展前采用的酸废液处理技术严重落后，是钢铁行业绿色高质量发展的重大难题。

不锈钢混酸酸洗废液：腐蚀性强、对人体危害大；混酸再生对工艺设备材料要求高、技术难度大；全球只有奥地利 ANDRITZ 公司独家垄断拥有该技术，引进费用高，许多企业因此采用落后工艺。但引进技术还存在一些问题：（1）HF、金属可以全回收，但硝酸回收率低，约60%。（2）装置运行安全稳定性差、主要设备寿命短，维护成本高。（3）只能采用天然气或焦炉煤气作为热量提供源，认为低热值煤气更易铁粉挂壁，燃气费用高。

本项目于2013年开始研发，2014年获武汉市东湖国家自主创新示范区"3551光谷人才计划"基金支持并于2016年列入中冶集团重点研发项目。

围绕上述难题，项目团队从反应机理研究入手，开展工艺集成研究、工艺设备研发、控制系统研发、工业性试验、工程应用等完成研发，突破了理论、工艺、设备、材料、控制等数十项技术难关，采用高温热水解技术对废酸进行资源化再生，在实现酸再生的同时，确保装置高效、低耗、安全、环保。

依托本项目起草国家标准1项，本项目相关技术共申请国家专利46项，已授权专利33项（其中发明专利16项），论文发表1篇。中国金属学会组织对该成果进行评

本项目获得2019年冶金科学技术奖一等奖。

价，认定达到国际领先水平。成果入选中国特钢企业协会不锈钢分会 2018 年度中国不锈钢行业十大新闻。

三、应用推广情况

本项目从供给侧打破国外公司独家技术垄断，满足市场急切需求，已在青山集团、印度 CHROMENI 等国内外不锈钢企业推广应用 11 套，其中出口一带一路沿线国家 2 套，"十三五"期间国内市场占有率约 70%。

四、项目创新点

本项目取得如下创新：

（1）通过对金属化合物高温热水解反应机理研究，提出再生 HF 置换废酸液中硝酸盐提前释出 HNO_3 理论，创新开发 HF 置换+高温热水解新工艺，使硝酸回收率相对于常规喷雾焙烧工艺提高约 10%。

（2）开发大循环自适应 SCR 脱硝技术及装置，外排尾气 NO_x 浓度不大于 $100mg/m^3$（标态），远低于国家排放限值要求（NO_x 不大于 $240mg/m^3$，标态），降低能耗约 $400kJ/L$ 废酸。

（3）创新开发焙烧炉温度场、流场优化技术，开发适应低热值燃气的高效、节能、安全、长寿的焙烧炉等系列关键技术和成套装备，实现混酸废液资源化再生利用系统装备的国产化。

（4）开发针对非典型性但危害性大的突发故障诊断、分析、预警和处置建议的实时专家智能诊断控制技术、自适应控制技术、离线仿真模拟控制系统及远程专家协助系统，确保高危介质条件下系统安全、稳定、高效运行。

五、项目意义

本项目成果总体技术水平达到国际领先。该研究成果打破了国外公司的独家垄断，开发了具有完全自主知识产权的工艺技术及装备，实现了混酸废液无害化和资源化循环利用，形成了自主技术体系和规范。成果已在国内外不锈钢企业得到大面积推广，经济及社会效益显著，在该成果的引领下加快了淘汰不锈钢酸洗及废液处置落后工艺的步伐，促进了不锈钢行业的技术进步和绿色高质量发展。

清洁低碳烧结关键技术开发与应用

一、完成单位

中南大学、湖南华菱湘潭钢铁有限公司、中冶长天国际工程责任有限公司。

二、项目概况

本项目属于钢铁冶金、烧结、炼铁原料领域。烧结是现代钢铁流程主要的炉料加工工序，我国年产烧结矿超过 10 亿吨，为钢铁冶炼提供了 75% 以上的炼铁炉料。因烧结是钢铁生产的第一道高温工序，其能耗高（居钢铁工业第二位）、污染负荷重（居首位），严重制约了钢铁工业的绿色发展。我国烧结清洁生产水平与国际先进水平有着较大的差距，能耗仍然较高，污染物产生量大、治理难度大，节能减排技术跟不上日益严格的环保要求。因此，研发清洁低碳烧结关键技术，对降低烧结能源消耗、减少环境污染，适应烧结清洁生产的新要求，推动钢铁工业的绿色健康发展，具有重大意义。

本项目获授权专利 8 项，其中国家发明专利 7 项，实用新型专利 1 项；发表学术论文 24 篇，其中 SCI 收录 11 篇，国际交流会议论文 7 篇；培养博士后、博士、硕士共计 10 名，其中博士后 1 名，博士 1 名，硕士 8 名；为企业培养技术骨干 30 余名。

三、应用推广情况

本项目技术成果从 2016 年 3 月开始应用于湖南华菱湘潭钢铁有限公司 4 台烧结机，年均应用规模超过 1000 万吨。在项目完成单位的共同合作下，技术推广应用到新余钢铁股份有限公司 $2 \times 360 m^2$ 烧结机和唐山国丰钢铁有限公司 $230 m^2$ 烧结机，取得了优良的提质降耗效果，烧结返矿率降低 2.62%，利用系数提高 $0.07t/(m^2 \cdot h)$，转鼓强度提高 0.75%，固体燃耗降低 $3 \sim 5kg/t$。

四、项目创新点

本项目取得如下创新：

（1）开发了超高料层低负压烧结技术，实现了低能耗烧结。针对水分高、料层阻力大制约超高料层烧结的问题，提出了低水制粒原理与方法，开发了无过湿层烧结新

本项目获得 2020 年湖南省科学技术进步奖二等奖。

技术，突破了超高料层烧结过程气流阻力大的瓶颈，构建了超高料层低负压烧结技术，料层厚度从 730mm 提高至 930mm 以上，烧结负压从 16.5kPa 降低到 15kPa，实现了超高料层条件下的低电耗、低燃耗烧结。

（2）研发了烧结高效低温成矿技术，突破了返矿率高的难题。首次提出了低温高效成矿的熔融相组成和热制度，开发了料层热状态精准调控技术，研发了近零边缘效应的新型烧结机栏板，实现了烧结料层高度、宽度方向的高效成矿，返矿率由 21% 降至 16%，转鼓强度从 77.2% 提高至 79.5%，解决了因烧结表层和栏板区域成矿不均导致的返矿率高、品质差的问题。

（3）发明了低 NO_x 过程控制技术，提升了烧结清洁生产水平。针对治理难度大、排放量大的烧结 NO_x，揭示了影响 NO_x 生成的关键因素，提出了烧结过程低 NO_x 燃烧控制原理，首创了基于燃料选择性分布的 NO_x 抑制生成技术，烧结原烟气 NO_x 浓度由 260mg/m³（标态）降至 163mg/m³（标态），排放减少 37%，实现了烧结烟气 NO_x 的高效过程减排。

五、项目意义

本项目符合当前国家的产业和环保政策，对钢铁行业的节能减排和可持续发展起到了积极的作用，具有显著的社会效益和生态效益。

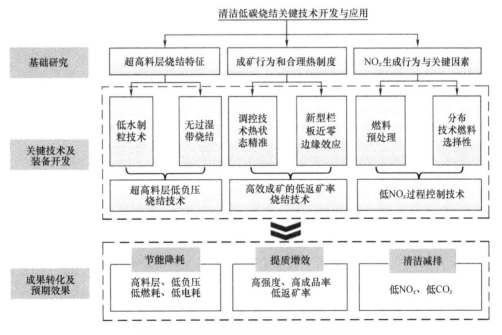

清洁低碳烧结关键技术开发与应用技术路线

烧结矿竖式冷却工艺的研发与应用

一、完成单位

鞍钢集团工程技术有限公司、鞍钢股份炼铁总厂、东北大学、普锐特冶金技术有限公司。

二、项目概况

随着钢铁行业的迅速发展，用户对烧结生产的余热回收率及环保要求日益提高。因此，提高吨矿发电率，提高烧结矿质量，降低烧结矿冷却机区域的环境污染成为钢铁企业的必然选择。

借鉴干熄焦炉窑的工艺与结构，同时参考炼铁高炉炉体结构形式，提出了新型的鼓风冷却加引风除尘的烧结矿竖式冷却工艺。该工艺漏风率低（几乎无外排废气），气固换热效率高，可实现烧结矿显热高效回收，余热回收率可达80%以上，且主体设备投资低、布置简单，运行稳定。虽然竖窑冷却烧结矿及余热回收技术一次投资高且返本年限较长，但节能效果显著、年获利较高、环保效益可观。因而从节能环保和长远发展的角度看，竖窑冷却烧结矿及余热回收技术是烧结矿冷却技术发展的趋势。

本项目自2018年以来成功地进行了以下主要技术内容的研究应用：计算机模拟及实验确定竖窑结构、重型大角度链斗机设备、窑顶旋转溜槽防物料偏析、合理均匀的布风技术、窑体下部合理排料制度、竖窑与环冷机的切换上料。

三、应用推广情况

烧结矿竖窑冷却技术可彻底解决烧结环冷作业区由于环冷机漏风造成的扬尘、逸尘等环境污染问题；另外，该技术在余热回收效率方面有重大突破。总体技术达到国内先进水平：（1）排料平均温度不大于150℃。（2）窑顶烟气温度约300℃。（3）区域废气排放10mg/m³（标态）。

四、项目创新点

本项目取得如下创新：

（1）计算机模拟：通过计算机仿真模拟烧结矿的粒度组成，将窑体结构计算机化，确定物料在窑内的流动方向及流动特性，避免死料区和最大限度的利用余热。

（2）重型大角度链斗机设备：国内首次开发重型大角度链斗机设备，实现烧结矿的连续稳定上料。链斗机采用双侧变频驱动，链斗本体采用特殊耐热钢种，实现将烧结矿稳定及快速的输送至窑顶。

（3）窑顶旋转布料：通过特殊手段，将烧结矿均匀的布置在窑内，避免物料偏析造成窑内产生风道。

（4）合理均匀的布风技术：采用中心风+环形风的送风管道，保证风合理的在窑内分布，使得烧结矿冷却比较均匀，无死角。

（5）窑体下部合理排料：通过控制窑体下部排料电振机的工作制度，使窑内物料面均匀下降，达到理想的冷却效果。

（6）竖窑与环冷机工艺切换系统：针对烧结矿的物理特性，通过设置插管阀，实现有效切断环冷机进料管的功能，实现竖窑生产与环冷机生产的无缝衔接切换。

五、项目意义

鞍钢创造性地提出研发烧结矿竖式冷却工艺，对于提高烧结矿吨矿发电率，提高烧结矿质量，降低烧结矿冷却机区域的环境污染有着开创性的意义。该项目对冶金工程绿色生产、提质增效的发展战略具有深远影响。

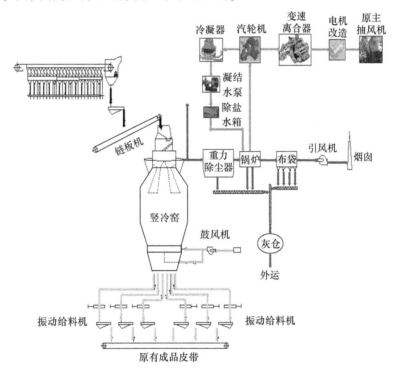

竖式冷却工艺及 SHRT 示意图

智能制造

高质量钢轨及复杂断面型钢轧制
数字化技术开发及应用

一、完成单位

北京科技大学、攀钢集团有限公司、山东钢铁股份有限公司。

二、项目概况

2002 年以来，由北京科技大学、攀钢集团有限公司等单位，经产学研用联合攻关，研发出一整套高速重载钢轨及异型材数字化高质量设计制造技术，取得重要科技创新和突破，实现大规模产业化应用。

三、应用推广情况

本项目技术在攀钢、山钢等企业成功应用于 60kg/m 百米轨、75kg/m 重轨、道岔轨、出口美国、澳大利亚（一级铁路用轨）等 30 多个国家 50 余种重轨，以及十余种工程机械用异型材的设计制造过程。

四、项目创新点

本项目取得如下创新：

（1）研发出独创的钢轨及异型材全流程孔型系统数字化智能设计虚拟制造系统。首次实现钢轨及异型材孔型系统智能设计-配辊-轧辊加工，使复杂型材新产品设计研发效率提高 10 倍以上，大幅度降低了研发制造成本。

（2）开发出重轨钢连铸缺陷预测控制、全轧程场分布预测及性能稳定性控制技术。发明了轧件局部冷却及残余应力控制装置，确保钢轨组织性能稳定性并使残余应力大幅度降低，实现百米钢轨强度波动小于 40MPa；轨底残余应力小于 70MPa，轨头为压应力的国际领先的技术指标。

（3）创建钢轨轧制金属流动预测—补偿模型及全长尺寸精度在线智能控制技术。解决了钢轨制造一直存在轨高局部"高点"的世界性难题，实现百米钢轨全长尺寸高精度控制的国际领先指标：轨高波动不大于 0.2mm，轨底宽波动不大于 0.6mm。

（4）创新研发出钢轨局部润滑轧制及表面质量控制技术，解决了轧辊局部润滑关

本项目获得 2016 年冶金科学技术奖一等奖。

键技术装备及钢轨通长轧痕、轧疤等表面缺陷难题，轧辊寿命延长 1 倍多。

五、项目意义

因大幅度延长钢轨使用寿命、增加运力，每年节能超过 1000 万吨标煤，减排 CO_2 超过 2500 万吨，为国家重点工程建设和"一带一路"战略做出重要贡献，显著提升了我国高质量钢轨的国际竞争力。

超纯净高稳定性轴承钢关键技术
创新与智能平台建设

一、完成单位

江阴兴澄特种钢铁有限公司、钢铁研究总院。

二、项目概况

本项目属于钢铁冶金新产品、新工艺研发及应用。针对我国轴承钢纯净度不高和稳定性不足现状，项目组进行了十多年轴承钢夹杂物生产过程和疲劳过程演化行为的基础研究、超纯净高稳定性冶金质量关键控制技术研究和轴承钢质量智能化控制平台建设，形成兴澄特钢独有的超纯净冶炼、大断面连铸和大压缩比非均温轧制等核心技术及全流程智能化轴承钢质量控制平台，大幅度提升了轴承钢纯净度、稳定性和疲劳性能水平。

三、应用推广情况

本项目研发生产的高端轴承产品应用于制作品牌乘用车轮毂和变速箱等关键轴承，应用于制作精密仪器轴承、雕刻机轴承，制作铁路货车轴承，制作轧机轴承、风电主轴轴承等。截止到 2015 年年底，兴澄轴承钢产品总销量已连续 6 年全球第一，提升了中国轴承钢美誉度。

四、项目创新点

本项目取得如下创新：

（1）进行了轴承钢夹杂物的多尺度基础研究，阐述了热轧过程中夹杂物的细化和均匀化机制，定量研究了夹杂物参量对轴承钢寿命影响规律。

（2）进行了超纯净轴承钢的冶炼技术及工艺研究，形成了 $[O] \leqslant 0.0005\%$、$[Ti] \leqslant 0.001\%$ 和 $[Ca] \leqslant 0.0002\%$ 的超纯净冶炼平台。

（3）开展了大断面铸坯连铸工艺及自动化研究，形成了 390mm×510mm 矩形连铸坯规模化、洁净化连铸生产的自动控制系统、装备与关键控制技术。

（4）进行了大压缩比非均温轧制技术创新研究，形成了轴承钢大压缩比非均温轧

本项目获得 2017 年冶金科学技术奖一等奖。

制技术。

（5）开展了轴承钢智能化生产平台研究，实现了轴承钢生产过程中的超纯净冶炼、大截面铸坯连铸和大压缩比非均温轧制等关键技术智能化控制，确保了轴承钢质量稳定性和一致性。

五、项目意义

兴澄特钢独有的超纯净冶炼、大断面连铸和大压缩比非均温轧制，不仅大幅提升了我国高端轴承钢产品的质量和稳定性，也符合我国制造业智能化工厂的发展方向。

冷轧机颤振智能监控与抑振提速技术及应用

一、完成单位

宝山钢铁股份有限公司、北京科技大学、上海宝信软件股份有限公司。

二、项目概况

轧机颤振问题始终是伴随轧制生产高速化、控制自动化和产品精细化进程的一个世界性难题，项目组经过六年持续攻关研发，取得了该项目成果。

本项目共申请发明专利 18 项，已授权 7 项，发表学术论文 7 篇。

三、应用推广情况

本技术成果目前已在宝钢股份内的三条冷轧机组应用实施，每年创造的直接经济效益超过 1.24 亿元。目前另有两条冷轧机组已经进入技术改造实施阶段，此外还有三条冷轧机组列入技术改造计划。

四、项目创新点

本项目取得如下创新：

（1）研制了基于轧机颤振相关大数据的时空融合模型，开发了基于信息物理系统（CPS）的颤振在线监测预警系统，实现报警能量阈值的自适应学习以及振源智能识别。

（2）建立了"设备—工艺—润滑"一体化颤振模型，开发了临界轧制速度及稳定裕度计算系统，为颤振现象的预测与智能抑制提供了理论基础。

（3）将轧机颤振监测预警与抑制措施之间形成闭环控制，提出了基于多工艺参数优化的轧机抑振方法，实现了抑制颤振下的轧机智能升降速，保证连轧机能够高速稳定运行，实现抑振提速。

五、项目意义

本项目所取得的技术创新成果易于推广移植，不仅对于高强薄板冷轧过程的高效化和智能化具有重要的工程价值和科学意义，而且对于实现工业 4.0 智能制造目标具有积极的推动作用。

本项目获得 2018 年冶金科学技术奖一等奖。

基于深度学习的热轧带钢表面
在线检测与质量评级

一、完成单位

北京科技大学、山西太钢不锈钢股份有限公司、马钢（集团）控股有限公司、甘肃酒钢集团宏兴钢铁股份有限公司不锈钢分公司、北京科技大学设计研究院有限公司。

二、项目概况

本项目所属科学技术领域为金属材料加工制造工艺及自动化技术，主要应用于热轧带钢表面缺陷在线检测与质量自动评级。

表面缺陷是影响金属板带材质量的重要因素，热轧带钢产品质量异议 60% 以上都由表面缺陷引起。表面检测系统可以及时反馈缺陷信息，对于控制表面质量、减少废品率和质量异议具有重要作用，可带来巨大经济效益。2000 年起，国内钢铁企业先后从国外引进热轧带钢表面缺陷在线检测系统，但是缺陷的检出率与识别率始终是影响系统使用效果的重要因素。该项目针对表检系统存在缺陷检出率与识别率低、周期性缺陷难以检测、未能实现表面质量在线分级等问题，综合应用光学、计算机、机械电子、自动化、人工智能及数据挖掘等多学科知识，开发了基于深度学习的热轧带钢表面在线检测与质量评级系统。

中国金属学会组织的成果评价认为："项目成果总体达到国际先进水平，其中基于分类优先网络与多尺度感受野的热轧带钢表面缺陷检测算法处于国际领先水平"。

三、应用推广情况

本项目技术成果目前已在宝钢股份内的三条冷轧机组应用实施，每年创造的直接经济效益超过 1.24 亿元。目前另有两条冷轧机组已经进入技术改造实施阶段，此外还有三条冷轧机组列入技术改造计划。

四、项目创新点

本项目取得如下创新：

（1）开发了基于多尺度感受野网络和分类优先网络的热轧带钢表面缺陷检测算

本项目获得 2020 年冶金科学技术奖一等奖。

法，解决了传统卷积神经网络存在的感受野单一、泛化能力不强等问题，对热轧带钢常见缺陷检出率达98%，识别率达92%，与国外先进系统相比，缺陷检出率和识别率分别提高了3%和7%。

（2）提出了基于对抗生成网络的半监督学习方法，可以有效利用大量无标签样本，大幅提升了深度学习网络的训练效率。

（3）开发了基于长短时记忆网络的周期性缺陷识别算法，实现了热轧带钢辊印、划伤等缺陷的追踪及预警，可有效避免上述缺陷导致的批量质量事故。

（4）利用表面检测系统提供的缺陷信息，采用层次分析法对热轧带钢表面质量进行综合评级，实现了从人工经验到量化模型的自动评级。

五、项目意义

本项目实现国产表检系统从"填补国内空白"到"替代进口设备"的飞跃，为国产高端检测仪表的开发与市场化提供示范效应，也为深度学习方法在工业领域的应用提供重要案例。

面向多品规高精度轧制的 CSP
过程控制系统关键技术

一、完成单位

北京科技大学、马钢（集团）控股有限公司、湖南华菱涟源钢铁有限公司、邯郸钢铁集团有限责任公司、内蒙古包钢钢联股份有限公司、北京科技大学设计研究院有限公司。

二、项目概况

本项目属于金属压延加工自动控制领域。

作为一种非常重要的宽带钢热连轧生产流程，薄板坯连铸连轧相关技术的研发和进步一直是行业内关注的热点和努力方向。随着外部环境的不断变化，以 CSP 为代表的薄板坯连铸连轧产线面临常规热连轧、ESP 等产线的诸多挑战。由于控制系统全部采用国外技术，核心过程控制系统的自主研发一直未能取得突破，产线的品规拓展、质量提升、成本降低、智能化受到很大制约，降低了 CSP 产线的综合效益及竞争力。

针对以 CSP 流程为代表的薄板坯连铸连轧产线存在的外方系统黑匣子、品规扩展精度低、系统老化故障多、局部改造风险大等共性难题，通过全面系统调研、大量离线测试、高精模型研发、先进算法应用、智能功能开发等途径，从辊底式隧道加热炉智能燃烧系统、高精度轧制过程控制模型、兼顾全幅宽和多目标的板形综合控制技术、新一代过程控制系统集成技术四个方面开展了系统的理论和应用研究，并通过对 CSP 产线过程控制系统低风险的在线替换，实现了全部研究成果的示范应用，产品质量大幅度提升，隧道炉能耗降低 19% 以上，在设备及其他系统不变的情况下，薄规格生产能力由 2.0mm 扩展至 1.2mm，非计划过渡材显著减少，实现了双流异钢种交叉混合轧制，重点计划执行率由 20% 提高到 95% 以上，整体提升了 CSP 产线竞争力。

本项目获授权发明专利 14 项，登记软件著作权 12 项，发表科技论文 38 篇，其中 SCI/EI 检索论文 23 篇。项目成果经中国金属学会组织的行业专家评价，认为项目成果总体达到国际先进水平，其中隧道炉智能燃烧系统及板形多目标控制系统达到国际领先水平。

本项目获得 2020 年冶金科学技术奖一等奖。

三、应用推广情况

本项目成果成功应用于马钢、涟钢、邯钢、包钢四条 CSP 产线，推广应用于日钢 1580mm、柳钢 2032mm、印尼 1780mm 等常规热连轧生产线，均取得了很好的应用实绩，实现了 1.1mm 超薄花纹板、高品质超宽幅板带、优质不锈钢等高附加值产品的稳定生产，推动了宽带钢热连轧关键共性技术的持续进步。

四、项目创新点

本项目取得如下创新：

（1）建立多维快速板坯温度场在线预报模型、板坯最佳升温曲线模型、加热质量及能效评估智能决策模型，集成了 CSP 加热炉智能燃烧系统，实现了加热质量、能耗等指标的整体优化，大幅提升了板坯温度的 FET、同板差、同炉坯间差、交叉坯间差的命中率，自动烧钢率提高到 93% 以上，能耗下降 19% 以上。

（2）建立两相区轧制统一变形抗力、多种自学习策略、组织性能在线预报等模型，满足了硅钢、双流异钢种混合交叉、品规快速过渡等条件下高精度控制需求，过渡材减少 50% 以上，显著提升了重点计划执行率。

（3）开发边部变凸度工作辊辊形及其控制技术、全幅宽机架间板形传递模型，集成了兼顾多目标的板形成套控制系统，实现了高精度的板形控制，满足了特殊品种双目标凸度（C40、C25）控制要求，显著提升了产线稳定、批量生产薄规格产品的能力。

（4）开发新老系统并行调试、高性能电文实时解析与分发、系统无缝双向一键软切换等技术，集成新一代薄板坯连铸连轧过程控制系统，并在线替代原系统，实现了低风险、无需专门停机时间的成套过程控制系统集成应用。

五、项目意义

本项目成果的成功应用标志着我国具备了自主完成薄板坯连铸连轧过程控制系统研发和改造国外过程控制系统的能力，打破了国外公司在此领域的长期垄断，为企业提升产品质量、拓展品种规格、降低制造成本及实现智能化升级提供了更多选择和便利，并为开发无头轧制过程控制技术、推动宽带钢热连轧过程控制技术的持续进步奠定扎实基础。

AMC-1 大型智能液压圆锥破碎机

一、完成单位

鞍钢集团矿业公司、北京科技大学。

二、项目概况

本项目属于重大冶金技术装备研制和高端装备制造产业领域。

本项目是大型智能液压圆锥破碎机整机研制。液压圆锥破碎机作为一种高效的破碎设备，应用非常广泛。我国自主研发的破碎机设备仍以生产效率低、能耗高的小型破碎机为主，且整体性能落后于国外同类产品。随着社会经济的迅速发展，对高效节能的大型中细破设备需求量也越来越大。目前，以美卓、山特等公司为代表的破碎设备垄断全球大型中细破碎设备市场。由于其价格昂贵，备件供货周期长，影响企业经济效益的提高，同时也影响着我国装备制造的技术储备和国家资源战略安全。

本项目通过对破碎机理深入研究，运用微筛分理论、时变可靠性理论、有限元分析、离散元分析、动力学仿真、液压系统仿真、虚拟样机等理论与技术，进行了偏心躯体设计，完成腔型优化；液压润滑系统设计；机械零部件材质确定和工艺设计；在线油品净化系统设计；智能化生产设计等工作。

2014年，该项目通过了中国钢铁工业协会成果鉴定，达到国际先进水平。三年累计增加产值9520万元，授权专利7项，国家核心期刊发表论文4篇。

三、应用推广情况

该设备于2013年11月至2014年1月，在鞍钢集团矿业公司开始安装调试，并成功运转。

四、项目创新点

本项目取得如下创新：

（1）率先提出微筛分理论。创造性地设置破碎机微量不平衡，增强了物料的振动，强化了被破碎物料在动锥和腔体之间的微筛分效应。在功率一定的情况下，提高生产能力5%～10%，-12mm粒度合格率达到72%，节能10%；解决了破碎机主轴摩

本项目获得2016年冶金科学技术奖二等奖。

擦温度监测的行业难题，与采集到的整机实时振动和温度等工作参数结合分析，建立故障分析模型及数据库，实现了人机对话式的全方位在线远程监测与故障诊断，强化了设备预知维修，提高了设备运行效率，降低了运行成本，减轻了工人劳动强度。

（2）率先实现破碎机智能化生产。根据物料性质、给矿量、料位等运行参数的变化，利用模糊控制理论，建立数学模型，实时优化运行参数，实现了破碎机的智能化生产，为智能化矿山提供了技术支撑。

（3）率先将离心真空复合式净油技术应用于破碎机，实现了油品在线净化。及时将油中的有害杂质、水、气排出，确保摩擦副润滑油膜时刻处于最佳状态，提高了设备运行稳定性，减少润滑油消耗70%，延长了备件使用寿命。

五、项目意义

本项目设备的研制填补了国内空白，打破了国外垄断，对中国破碎设备升级换代具有巨大的推动作用。为中国采矿装备赶超世界先进水平作出重大贡献。

冶金行业智能天车控制系统的研发与应用

一、完成单位

唐山钢铁集团微尔自动化有限公司、河钢集团唐钢公司。

二、项目概况

本项目是唐钢充分解读"工业4.0"和《中国制造2025》战略部署后，结合冶金行业特色，进行的智能制造工程研究与应用，以实现数字化工厂和智能化物流为总体目标。智能天车控制系统实现了生产信息和物流信息同步、不落地。优化了人员结构，降低了人工成本；实现了天车作业的标准化，并提高了天车作业率；延长了设备的维护周期，降低了运行维护成本；全方位保障了钢卷的吊运质量，避免了钢卷因人为误操作造成的损伤。

智能天车控制系统有以下子系统：天车微摆动控制系统（MSCS），无人天车控制系统（UCCS），天车智能调度系统（CIDS），天车管理控制系统（CMCS）。

系统投入使用以来，减少了钢卷入库、出库信息再处理和盘库时间，天车单日利用率由70.8%提高到97.9%，汽车货运停待时间降低50%；天车运行平稳，设备故障率下降12%，常规定修周期延长，杜绝钢卷操作损伤现象发生；物流管理愈发简明，实现了钢卷全流程跟踪及可视化，11部天车全自动运行，两个库区全部智能化，节省人力资源70%以上；贯通生产与物流实时通讯壁垒，实现信息实时交互，极大提高了整个物流节奏。

系统的关键技术全部自主研发，获得版权6项，实用新型专利4项，公开发表论文5篇。

三、应用推广情况

该系统是此类技术在国内的率先应用，2015年1月于河钢集团唐钢公司高强汽车板公司开始应用，实现厂区物流过程智能化，应用至今共创效1851万元。目前二期库区智能天车项目正在实施。课题组多次应邀赴河钢承钢、首钢京唐、山东日照钢铁、沙钢等公司进行成果推广交流。

本项目获得2017年冶金科学技术奖二等奖。

四、项目创新点

本项目取得如下创新：

（1）采用摆角检测技术，应用拉格朗日动力学原理，建立了天车摆角控制模型，实现了天车微摆动运行。

（2）应用无人天车控制系统的微跟踪技术和天车管理控制系统的宏跟踪技术，实现生产与物流无缝衔接，首次在国内冶金行业中实现了全流程信息"不落地"。

（3）应用天车智能调度系统的自主调度功能和天车管理控制系统的实时协调功能，实现了多部天车顺畅自主运行，实现了天车智能化。

五、项目意义

本项目系统是智能制造工程和智能物流在实体经济中的具体应用，对推动智能控制系统"落地"于实体经济，特别是冶金行业，有着重要示范作用。系统的多项创新填补了国内相关领域空白，达到国际领先水平，可以广泛应用到冶金生产和冶金物流系统中，市场应用前景广阔。

F400 冷弯型钢生产线中轧辊智能调整及质量检测技术的研发与应用

一、完成单位

天津理工大学、天津市友发德众钢管有限公司、天津冶金职业技术学院。

二、项目概况

本项目将智能控制、机器视觉、深度学习等技术应用于 F400 冷弯型生产线的轧辊调整和质量检测领域，对传统大型方矩管的加工设备进行智能化改进，解决了现有生产过程的换型效率低、配辊参数设定难、劳动强度大、人工成本高、产品质检误差大的问题，显著提升了钢铁企业生产效率和管理水平。

本项目成果的设备作业率高、人工操作少，其中的轧辊位置调整效率高、误差小、实现成本低、配辊参数预报精确；质量检测速度快、精度高、稳定性好、无需过多维护。项目成果整体达到国际先进水平，已授权实用新型专利 2 项、已申请发明专利 4 项；录用 SCI 论文 1 篇、EI 论文 3 篇，另有多篇正在投稿中。

三、应用推广情况

本项目成果已应用于天津友发德众公司和邯郸友发公司的 F400 冷弯成型机组，目前正在逐渐推广。经现场运行测试效果良好，至今运行安全稳定高效，得到了用户的广泛认可。2014 年以来，新增利润 5235 万元，共创外汇 3567 万元。

四、项目创新点

本项目取得如下创新：

（1）智能化远程轧辊位置调整系统，构建了基于 S7-1500 集控的自动换型系统，发明了采用拉绳式传感器的轧辊间距测量方法，并提出基于限位开关的调零方法以消除测量误差。本成果使平均换型时间由 2.5h 降低到 35.3min，轧辊调整误差从 ±8mm 降低到 ±2mm，所需人工由 6 人缩减为 1 人，达到了降本增效的目标。

（2）基于 PCA-BP 的配辊参数预测模型，建立了方矩钢管冷弯成型过程的误差流模型，结合对历史配辊数据的主元分析与 BP 神经网络训练，可以对新型号钢管成型

本项目获得 2018 年冶金科学技术奖二等奖。

的多道次孔型精确设定，指导轧辊位置的智能调整。根据本成果预报参数生产的规格与期望值误差仅±2mm，为柔性生产带来了极大的便利。

（3）基于结构光和机器视觉的质量在线检测系统，由组合式激光视觉传感器采集钢管图像，自主研发的机器视觉系统分析质量信息。本成果使质检精度提高到小数点后三位，误差降低到±0.5mm，在震动、水雾、反光等环境下仍能稳定运行；由离线的人工抽检改进为3秒在线检测并同步显示记录测量数据，达到了提高质检效率效果的目标。

（4）远程监控系统连接上述生产设备和管理层，通过 DataMonitor 实现了浏览器对换型机组和质检设备的在线监控，通过 Excel 对当前和历史生产数据进行分析与追溯。管理者可实时了解现场的生产设备工况、产品质量信息，根据当前效率调整生产参数和工艺流程，为企业制定生产计划提供依据。

五、项目意义

本项目成果解决了现有生产过程的换型效率低、配辊参数设定难、劳动强度大、人工成本高、产品质检误差大的问题，显著提升了钢铁企业生产效率和管理水平。

钢铁流程工序界面一体化
融合技术研究与应用

一、完成单位

山东钢铁集团日照有限公司、山东钢铁集团有限公司、山信软件股份有限公司、上海宝信软件股份有限公司。

二、项目概况

本项目属于信息科学与系统科学领域。

冶金流程工序界面普遍存在物流组织难、能量损耗高、生产效率低、管理成本高、信息融合度差等问题，本项目结合日照钢铁精品基地建设实际，提出"五点一线"的解决思路，在原料、铁钢、钢轧、热轧与冷轧、成品发运等关键工序界面（五点）开展界面技术攻关，利用大数据、云计算、物联网、移动互联、算法库等技术，搭建了多业务协同一体化信息融合平台 MCS（一线），解决了工序界面间物质流、能量流、信息流的协同优化难题，实现了厂内工序间物流准时交付率达到 98%以上，节约综合能耗 1%。

本项目申请国家发明专利 9 项，授权专利 2 项，软件著作权 5 项，发表论文 7 篇。2018 年 12 月 28 日，通过了中钢协组织的专家评价，专家一致认为项目总体技术达到国际领先水平。

三、应用推广情况

本项目三年直接经济效益达 1.2 亿元，研发的系列"界面技术"已在山钢得到全面应用，并在宝武集团等得到应用，正逐步向更多钢企推广，应用前景广阔。

四、项目创新点

本项目取得如下创新：

（1）研发了原燃料智能混匀配料模型，结合 MES 中的用料需求计划开发了智能化堆取料模型，实现了堆取料机无人化、料场自动盘库、原料配混与传递过程智能管控创新应用，提高劳动生产率 80%。

本项目获得 2019 年冶金科学技术奖二等奖。

（2）基于多目标自动路径寻优技术，首创汽车运输铁水包智能调度系统，实现了铁水智能化运输和铁钢包全生命周期管理；研发了380t大量程行车自动称重技术，提高铁水计量精度至0.2%，每罐铁水减少计量时间3min，节能效益显著。

（3）研发了钢轧工序库区智能管控技术，实现了炼钢、热轧库区一体化智能管控，热轧、冷轧库区无缝衔接，提高了库容利用率25%。

（4）研究实施了基于算法库的成品钢卷短流程行车调运及轨道运输系统、冷轧中间库无人行车技术，实现了高效、精准、有序的热-冷轧界面间成品钢卷运输，国际首次应用即实现良好的经济和社会效益。

（5）实施了基于物联网技术的智能停车场及智慧物流系统，与企业信息化系统充分集成，促使物流运输更加高效、安全、准时，提高了发货速度25%~30%。利用移动互联技术开发了"指尖钢铁"工业App，实现了产业链的高效协同。

（6）在云计算平台搭建了面向全工序的多业务协同管控系统MCS，实现了全产线物质流、能源流协同调配，形成了"五点一线"的新型系统支撑平台。

五、项目意义

本项目成果的实施，极大地促进了冶金全流程关键工序界面一体化的融合。

基于视觉定位的机器人全自动冲击
实验机系统的开发与应用

一、完成单位

南京钢铁股份有限公司、江苏金恒信息科技股份有限公司。

二、项目概况

本项目属于冶金装备自动化领域。

《金属材料夏比摆锤冲击试验方法》（GB/T 229—2007）主要用于检验原材料的缺陷，评定材料在不同温度下韧脆性转化趋势。冲击实验能灵敏地反映出材料的宏观缺陷、显微组织的微小变化和材料的质量。冲击试验要求的试样加工简单，试验时间短，得到广泛应用。

国内力学冲击实验室现有的工作模式完全由人工进行，每台冲击机需要 2 人同时操作，一人冲击试样，一人记录数据。冲击机上料口位置较低，人工操作时需要不停的扭腰弯腰，劳动强度大，且具有一定安全隐患。试样冷却装置独立操作，不能快速降温和实现精准控温。未建立信息管理系统，对实验结果不能及时准确传输、分析。

本项目集成了力学冲击实验机、全自动冷却机、视觉定位、上料机器人、分拣收集装置及信息管理软件等系统，在人工进行批量试样的上料、组批及任务下达后，自动进行试样的降温保温、上料、冲击，完成实验后自动上传试验数据，实现了冲击实验室的全自动冲击试验。

本项目通过了中国仪器仪表协会及江苏省机械行业协会组织的新产品鉴定，属国内首创，是国家智慧制造在检测领域的又一成果，达到国际领先水平。围绕本项目已申请专利 121 项，其中发明专利 35 项，已获得授权实用新型专利 43 项、外观设计专利 2 项。

三、应用推广情况

本项目完全自主设计开发，改造了 5 台自动冲击试验系统产生费用约 200 万元，比同类型国外产品节约了资金 800 万元左右，同时可减少检验员 8 人，按每人每年 20 万元的工资费用测算，节省人力成本 160 万元/年。

本项目获得 2019 年冶金科学技术奖二等奖。

四、项目创新点

本项目取得如下创新：

（1）研发了全自动冷却装置，实现了试样快速降温及精准控温。

（2）设计了两套机器人夹爪及快换装置，实现批量装样入冷却环境箱、快速更换。

（3）设计了全自动视觉定位系统，可保证冲击试样缺口精准对中。

（4）开发了专用管理软件，实现了试样信息自动匹配、试验结果实时判定、数据上传、设备运行状态监测、多套试验设备自动排程等智能检测功能。

（5）创新使用视觉识别技术来确定缺口位置，视觉识别技术包括背景滤除、样槽定位等，与其他定位技术相比，自动化程度高，结构巧妙，定位效果好，对中精度达到±0.1mm，远高于国标要求的±0.5mm。

（6）率先创造使用六轴机器人代替人工送样，重复定位精准，试验节拍稳定可靠，提高了试验的自动化水平。

五、项目意义

本项目的成功应用，彻底解放了工人的繁重、重复劳动，保证了试样工作的标准化，提升了力学实验室的智能化水平，有良好的经济效益、社会效益。

基于动态模型和软测量的钒渣深加工
生产线智能化技术研发与应用

一、完成单位

河钢股份有限公司承德分公司。

二、项目概况

本项目属于冶金装备、建设与自动化领域。

项目以钒渣为原料，经过"原料的破碎与预均化、磨粉选粉、混配均化上料、回转窑焙烧、冷却浓密浸出、沉钒、钒铬回收、余热锅炉、水系统、V_2O_3 成品及 V_2O_5 片剂钒"等工序。由于工艺流程长、回转窑世界最大、被控设备繁多、工艺介质具有腐蚀性、浆料性、磨损性、高温性；过程变量多、变量之间耦合性强，是一个极其复杂的非线性多变量大惯性系统。常规技术造成关键参数无法直接测量、燃烧控制无法实现、转化率低、节能减排指标难于实现、工序"采供销"效率低、控制设备故障率高、维护难度大。通过研发智能化技术，实现了生产清洁高效、钒渣"变废为宝"，延长了产业链。

技术经济指标：实现在线控制时间占比 95% 以上，煤气消耗下降 5%，钒的年平均转化率从 76% 提高到 84%、降低钒的烧损 2%、提高成品产量 20%，NO_2、SO_2 的排放从 $350mg/m^3$ 降到 $10mg/m^3$；颗粒物排放从 $40mg/m^3$ 降到 $5mg/m^3$；采购成本降低 13%，作业效率提高 37%，准确率达到 99.5%；故障自诊断率 99%，控制精度达到 0.1%。经国内外查新和专家评价：项目处于国际先进水平。

授权发明 5 项、实用新型 11 项、软件著作权 5 项，发表论文 11 篇。

三、应用推广情况

承钢从 2008 年 1 月对本项目进行研究，2015 年 12 月，世界最大的钒渣深加工生产线正式投产，形成多项成果。2016~2018 年共创效益 3.34 亿元。

四、项目创新点

本项目取得如下创新：

本项目获得 2019 年冶金科学技术奖二等奖。

（1）通过模型和软测量技术，创造性的发明了"温度趋势变化快速调节温度的动态温度控制模型、大量程比气体流量控制模型、调节阀间接计算气体流量模型、风机转速计算煤气量模型和多钒酸铵连续生产智能化控制模型"等高精度过程动态控制模型和智能装置的方法，实现了钒渣深加工生产线工艺参数的在线高精度测量与控制。

（2）攻克了"钒渣深加工生产线炉窑智能燃烧控制技术"，发明了基于"软伺服放大器、煤气成分获取空燃比和煤气热值获取空燃比"的燃烧智能控制装置及方法，并将人工经验所获取的空燃比、加权影响系数或人工烧炉窑经验引入系统，具备专家控制功能，是炉窑燃烧控制领域的重大创新。

（3）发明了"数据采集接入装置"和"采供销软件"，研发了钒渣深加工生产线智能化集中管控平台，实现了从原料采购、仓储、供应和生产的集约、高效和一体化智能管控。

（4）首次研发出"基于工业大数据的钒渣深加工生产设备及工艺智能化健康状态诊断与维护"技术，实现了故障自诊断、容错控制与预知维修。

五、项目意义

本项目通过研发智能化技术，实现了生产清洁高效、钒渣"变废为宝"，延长了产业链，具有极大的推广应用价值，全国年推广效益数百亿元。

基于大数据的能源精细化管理与模型优化

一、完成单位

冶金自动化研究设计院、江苏沙钢集团有限公司、上海金自天正信息技术有限公司。

二、项目概况

本项目属于钢铁信息化领域。

本项目将 SCADA 数据采集数采功能、实时数据库、关系数据库整合为一，开发了能源数据平台，具有多时间尺度、多数据类型、写入和读取速度快等特点；通过能量流网络信息描述模型，实现了能源管理系统的指标不落地、完全可配置；预测模型以介质不平衡量为预测对象，调度模型考虑了峰平谷时段、调整成本、煤气柜等因素，实用性强；提供若干节能管理工具，通过全员参与、过程管理、量化考评手段实现管理节能目标；实现能源数据的自动平衡、自动抛账，ERP 关账时间由几天缩短到 1h。

三、应用推广情况

本项目 2015 年年底，在江苏沙钢投运。2016 年，为沙钢带来 2.1 亿元直接经济效益，节约能源 11.32 万吨（标煤），使吨钢综合能耗下降 5.24kg（标煤），节能减排、降本增效效果十分显著。自 2016 年起，已有鞍钢、本钢、兴澄特钢、韶钢、秦邮特钢、连云港亚新钢铁等十余家钢铁企业到沙钢参观学习，目前正在东北特钢、秦邮特钢、潍坊特钢、丰南钢铁推广。

四、项目创新点

本项目取得如下创新：

（1）开发了数据平台，通过 DataX 软网关实现多源异构数据的采集，通过异常数据过滤回填技术解决了数据质量问题，自主开发了时序数据库内核代替了实时数据库，多时间尺度、多值类型数据平衡存储技术满足业务的多种数据需求，缓存设计使系统查询速度提高了 50 倍。

（2）建立了能量流网络信息描述模型，采用属性化的方式进行信息的组织，研发

本项目获得 2019 年冶金科学技术奖二等奖。

了动态属性计算技术，基于描述模型开发了查询表格配置功能，通过这些手段，能源管理系统实现了可配置。

（3）建立了基于工况组合的预测和多时段调度模型，摒弃了工作量大、难以准确的总量预测思路，改为预测有工况发生的节点的能源产耗变化量，再叠加得到介质的不平衡量，建立了多时段（含峰平谷时段）优化调度模型。

（4）实现了能源精细化管理，以管理需求为导向进行数据采集和专项量化、过程管理，企业实现了节能管理的长效化，取得了实实在在的经济效益。

（5）实现了能源数据一级平衡自动抛账，变公司到分厂、分厂到成本中心两级平衡分摊为一级自动平衡，消除了成本中心能耗数据的人为修正，自动向 ERP 抛账。

五、项目意义

本项目通过研发智能化技术，实现了生产清洁高效、钒渣"变废为宝"，延长了产业链，具有极大的推广应用价值，全国年推广效益数百亿元。

新一代钢铁流程智能制造研究与应用

一、完成单位

山东钢铁集团日照有限公司、山东钢铁集团有限公司、山信软件股份有限公司、上海宝信软件股份有限公司。

二、项目概况

本项目属于信息科学与系统科学领域。

针对行业内普遍存在的管理流程复杂、内外部协同融合困难、生产效率不高、成本控制不精细、产品质量不稳定等共性问题，本项目在山东钢铁集团日照有限公司（以下简称：日照公司）实施，项目实施后业务流转更为顺畅、部门间协同更为高效、成本和质量控制均有了大幅提升，项目实施过程中开发的技术在行业内实现了创新应用。

通过本项目的开展实施，申请国家专利9项。其中，获得授权3项，公开6项；申请软件著作权18项，已获得软著证书10件，公开发表文章6篇。2018年12月28日，中钢协组织的专家评价认为项目总体技术达到国际领先水平。

三、应用推广情况

本项目四年产生直接经济效益4.33亿元，研发的"件次级成本核算"等多项技术已在山钢内部得到全面应用，并在宝武集团等兄弟企业得到推广，目前正逐步向钢铁行业内部推广，应用前景广阔。

四、项目创新点

本项目取得如下创新：

（1）研发基于"流程创造"（BPC）和"集中一贯制"的智能化钢铁生产平台（iPlant）技术，梳理并固化生产经营11个大流程，84个中流程及305个小流程，实现了"一级调度、一级财务、一级管控"，使公司决策运营更加简洁高效。

（2）研发基于营销预测的产销一体化技术，支持订单特征标注驱动下的柔性制造模式，增强了制造过程与客户需求协同融合，提高了市场变化快速反应能力。提高生

本项目获得2020年冶金科学技术奖二等奖。

产计划兑现率 3%、降低物流成本 1%，为交期精度达到 96% 以上、产品库存控制在 5 日内提供了技术保障。

（3）首次研发基于大数据平台的钢铁全流程质量过程管控技术，实现生产过程的精准控制和产品质量性能预报，完成热轧产品合格率 98.7%、冷轧产品合格率 96%、热轧产品综合成材率 97.3%、冷轧卷综合成材率 95% 的投产初期目标。

（4）首次实现边缘计算技术在企业成本核算中的应用，将钢铁全流程生产成本核算划分为工序级成本中心，实现了日成本核算，在行业内首次实现了成本核算到件次级水平，从而实现系统节能 3%、提高电能利用效率 2%。

（5）研究工业互联网技术在钢铁行业的应用，构建多业务协同系统（MCS），实现生产、物流、能源优化和调度的统一管理，取得显著的协同效益：提高计划兑现率 3%、降低物流成本 1%、实现系统节能 3%、提高电能利用效率 2%、吨钢耗新水控制在 3.1m³ 以内。

（6）研发全流程关键制造设备"三位一体"运行状态监控和预知维修技术，关键制造设备有效投用率达到 98%，生产管控系统平均无故障时间大于 8736h，年节省专业运维费用 1950 万元。

五、项目意义

本项目对钢铁企业提高智能化生产水平具有重要意义。

大型热态智能湿法喷涂装置及工艺研究与应用

一、完成单位

上海宝冶集团有限公司、上海宝冶建设工业炉工程技术有限公司。

二、项目概况

本项目属于设备制造技术领域。

本公司因国内产业产能和市场的需求，在对进口机进行分析消化的基础上，取其优点，设计、制造出一台具有自主产权的喷补机，形成了一套完整的大型热态智能湿法喷涂装置及工艺技术。可广泛应用于冶金、有色、建材、化工等行业的各类炉窑。具有减轻劳动强度、保证施工安全、缩短检修周期、降低耐火材料消耗、有效延长炉体寿命、节能环保等优势。本成果经科技查新和专家鉴定均达到了国际先进水平。

本成果在研发过程中，形成了 4 项发明专利和 3 项实用新型专利，通过实践和总结，本成果中的技术获得了中冶集团科学技术三等奖和中冶集团优秀论文奖二等奖。

三、应用推广情况

本技术先后在福建三钢（集团）5 号高炉大修工程炉衬湿法喷涂修补、宝钢不锈钢炼钢厂 VOD 真空盖耐材湿法喷涂检修项目、宝山 4 号高炉大修工程中得以成功地应用。通过多个项目的推广实施，给本公司带来直接经济效益 1146.4 万元，也给业主带来巨大的经济效益，创造了良好的社会效益。

四、项目创新点

本项目取得如下创新：

（1）本项目的装置采用模块化集成设计，系统由动力系统、混炼系统、泵送系统、促凝剂输送、智能机器人、电控系统等模块组成。所有模块按照工艺流程实现了装置的高度集成，自动化程度高，操作便捷。

（2）湿法喷涂机的搅拌和泵送效能高，可满足中大型高炉的高扬程、大体量、快速化的检修喷涂施工。此外，通过电液技术的结合，湿法泵送装置具有混炼卡料和泵

本项目获得 2016 年冶金科学技术奖三等奖。

送堵料故障识别和自排除的续航功能。

（3）实现了机器人在高温、高煤气等复杂条件下完成以立体空间为轴的在线多维造衬。

（4）本项目研发材料相比其他具有较明显提高炉衬使用寿命的特点，结合设备卓越的使用性能，材料回弹率仅为 1%~3%。

五、项目意义

采用本项目成果，可大幅提高炉窑内衬寿命，降低材料损耗，缩短施工周期，减少炉窑停产损失等，具有节能环保、劳动强度降低、功效提高等特点，符合企业的经济利益最大化要求。

高炉热风炉节能燃烧智能
控制技术的研究与应用

一、完成单位

承德钢铁集团有限公司、北京和隆优化科技股份有限公司。

二、项目概况

本项目属于冶金自动控制技术领域，解决了由于对象惯性大、滞后大、耦合强、燃料压力和热值波动大、工艺参数仪表检测不准或无法安装计量装置等原因造成的热风炉燃烧控制难于实现的世界性难题，达到提高风温、稳定风温、降低煤气消耗、减少有害物排放的目的。

获得发明3项，公开发明4项，实用新型9项，软件著作权5项，论文7篇。

三、应用推广情况

本项目成果于2012年1月，在河钢承钢全部高炉热风炉上应用成功，还在国内10余家钢厂的高炉热风炉上推广。项目具有极大的推广价值。

提高风温20~46℃、降低煤气消耗3%，即日节约高炉煤气 $2.61×10^5 m^3$，日多发电5.8万千瓦时，年创效7027.7万元，三年新增利税2.09亿元。还有燃烧充分降低有害物的排放等社会效益。

四、项目创新点

本项目取得如下创新：

（1）开发了通用燃烧优化控制技术（BCS），该技术包括有条件正确相关技术、燃烧效果软测量、最佳运行工况的自寻优及滚动优化、故障诊断与容错控制、智能软伺服接口、平衡烧炉控制、蓄热能力软测量、总管压力智能控制等技术，真正实现热风炉的燃烧优化控制，自动找出煤比。

（2）开发了高炉热风炉智能优化控制系统和热风炉燃烧控制装置，基于热量平衡实现对蓄热速率的在线计算，根据高炉需要的送风总热量及烧炉时间与热风炉蓄热速率特性，设定一个合理的蓄热速率设定曲线，进而控制烧炉阶段的燃料量，并根据拱

本项目获得2016年冶金科学技术奖三等奖。

顶温度、废气温度工艺允许上限对所计算出的燃料量进行限制，既满足了高炉对热风的需要，又降低了废气带走的热量损失，还能保证设备的安全性；以蓄热速率作为优化目标值，采用进退法自寻优算法优化空燃比，使得燃料利用率最大。

（3）解决了热风炉工艺参数检测的难题。解决了由于热风炉内部砖体蹿动而切坏热电偶、脏污煤气的流量测量、大口径管道小流量时的流量测量不准及工艺管道无流量检测装置的技术难题。

（4）独创了一种热风炉充压控制装置及方法。实现了热风炉的自动充压功能，减少充压过程对高炉炉顶压力的影响，有利于高炉炉况的稳定和降低了热风炉煤气的自耗。

（5）开发一种基于 PLC、DCS 的优化站无扰安全切换方法，此模式有利于对现有生产线进行改造，而不影响原有系统工作。

（6）首次实现了热风炉燃烧控制智能化、故障诊断和维护远程化、调节控制高精化。

五、项目意义

本项目成果极大地推动了钢铁企业高炉热风炉高风温燃烧优化控制技术的发展，探索出适合我国国情的热风炉燃烧控制技术，在国内处于领先地位。

高炉、烧结及焦化原料成本协同
智能系统研发与应用

一、完成单位

太原钢铁（集团）有限公司、冶金自动化研究设计院、山西太钢不锈钢股份有限公司、山西太钢信息与自动化技术有限公司。

二、项目概况

钢铁冶炼涉及多个工序的复杂生产过程，降低单工序原料成本是多年来钢铁企业普遍采取的措施，然而在兼顾产品质量与技术需求前提下，要保证全冶炼过程原料与生产条件的良好适应、原料成本结构更优、铁水成本更低，难度极大。

针对这一研究难点，自 2010 年以来，太钢与冶金自动化研究设计院等联合攻关，在国内率先建立了"高炉、烧结及焦化原料成本协同优化智能系统"，在冶炼多工序关联模型、原料成本协同优化及多参数智能优化等关键技术方面取得了突破性成果，大幅降低了太钢冶炼全流程的原料成本。该系统具有高炉、烧结及焦化三种工序关联动态优化和任意单工序原料成本动态优化的双重功能。

项目形成发明专利 6 项，软件著作权 1 项，论文 6 篇。在工艺参数为约束条件下，通过多工序原料成本协同优化，在实现降低冶炼全过程原料总成本方面填补了国内空白，整体技术水平达国际先进。

三、应用推广情况

本成果应用于太钢炼铁生产线后，三年累计产生直接经济效益达 35929.24 万元，具有广泛的推广应用前景。

四、项目创新点

本项目取得如下创新：

（1）国内率先提出"高炉、烧结及焦化三工序原料成本协同优化"思想，以焦炭固定碳、灰分与硫分，烧结品位、碱度与 SiO_2 为关联参数，建立"高炉、烧结及焦化原料成本协同优化关联模型"，为"高炉、烧结及焦化原料成本协同优化智能系统"

本项目获得 2016 年冶金科学技术奖三等奖。

设计奠定基础。

（2）提出基于遗传算法的高炉、烧结及焦化原料成本协同优化算法，开发了"高炉、烧结及焦化原料成本协同优化智能系统"，解决了太钢单工序优化模式下的原料成本居高不下的难题，为钢铁企业降本增效提供新思路。

（3）分别以吨铁高炉成本、吨烧成本及吨焦成本最小为目标函数，考虑各子工序的约束，分别建立了高炉、烧结及焦化原料成本优化子模型，设计了高炉、烧结及焦化原料成本优化子系统，保证特殊工况下的单工序优化。

五、项目意义

本项目发挥信息化和数据化的优势，研发高炉、烧结及焦化原料成本协同优化智能系统，并与现行生产工艺有效匹配，实现多种冶炼工序原料成本协同优化具有重要的理论意义和实际应用价值。

转炉智能化提钒工艺技术研究

一、完成单位

攀钢集团研究院有限公司、攀钢集团攀枝花钢钒有限公司、重庆大学、鞍信托日信息技术有限公司。

二、项目概况

本项目研究涵盖钢铁冶金、信息、自动化等多学科专业领域。通过对转炉智能化提钒技术难点的系统研究，形成了一系列具有自主知识产权的转炉智能化提钒核心技术，实现了转炉智能化提钒。

本项目研究期间累计申报国家发明专利 13 项，已获授权国家发明专利 6 项。在 Ironmaking & Steelmaking、ISIJ International 等期刊发表论文共 18 篇，其中 SCI 检索 9 篇，EI 检索 5 篇。

三、应用推广情况

本项目成果已在攀钢钒炼钢厂全面推广应用，成果的应用使转炉提钒由人工经验操作转变为智能化操作，不仅大大提升了转炉提钒工艺技术的进步和钒资源的综合利用率，且为后续转炉炼钢创造了良好的、稳定的原料条件。

四、项目创新点

本项目取得如下创新：

（1）系统地对攀钢钒铁水、钒渣特征进行了热力学、动力学研究，结合对提钒过程物料平衡与热平衡的实际测定，得到了不同铁水条件下的提钒终点碳温最优控制目标值。

（2）课题将智能方法（具体包括机理分析、统计分析、神经元网络、遗传算法等）应用到转炉提钒过程的建模中，提出了转炉提钒智能控制方法，并通过对信息、检测、过程自动控制等功能的建立与完善及工艺规范研究，建立了转炉智能化提钒工艺技术。

（3）项目成果应用后，自动化提钒比例已达到 85.98%；提钒后半钢 [C] 含量不

本项目获得 2016 年冶金科学技术奖三等奖。

小于 3.50% 的命中率由立项之初的 73.07% 提高到目前的 92.98%；半钢 T 不小于 1350℃ 的命中率由 72.54% 提高到 90.99%；钒回收率由 75.9% 提高到 80.01%；V_2O_5 品位由 15.33% 提高到 17.34%；产渣率由 3.86% 提高到 4.32%；半钢残 V 不大于 0.05% 的命中率由 75.91% 提高到 87.57%，半钢残钒平均由立项之初的 0.039% 降低至目前的 0.0334%。年创造直接经济效益在 7600 万元以上。

五、项目意义

本项目成果推动了转炉提钒工艺技术的进步。

大型 KR 高效低耗智能化铁水脱硫成套技术集成与创新

一、完成单位

首钢京唐钢铁联合有限责任公司、首钢总公司、北京首钢自动化信息技术有限公司、中冶京诚工程技术有限公司、北京科技大学。

二、项目概况

硫元素不仅恶化钢材的韧性、抗 HIC 性能等力学性能指标，还是造成钢板表面翘皮、探伤不合的主要原因之一。首钢京唐钢铁联合有限责任公司（以下简称京唐公司）定位于生产以汽车板和管线钢为代表的高端薄板产品，因此需要对钢中的硫元素进行严格的控制。在众多脱硫技术中，铁水预处理脱硫具有高效、低成本等优势，已经成为高品质钢生产流程重要的工艺环节。

铁水脱硫预处理主要有单喷颗粒镁法、复合喷吹法和机械搅拌 KR 法（Kambara Reactor 的简称）。其中，KR 法由日本新日铁公司广畑厂发明并于 1965 年应用于工业生产。其工艺流程是：将耐火材料保护的十字形搅拌器插入铁水熔池中一定深度进行旋转，在形成的漩涡中加入脱硫剂，使之与铁水中的硫在不断的搅拌中发生反应。但是，在很长一段时间内，因为 KR 法搅拌器寿命低、温降大、脱硫剂消耗高等原因，日本只有少数钢厂采用。我国武钢于 1979 年引进了国内第一台 KR 脱硫装置，较长时间内也未得到推广应用。

本项目基于国内首台 300 吨 KR 脱硫装置，自主开发了高效低耗智能化铁水脱硫成套技术，主要包括：（1）高搅拌能大比表面积固态渣相表层快速脱硫技术。（2）新型脱硫剂高效脱硫技术。（3）长寿命搅拌器结构设计及浇注技术。（4）高稳定性大型铁包铁水捞渣装备及技术。（5）低硅、高硫、低温铁水脱硫防止喷溅技术。（6）脱硫除尘灰、脱硫渣铁的资源化利用技术。（7）智能化 KR 脱硫预处理成套技术等。

申请专利 9 项，其中发明专利 8 项，已授权 4 项。

三、应用推广情况

本项目开发的成套技术已经在京唐公司 4 座 300t KR 脱硫装置上大规模应用七年，

本项目获得 2017 年冶金科学技术奖三等奖。

累计获得 10045 万元经济效益。

四、项目创新点

本项目取得如下创新：

（1）开发了大型 KR 高搅拌能大比表面积固态渣相表层快速脱硫技术。

（2）开发了新型 CaO 基含铝质催化脱硫剂高效脱硫技术；实现了 100% 铁水脱硫预处理，硫元素由平均 0.058% 脱至 0.0006%，脱硫剂平均消耗 7.5kg/t，每 0.001% 硫消耗脱硫剂不大于 0.13kg/t，平均脱硫周期不大于 28min，结束硫含量、脱硫剂消耗均达到国际领先水平。

（3）开发了新型高强度、耐高温、高抗热震性非对称十字形搅拌器，在平均铁水温度 1385℃ 下，搅拌器的寿命最高达到 3384min 以上。

（4）开发了智能化 KR 脱硫预处理成套技术，劳动生产率提高了 154%。

五、项目意义

本项目具有重大的示范效应，近年来国内新建二十余套 KR 脱硫预处理装置，为提升中国钢铁产品的质量做出了重要的贡献。

磨矿分级专家控制系统
关键技术及推广应用

一、完成单位

玉溪大红山矿业有限公司、中冶长天国际工程有限责任公司、昆明理工大学。

二、项目概况

磨矿分级是选矿生产流程中最关键的环节,直接影响后续生产环节和选矿技术经济指标。磨矿分级是一个复杂多变的系统,其智能控制是有效提高选矿的产量、质量、回收率和降本增效的重要途径,是选矿界的国际性技术难题。

本项目组织产、学、研三家单位联合攻关,解决了项目的关键技术难题,研发了磨矿分级控制专家系统。

获得了 17 项发明专利、4 项实用新型专利和 3 项软件著作权的授权,出版了相关专著 1 部;权威机构的查新报告表明有两项技术属国际首创。

云南省科学技术奖励办公室组织以孙传尧院士为主任的专家组对该项目进行了科技鉴定,鉴定结果认为:该项目研发并投入实际应用的磨矿分级控制专家系统属于国内首套,整体技术达到了国际先进水平,其中磨矿分级分布式协同控制技术居国际领先水平。

三、应用推广情况

本项目成功应用于国内最大的铁选矿企业——玉溪大红山矿业公司的三个选矿厂。连续三年投运生产考核表明:原矿处理量提高 14.31%,电耗降低 12.34%,钢耗降低 12.63%;三年新增的销售额为 320969 万元,三年新增利润为 176356 万元;铁回收率提高 1.01%;实现了铁精矿降硅提质,为冶炼过程节能降耗创造了有利条件。

四、项目创新点

本项目取得如下创新:

(1) 针对国内外现有磨矿分级控制系统存在的问题与不足,提出了分布式协同控制专家系统的思路,研发了基于知识推理和智能闭环控制的专家系统,实现了磨矿分

本项目获得 2017 年冶金科学技术奖三等奖。

级工艺参数的自动寻优和生产过程的优化控制。

（2）成功研发了一段磨矿分级控制专家子系统、二段磨矿分级控制专家子系统和协同控制子系统，可以自动寻找和跟踪磨矿机的最佳工作点，保持两段磨矿的物料负荷平衡，能自动适应矿石性质的变化，在稳定磨矿产品质量的同时，实现了增产、节能和降耗。

（3）创新性研发了一种磨矿机负荷量检测技术、矿浆浓度检测技术和阵列式电子皮带秤技术，提高了磨矿分级过程关键参数的检测精度。

（4）根据磨音状态值、主轴油压和磨机功率及其变化规律，发明了获取磨矿机最佳给矿量以及给矿量精确控制的技术方法，可以及时准确地确定最佳给矿量，并最终提高磨矿机的原矿处理量和效率。

（5）发明了一种铁矿自磨系统故障快速检测方法，能够快速、有效地检测出系统故障。

（6）以多项发明专利技术为支撑，研发了由基础数据层、数据处理层、专家模型层和人机接口层组成的分布式协同控制专家系统，实现了两段磨矿分级的给矿量、磨机负荷、溢流浓细度等参数的智能优化控制。

五、项目意义

本项目研究成果突破了选矿界的国际性技术难题，有效提高了选矿的产量、质量、回收率，成为降本增效的重要途径，对推动选矿技术的进步做出了重大贡献。

现代工业管道数字化预制技术研究与应用

一、完成单位

上海宝冶集团有限公司。

二、项目概况

该技术属于机械设备管道安装技术领域。

课题组根据现代工业工程施工中工艺管线复杂、项目工期紧、工作量大等特点，研发了"现代工业管道数字化预制技术研究及应用"，形成了基于 BIM 的管道预制工艺流程设计、基于 BIM 的数字化管道预制深化设计及应用技术、基于 BIM 的协同平台的设计与应用技术、移动式管道生产线装备集成技术、管道预制过程中物流模块的设计及应用等关键技术，解决了现场管道预制等施工技术难题，提高了管道施工的预制水平和预制深度，经济及社会效益十分显著，经科技查新和专家鉴定，本成果整体技术水平达到国际先进水平。

研发过程中设计、申请了 4 项发明专利（含 3 项软件著作权）和 7 项实用新型专利；在对工业管道数字化工厂预制技术成熟应用和实践基础上，总结编制了《工业管道数字化工厂预制施工规程》（QBSBC 109—2016），为今后类似工程施工提供了技术支撑。

三、应用推广情况

本成果技术成功地运用于台塑越南河静炼钢连铸工程、天津忠旺 1 号热轧工程、本溪钢厂三冷轧 1870mm 热镀锌机组工程和宝钢湛江 1 号高炉等项目管道施工中，保证了管道施工质量，降低了劳动强度，缩短了施工工期，节约了施工成本，实现了绿色文明施工，产生累计经济效益 2798 万元。投产后，各个管道系统运行良好，满足生产工艺的要求，得到业主的一致好评，与传统工艺相比，经济效益和社会效益较为显著。

四、项目创新点

本项目成果是根据现代工业管道施工的特点，在总结传统管道施工经验的基础

本项目获得 2017 年冶金科学技术奖三等奖。

上，研发出一系列新技术、管理软件和工装，解决了管道施工周期长、现场投入大、过程控制复杂的不利局面，加强了管道施工的预制水平和预制深度，提高了管道施工质量、速度、管理水平，降低了作业人员的劳动强度和施工成本；同时促进了管道现场施工的机械化、工厂化和文明施工，也有利于新技术、新工艺、新机具、新材料的推广应用，推动了管道施工行业的技术进步。

五、项目意义

本项目成果不仅适用于冶金管道施工，也适用于市政、水利、医药、港口等各种工业和民用建设项目中管道工程的施工，应用前景十分广阔。随着我国经济建设的飞速发展，工程建设项目的规模日趋大型化，只有实施管道数字化预制技术，才能更好地保证管道施工质量、提高管道效率和降低施工成本，本项目成果具有广阔的推广应用价值。

大型工业炉全模块化智能建造成套技术

一、完成单位

上海宝冶集团有限公司。

二、项目概况

本项目属于冶金及石化装备工程技术领域，尤其涉及大型工业炉全模块化智能建造。

本项目研究攻克了大型工业炉全模块化智能建造的多项关键技术。本技术达到了提高建造质量、提升建造精度、缩短建造时间、降低建造成本的目的，实现了绿色文明建造要求，其成果达到国际领先水平。本成果在研发过程中申请了10项发明专利、5项实用新型专利，授权了4项软件著作权，编写了2部企业级工法。

三、应用推广情况

本项目研发的技术成果已成功推广应用到大型石油加热炉、石油裂解炉、年产百万吨级天然气制甲醇转化炉等项目中，建造周期缩短了1/3、建造成本降低了1/4、建造精度提升至2mm级别。其中，管道预制技术成果已成功应用到安钢1550冷轧、台塑越南河静炼钢连铸、天津忠旺1号热轧等项目；不定型耐火材料烘烤技术也已成功运用于大型石油加热炉和天然气制甲醇转化炉等项目中。本项目成功的探索出了一条大型工业炉全模块建造成套技术，在同行业中具有很强的推广示范作用。

四、项目创新点

本项目取得如下创新：

（1）率先设计了大型工业炉全模块化智能建造工艺；确定了不同工业炉系统的模块单元划分原则。

（2）基于BIM技术及结构仿真设计，从系统工艺、体系结构、制造装配、模块运输及后期运营进行了大型工业炉的全生命周期设计，保证了其全模块化智能建造过程中的安全稳定。

（3）基于三维扫描技术，研发了模块单元数字化预拼装技术，保证了模块单元间

本项目获得2018年冶金科学技术奖三等奖。

装配精度。

（4）开发了基于 BIM 技术的管道数字化预制技术，提高了管道的制造质量和效率。

（5）研发了特殊材料焊接技术并开展了相关试验验证，突破了异形管道的装配、焊接技术，制定了镍基焊缝局部固溶和高压管道快速水压工艺，提高了管道水压效率。

（6）针对独立模块单元中的耐火材料，开发了不定型耐火材料烘烤技术。

（7）通过总结归纳各类模块的运输技术，制定出大型工业炉各模块单元的运输工艺。

五、项目意义

本技术的研发成功使我国的大型工业炉全模块化智能建造技术跻身于世界领先行业，引领了冶金装备建造新潮流。

基于激光炉气分析转炉炼钢
智能控制系统开发应用

一、完成单位

钢铁研究总院、山东钢铁股份有限公司莱芜分公司、山信软件股份有限公司莱芜自动化分公司。

二、项目概况

本项目属于钢铁冶炼技术以及冶金过程控制和自动化技术领域。

基于激光炉气分析转炉炼钢智能控制系统是一种无副枪低成本转炉自动化炼钢控制技术。采用激光分析装置在线分析炉气成分、采集转炉冶炼数据等信息，连续获得转炉内吹炼过程反应状况，开发应用相关动静态控制模型，提高转炉冶炼过程操作自动化水平，减少转炉喷溅程度，提高脱磷和终点控制能力。对于无副枪中小型转炉，准确判断吹炼终点，实现全自动吹炼；对于有副枪转炉可取代测量探头低成本运行；对于低碳钢可实现不倒炉出钢，中碳钢可大幅度减少补吹次数。

自 2016 年 11 月份，该项目在 50 吨（最大出钢量 60 吨）转炉上投入应用，至 2017 年 12 月，各项经济技术指标均取得了明显进步，内容主要包括：（1）冶炼过程稳定性增强，喷溅渣量及总渣量大幅降低，钢铁料消耗降低 1.707kg/t。（2）转炉脱磷效率明显改善，脱磷率提升了 5.86%。（3）自动炼钢操作大大减少了人为影响因素，提高了操作的科学性和规范性，全自动炼钢率达到 95%。（4）终点碳（±0.02%）命中率达到 88%，终点温度（±15℃）命中率达到 90%，终点碳温双命中率达到 82.5%，大大提升了钢水质量的稳定性。（5）提升了渣料加入的准确性，改善化渣状况，石灰消耗降低 3.148kg/t，生白云石降低 2.913kg/t。（6）由于终点命中率大大提升，钢水过氧化炉次大幅减少，合金收得率进一步提高，有利于合金成分的精准管控，减少合金浪费，合金成本降低了 1.74 元/t。（7）由于转炉精准控制，转炉补吹炉次减少 6.29%，同时因钢水过氧化炉次减少，溅渣时间平均减少了 30s，转炉生产效率明显提升。

本项目获得 2018 年冶金科学技术奖三等奖。

三、应用推广情况

鉴于该项目的出色运行，山东钢铁股份有限公司莱芜分公司决定在各厂区内进行推广应用，其中股份炼钢厂 1~3 号转炉、型钢炼钢厂 4 号转炉、特钢事业部新二区 5 号、6 号转炉均计划增上该项目，目前均已列入 2018 年固定资产投产计划或走质量提升专项改造方案。

四、项目创新点

本项目取得如下创新：

（1）快速直接测量转炉烟道中的炉气成分，在投资与运行成本上远低于通常的质谱法。

（2）在设备可靠性、维护负荷、检测信息响应时间上远优于质谱法和红外检测法。

（3）建立了适合中低碳钢（0.03%~0.16%C）的转炉终点判定系统，改变了采用国外转炉炉气分析控制系统只适用于低碳钢（不大于 0.06%C）的状况。

五、项目意义

本系统运行采用一键式全自动炼钢方式，提高了转炉运行的稳定性和标准化科学化炼钢水平。

热连轧超薄超高强带钢智能
轧制技术开发及应用

一、完成单位

武汉科技大学、上海梅山钢铁股份有限公司。

二、项目概况

本项目属于板带轧制技术与自动化交叉的科学技术领域。

批量、稳定、低成本地生产高性能钢铁材料是钢铁制造技术发展的重要方向，是实现绿色钢铁的必然选择。热轧高强钢作为高附加值钢铁产品之一，是经济社会发展需要的重要基础材料；而传统热连轧机组尚难批量稳定生产极限规格、极限性能的产品，因此必须进行系统的重大技术创新以满足国家节能减排和产业发展战略的需要。

本项目以解决高强薄规格产品在热连轧机组批量稳定生产的重大技术难题为目标，综合运用压力加工、设备与自动化等多学科知识，围绕生产装备、制造工艺及自动化等交叉领域进行系统创新。

申请发明专利 26 项，获得软件著作权 5 项；发表核心期刊论文 60 余篇，其中 SCI/EI 收录 39 篇。

三、应用推广情况

本项目攻克了热连轧超薄规格高强钢的智能化轧制关键技术，实现了极限规格、极限性能（厚度 1.2mm、屈服强度 700MPa 级）产品的大批量稳定生产，使梅钢 1780mm 热轧高强薄规格产品轧制比例在传统热连轧线中稳居国内外同行前列，厚度不大于 2.0mm 的带钢比例从单月 8% 增加至 21%，小时产量在同类产线中稳居前列，年均经济效益 8011 万元。

四、项目创新点

本项目取得如下创新：

（1）开发一套智能化轧制模型与稳定性控制技术：1）首次提出基于连续曲面的轧制模型自适应方法，构建"机理模型+特征点+拟插值+自适应"的轧制模型新体系；

本项目获得 2018 年冶金科学技术奖三等奖。

2）设计兼顾轧制稳定性与高尺寸控制精度的张力模糊控制器；3）提出精轧机组负荷分配的多目标优化计算策略；4）研发带钢楔形动态等厚度比控制方法，同时消除带钢楔形及其他板形缺陷；5）开发考虑全长轧制的弯辊力优化设定策略，为超薄超高强产品使用长尺坯生产创造条件。

（2）研发热连轧机设备精度及操作行为智能辨识系统，对影响产品质量的轧机设备精度进行在线监测与智能诊断，掌握设备状态变化趋势以确保精度失效前能及时预防；对轧钢操作行为进行在线动态智能辨识，分析操作行为的有效性并及时修正操作失误，实现对操作行为的数据化与智能化监控。

（3）开发热连轧机活套解振控制技术，打破轧机、带钢和活套之间的共振；生产工艺上通过加热工艺、中间保温罩、轧线各种水的组合控制、轧制润滑工艺优化等，实现工艺减振。

五、项目意义

本项目在智能化轧制模型与稳定性控制、轧机设备精度诊断、轧机振荡防治等技术领域进行了重点突破，增强了梅钢热轧产品的竞争能力与盈利能力，推动了钢铁行业的绿色转型，支撑了国家节能减排战略，对国内外热连轧机组的升级改造和新建项目具有重要示范和推广价值。

高品质钢洁净化智能控制的多维多尺度
数值模拟仿真技术及应用

一、完成单位

北京科技大学、青岛特殊钢铁有限公司、首钢股份公司迁安钢铁公司、新疆八一钢铁股份有限公司、攀钢集团攀枝花钢钒有限公司。

二、项目概况

本项目属冶金过程模拟仿真先进技术领域。

钢铁工业需推动智能制造。钢铁智能制造为通过工序内的精准控制和工序间的界面技术发展,实现全流程参数的智能化协同控制。钢的生产过程涉及夹杂物和元素分布等的时间多尺度和空间多尺度演变。

本项目依托国家自然科学基金项目,并与青钢、迁钢、八钢和攀钢等公司以"产、学、研、用"的方式开展合作,将数值计算方法应用于钢铁生产流程模拟仿真,系统开发了多个冶金反应器内的跨多个时间尺度(微秒到千秒)和多个空间尺度(纳米到米)的数学模型。依托此模型,可根据产品性能和用户需求对各工序进行定制化操作,实现对钢液和铸坯元素及夹杂物随时间和空间的精准定量预测,实现对钢洁净化和均质化的精准控制。

本项目实现了工序内的智能精准控制,为钢铁全流程智能制造打下良好基础,经鉴定达到了国际先进水平。本项目成果发表文章 21 篇,形成专利 5 项、软件著作权 1 项。

三、应用推广情况

本项目成果已在八钢、青钢、迁钢、攀钢等企业生产应用,产生经济效益逾一亿元。

四、项目创新点

本项目取得如下创新:

(1)建立了钢包吹氩过程合金化和夹杂物去除模型,实现了钢液成分均匀化的精

本项目获得 2018 年冶金科学技术奖三等奖。

准预测和提升钢洁净度的定制化操作。该模型考虑了合金熔化和混匀过程，计算了钢中元素、混匀时间和夹杂物在反应器内的空间分布及其随时间的变化；同时将钢液湍流运动与气泡浮选去除夹杂物进行耦合。

（2）建立了时间和空间多尺度下的夹杂物碰撞长大和去除模型，实现了精炼和连铸过程钢液中夹杂物行为的精准预报。全面模拟计算了以纳米级分子为起点的夹杂物在钢液中碰撞长大成毫米级夹杂物的过程，并与米级反应器的宏观三维流场相耦合，计算了夹杂物数量和尺寸在反应器内钢液中的空间分布。

（3）建立了连铸坯凝固及夹杂物运动捕捉数值模型，实现了结晶器流场、传热凝固、磁场和夹杂物运动的耦合计算。定量预测铸坯温度和坯壳厚度、预测夹杂物在整个铸坯断面上的空间分布，为实现铸坯的洁净化进行定制化指导。

（4）建立了连铸过程电磁、传热、流动、传质多场多相耦合模型，指导铸坯成分和组织均质化生产。模型可准确计算结晶器内钢液、坯壳、渣相和气隙等的行为，并计算出适合不同钢种和浇铸参数的结晶器冷却水量，还可预测各元素在铸坯全断面的分布，为铸坯的均质化进行定制化指导。

五、项目意义

本项目实现了工序内的智能精准控制，为钢铁全流程智能制造打下良好基础。

鞍钢智能云仓互联系统

一、完成单位

鞍钢集团自动化有限公司、鞍钢股份有限公司。

二、项目概况

鞍钢智能云仓互联系统是基于钢卷喷标识别技术研究与应用、增强现实仓库模型技术研究与应用、数据驱动技术研究与应用、安全监管技术研究与应用、供应链协同技术的计算机软件，目的在于构建新一代 SSIPP（规范化 Standardization、精细化 Sophisticated、智能化 Intelligent、流程化 Process、平台化 Platformization）理念的、国际先进的服务平台，解决钢铁仓储行业安全、效率、能耗、精细化管理、服务转型的问题。

主要功能包括：仓库管理模块：入库、出库、库内、产品跟踪、增强现实仓库模型、库位路径优化、预警管理等；启运港管理模块：海运协议管理、库存管理、开限管理、租船、配船管理、离港、甩货、异议管理、费用计算管理、预警管理等；目的港管理模块：到货管理、仓储管理、开限管理、提货单管理、预警管理等；协同管理模块：要料计划计划管理、订单管理、生产跟踪管理、发货管理、质保书管理等；云仓平台：云仓加盟、云仓地图、我的云仓、我的货物、我的结算、我的发票等。

三、应用推广情况

截至 2016 年 9 月，已经在鞍钢协议仓库、启运港、目的港，鞍钢营口港务有限公司，中铁铁龙营口有限公司等地成功上线投运。取得显著的经济效益，共降低销售物流费用为 1.8 亿元/年；实现自动入库、移动数据采集，大大提高了鞍钢物流的仓储效率；企业可持续发展能力增强。提升了仓库的作业效率，有效的对作业现场进行管控，提升了仓库智能化和自动化的管理水平，服务于销售，服务于客户，同时建立了标准化的仓库模板，更能吸引各库房管理者的加盟。

四、项目创新点

本项目取得如下创新：

本项目获得 2018 年冶金科学技术奖三等奖。

（1）实现基于支持向量机的钢卷喷标识别技术的开发与应用，弥补条码或二维码因污损导致物料不能被识别的问题，提供一种全新的物料识别方式，提高整体识别率。

（2）建立基于增强现实技术的钢铁产品仓库模型，实现作业路径仿真，将钢铁产品仓库实时数据、仓库模型以及动态仿真结合起来，实时体现仓库的实际运行情况。

（3）为提高安全性，对安全智能可视云监管技术进行研究与应用。

（4）研究数据驱动技术，建立统一、高效敏捷反应的物流运营管控模式。

（5）利用云计算技术研究供应链各环节信息需求，建立完善的信息系统机制，加强信息协同，提高物流运营效率，推动服务转型。

五、项目意义

本项目提升了仓库的作业效率，有效的对作业现场进行管控，提升了仓库智能化和自动化的管理水平，在钢铁物流仓储市场前景广阔，具有极好的推广价值。

7.63m 焦炉四大机车无人驾驶
技术研究与应用

一、完成单位

唐山首钢京唐西山焦化有限责任公司、首钢京唐钢铁联合有限责任公司、首钢集团有限公司。

二、项目概况

焦炉机械业是一个特殊的行业，现场环境复杂、作业频繁。整个控制系统具有容量大、控制分散、控制规律复杂、控制精度高、控制参数多等特征。在"德国工业4.0"、《中国制造2025》的大环境下，为提高劳动生产率、降低生产成本和保证安全生产，本项目研发人员结合实际开发了四大机车无人驾驶系统。该系统开发主要分为两阶段主要工作，首先是7.63m焦炉四大机车单孔操作时间优化，也就是实现四大机车在全自动模式下达产、达效。其次是在四大机车全自动稳定运行的基础上逐步开发四大机车远程操控及无人驾驶系统。

京唐7.63m焦炉四大机车部分因走行控制最高速度较低、自动对位较慢、变频器控制方式不合理，控制动作采用上一个动作完全到位后触发下一动作规则且油缸动作速度设计不合理，并且四大机车协调控制逻辑以偏概全，并且焦罐车无法实现备用，严重制约了四大机车的稳定运行，影响焦炉的单孔操作时间，制约了焦炉的产量与质量。已经成为制约7.63m大型焦炉生产作业率的关键环节。

针对以上问题，在保证不影响生产及安全的前提下进行了逐步改进优化。通过改变变频器控制方式达到负载平衡提高机车运行最大速度，优化速度控制模型提高自动对位效率；采用理论计算与现场测量相结合的方式找到机车各机构相对安全位置，实现了油缸动作由静态连锁转变为动态连锁，并且通过控制策略保证动态逻辑连锁安全，减少了操作时间。优化机车协调系统逻辑，自主开发应用程序，实现了焦罐车在4座焦炉及3座干熄塔全自动生产。针对地面协调控制逻辑，研发人员根据现场实际工况深入分析，对部分控制方式进行改进，以偏概全的改为分段控制，实现协调控制的精细化管理。

为实现四大机车无人驾驶系统，主要在机车自动化程度、精确快速定位、走行安

本项目获得2018年冶金科学技术奖三等奖。

全及防撞系统、单车与干熄塔及四车联锁冗余高度安全，以及可靠的无线传输保障等方面进行了重点技术攻关。

三、应用推广情况

本项目成果已在首钢京唐 7.63m 焦炉的四大机车上使用，实现了焦炉机车的无人驾驶。

四、项目创新点

本项目取得如下创新：

（1）采用集中控制与监控相融合的技术，首次实现在四大机车中将司机所关注视角的视频利用机车运行状态自动调用，大幅度提升无人驾驶的安全性。

（2）在四大机车上首次引入了 5G 无线通信视频传输设备与雷达防碰撞设备，保证了焦炉机车无人驾驶技术的实现。

五、项目意义

本项目在国内外焦化企业具有很大的推广价值，为实现智能焦化打下了坚实的基础。

面向冶金企业定制化生产的
智能制造信息系统

一、完成单位

唐山钢铁集团有限责任公司、河钢股份有限公司唐山分公司。

二、项目概况

本项目属于冶金行业计算机信息应用技术领域。

通过对整个信息系统架构的调整和优化，搭建面向智能制造的信息系统架构，解决定制化客户订单需求和批量化生产组织之间的矛盾，满足生产计划及质量一贯制管理的要求；通过搭建钢区、轧区一体化计划排程平台，解决传统架构在有限产能约束下的计划排程问题，满足销产转换和钢轧一体化的优化排程；通过搭建设计及制造一体化全流程质量管理平台，解决面向钢铁企业生产全流程的一体化质量管理问题，满足对客户的质量保障；通过工厂数据库的开发应用，解决三级以上信息系统对底层质量数据的收集需求，满足过程质量数据对质量管理的支撑。

面向智能制造转型的信息系统架构再造与应用，实现了体系内物流、信息流、资金流三流同步，使得产品的设计、计划、生产、质量、销售、服务管理一贯到底，建立钢铁产业产品升级、结构调整相适应的支撑体系，实现按单生产，支撑小批量、多品种、个性化的生产组织模式，解决了规模化生产与客户定制化需求之间的矛盾。

三、应用推广情况

本项目成果在唐钢的成功应用，促进了海尔家电板、超薄压花背板、电池壳钢等多个精品钢的批量化生产，高强、深冲产品的稳定批量供货，成功入选 2016 年度国家智能制造试点示范项目，已经在集团内部开始进行应用推广。

四、项目创新点

本项目取得如下创新：

（1）构建了面向智能制造的信息系统架构，集产品的设计、制造、物流、销售、服务等生产经营活动于一体，实现企业生产计划及产品质量的全流程一贯制管理。

本项目获得 2018 年冶金科学技术奖三等奖。

（2）构建了以 APS 系统为核心的钢区、轧区一体化计划排程平台，支持全局按单追踪与闭环计划反馈机制。

（3）构建了以 QMS 系统为核心的全流程质量管理平台，支持客户订单质量定制化设计、全流程在线及离线的质量管控。

（4）开发了工厂数据库作为全局质量基础数据支撑平台，支撑所有三级以上系统进行信息提取与收集。

五、项目意义

本项目为冶金企业智能制造转型发展起到了示范引领作用。

电动鼓风机智能化静叶系统的开发与应用

一、完成单位

甘肃酒钢集团宏兴钢铁股份有限公司。

二、项目概况

本项目应用于高炉电动鼓风机静叶自动化控制系统。

主要技术内容包括：（1）设计了轴流压缩机静叶液压油缸控制系统，实现油缸油路的闭环控制和间歇式加压功能。（2）采用脉宽调制技术，实现静叶角度脉冲式控制。（3）依据参数预测、模糊 PID 控制技术，建立静叶角度超差锁定模型。（4）采用分程控制及防喘线自适应控制策略，进行喘振控制区深入度模糊判决。（5）依据比例算法建立静叶角度在线初始调零机制，提高工作效率，降低劳动强度。

主要技术特点：（1）节能效果明显。增加了油泵使用寿命，且单台风机每年节约电能可以达到 131303kWh 以上。（2）静叶系统的运行更加稳定、可靠。杜绝了当 PLC 系统发生故障、动力油压力出现异常时导致的高炉休风、灌渣等事故，相比同期，事故减少 4 起，设备故障减少 10 起；静叶角度控制准确度由 0.5° 提高至 0.1°；风量控制精确度由 50m³/min 提高至 10m³/min。（3）减少备件费用。比例放大板代替了价格昂贵的静叶伺服放大器，减少了备件储备费用；减少了液压油路污染点，延长液压油使用期限，降低设备运行及维护费用。

本项技术成熟先进，可应用于高炉 TRT 鼓风机静叶控制系统。

三、应用推广情况

本项目成果在甘肃酒钢集团宏兴钢铁股份有限公司成功应用，优化了鼓风机的生产过程，有效避免了 PLC 系统出现故障时引起鼓风机送风量为零而导致高炉休风甚至灌渣的重大生产事故。新的封闭式油路控制，彻底杜绝了鼓风机系统因动力油压过低导致风机连锁跳机的事故发生。并且通过更加智能、人性化的控制方式使系统运行在最佳工况下，有效提高了经济效益。

本项目获得 2019 年冶金科学技术奖三等奖。

四、项目创新点

本项目取得如下创新：

（1）设计了轴流压缩机静叶液压油缸控制系统，实现油缸油路的闭环控制和间歇式加压功能。

（2）采用脉宽调制技术，实现静叶角度脉冲式控制。

（3）依据参数预测、模糊 PID 控制技术，建立静叶角度超差锁定模型。

（4）采用分程控制及防喘线自适应控制策略，进行喘振控制区深入度模糊判决。

（5）依据比例算法建立静叶角度在线初始调零机制，提高工作效率，降低劳动强度。

五、项目意义

本项目有效避免了 PLC 系统出现故障时导致高炉休风甚至灌渣的重大生产事故。彻底杜绝了鼓风机系统因动力油压过低导致风机连锁跳机的事故发生。

宽厚板线核心控制系统及智能制造
技术开发及应用

一、完成单位

邯郸钢铁集团有限责任公司、东北大学。

二、项目概况

本项目属于冶金科学技术轧钢技术领域，尤其涉及热轧钢板轧制与产线智能化技术领域。

随着钢铁企业逐步开展智能化生产，"建立新一代智能化控制系统，搭建涵盖智能制造全过程的智能化应用平台"是推动钢铁企业新旧动能转换的生命工程。河钢邯钢宽厚板线整体装备和工艺达到国内先进水平，但随品种结构多元化暴露出的主要问题为：自动化系统核心功能被封装缺乏智能性、轧制平面度、力学均匀性、贵重合金智能化替代技术尚未实现、TMCP态高附加值产品亟待开发。2016年，河钢邯钢与东北大学以产学研的方式，开展"宽厚板线核心控制技术及智能制造技术开发及应用"项目，提升产线TMCP智能制造水平。

本项目具有自主知识产权的专利技术12项，其中发明专利8项，智能制造支撑的软件著作权4项。

三、应用推广情况

本项目在河钢邯钢宽厚板线成功应用后，促进了全线迈向智能制造；产品矩形化收得率达到98%以上，成材率增加1.4%；智能化控制程序系统投用率在99%以上，控制冷却工艺温度综合命中率达到97.7%及以上，换规格控制稳定性提高20%以上；智能化自动控制模式下，板形合格率不小于92%，半自动控制模式下，板形合格率达到99%以上，远高于国内同行业平均75%~80%的水平；控冷工艺下贵重合金替代技术创造经济效益合计12108.5万元。

四、项目创新点

本项目取得如下创新：

本项目获得2019年冶金科学技术奖三等奖。

（1）开发新型二级过程自动化控制系统及一级基础自动化控制系统，国内率先融入无监督数据挖掘模型（VSG）和深度神经网络（DNN）双模型并行的控制系统，高精度智能化生产促进宽厚板线在国内率先实现智能制造。

（2）开发新型控轧技术和智能化控制程序，形成系统平面度、平直度控制工艺；开发16种新型智能化批轧模式，促进品种钢控制轧制阶段性能的高度均匀性。

（3）应用新型组合式快冷工艺及智能化控制程序，形成快冷工艺下高强钢力学性能均匀性控制技术及控冷工艺下贵重合金替代技术，实现品种钢利润的最大化。

（4）首家开发出TMCP+回火态的Q960级别高强钢、低屈强比特殊用途Q550D等填补8大类高附加值品种钢国内空白。

五、项目意义

河钢邯钢在"建立新一代智能化控制系统，搭建涵盖智能制造全过程的智能化应用平台"的智能制造TMCP技术应用上，为我国钢铁行业起到良好的带头和示范作用，为全国同类型生产线提供了值得借鉴的成功经验，社会效益巨大。

基于大数据的特殊钢棒材品质
一致性工艺技术控制

一、完成单位

石家庄钢铁有限责任公司。

二、项目概况

针对我国钢铁行业高端产品质量稳定性、均质性差，高端齿轮钢淬透性带宽控制水平难以满足不大于4HRC，高端轴承钢氧含量稳定性差、符合率低等难题，通过构建多功能质量大数据平台，建立齿轮钢不同系列产品端淬预测公式，优化轴承钢关键参数及控制范围，开发了炼钢、轧钢工序过程控制系统，建立了齿轮钢窄淬透带控制模型。

高端齿轮钢末端淬透性带宽从6~7HRC缩减到不大于4HRC。高端轴承钢中 [O] 从平均 0.0007% 降到 0.00055%、分布范围从 0.0004% ~ 0.0008% 降至 0.0004%~0.0006%。

获得发明专利3项，软件著作权2项。

三、应用推广情况

2016~2018 年，石钢三年累计生产销售高端齿轮钢、轴承钢73.95万吨，新增销售额38.51亿元，新增利润3.623亿元，出口创汇1.6亿美元。国内市场占有率20%以上。齿轮钢成功应用于宝马奔驰、丰田汽车、德国大众、比利时邦奇、陕西法士特、双环齿轮等高端用户。高端轴承钢批量向世界著名的SKF、铁姆肯、NSK等轴承公司供货。

四、项目创新点

本项目取得如下创新：

（1）构建了独具特色的多功能质量大数据平台。开发了满足技术管理人员个性化需求的数据查询系统，实现了各工序各参数任意组合查询；构建了涵盖质量记录、统计分析、因果分析的多功能报表体系；走出了一条在基础自动化较低水平上实现工业大数据集成和应用的新途径。

本项目获得2019年冶金科学技术奖三等奖。

（2）研发了高端齿轮钢窄淬透带控制技术。综合运用硬度分布函数和回归分析方法，建立了多系列齿轮钢端淬值控制适应性强和准确性高的预测模型，开发成功端淬值控制新工艺，实现了高端齿轮钢末端淬透性带宽不大于 4HRC 的目标。

（3）研发了高端轴承钢低氧含量稳态控制技术。确定了关键参数最优控制范围，建立了全流程的智能控制模型，提出了高端轴承钢氧含量的精准稳态控制方法，实现了高端轴承钢中 [O] 控制范围达到 $0.0004\% \leqslant [O] \leqslant 0.0006\%$。

（4）发明了"一种钢包底吹氮增氮的方法"。实现对氮含量精确控制，减少了氮含量对端淬稳定性的影响，取代了高成本氮化合金增氮方法。

五、项目意义

本项目研究成果为传统特钢生产线生产高端齿轮钢、轴承钢提供了技术支撑，对类似生产线的转型升级，提高产品附加值具有引领和示范作用。

大型铁矿智能化选矿关键技术开发应用

一、完成单位

山西云时代太钢信息自动化技术有限公司、太原钢铁（集团）有限公司、山西太钢不锈钢股份有限公司、中冶北方（大连）工程技术有限公司、太原科技大学。

二、项目概况

在冶金矿山行业，选矿自动化技术在提高产品产量质量、降低成本、提高生产率等方面效果显著，因此，各国都在致力于选矿自动化技术的开发应用。由于自动化检测技术没有实质性突破，造成我国选矿过程控制领域 95% 的控制回路仍采用常规控制，其中仅有不到 50% 的回路良好运行，选矿自动化水平与发达国家相比差距大。对于褐磁混合矿结构复杂、晶粒微细、工艺复杂、对象惯性大、设备大型化的冶金铁矿，其自动化技术难点是：（1）原矿粒度不易检测。（2）半自磨机产能不易发挥。（3）旋流器环节难以协调。（4）循环负荷不易平衡。（5）集中控制不易实现等。

在国内外没有先例的情况下，经几年探索研究，本课题组开发了半自磨机专家控制系统、旋流器优化协调控制等技术，实现了关键技术突破，充分发挥了特大型冶金矿山工艺先进、设备大型化效能。

本项目获得授权发明专利 8 项，实用新型专利 1 项，发表论文 4 篇。经专家鉴定，项目总体技术达到国际先进水平，其中半自磨机专家控制系统处于国际领先水平。

三、应用推广情况

本项目首先推广应用于太钢（集团）岚县矿业公司选矿生产，取得了优良的经济技术指标：磨矿处理量提高 4.97%；旋流器溢流粒度合格率提高 5.12%；劳动生产率提高 9.7%；生产成本降低 4.8%；年新增利润 3846.9 万元。

四、项目创新点

本项目取得如下创新：

（1）开发了半自磨机专家控制系统，解决了原矿粒度、磨机负荷等工艺参数检测和有效性识别及磨机参数相互不平衡的难题，实现了半自磨机产能最大化，本项技术

本项目获得 2019 年冶金科学技术奖三等奖。

填补了国内空白。

（2）开发了基于选矿工艺特点的参数自适应控制算法、优化协调控制算法和微细晶粒复杂难选褐磁混合矿浆软测量等一系列专有和专利技术，解决了选矿过程控制中多环节的非线性、强耦合等一系列行业性技术难题，实现了旋流器环节协调控制及选矿系统循环负荷的平衡性和生产稳定性。

（3）在冶金矿山首次设计了基于单机容错服务技术的系统架构和个性化接口，解决了多种控制系统以及多种现场总线之间的冗余服务和通讯难题，实现了矿山生产集中控制。

五、项目意义

本项目为我国黑色和有色冶金矿山选矿生产提供了全流程优化协调控制解决方案，对国内选矿生产自动化水平的全面提升具有良好的借鉴和指导作用，达到了节约和高效利用铁矿石这种有限的国家战略资源的目的。项目对增强国内矿山企业的综合实力、促进冶金矿山行业的绿色化生产必将起到示范和推动作用，具有广阔的推广应用前景。

基于 5G 的机器视觉带钢表面
检测平台研发与应用

一、完成单位

鞍钢集团自动化有限公司、鞍钢集团北京研究院有限公司、中国移动通信集团辽宁有限公司。

二、项目概况

本项目属于自动化技术领域。

随着科学技术的进步,带钢的后续加工工业正向高速度、高精度和自动化方向发展。为了发挥自动化作业线生产稳定、材料利用率高、产品一致性好、成本低的优势,必然要求原材料的化学成分均匀、力学性能一致、尺寸公差小、表面质量好。因此,在带钢生产规模和产量日益扩大的同时,其表面质量也必然会受到越来越多的关注。

鞍钢基于其在冷轧生产、自动化、通讯、计算机等技术领域的多年技术积累、经验和人才储备等条件,在不依赖国外公司的条件下,在鞍钢冷轧生产线实现了基于 5G 的全套高端冷轧板表面质量检测系统的开发与工业应用,并形成自主知识产权。项目主要针对冷轧带钢开发一套表面质量检测平台,通过对图像采集与信息处理技术、图像处理与压缩技术、5G 及数字通信技术、缺陷识别与分类技术、嵌入式应用技术等多学科技术的集成研发,实现对带钢表面质量进行非人工的连续准确的检测、缺陷分类和记录,并加以实时控制。

三、应用推广情况

本项目在鞍钢冷轧 1、2、4 号线共同实施,通过表检平台的使用,人员的劳动强度明显下降,生产效率得到提升。鞍钢目前已投产的酸洗线、冷轧线、连退线、镀锌线、彩涂线均可以应用本项目的研究成果。鞍钢以外的带钢生产线,特别是大量的民营企业冷轧生产线均是本项目成果的推广应用对象。

四、项目创新点

本项目取得如下创新:

本项目获得 2020 年冶金科学技术奖三等奖。

（1）采用 LED 漫射光源照射带钢表面，基于带钢表面灰度特征分析的自适应控制方法实现光源控制，以适应被测带钢板形及反光特性变化。采用高速线阵 CCD 相机采集带钢表面图像，通过自定义优化图形学算法结合 SURF 特征匹配的多图像融合，实现了对冷轧带钢表面缺陷的高精度检测。

（2）采用分块自适应阈值和奇异点密度分析方法，实现了缺陷目标快速识别。基于类决策树加权关联度和 CNN 神经网络深度学习构建的两级分类模型，满足了各种复杂混合缺陷的在线分类及带钢生产快速响应需求。

（3）将基于 5G 网络和云计算的机器视觉技术应用于冷轧带钢表面质量检测过程中，弥补了传统单一服务器算力不足和缺陷数据库无法共享等原因造成的识别率不高等问题。将表面质量的图像实时数据处理、缺陷分析模型与云计算技术相结合，运用在酸轧板表面缺陷检测，其检出率达到 95% 以上。

五、项目意义

本项目对于提高生产效率和产品质量，从而提高企业竞争力将起到非常积极的作用。

基于智能化的炼钢关键工艺
精细控制技术开发与应用

一、完成单位

邯郸钢铁集团有限责任公司。

二、项目概况

本项目属于冶金科学技术炼钢工艺技术领域。

目前我国炼钢装备水平已经跻身国际先进行列，计算机得到普遍应用，炼钢过程信息化、自动化趋于成熟，正处于由自动化向智能化转变的初级阶段。运用智能计算、图像识别等技术对炼钢工艺数据进行挖掘、分析、决策，对实现炼钢工艺精细控制具有重要意义。为此，本项目开发了基于智能化的炼钢关键工艺精细控制技术，并实现了工业化应用。

本项目获得授权发明专利 3 项，受理发明专利 4 项，授权实用新型专利 6 项。项目整体技术达到国际先进水平，部分关键技术更是填补了国内钢铁冶炼领域的空白，行业引领作用明显。

三、应用推广情况

本项目成果在邯钢炼钢产线成功应用近三年，采用本项目创新成果生产高品质钢 4.95 万吨，创效 9786.8 万元。

四、项目创新点

本项目取得如下创新：

（1）转炉化渣过程动态检测技术。综合氧枪粘渣量、氧利用系数、炉渣噪音等信息，建立了转炉化渣动态检测模型，实现了转炉化渣过程的可视化控制和炉渣状态的精准预报，基本消除了喷溅、返干，转炉脱磷率稳定在 91.07% 以上，终点双命中率在 85.33% 以上。

（2）转炉炉渣氧化性智能控制技术。基于转炉物料中氧平衡原理，建立了转炉炉渣氧化性智能控制模型，确保了渣中 FeO 含量和脱氧剂加入量的精确计算，配合自主

本项目获得 2020 年冶金科学技术奖三等奖。

设计开发的脱氧剂喷吹设备，实现了脱氧剂加入时间、加入量的智能控制，脱氧后渣中 FeO 含量降至 8% 以下，经济炉龄达 9000 炉以上。

（3）精炼钢液洁净度稳定控制技术。基于钢包液面裸露、翻滚的图像识别原理，开发了钢包氩气流量智能调节技术，实现了钢包氩气的精准控制，避免了钢包液面结壳、裸露；基于电磁感应加热原理，开发了钢包电磁出钢技术，杜绝了引流砂的卷入，钢包实现 100% 自开；基于钢包氩气上浮干涉原理，通过对钢包上水口砖通氩改造，缩短了浇注末期钢液漩涡的生成时间，钢包剩钢量平均减少 200 千克/炉。

（4）非稳态下连铸机辊缝自动调节技术。在考虑非稳态过程中辊缝变化的前提下，通过设定安全辊缝、静态辊缝和辊缝变化速率等参数，配合编码器自动跟踪系统，实现了非稳态下铸机辊缝的自动调整，避免了辊缝瞬时变化对铸坯应变的影响，保证了压下效果，铸坯中心偏析 C 类 0.5 级、中心疏松 0.5 级比例稳定在 95.4% 以上。

（5）连铸板坯低倍等级智能评定技术。基于铸坯低倍组织图像识别原理，建立了具备自学习功能的铸坯低倍等级自动评定模型，实现了铸坯低倍质量等级的自动评定，避免了人为干扰，铸坯低倍评级误判率降至 0.6% 以下。

五、项目意义

本项目对实现炼钢工艺精细控制具有重要意义，部分关键技术更是填补了国内钢铁冶炼领域的空白，行业引领作用明显。

基于数据流式计算的钢铁企业
智能协同调度执行系统

一、完成单位

昆明钢铁控股有限公司、云南昆钢电子信息科技有限公司、武钢集团昆明钢铁股份有限公司。

二、项目概况

昆钢是典型的流程型钢铁长材生产制造企业，基地多、区域广，实行统采统销的集团管控经营管理模式。生产制造过程既要依据严格的企业资源计划执行，同时又受物料及时供配、采购与销售物流优化、能源有效利用、质量在线控制的约束。在各生产工序与物料、能源、质量之间进行协同调度，是当前钢铁企业提高精益制造水平的迫切需求，也是实现智能生产制造的技术难点。国内外部分钢铁企业虽然实施了ERP、质量、计量、APS、MES 等信息化系统，但大多立足于单体工序环节内部，对于昆钢这种多基地、大规模复杂情况和广域环境下的集团型大型钢铁企业的智能协同调度执行，还没有成功案例。

昆钢"基于数据流式计算的钢铁企业智能协同调度执行系统（Steel-ICSES）"于2015 年开始在集团本部、玉钢、红钢推广应用，覆盖生产流程烧结、炼铁、炼钢、棒材、型材等主体工序。系统以生产作业流程的协同调度为主线，综合集成 ERP 资源计划，APS 排产计划，衔接 L2、L1 级 PCS 生产控制。项目基于数据流式计算技术，构建了分级递阶的控制执行架构和共生演化的协同管理模式，设计了交互嵌套的系列计算调度模型。在工业互联网基础上，建立了生产流程调度管理控制与质量追溯、物流调配、能效监控协同的智能协同调度执行系统，包含生产过程调度、质量追踪协同、物流调配协同和能源监管协同四大平台。

经专家鉴定（评审），"项目特点鲜明、设计完整、技术先进、创新性强、经济社会效益显著，总体达到国际先进、国内领先水平，具有很高的行业示范和推广价值"。

三、应用推广情况

本项目的研发实施，实现了对多基地、大规模复杂情况和广域环境下集团化钢铁

本项目获得 2020 年冶金科学技术奖三等奖。

企业智能生产的协同调度执行，促进了生产管理控制、生产技术指标经济、产品质量指标、劳动生产率、物料能源产品成本控制的提升。2016~2018 年项目直接经济效益累计 72161.5 万元。

四、项目创新点

本项目根据昆钢生产活动复杂、所涉数据多源异构等特征，研发创新的关键技术成果包括：

（1）采用共生演化方式，构建包含环境、单元和模式三大要素的 ERP、MES 和 PCS 数字共生系统；采用分级递阶系统结构，构建基于数据流式计算的嵌套调度模型。

（2）在线/动态流式数据计算和离线/静态批量数据计算实时融合的数据处理技术，基于多协议、自匹配的数据采集技术和具有自动续断传输能力的可靠异步数据传输技术，采用边缘计算方式构建数据处理的混合网络数据系统。

五、项目意义

本项目实现了钢铁企业各生产工序与物料、能源、质量之间的智能协同调度，提高了企业精益制造的水平，行业示范作用明显。

钢铁冶金质量大数据分析云服务平台

一、完成单位

飞马智科信息技术股份有限公司、安徽工业大学、安徽祥云科技有限公司。

二、项目概况

本项目属于计算机科学与技术领域。

马钢作为典型的长流程制造企业，其产品质量控制贯穿众多工序，复杂度高。因此，以马钢板带质量大数据应用系统为典型示范，研发"基于大数据技术的板带产品质量分析系统"。该系统将多源异构、快速动态增长且分散在各制造单元中的板带产品质数据通过本平台整合，实现产品质量信息的贯通与共享；系统通过大数据分析平台及深度学习等技术，进行质量数据挖掘和数据关联分析，实现板带产品质量数据归集、在线监控、表面缺陷跟踪、质量溯源分析等功能。

项目特点：建设拥有自主知识产权、统一、开放、高效的钢铁冶金质量大数据分析云服务平台。研究工业云服务平台技术标准体系，制定企业标准。项目首先在马钢内部实施，后期逐步向上下游产业推广，完善产品全生命周期质量管控手段，为企业实现工业4.0助力。

三、应用推广情况

本项目成果在飞马智科和安徽祥云实现成果转化并加以应用和推广。飞马智科主持开发的马钢 QMS 系统经过调研、设计、开发、调试等工作，于2018年12月上线运行。安徽祥云建设运营云数据中心，为马钢集团公司、马钢股份公司、上海景同科技有限公司、安徽金禾软件股份有限公司、安徽伏斯特智能科技股份有限公司，安徽容知日新科技股份有限公司等提供数据存储服务。

四、项目创新点

本项目取得如下创新：

（1）研发支持质量大数据的高效 PaaS 平台。研究支持质量大数据的 PaaS 平台的开发与部署技术，包括与大数据相关的服务创建、运行环境的监控、服务的维护以及

本项目获得2020年冶金科学技术奖三等奖。

计费与监控等技术；研究虚拟化相关技术实现对硬件资源的动态配置；同时为相关工业企业提供与质量大数据业务有关的功能定制服务。

（2）研发面向工业企业的质量大数据高效存储与查询技术。根据质量数据超高维、强关联的特点，设计分布式存储方案，支持数据的高效并发查询、聚集计算；提供用户友好的访问接口，基于构件的程序调用接口，基于 WebService 或 Restful 方式的服务访问接口。

（3）研发大数据分析技术和工具软件。研究深度学习技术，利用卷积神经网络（CNN）等算法建构机器学习算法模型，学习挖掘质量管控大数据分析系统中潜在有价值的离线和在线模型，从而提升分类或预测的准确性。利用分布式批处理（Hadoop）和分布式内存计算（Spark）实现离线计算、实时计算，基于实时的流计算平台来整合、搭建，形成质量管控大数据分析系统。

五、项目意义

本项目建设拥有自主知识产权、统一、开放、高效的钢铁冶金质量大数据分析云服务平台，必将给行业带来借鉴和示范作用，可以在行业内外推广。

炼钢-连铸全流程智能制造技术开发与应用

一、完成单位

莱芜钢铁集团银山型钢有限公司。

二、项目概况

本项目属于炼钢领域。

通过开发转炉激光烟气分析动态智能炼钢控制技术技术，研究高集成度的智能化精炼冶金控制模型及连铸机密集嵌入式自动化集成技术，打造炼钢至连铸全流程的智能炼钢技术，突破了炼钢生产环节全流程智能控制的关键技术瓶颈，实现生产的高效化、智能化，稳步提升全流程工序标准化水平。

本项目研究开发过程中，申请国家发明专利 9 项，实用新型专利 2 项，已授权 6 项，公开发表学术论文 3 篇。项目中的关键技术分别于 2018 年、2019 年获得山东省冶金科技进步奖二、三等奖。

三、应用推广情况

三年来，转炉冶炼过程稳定控制，出钢过程标准化作业程度大幅提高，精炼工艺指标不断改善，连铸坯质量控制稳定，累计创效 4000 万元以上。先后有宝钢、本钢、迁钢、鞍钢等国内众多钢铁企业到莱钢银山型钢交流学习。

四、项目创新点

本项目取得如下创新：

（1）开发并成功应用了全程无干预智能炼钢技术，系统研究实施高度复杂工况下的激光烟气分析技术，攻克原有一键炼钢工艺中的技术短板与瓶颈，彻底解决了全行业冶炼过程无法动态调整的关键技术难题；国内首创基于视觉模拟的红外大炉口下渣检测及高效多功能智能出钢二级控制系统，突破了出钢过程操作复杂、安全风险大等行业共性难题，填补国内空白。形成一种基于炉气解析的炼钢过程布料方法、用于转炉烟气分析设备的防尘降温箱、转炉自动出钢控制方法及系统等专利技术 6 件。

（2）开发建立了精准的精炼智能冶金控制工艺，结合智能设备的投用、智慧模型

本项目获得 2020 年冶金科学技术奖三等奖。

的研发，设计的系统可进行自学习、自修正，实现了温度、成分、造渣、吹氩的精准控制，解决了多年以来精炼过程只能依靠人为经验判断的行业难题，形成了一种钢包底吹方法及系统、一种钢包包盖事故排钩、一种利用参考炉次法确定 LF 精炼炉造渣料及脱氧合金加入量的方法等专利技术 5 项。

（3）攻克连铸机多平台控制的复杂难题，开发应用了密集嵌入式关键自动化集成技术，深入打造结晶器专家控制系统，实现浇注过程钢水的精准在线预判，结合大包精准控渣技术、自动开浇技术及机器人自识别喷号技术，形成连铸工序智能控制成套工艺，全面提升连铸生产过程的稳定控制能力。

五、项目意义

本项目所开发的关键工艺技术，为实现相关应用领域钢铁工艺的升级、产业技术进步发挥着积极推动作用，推广应用前景广阔，经济效益和社会效益显著。

首钢股份公司冷轧磨辊间
智能化系统研究与应用

一、完成单位

北京首钢自动化信息技术有限公司、北京首钢股份有限公司。

二、项目概况

本项目属于冶金行业工业智能化领域。

系统充分利用磨辊间现有设备，对轧辊上下磨床、轧辊的位置跟踪、轧辊的磨削及使用管理、Loader 无人化改造、磨辊间工作调度、轧辊质量检测、磨床全自动磨削等方面进行深入研究，并通过自主创新，形成了智能磨辊间 Loader 控制系统、磨辊间管理系统、磨辊间调度系统、轧辊的全自动磨削、一体化质量检测等自主创新核心技术，实现了轧辊全自动跟踪、全自动排产、智能化调度、全自动上下磨床、磨床的全自动磨削、轧辊质量精细化检测以及安全管控等功能，将首钢股份硅钢冷轧磨辊间打造成为精准响应轧制需求的自适应磨辊间，基于轧辊、设备、人员互联互通，磨辊间管理系统和智能调度跟踪系统作为磨辊间的核心枢纽，与轧线无缝协同，具备实时感知、智能分析、智能决策、精确执行核心功能。

三、应用推广情况

2018 年 12 月，该系统已经在首钢股份硅钢冷轧磨辊间成功投运。通过一年多的运行，磨辊间轧辊跟踪准确率达到 99%，全自动排产计划兑现率和 Loader 作业合格率均达到 98%，达到预期各项技术经济指标。通过磨辊间管理系统动态监控轧制和轧辊信息以及全自动龙门吊的使用，提高磨削效率，提高产品质量，减少由轧辊造成的损失，磨辊间实施本系统，每年带来直接经济效益合计为五百余万元。另外，通过在首钢内部推广使用，首钢自动化信息技术有限公司已经积累了针对整套系统的设计、开发、调试以及现场施工维护经验，已经具备向全国冶金企业及其他制造业企业推广应用的能力，通过"工业互联网+服务"项目的技术结合，推动智慧工厂示范基地建设。目前，首钢自动化信息技术有限公司已与一重集团常州市华冶轧辊有限公司签订轧辊精磨加工智能车间项目合同，进行了首钢京唐公司镀锡事业部磨辊间、太钢冷轧磨辊

本项目获得 2020 年冶金科学技术奖三等奖。

间、马钢总厂冷轧北区磨辊间智能化改造项目的方案制定，并且与国内多家钢厂都进行了技术和合作意向交流。

四、项目创新点

本项目取得如下创新：形成了智能磨辊间 Loader 控制系统、磨辊间管理系统、磨辊间调度系统、轧辊的全自动磨削、一体化质量检测等自主创新核心技术，实现了轧辊全自动跟踪、全自动排产、智能化调度、全自动上下磨床、磨床的全自动磨削、轧辊质量精细化检测以及安全管控等功能。

五、项目意义

系统实施后，显著降低现场人员的劳动强度和人身机械伤害风险，提高了磨辊间的自动化水平，加快了首钢股份公司智能工厂建设进程，为钢铁制造向智能化转型树立了典范。

大型钢铁企业电网智能管控
系统的研发和应用

一、完成单位

首钢京唐钢铁联合有限责任公司。

二、项目概况

大型钢铁企业电网智能管控系统属于电网智能控制技术领域，以人工智能信息技术为支撑，全面提升设备状态主动感知、认知、预测、预警以及辅助决策能力，提高电网整体运维效率和效益，降低公司电网运行成本。

电网智能管控系统以智能变电站作为基础和支撑，利用二次一体化采集平台，实现多元信息的汇集、集中存储与分析。电网运行综合驾驶舱系统包括三大智能引擎，分别为运行 KPI 引擎、决策分析引擎、运行操作引擎。通过提高智能变电站数据信息过程管控水平，增强信息融合能力，将电网运行中依靠人工进行决策、判断和操作执行的过程利用人工智能的方式实现自动化，为电力系统的安全、经济调度提供了可靠的手段和决策信息。申请发明专利 7 项，授权 1 项，申请实用新型专利 4 项，授权 4 项，发表论文 9 篇。

三、应用推广情况

大型钢铁企业电网智能管控系统于 2017 年 8 月在首钢京唐公司进行全面推广应用，以终端实时感知、数据及时获取、业务敏捷响应为基础支撑，以模型驱动、信息融合、一次采集、共享共用、数据贯通、业务协同为设计理念，实现一平台承载、一站式服务、一体化联动的综合集成平台。

该系统在京唐公司的建设与投运，不仅显著提高了变电站的职工劳产率，促进和发展京唐公司电网系统，提高钢铁企业电力系统安全、可靠、高效和经济运行水平，实现"电力流、能源流、信息流、业务流"的高度一体化，而且进一步降低了京唐公司电力系统的成本，实现京唐公司电网精益化运维与管控。

通过智能操控技术的研发和应用，彻底规避了人员开票的不确定因素对操作造成的影响，一键顺控技术和视频联动技术的协调应用，减少运行人员操作和确认环节，

本项目获得 2020 年河北省冶金科学技术奖一等奖。

只需要动手点击指令，即可实现电气设备运行状态的自动转换，提高劳产率50%，显著提高了京唐公司电网应急反应能力和事故处理效率，该项技术在钢铁企业属于首次研发应用。

首钢京唐公司电网综合驾驶舱技术集变电站运行监控、维护管理于一体，以变电站一次设备智能化、二次设备网络化、信息共享标准化为基础，实时反映变电站运行状态、设备运维状态和运行环境状态，并支持电网灵活控制和调节，考虑了公司发电单元、输电单元、配电单元和用电单元四个关键环节，成功构建了京唐公司电网运行的关键指标体系，作为一个综合性功能应用统一平台，融合了智能变电站多个专业系统的应用功能，具备实验与评估、学习与培训、管理与控制三个基本环节，在调度员培训仿真系统的基础上进行案例定制，模拟电力系统典型的故障场景，提高事故情况下的应变和处理能力，实现对变电站运行人员、电网调度人员的培训。

四、项目创新点

本项目取得如下创新：

（1）开发了电气操作票智能一键生成技术，根据电网的相关安全约束及规程规定，实现操作票的智能推理和自动生成、自动校验，大幅提高电气操作票的准确率和写票效率。

（2）开发了电气操作视频联动系统，开发建立电网集中监控平台与变电站工业电视集中监控平台的二次交互功能，通过综合多媒体处理技术，实现了变电站电气操作远程视频自动识别确认功能。

（3）开发了电网操作一键式顺序控制技术，实现了基于操作任务触发的复杂电网结构下一键式运行状态自动转换、校核功能。

（4）开发和应用了电网综合驾驶舱技术，以模型驱动、信息融合、一次采集、共享共用、数据贯通、业务协同为设计理念构建公司电网运行 KPI 指标控制体系，实现一平台承载、一站式服务、一体化联动的综合集成平台。

（5）开发了精准的负荷预测和辅助决策系统，电网实际运行情况自动生成系统优化配置方案，通过智能判别和自动控制技术建立电网系统自动恢复机制，实现负荷的准确、高效、自动快速调整转移。

五、项目意义

本项目大幅提高大型工业企业电网的运行效率和用电安全，为节能减排和安全生产以及智慧能源系统打下良好的基础。在建设过程中，提出了多种创新性的理念，实现了电网多元信息高度集成，为钢铁行业智能电力系统的建设提供借鉴和新的建设思路，在大型工业企业智能化转型升级方面，具有很好的示范作用。

河北冶金科学技术奖获奖证书

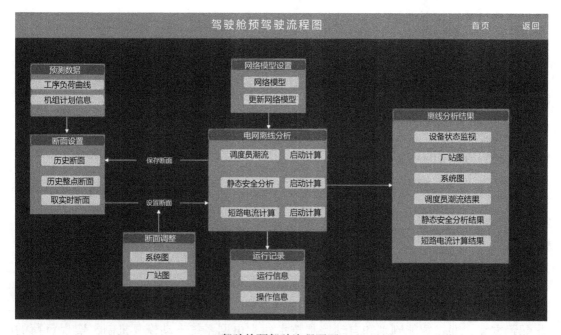

驾驶舱预驾驶流程画面

炼钢化验制样分析系统机械手
自动化改造工程

一、完成单位

广东韶钢松山股份有限公司。

二、项目概况

本项目属于钢铁冶炼全自动化化学检测分析技术领域。

炼钢化验制样系统机械手自动化改造项目性质为配套设备设施升级改造项目，改造方案主要包括三方面内容：对现有取制样系统改造；新增风管、机械手、铣样机、样品质量识别判定系统等配套设备对分析设备进行自动化改造。该项目于 2018 年 4 月完成全部改造并投入使用，经 2018 年 5 月至 2019 年 5 月使用期验证，现场检测质量、检测效率得到显著提升，真正实现了全流程检测自动化、智能化，其成功应用标志着韶钢炼钢快分检测技术迈入行业领先水平。

本项目申请发明专利 2 项，技术秘密 2 项，认定技术秘密 2 项。其中工艺优化并形成一种基于加工系统的炼钢样品加工方法、装置和加工系统。该发明进一步优化了样品加工信息流，有利于检测效率、检测质量提升，该技术处于行业领先水平。该项目实现取制测一体自动化改造，自动化程度高，检测效率达到行业领先水平，项目总体技术处于国内行业领先水平。

三、应用推广情况

检测中心炼钢化验制样分析系统机械手自动化改造项目完成后，自动化检测水平达到国内行业领先水平。2019~2020 年约有 10 余家钢厂来韶钢交流学习炼钢快分检测技术。此分析检测技术已于 2020 年在韶钢炼钢二工序化验室推广应用，并已通过公司立项，处于施工验收阶段，已于 2021 年 2 月份开始投用。

四、项目创新点

本项目取得如下创新：

本项目获得 2019 年度宝武集团广东韶关钢铁有限公司科学技术奖三等奖。

（1）该集成系统高度自动化、智能化。实现了自动取制样、自动识别、自动分析、检测数据自动传输等功能。检测数据自动传输至炉前操作岗位及公司质量管理系统，实现检测数据快速共享。

（2）检测效率提升：转炉终点样激发一点检测周期由110s减少至100s，激发二点检测周期由159s减少至123s；转炉终点样检测周期缩短了36s；炼钢过程样（精炼和吹氩站）激发二点检测周期由154s减少至123s，缩短了31s；连铸样检测周期在300s内完成，各项指标均达到了行业领先水平。

（3）差错率降低和稳定性提升：通过建立数据报送预警系统及根据设备、牌号、炉号选定分析方法，较好地降低了结果报出差错率，有效提高了检测稳定性，更有利于过程炼钢。

（4）标准化作业能力提升：炼钢在线钢样从接样、制样、检测分析、标识打印、样品归档和数据上传的操作，实现全流程自动化，消除了人为因素干扰，避免了因人的疏忽而导致的问题，标准化能力得到极大提升。

五、项目意义

炼钢检测系统升级及配套改造，实现了检测自动化、智能化，显著提升了国家钢铁冶炼装备水平，同时有助于减少人为影响因素，堵塞了管理漏洞和消除管理盲区，更有力地维护炼钢检测数据的公正性，大大提升现场标准化作业水平和检测质量；提升了炼钢过程样及成品分析速度和准确性，第一时间为炼钢提供数据支撑，快速指导炼钢各工序生产，提升钢产量及降低钢成本，对于炼钢生产运营起着十分重要的作用。

宝武集团广东韶关钢铁有限公司科学技术进步奖三等奖证书

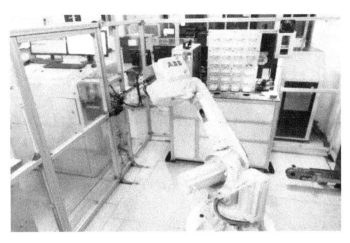

炼钢—工序化验室快分系统

铁区集中操作监控中心技术改造项目

一、完成单位

广东韶钢松山股份有限公司炼铁厂。

二、项目概况

本项目所建设的韶钢铁区集中操作监控中心，是从韶钢的生产现状和实际出发，采用一系列具有自主知识产权的先进技术，通过集中操作与监控加强铁区一体管控。项目自 2018 年 12 月 27 日起陆续投运，2019 年 5 月 30 日，全部单元完成智慧集控。

项目内容包括：（1）通过行业领先的顶层规划、系统集成和智能制造核心技术应用，建立了钢铁智能制造的新模式。（2）利用旧厂房改造成为韶钢智慧中心大楼，通过远距离综合安全控制技术，对韶钢的综合原料场、2 座烧结、3 座焦化、3 座高炉、铁水运输、环保工序进行 5 公里以外的集中操作与监控，彻底打破了区域和工序间的边界，实现了各工序之间的一体化协同。（3）建成国内第一个钢铁工业大数据平台，打通铁区 6 大工序 24 个系统和全厂能源 8 大系统 38 个单元之间的信息孤岛，实现数据互联互通，实现以高炉为中心的一体化数字管控，35 万个数据支撑 32 个智能模型、6 大应用、370 张全自动报表，实现智能化的监控预警、分析诊断、优化决策提升操控及管理精度。（4）依靠技术创新进行组织变革，打破了传统的生产组织模式和管理模式。（5）大规模远距离集控实现了本质化安全和人文工作环境，42 个中控，436 名员工从涉煤气等重大危险区域撤出，工作环境实现质的改善。

三、应用推广情况

本项目自 2018 年 12 月 27 日起陆续投运，2019 年 5 月 30 日，全部单元完成智慧集控。在效率提升、指标优化、降本增效等方面取得了显著效益：（1）铁区、能介及铁水运输共取消分厂 9 个；作业区数量从 64 个减少为 25 个，减少 60%；操作岗位数量从 143 个精简至 74 个，减少 40%。（2）3 座高炉 2019 年产量 638 万吨，进入 5 月份以来，焦比较 2018 年降低 25kg/t，煤比提高 29kg/t，吨铁成本降低 25 元，年化经济效益约 1.5 亿元；日均产量增长 500t，按吨铁效益 200 元计算，年化经济效益约 3500 万元，两者合计 1.85 亿元。（3）系统自 2019 年投用以来，高炉煤气、焦炉煤气累积放散率比 2018 年减少了 0.179% 和 0.103%，吨铁综合能耗降低了 9.1kgce，剔除铁区燃料比降低的贡献，吨铁综合能耗降低约 4kgce，年预期效益约 2400 万元。铁区和能介系统每年年化降本增效约 2.09 亿元。(4) 铁区通过降焦提煤，焦比降低 25kg/t，煤比提高 29kg/t，按年产 600 万吨计算，每年可减少 CO_2 排放量约 7 万吨；能介通过降低吨铁综合能耗 4kgce，每年可减少 CO_2 排放量约 7 万吨，两者合计每年可减少 CO_2 排放量 14 万吨。(5) 项目形成了 7 项专利。

四、项目创新点

本项目是世界领先的铁区一体化智慧集控中心，在行业内率先实现了铁区生产的大规模集控、无边界协同、大数据决策。

本项目取得如下创新：

(1) 大规模集控：实现铁区 6 大工序 24 个系统 5km 以上的远距离集控，取代原有共计 29 个中控室。

(2) 无边界协同：彻底打破区域和工序间的边界，以高炉为中心的铁区一体化协同。

(3) 大数据决策：建立了覆盖 35 万个数据点的区域大数据中心，开发了铁区一体化智能管控平台，实现以高炉为中心的一体化管控。

五、项目意义

建设韶钢铁区集中操作监控中心具有十分重要的意义。一方面，强化了铁区生产的集中管理水平，提质增效、增进沟通交流和集中决策管控；另一方面，铁素流、能源流的高度整合以及制造流程与能流网络的信息融合为统筹物能级配提供了重要基础，发挥了集中操作监控的协同优势，联合大数据技术应用创一流生产指标，打造了行业领先的铁区生产管理新模式。

铁区集中操作监控中心现场（一）

铁区集中操作监控中心现场（二）

铁区集中操作监控中心现场（三）

钢铁标准

钢铁及合金化学成分测定电感耦合等离子体原子发射光谱法系列标准的制定

一、完成单位

钢铁研究总院、冶金工业信息标准研究院、鞍钢股份有限公司、宝钢特钢有限公司、中钢集团郑州金属制品研究院有限公司。

二、项目概况

本项目属于冶金化学分析领域。

我国钢铁化学成分测定标准 2000 年以前，共有 79 项，以重量法、滴定法和光度法为主，占 80% 以上，该标准体系操作烦琐，分析周期长，试剂消耗量大，环境污染严重，存在明显缺点，不能满足钢铁产品与工艺检测的要求。所提出制定的电感耦合等离子体原子发射光谱（ICP-AES）法具有干扰水平比较低、有较低的检出限、稳定性和精密度好、线性范围宽、可多元素同时测定等优异特性，是用于元素分析较为理想的分析手段。该项目历经 15 年，起草了 4 项国家标准和 2 项行业标准，并基于国标提出了两项 ISO 国际标准提案，其中 ISO 13933：2014 已发布，另一项国际标准已提交立项。

三、应用推广情况

本标准应用于钢产品的化学成分检测，具有快速、精准的特点，是钢铁领域重要的基础标准，在行业内广泛使用。

四、项目创新点

本系列标准覆盖铸铁、低合金钢、不锈钢、合金钢及高温合金中硅、锰、磷、镍、铬、钼等 21 个常见元素的测定，可在样品分解后直接进行多元素同时测定，操作简便，无有机污染物排放，绿色环保，具有分析速度快、测定范围宽（从痕量 0.000X% 到常量 XX%）等优点，是国际上覆盖元素最多（镁等元素填补了国际标准空白）、适用范围最广的 ICP-AES 法系列标准。

本项目获得 2016 年冶金科技进步奖二等奖。

五、项目意义

本系列标准已代替重量法、滴定法、分光光度法和原子吸收法成为实验室最主要的湿法分析手段，彻底改变了冶金分析的格局，使我国钢铁及合金化学成分测定标准体系从原来以传统湿法化学分析为主逐渐过渡到先进的仪器分析，提高了整个标准体系的先进性，并通过国际标准的制定，获得国际同行的广泛认同，达到国际领先水平。

《钢铁行业蓄热式燃烧技术规范》（YB/T 4209—2010）、《彩色涂层钢带生产线焚烧炉热平衡测定与计算》（YB/T 4210—2010）等 12 项标准

一、完成单位

冶金工业信息标准研究院、中钢集团鞍山热能研究院有限公司、济钢集团国际工程技术有限公司、安徽马钢（集团）控股有限公司。

二、项目概况

本项目属于冶金节能项目领域。

在国家大力提倡"加快推进生态文明建设，深入实施可持续发展战略，大力推进资源节约型、环境友好型社会建设，加快推进节能减排，加快污染防治，加快建立资源节约型技术体系和生产体系，加快实施生态工程，推动整个社会走上生产发展、生活富裕、生态良好的文明发展道路"时，推广节能技术应用、降低能源消耗、发展低碳经济日渐重要。本系列标准的制定引进先进冶金炉窑节能技术和管理，规范设计、生产、施工、验收、技术改进等要求，为提升行业结构调整、转型升级、低碳发展提供了强大技术支撑。本系列标准由 7 项先进节能技术标准、2 项先进节能设计标准、3 项节能基础计算方法标准组成，建立了冶金炉窑节能标准体系。

三、应用推广情况

蓄热式技术、烧结余热利用技术、干熄焦技术、高炉脱湿技术、转炉回收蒸汽发电技术、轧钢加热炉节能技术等，在企业得到推广和普及。蓄热式技术在国内主要冶金、化工、机械等行业得到推广和应用，干熄焦技术在国内 85% 企业应用，高炉脱湿、转炉蒸汽发电等技术在国内大型企业得到推广应用，节能测量和统计更科学合理，冶金炉窑系列标准为企业节能减排提供标准支撑。

四、项目创新点

本项目取得如下创新：

本项目获得 2016 年中国标准创新贡献奖二等奖。

（1）配合行业节能减排工作，制定冶金炉窑相关节能标准，建立了冶金炉窑节能技术标准体系，引导了先进技术应用，规范行业准入，标准成果为技术应用提供具体的解决方案。

（2）制定了一系列针对不同工序给出了节能生产控制、验收依据，为先进技术引进提供了基础。

（3）配合国家推动新技术方案落实，编制了蓄热式技术、烧结余热利用技术、干熄焦技术、高炉脱湿技术、转炉回收蒸汽发电技术、轧钢加热炉节能技术标准，推动先进技术在行业内应用，标准成果解决了执行过程问题，并提出具体的解决方案。

（4）制定了基础通用方法标准是工程实用、项目验收、节能量统计等提供方法依据，完善标准体系。

五、项目意义

钢铁行业是国内能源消费大户，冶炼是行业内能源消耗重点工序，这些标准制定准确而严格的规范有关炉窑节能技术要求，加强对高能耗工序的先进技术的应用推广，淘汰落后生产工艺，提高行业准入门槛，强化节能管理意识，提高生产效率、降低能耗和污染物排放，促进节能减排、环境保护，落实行业生态文明建设。

钢铁尘泥转底炉法环保处理应用及
系列标准研究与制定

一、完成单位

马钢（集团）控股有限公司，冶金工业信息标准研究院。

二、项目概况

本项目属于冶金行业节能减排领域。

在项目攻关、改造期间，共申报专利14项，目前已授权专利7项（发明5项、实用新型2项）。

与此同时，为进一步促进钢铁尘泥转底炉处理系统在国内的推广和技术进步，2010~2014年马钢与冶金工业信息标准研究院合作，起草了5项行业标准的研究与制定，并均已正式发布和实施，填补了国内外转底炉相关标准的空白。

三、应用推广情况

本项目在2013~2015年新增总利润1287.67万元。

四、项目创新点

本项目取得如下创新：

（1）率先在国内钢铁尘泥转底炉系统实现了年作业率超93%的技术指标，同时脱锌率超91%，焦炉煤气消耗低于7.55GJ/吨金属球，开创了转底炉系统"高作业率、高脱锌率、低燃气消耗"的世界先进操作模式。

（2）开发了钢铁污泥转底炉湿法配料造球新工艺，解决了污泥烘干能耗高、故障多、易堵塞，影响系统作业率的难题。

（3）率先在国内制定了转底炉法含铁尘泥金属化球团的行业标准，规范了金属化球团的产品分级标准和技术要求。

（4）率先在国内制定了转底炉法粗锌粉的行业标准，规范了粗锌粉的产品分级标准和技术要求。

（5）率先在国内制定了转底炉法含铁尘泥金属化球团中硫、碳、锌、磷、钾、钠含量的化学分析方法。

本项目获得2016年冶金科学技术奖三等奖。

五、项目意义

本项目有利于促进转底炉技术在国内的推广和应用，提高含锌、含铁尘泥的利用率和资源附加值，减少对环境的危害，促进冶金行业节能减排和循环经济的进一步发展。

《铁路用热轧钢轨》（ISO 5003）等 7 项冶金优势领域国际标准研制

一、完成单位

冶金工业信息标准研究院、中冶建筑研究总院有限公司、攀钢集团研究院有限公司、首钢总公司。

二、项目概况

本项目属于冶金国际标准研制领域。

为实施我国标准化国际突破战略，推动冶金领域国内标准国际化，该项目以提高冶金领域国际竞争力为核心，以冶金优势领域国际标准为主题，以国内重点技术标准为基础，起草《铁路用热轧钢轨》（ISO 5003）等 7 项国际标准。我国冶金国际标准化工作以实施我国标准化国际突破战略为指导，随着行业技术实力不断增强，冶金领域国际标准化工作不断开创发展新局面。

三、应用推广情况

本国际标准由 ISO 正式发布，并作为国际标准在全球应用，在德国、日本和我国等国家不同程度的参照执行。通过国际标准的研制引领了行业技术进步，推动整体技术水平。

四、项目创新点

本项目取得如下创新：

（1）7 项国际标准中，ISO5003 是利用我国承担 ISO/TC17/SC15 优势，打破欧洲主导该领域国际标准历史，首次由我国主导制定，将我国实际获得成熟应用的 U71Mn、U75V 牌号纳标，发挥钢轨国际标准在推进"一带一路"建设中的基础支撑作用，促进以钢轨标准"走出去"带动中国装备、技术和服务走出去。

（2）ISO13270 是自 1993 年承担 ISO/TC17/SC17 并主导起草多项国际标准的基础上，首次拓展到金属制品深加工领域，ISO16124 有力的印证了我国在该领域的主导权，增强了金属制品领域国际竞争力。

本项目获得 2017 年冶金科技进步奖二等奖。

（3）ISO4969、ISO7800、ISO 16574 和 ISO 18468 是我国首次主导制定。

五、项目意义

冶金优势领域国际标准的制定，有利于提升我国冶金领域核心国际竞争力，有利于推动供给侧结构性改革，为我国优势产品抢占国际市场的制高点，进一步实施我国标准化国际突破战略做出贡献。

石灰石、白云石系列国家标准研究与制定

一、完成单位

武汉钢铁股份有限公司、冶金工业信息标准研究院。

二、项目概况

本项目属于分析测试技术领域。

石灰石、白云石大量应用于冶金、建筑、化工等行业，其成分的准确测定对相关产品的质量影响很大。原石灰石及白云石的成分测定沿用 GB/T 3286.1~9—1998 等 9 项标准，应用中主要存在三大问题：采用人为确定的允许差判断精密度，使试验结果的可靠性和准确性评定缺乏统计科学性；许多落后、烦琐的技术条件不符合日益进步的实验技术要求；标准样品的研制与应用长期残缺不全，导致仪器分析及精品研发方针难以推广。因此，本项目起草了 GB/T 3286.1~9—1998 系列标准中涉及的先进分析技术和精密度表示法，并研制了 8 个国家标准样品，为石灰石、白云石及其相关产品生产与研究提供了高水平标准。

三、应用推广情况

本项目在宝钢、武钢、中冶耐材、武科大等十几家的分析部门得到了广泛应用，适用于石灰石、白云石成分的快速、准确测定。

四、项目创新点

本项目取得如下创新：

（1）研制了可涵盖日常分析范围且包含低硅、低铁及多成分的系列标准样品，并应用于标准的精密度试验中，扩大了标准的适用范围。

（2）率先创造了石灰石、白云石的硫的红外标准分析方法，填补了国际上该项标准空白。研究创建的许多技术条件优于 ISO、JIS M、ASTM 等相应标准，以适应不同的分析需求。

（3）率先于国际上在耐火材料标准领域开展方法精密度试验及统计，代替人为确定的"允许差"表示方法的精密度，科学性、实践性强。

本项目获得 2017 年冶金科技进步奖三等奖。

本项目中硫的技术标准达到国际领先水平，其余均达国际先进水平。已授权 19 项专利。

五、项目意义

本项目的完成，提高了耐火材料标准领域的整体水平。同时为精品研发应用、促进行业节能减排、实现绿色高效生产提供了重要支撑，具有广泛的社会影响力和显著的社会效益。

高碳钢关键质量指标评价技术的
开发与工业化应用

一、完成单位

江苏沙钢集团有限公司、冶金工业信息标准研究院、武汉钢铁有限公司、首钢集团有限公司技术研究院。

二、项目概况

本项目属于标准化科学技术领域。

本项目围绕高碳钢线材中心缺陷评价，以及夹杂物、微观组织和表面缺陷三维形态及结构的高效表征开展了系列研究，取得了一系列的研究成果。基于本项目研究，主持起草发布行业标准3项。标准颁布实施后，在武钢、永钢等国内主要高碳钢生产企业均得到大生产应用，并被 GB/T 24238—2017、GB/T 27691—2017、GB/T 33967—2017 等产品标准采用，社会和经济效益显著，在冶金领域具有广泛的推广应用价值。项目申请专利10件，其中授权发明专利2件、授权实用新型专利3件、公开发明专利5件，发表相关学术论文7篇。

三、应用推广情况

项目实施后，由中心偏析形成的马氏体和网状渗碳体超标导致的产品不合格率明显下降，三年创效超过3700万元。沙钢在成功解决中心偏析和夹杂物等核心质量问题后，还相继开发出高强度及特殊用途预应力钢绞线用 SWRH72BCr-1，高强度桥梁缆索镀锌钢丝用 SWRS87B-T 等一系列高附加值产品，三年创效超过6100万元。

四、项目创新点

本项目取得如下创新：

（1）建立了高碳钢线材中心缺陷评价体系，起草了三项行业标准，规范了行业评判准则，填补了国内空白。

（2）建立了一套钢铁微观组织及夹杂物快速高效的精细表征技术及样品制备技术，主要有：中心缺陷元素分布的线面定量化技术、多相交生复合夹杂物相鉴定的高

本项目获得2018年冶金科学技术奖三等奖。

效三维解析技术、非导电材料纳米级第二相的快速提取技术，开发出一系列微观表征用样品台，将微区表征精度由亚微米级提升至纳米级。

五、项目意义

本项目建立了高碳钢线材中心缺陷评价体系，起草了三项行业标准，规范了行业评判准则，填补了国内空白。

钢的脱碳层深度测定法系列标准
研制应用及能力验证设计实施

一、完成单位

钢铁研究总院、首钢集团有限公司、北京中实国金国际实验室能力验证研究有限公司、冶金工业信息标准研究院、抚顺特殊钢股份有限公司。

二、项目概况

本项目属于钢铁材料分析测试技术领域。

本项目深入研究了脱碳层深度测定各种方法，历经 11 年完成国家标准 2 项、国际标准 1 项、ISO 技术报告 1 项，授权专利 3 项、授权计算机软件著作权 1 项，形成质控样品 1 套。修订了《钢的脱碳层深度测定法》（ISO 3887：2017）和《钢的脱碳层深度测定法》（GB/T 224）。针对现有测试方法新增典型组织照片、典型取样方法图、操作要点参数等；开发了电子探针测定脱碳层深度的新方法、辉光光谱新方法；最终形成系统完善的脱碳层深度测定方法体系，并写入国际标准。

三、应用推广情况

本项目作为国内脱碳层能力验证项目的唯一提供者，设计钢的脱碳层深度的能力验证统计技术及结果评价方案，形成"能力验证服务和管理系统"计算机软件著作权。2009 年至今共组织 9 次能力验证，国内外参加实验室 776 家次，结果满意率平均为 89.3%，其中德国、加拿大、埃及等国参加，项目水平达到了国际间实验室验证比对效果。

四、项目创新点

本项目取得如下创新：

（1）本项目完成了 GB/T 13298 的修订，新增取样方向图、组织显示新方法，为脱碳层试样合理选取制备、脱碳层组织清晰显示、边界准确识别提供了全方位的保证。

（2）新增图像采集校准、定量金相分析，建立了数字金相照片和样品显微组织的对应关系，保证了金相法测定脱碳层深度结果的准确性。

本项目获得 2019 年冶金科技进步奖二等奖。

（3）以此为基础，起草了《金相试样的制备》（ISO/TR 20580），填补了 ISO 标准体系中的空白。在国内外首家设计实施"钢的脱碳层深度测定"能力验证项目，成功制备验证实物样品。

五、项目意义

钢的脱碳层深度测定法系列标准研制提高了整个标准体系的先进性，达到国际领先水平，为相关产品质量控制及工艺改进提供检验支撑，社会效益显著。

高碳铬轴承钢标准研究与制定

一、完成单位

宝钢特钢有限公司、洛阳轴承研究所有限公司、江阴兴澄特种钢铁有限公司、冶金工业信息标准研究院。

二、项目概况

本项目属于国家标准领域。

本项目通过研究我国高碳铬轴承钢冶金质量关键控制指标，研究国际、国内外轴承钢标准水平，结合国内轴承钢生产骨干企业的工艺装备和实物质量水平及轴承行业对轴承材料冶金质量的要求，起草了适应我国国情的高碳铬轴承钢标准。

三、应用推广情况

本标准实施后，国内主要钢铁企业已将高端轴承钢作为企业发展的战略目标，轴承钢中的最低氧含量水平达到 0.0005% 左右，平均氧含量水平达到 0.0007% ～ 0.0008%，轴承行业已在五项轴承产品标准中明确规定了材料等级为高级优质钢，轴承钢和轴承产品的质量水平得到有效提高。

四、项目创新点

本项目取得如下创新：

（1）本项目按冶金质量等级将钢分为优质钢、高级优质钢和特级优质钢，其中优质钢为国际先进水平，主要满足中低转速、普通精度的通用轴承的需要。

（2）高级优质钢与 SKF D33-1：2009 标准相当，主要满足中高转速、较高精度和长寿命轴承的需要。

（3）特级优质钢达到国外先进实物质量水平，主要满足中高转速、高精度、长寿命、高可靠性、高安全性的专用轴承的需要，例如精密机床轴承、铁路轴承、风电主轴和增速器轴承等。

（4）建立了层次分明、结构合理、操作性强、技术水平高的标准体系。

本项目获得 2019 年冶金科学技术奖三等奖。

五、项目意义

本项目始于 2009 年，完成起草《高碳铬轴承钢》（GB/T 18254—2016）标准，发表论文 10 篇，发明专利 1 项，并在本项目的基础上起草了高碳铬轴承钢钢管、钢丝、大型锻制钢棒及英文版的《高碳铬轴承钢》标准，对我国轴承钢产业链整体水平的提高发挥了积极的作用。

《合金结构钢》（GB/T 3077—2015）国家标准及英文版推广应用

一、完成单位

大冶特殊钢有限公司、冶金工业信息标准研究院、北京交通大学、福建省三钢（集团）有限责任公司。

二、项目概况

本项目属于国家标准领域。

本项目《合金结构钢》（GB/T 3077—1999）作为基础通用产品标准，现有标准中的 P、S 等杂质元素含量明显偏高，且没有针对钢材性能影响十分显著的非金属夹杂物、晶粒度等的明确要求。为此，根据国标委的项目修订计划，经过 4 年的努力，课题组完成了《合金结构钢》（GB/T 3077—2015）标准的修订，并发布了英文版，使我国合金结构钢标准水平和国际水平有了显著提升。

三、应用推广情况

本次标准修订的最大特点是将标准研究与标准制修订和标准实施有效地联系在一起。通过本标准的修订，改变了我国合金结构钢产品标准与钢材实物质量明显脱节的现状，引进国外先进材料牌号，并与 ISO 规范接轨，形成了具有我国特色的合金结构钢标准体系。新标准发布后已在国内外贸易中广泛应用。

四、项目创新点

本项目取得如下创新：

（1）本次修订的标准增加了 12 个牌号（其中引进国外标准中的 7 个重要牌号）及相关技术要求。

（2）提高了技术门槛，将优质钢、高级优质钢、特级优质钢中的 P、S 含量均下降了 0.005%，充分体现了近年来我国冶金技术的进步。

（3）力学性能项目名称和部分符号按 GB/T 228.1 和 GB/T 229 的格式要求进行了修订，体现了标准的一致性和协调性。

本项目获得 2020 年冶金科学技术奖二等奖。

（4）增加了分级别非金属夹杂物和晶粒度等要求，使得产品内在质量要求更高。

五、项目意义

本次标准修订充分发挥了"以高标准助力高技术创新，促进高水平开放，引领高质量发展"的作用，满足合金结构钢产业的需求，有助于我国合金结构钢的发展迈向更高台阶。随着"一带一路"倡议的推进，沿线国家和地区对 GB/T 3077—2015 英文版更加接受和认可，必将成为东南亚国家用户的钢种手册。

《锅炉和压力容器用钢板》（GB 713—2014）国家标准修订

一、完成单位

武汉钢铁（集团）公司、冶金工业信息标准研究院、中国通用机械工程总公司、合肥通用机械研究院。

二、项目概况

本项目属于国家标准领域。

本项目以 GB 713—2008 为基础，综合近年我国锅炉和压力容器用钢板的应用、开发等实际情况以及国内钢厂的冶金设备等，同时参照了 EN 10028—2009 等国际标准。本项目适用于钢板产品制造、贸易以及锅炉和钢制压力容器的设计、制造选材等。主要是指锅炉及其附件和中常温压力容器的受压元件用厚度为 3~250mm 的钢板。

三、应用推广情况

在标准的修订过程中，武钢、宝钢、沙钢、舞阳钢厂、济钢、重钢等积极参与制定标准，同时积极引进各类冶金设备装备和开发标准中的各钢种，并广泛应用于容器、水电、船舶等行业。其中依托本标准生产的 Q245R、Q345R、Q420R 及 07Cr2AlMoR、15CrMoR 等多个钢种年产量达 50 万吨以上，广泛应用于移动式压力容器、铁道罐车等各类压力容器制品中，创造了巨大的经济效益。本项目形成授权/受理专利 18 项、15 项技术诀窍、1 项冶金科学技术奖、1 项低合金钢技术创新奖、2 项企业标准，并通过 2 项容标委技术评审。

四、项目创新点

本项目取得如下创新：

（1）结合用户需求、生产、验收存在的问题，提高了各钢种的冲击功指标、规定了大单重钢板组批原则、增加了钢锭、电渣重熔坯压缩比要求等。

（2）降低了钢中 S、P 元素的含量。随着钢质纯净度的提高，钢板的力学性能（尤其是低温冲击韧性）、焊接性能、抗硫化氢应力腐蚀性能等，均可以得到大幅度的改善。

本项目获得 2016 年湖北省科技进步奖三等奖。

（3）将武钢研制开发的 600MPa 级正火型钢 Q420R 钢，及抗 H_2S 腐蚀压力容器用 07Cr2AlMoR 钢和舞阳钢厂研制开发的 12Cr2Mo1VR 钢等新开发钢种纳入标准，进一步完善了锅炉和压力容器用钢板。

（4）将 Q370R 钢的使用规格从 60mm 扩大到 100mm，扩大了钢种的使用范围。

（5）对锅炉钢、容器钢冶炼时增加精炼处理，提高锅炉钢和容器钢的内在质量，有利于确保人的生命安全和企业的生产安全。

五、项目意义

本标准与时俱进，以国内当前生产水平、产品实际应用为依据，扩大了钢板厚度范围，纳入了多个国内钢厂新研发的优势压力容器钢种并进一步提高了 S、P 含量及低温冲击性能的要求，反应了国内冶炼和轧钢技术的进步，形成了我国正火、正火+回火高强度压力容器用钢和抗硫化氢腐蚀中温压力容器钢的特色技术，为压力容器用钢板走向国际化打下了坚实基础。

硅铁中硅、锰、铝、钙、铬和铁含量的测定及国家标准制定研究

一、完成单位

邯郸钢铁集团有限责任公司、冶金工业信息标准研究院、鄂尔多斯市西金矿冶有限责任公司。

二、项目概况

本项目属于冶金化学分析领域。

硅铁是炼钢生产过程重要的脱氧剂、还原剂和合金元素添加剂。在钢中添加一定量的硅元素，能显著提高钢的强度、硬度、抗腐蚀能力和弹性极限。本项目经过八年研制，首次成功制定了熔融制样-X射线荧光光谱法测定硅铁的国家标准，实现了一次制样同时测定硅铁主次多元素含量的目的，创新性达到了国际先进水平，在ISO、美标、欧标等国际标准中也属首创。开发了硅铁等铁合金的熔融制样技术，通过预氧化和挂壁保护两项关键技术，成功解决了硅铁中大量还原性物质难以氧化、不溶于硼酸锂熔剂以及熔融过程中腐蚀铂金坩埚的技术难题；率先编制了X射线荧光光谱法测定硅铁的精密度试验方案，组织实验室开展精密度试验，验证了方法的稳定性；利用数理统计方法，率先建立了该方法的重复性限和再现性限的计算公式，用于国家标准方法对检测偏差的控制。

三、应用推广情况

本项目应用于硅铁合金检测中，一次制样可同时测定六种元素含量，单人单试样可缩短检测时间6h，且减少人为操作误差。以此方法为基础，已拓展应用至锰铁、硅锰、硅铝钡、钒铁等几乎全合金品类上，显著提高了检测效率和检测质量。整个检测过程仅产生少量无危害的固体玻璃片，无废酸废液的排放，具有良好的经济效益和显著的社会效益。

四、项目创新点

本项目所述方法解决了被业界普遍认为的硅铁合金不能熔融制样的难题，提升了

本项目获得2017年河北省科技进步奖三等奖。

整个行业的技术水平，关键技术和创新点简述如下：

（1）率先成功制定了熔融制样–X 射线荧光仪检测硅铁的国家标准方法，突破了铁合金无法熔融制样的限制，实现了一次检测同时准确测定硅铁中主元素和多种微量元素含量，大大提高了硅铁检测效率，创新性达到了国际先进水平。

（2）国内率先开发了硅铁、硅钙等用于 X 射线荧光光谱分析的铁合金熔融制样技术。开创性的使用碳酸锂做氧化剂，四硼酸锂挂壁保护铂金坩埚，成功解决了硅铁、硅钙中大量轻元素难以氧化、不溶于硼酸锂熔剂以及熔融过程中腐蚀铂金坩埚的技术难题。

五、项目意义

本项目技术及国家标准的成功研制，推动了国际国内铁合金检测技术的创新，填补了 X 射线荧光光谱法检测硅铁的国家标准方法空白，推动了国际国内铁合金检测技术的创新升级。为铁合金类样品采用熔融制样–X 射线荧光分析方法的国家标准制定，起到技术引领作用。本方法替代原有国家标准的湿法分析，操作过程中不使用强酸等强腐蚀性化学试剂，不产生化学废液，避免对环境的污染，有利于保护环境。

《磁性材料 第13部分：电工钢片（带）的密度、电阻率和叠装系数的测量方法》（IEC 60404-13：2018）等19项标准

一、完成单位

宝山钢铁股份有限公司、冶金工业信息标准研究院、北京首钢股份有限公司。

二、项目概况

本项目属于冶金电工钢领域。

电工钢（含取向和无取向电工钢及磁极用钢等）是我国国民经济建设和人民生活中不可缺少的重要原材料产品之一，也是国家电力安全运行的条件保障，其产品主要用于各种变压器和电机铁芯等构建磁路的基础性功能材料，对国家节能降耗，低碳环保起着十分重要的作用。自武钢从1978年开始生产电工钢产品以来，我国电工钢的发展经历了引进、消化吸收到自主创新。从最初的年产7万吨，到2019年全国电工钢产能1274万吨，在国民经济中占有重要地位。

我国电工钢标准是在积极采用国外先进标准的同时，加大对电工钢标准的基础研究，包括制造工艺技术研究，新材料、新产品的检验方法研究，工艺性能参数及理化性能参数研究和用户的应用技术研究，制定了一系列的国际标准、国家标准和行业标准。同时也积极参与IEC/TC68国际标准的研讨，代表我国电工钢行业提出标准修改意见和建议，在电工钢国际标准制（修）订中发挥着重要作用。

本项目包含宝钢股份（含原宝山钢铁有限公司和武汉钢铁有限公司）和首钢股份牵头在2005~2018年期间起草的冷轧电工钢带产品及检验方法系列国际标准、国家标准、行业标准和企业标准共19项。

三、应用推广情况

该系列标准充分体现了宝钢在电工钢研究方面取得的丰硕成果，支撑宝钢股份发展成为全球最大的电工钢产品制造企业，促进了我国电工钢制造技术的发展，打破了我国高端电工钢产品长期依赖进口的局面，也为我国电力行业的战略发展提供了有力保障。

本项目获得2020年中国标准创新贡献奖二等奖。

四、项目创新点

本项目取得如下创新：

（1）标准的国际化，提升我国在国际标准主导领域的话语权。

（2）标准化建设促进电工钢产品的升级换代，为国家节能降耗提供技术支撑。

（3）填补国内外在 750MW 以上大型水力发电机和 500kV 以上大型变压器用电工钢技术标准的空白。

（4）冷轧电工钢系列标准修订，主要参考了 IEC 国际标准（IEC 60404 系列）、美国 ASTM 标准和日本 JIS 标准，同时与美国 ASTM 标准、日本 JIS 标准、欧洲 EN 标准进行对照分析，产品性能指标、检测方法等除了达到国际先进水平，同时还能满足发达国家和主要市场国家的标准要求，为我国硅钢产品出口全球消除技术壁垒。

（5）企业标准建设全面引领电工钢制造技术和下游行业发展。

五、项目意义

通过冷轧电工钢系列 IEC 标准、国家标准、行业标准和企业标准的制（修）订，提高了冷轧电工钢产品和检测方法的标准水平，设置合理的技术壁垒和准入门槛值，为淘汰落后产能提供技术支持，并促使电工钢生产企业不断进行技术改造和工艺研究，加强质量管理，带动了我国冷轧电工钢企业的高质量发展，推动电工钢行业的技术进步，为实现我国电工钢行业健康可持续发展，创造了重大的经济效益和社会效益。

特高强度大规格吊索钢丝绳
关键技术研发及工程应用

一、完成单位

贵州钢绳股份有限公司、贵州大学。

二、项目概况

本项目属于技术创新与国家标准制定领域。

本项目以特高强度大规格吊索钢丝绳关键技术研发及工程应用为主，围绕着现代桥梁以大跨度、轻量化的发展趋势进行研究，研究出高强度吊索，适应桥梁技术的发展需求。同时，技术成熟后，科技创新产品大量推广到工程领域，又需要标准来规范生产和验收等技术要求，从而同步起草了国家标准《悬索桥吊索用钢丝绳》(GB/T 38818—2020)，是"成果专利化、专利标准化、标准产业化"成功案例。通过项目的开展，加速创新成果的产业化与标准化，坚持标准引领，切实解决制约产业发展的难题，用先进标准倒逼高端钢丝绳制造业转型和质量升级，促进高端钢丝绳科技创新成果。

三、应用推广情况

解决我国钢丝绳制造业"大而不强"的现状，并在上述高端钢丝绳运用领域，彻底替代进口产品，实现高端钢丝绳产品国产化，促进高端钢丝绳产品迈向国际市场，扩大国际贸易，进而提高高端钢丝绳产品比重，建设制造强国、质量强国。

特高强度大规格吊索钢丝绳主要应用于特大跨径的跨海、跨江、跨湖悬索桥，产品已应用于挪威哈罗格兰大桥、浙江舟山西堠门大桥、贵州坝陵河大桥、广州黄埔大桥、湖南矮寨大桥、云南龙江大桥、浙江春晓大桥、鸭池河大桥、洞庭湖大桥等，该产品对国家大型桥梁工程建设起到了支撑及示范作用。

四、项目创新点

本项目取得如下创新：

（1）新型吊索钢丝绳结构显著增加钢丝绳的金属面积，从而提高破断拉力。

本项目获得 2017 年贵州省科技进步奖二等奖。

（2）创新提出兼具特高强度和高韧塑性制绳钢丝的控制制造技术，保证了吊索钢丝绳高破断。

（3）创新提出在钢丝绳中充填改性聚丙烯新材料的捻制工艺技术。

（4）换手式自动恒张力追踪保持功能的预张拉技术。

五、项目意义

（1）技术填补国内空白，增强企业在国际金属制品领域核心技术方面的竞争力。

贵州钢绳股份有限公司研发的特高强度大规格吊索钢丝绳技术填补国内空白，达到国际领先水平。通过本项目的研究和攻关，公司掌握了特高强度大规格吊索钢丝绳关键技术，同时，解决了特高强度大规格吊索钢丝绳生产实际中的共性技术，对本行业的技术进步、行业的技术创新和产品的升级换代都起到了积极的引导作用。

（2）引领相关行业技术的发展。

特高强度、大规格吊索钢丝绳的研发成功，推动了我国金属制品技术研发，同时引领相关行业，特别是交通运输行业的发展，对国家基础设施建设将产生巨大的影响。特高强度、大规格吊索钢丝绳提高了吊索的强度、疲劳性能和防腐能力，并且具有高而稳定的弹性模量，能很好的承受车辆载荷、风振造成的脉动循环应力。吊索钢丝绳通过改变结构、提高强度来增加承载能力，对桥梁建筑工程减少施工和防腐难度，对降低施工成本，提高工程质量具有重大意义。

钢筋混凝土用不锈钢钢筋等 5 项标准

一、完成单位

中冶建筑研究总院有限公司、冶金工业信息标准研究院、山西太钢不锈钢股份有限公司、钢铁研究总院、广西盛隆冶金有限公司。

二、项目概况

本项目属于冶金标准领域。

中冶建筑研究总院有限公司、冶金工业信息标准研究院与各生产、应用、科研单位密切合作，按照"科技研发、标准制定与工程应用一体化推进"原则，开展了一系列先进基础型耐腐蚀建筑钢材生产及应用评价关键技术研究，在多项国家"863 计划"等科研项目的支持下，转化自主创新成果，制定了《钢筋混凝土用不锈钢钢筋》（GB/T 33959—2017）、《钢筋混凝土用耐蚀钢筋》（GB/T 33953—2017）、《模拟海洋环境钢筋耐蚀试验方法》（GB/T 31933—2015）、《评估海洋环境中混凝土结构钢筋锈蚀速率的对比试验方法》（YB/T 4454—2015）、《钢筋在混凝土中耐氯离子腐蚀性能测试方法》（YB/T 4369—2014）共 5 项国家及行业标准，形成了完整的先进基础型耐腐蚀建筑钢材产品及评价方法标准体系，填补了我国不锈钢钢筋及耐蚀钢筋领域的标准空白，实现了耐腐蚀建筑钢材的生产、试验检测、应用评价全环节、全过程的标准化，对我国建筑产业发展具有里程碑意义。

三、应用推广情况

本套标准具有系统性、先进性和适用性的显著特点，已全面应用于我国耐腐蚀建筑钢材的生产及工程中，支持和推动了建筑钢材的技术进步和产业升级，使我国耐腐蚀建筑钢材生产及评价技术达到了国际领先水平，提高了我国钢材结构的使用寿命和建筑物安全性，将进一步强化国家质量基础，为建设工业强国、质量强国以及经济转型发展提供体系化的标准依据与实现路径。

四、项目创新点

本项目取得如下创新：

本项目获得 2020 年中国标准创新贡献奖三等奖。

（1）构建了国际上首个基础性耐腐蚀建筑钢材技术标准体系。

针对我国不同腐蚀条件下混凝土结构用钢选材及用材的技术标准长期缺乏的状况，以满足远、中、近、邻的不同海洋耐腐蚀环境条件及工业大气腐蚀环境条件要求为前提，基于自主技术创新，首次建立了涵盖不锈钢钢筋、耐蚀钢筋产品及评价方法系列成套标准体系。

（2）创立了差异化、系列化的基础性耐腐蚀建筑钢材及评价方法。

首次构建了先进基础性耐腐蚀建筑钢材系列产品化学成分及分类体系，确立了相应产品的各项性能指标，提出了针对不同腐蚀条件下的选材原则及方法，对于耐工业大气腐蚀环境，在国际上首创了 HRB400a、HRB400aE、HRB500a、HRB500aE 耐蚀钢筋；对于海洋大气及融冰盐等氯离子环境，首创了 HRB400c、HRB400cE、HRB500c、HRB500cE 耐蚀钢筋；对于远海等恶劣环境的需求，首创了耐点蚀当量较高的 S22553（022Cr25Ni6Mo2N）、S25073（022Cr25Ni7Mo4N）两种不锈钢钢筋种类，填补了国内及国外相关标准空白，符合结构合理、技术领先、经济高效的可持续绿色发展要求。

（3）自主创新开发出耐腐蚀建筑钢材重大关键应用技术。

填补了国际上缺乏耐腐蚀建筑钢材混凝土结构的性能评价方法和设计理论无法指导耐腐蚀建筑钢材的工程应用的技术空白；自主创新开发出适用于不同建筑寿命和腐蚀环境的耐腐蚀建筑钢材重大关键应用技术，支撑了远海岛礁工程建设，保障了国家重大海洋工程建设的顺利实施，大幅提高了海洋工程的使用寿命，同时有效的节约资源、降低维护和后期运营成本，符合质量提升发展战略。

五、项目意义

本套标准具有系统性、先进性和适用性的显著特点，已全面应用于我国耐腐蚀建筑钢材的生产及工程中，支持和推动了建筑钢材的技术进步和产业升级，使我国耐腐蚀建筑钢材生产及评价技术达到了国际领先水平，提高了我国钢材结构的使用寿命和建筑物安全性，将进一步强化国家质量基础，为建设工业强国、质量强国以及经济转型发展提供体系化的标准依据与实现路径。

《预应力混凝土用钢丝》(GB/T 5223—2014)等 3 项标准

一、完成单位

中冶建筑研究总院有限公司、冶金工业信息标准研究院、天津市银龙预应力材料股份有限公司、辽宁通达建材实业有限公司、天津冶金钢线钢缆集团有限公司。

二、项目概况

预应力混凝土用钢材强度等级高，松弛性能好，广泛应用于交通、能源、水电建设、水利设施、土木工程等关系人民生命财产安全的工程中，是一种重要的节能高效钢材品种。由于预应力钢材的重要性，所以预应力钢材的产品控制和质量提升一直被广为重视。

预应力钢材中产量较大、应用较为广泛的品种主要为钢丝、中强钢丝和钢绞线，其对应的国家标准分别为 GB/T 5223、GB/T 30828 和 GB/T 5224。该系列标准在原有标准基础上，吸收参考其他国际先进标准的相关内容，充分考虑我国预应力混凝土用钢丝、中强钢丝和钢绞线的生产和应用实际情况，同时结合我国的产业政策，技术评价体系更加优化，产品质量指标有效提升。

三、应用推广情况

GB/T 5223 等 3 项产品标准的实施，显著的提高了预应力钢材产品质量，提升了整个行业的技术水平。3 项产品指标评价体系也全面与国际接轨，有助于提高我国预应力钢丝、中强钢丝和钢绞线的国际认可度和市场竞争力，对我国预应力钢材行业具有深远的影响。3 项标准对诸多技术指标加严，采用了统一的检验评价方法，促进了预应力混凝土用钢丝、钢绞线产品质量的可靠性，促进了预应力钢材产品稳步质量提高。3 项标准的实施避免或减少了产品质量异议以及贸易摩擦，提高了我国预应力混凝土用钢材产品国际、国内市场的占有率，提升了国际市场份额，同时也加强了我国标准的国际影响力。截至目前，我国预应力钢材的品种、规格、档次及实物质量水平完全达到了国际先进水平，已跻身于国际先进行列，具有极强的社会效益。

本项目获得 2018 年中国标准创新贡献奖三等奖。

四、项目创新点

GB/T 5223、GB/T 30828 和 GB/T 5224 标准中结合我国预应力钢材的生产和应用现状，同时参考了《预应力混凝土用钢　第 2 部分：冷拉钢丝》（ISO 6934 - 2：1991）、《预应力混凝土用钢　第 4 部分：钢绞线》（ISO 6934 - 4：1991）和《预应力混凝土用冷拉拔钢丝》（JIS G3538—1994）等国际先进标准，在规范性引用文件中统一引用了先进试验方法标准《预应力混凝土用钢材试验方法》（GB/T 21839—2008），根据预应力钢材的发展现状增加了部分规格新产品，对一些技术指标进行了优化，使性能指标更加完善，评价体系更加合理。

五、项目意义

随着"一带一路"战略和《中国制造 2025》等重大战略的出台，预应力钢材，特别是预应力钢材的节能、高效生产也将得到越来越多的重视。随着我国基础设施建设的不断推进，每年有大量的桥梁、高铁等预应力混凝土结构建设需求，同时新型材料、技术的研发和应用需求也不断攀升。新标准的实施，将会进一步规范我国的预应力钢材市场，为产品走出去打下坚实的技术基础；同时，新标准大幅提升了预应力钢丝、预应力钢绞线的产品质量，大大提高了建筑材料的应用效率，节约能源，降低资源消耗，对全国的节能减排也起到推动作用。GB/T 5223 等 3 项标准的实施，将大大提升预应力钢丝、中强钢丝和钢绞线产品的社会影响力，从而为其进一步的推广使用奠定了良好的技术基础，也为我国的社会、经济发展提供了有力的物质保障，以点带面，辐射全国，使我国的预应力钢材行业稳步、健康发展。

《高炉工序能效评估导则》(GB/T 34193—2017)等7项标准

一、完成单位

冶金工业信息标准研究院、中冶南方工程技术有限公司、中冶焦耐（大连）工程技术有限公司、中冶长天国际工程技术有限公司。

二、项目概况

当前，国内外的钢铁生产能效评估主要通过能耗对标的方式进行，钢铁生产设备庞大、工艺复杂、能耗高、污染大，涉及的节能技术也相对较多，是影响国家、行业及企业各层面的节能目标能否实现的关键所在。本项目基于国家节能减排政策方针和钢铁企业精细化节能需求，以国家"863计划"课题"冶金工业系统能效监测评估及优化控制技术与系统"为支撑，研制了《高炉工序能效评估导则》(GB/T 34193—2017)、《钢铁企业原料场能效评估导则》(GB/T 33973—2017)、《焦化工序能效评估导则》(GB/T 34192—2017)、《转炉工序能效评估导则》(GB/T 34194—2017)、《烧结工序能效评估导则》(GB/T 34195—2017)、《链箅机—回转窑球团工序能效评估导则》(GB/T 34196—2017)、《钢铁企业能效指标计算导则》(GB/T 28924—2012) 等系列能效评估标准。通过规范的技术评估流程，运用科学定量的技术评估方法，构建了层次化、模块化能效评估体系，将钢铁生产流程划分成不同工序模块，并建立了多级能效评估指标，从根本上改善了传统钢铁行业能耗评估粗放性的问题，可以对钢铁生产从大至小的不同主体独立进行能效分析和评价，为实现能效评估的精细化和准确性奠定了良好的基础；结合了现实工况条件、冶金经验模型、化学反应及物理原理等，确定了在多元复杂条件下不同工序的理论基准值能耗，避免了传统能效对标时诸多客观条件差异导致的不可比因素，使能效评估更加准确可靠和实用；根据各工序的实际情况，推荐了先进适用的能效优化措施，通过管理节能、技术节能、工艺节能三个维度，科学系统地为企业提供能效优化系统解决方案。

三、应用推广情况

本项目克服了现有能效评估方式不准确、不具体、不系统等弊端，提供了精细化

本项目获得2020年中国标准创新贡献奖三等奖。

能效评估诊断及优化技术，不仅为钢铁企业深化节能减排提供了有效的参考和指导，也为钢铁行业的绿色发展提供了技术支撑。本项目研制的 7 项能效评估系列标准已陆续在发布实施，宝钢、湘钢、武钢、酒钢、营口中板、鄂钢等企业积极开展标准实施。据统计，企业通过评估诊断及优化后，单工序能耗可下降 5%~10%左右，全流程可节能 3%~5%左右，以湘钢为例，通过标准的实施，每年节省能源成本 4251.96 万元、减少能源消耗 68580tce、减少二氧化碳排放 184379t。

四、项目创新点

率先规范了基于能效指数的层次化模块化能效评估诊断方法，将节能优化和节能诊断的系统性结合，为先进适用能效优化措施的应用提供了系统支撑。

五、项目意义

本项目率先将我国钢铁专业能效评估标准在海外钢铁企业中运用，提高我国标准在国际市场的影响力，增强我国投资项目的市场竞争力。该系列标准践行"一带一路"精神，推动我国自主知识产权，走向钢铁强国。